21世纪高等学校计算机
应用技术规划教材

# 微信小程序
## 实用教程

吕云翔 田旺 编著



清華大学出版社
北京

## 内 容 简 介

本书面向高校课堂，将知识点以任务的方式进行呈现，对小程序开发的各个方面进行了介绍。全书分为四部分，共16章，第一部分包含第1～3章，主要介绍了小程序的发展历程、特性、基础知识和架构等；第二部分包含第4～9章，介绍了后端环境的搭建和小程序常用的组件；第三部分包含第10～15章，主要介绍了小程序各类接口的使用；最后一部分为第16章，通过介绍4个实际的小程序案例，帮助读者对开发小程序的大致流程有更多的了解。

本书每章都有明确的学习目标要求，每个知识点均配有对应的练习题，力求通过理论和实践的结合，让读者学起来更具有针对性，逐步掌握小程序的开发技巧。



**图书在版编目(CIP)数据**

微信小程序实用教程/吕云翔，田旺编著. —北京：清华大学出版社，2020.7
21世纪高等学校计算机应用技术规划教材
ISBN 978-7-302-54940-6

Ⅰ. ①微…　Ⅱ. ①吕…　②田…　Ⅲ. ①移动终端－应用程序－程序设计－高等学校－教材
Ⅳ. ①TN929.53

中国版本图书馆CIP数据核字(2020)第025518号

**责任编辑**：黄　芝　薛　阳
**封面设计**：刘　键
**责任校对**：时翠兰
**责任印制**：宋　林

**出版发行**：清华大学出版社
**网　　址**：http://www.tup.com.cn，http://www.wqbook.com
**地　　址**：北京清华大学学研大厦A座　　**邮　　编**：100084
**社 总 机**：010-62770175　　**邮　　购**：010-83470235
**投稿与读者服务**：010-62776969，c-service@tup.tsinghua.edu.cn
**质量反馈**：010-62772015，zhiliang@tup.tsinghua.edu.cn
**课件下载**：http://www.tup.com.cn，010-83470236
**印 装 者**：三河市龙大印装有限公司
**经　　销**：全国新华书店
**开　　本**：185mm×260mm　　**印　　张**：28.75　　**字　　数**：697千字
**版　　次**：2020年9月第1版　　**印　　次**：2020年9月第1次印刷
**印　　数**：1～1500
**定　　价**：79.80元

---

产品编号：077560-01

# 前　言

2017年1月9日，在2017微信公开课Pro上，传闻已久的“应用号”终于在大家热切关注的目光下以“小程序”的全新形态被隆重推出。背靠着微信这一“国民应用”巨大的用户数量，凭借着“无须安装和卸载”“无处不在的应用”等特点，微信小程序这一新的应用形态在上线伊始就体现出其突出的优点和不可估量的市场前景。

经过两年多的发展，小程序已经成为世界互联网领先科技成果之一。在2018年的乌镇世界互联网大会上，马化腾介绍，现在已经有超过150万的开发者加入小程序的开发阵营中，小程序应用数量超过了100万，覆盖200多个细分的行业，日常用户量达到2亿，小程序还在许多城市实现了支持地铁、公交服务。小程序的发展带来了更多的就业机会，2017年小程序带动就业104万人，社会效应不断提升。

在这样一个互联网时代，把握信息时代潮流，熟练掌握流行软件应用的开发技术，是当代软件工程师、软件设计师应当具备的不可或缺的重要能力。熟练掌握微信小程序的开发，可以增强个人的竞争力，在学习和工作中获取更多的机会和利益。据微信官方发布的数据，在小程序的开发者中，20岁以下的开发者占比已经达到了5.5%。高校学生群体正成为小程序开发者队伍中一支不可忽视的力量。在2018年第一届高校微信小程序应用开发赛中，笔者作为评委之一，亲身感受到了高校学生借助小程序这样的一个平台，释放出来的具有巨大价值的创意和能力。因此，笔者结合自身开发以及教学经验，编撰了本书，希望能为高校教师以及学生，在教学和学习小程序的道路上提供一臂之力。

本书主要是面向高校课堂，同时也可以供对小程序感兴趣的读者自学使用。目标是使得学习者能够具备小程序开发初步能力，包括注册，使用开发者工具进行开发、调试、预览，熟悉小程序架构的层次结构，能够应用小程序常用组件进行布局和样式设置，掌握小程序网络、媒体、界面等API的相关技术等。在总体编排上，本书以任务为主要特点，每个知识点都以任务要求、任务分析、任务操作、相关知识、练习题这样的组合来进行设计。任务要求明确学习目标，任务分析理清大致思路和重点、难点，任务操作给出了完成任务的具体步骤，相关知识详解涉及的知识点，最后再配以适当的练习题，读者可以自己动手完成，巩固所学。任务设计针对性强，可操作性高，相信不管是用于课堂教学还是自学，都能让读者在学习小程序的路上，充满成就感和获得感。

结合教学经验和实际，本书给出各章参考课时如表0-1所示。

**表0-1　各章参考课时**

| 章　内　容 | 建议理论学习课时 | 建议动手实践课时 |
|---|---|---|
| 第1章　准备工作 | 1～2 | 1 |
| 第2章　初识小程序 | 1～2 | 1 |

续表

| 章　内　容 | 建议理论学习课时 | 建议动手实践课时 |
|---|---|---|
| 第3章　小程序开发基础 | 4～6 | 2～4 |
| 第4章　搭建以PHP为例的后端网络环境 | 2 | 1～2 |
| 第5章　视图容器组件 | 2～4 | 1～2 |
| 第6章　基础内容组件 | 2～4 | 1～2 |
| 第7章　表单组件 | 4 | 2～4 |
| 第8章　多媒体组件 | 2 | 1～2 |
| 第9章　其他组件 | 1～2 | 1 |
| 第10章　小程序网络通信接口 | 2～4 | 1～2 |
| 第11章　多媒体接口 | 2～4 | 1～2 |
| 第12章　文件和数据缓存接口 | 1～2 | 1 |
| 第13章　获取手机设备信息接口 | 2～4 | 1～2 |
| 第14章　小程序界面交互接口 | 4 | 2～4 |
| 第15章　地理位置信息接口 | 2 | 1～2 |
| 第16章　实战案例 | 自学 | 自学 |
| 合　计 | 32～48 | 18～32 |

在实际的学习过程中，读者可以根据实际情况调整章节顺序或删减部分内容。

阅读本书前，建议读者具备HTML，JavaScript，CSS，PHP或其他网络后端语言知识作为基础。

本书所有的配套资源，包括示例代码、课后练习答案等，均可通过清华大学出版社官方网站下载。书中还有少量教学视频及综合案例，读者可用手机微信扫一扫封底刮刮卡内二维码，获得权限，再扫一扫书中对应二维码，即可观看。

本书的作者为吕云翔、田旺，曾洪立参与了部分内容的编写并进行了素材整理及配套资源制作等。

由于编者水平有限，书中难免有疏漏之处，敬请读者朋友批评指正。

编　者

2020年4月

# 目　录

**第 1 章　准备工作**……1

1.1　小程序简介……1
1.2　注册小程序……7
1.3　微信小程序开发工具的下载、安装和使用……15
练习题……26

**第 2 章　初识小程序**……27

2.1　认识组成小程序的文件和目录结构……27
2.2　预览和发布小程序……38
练习题……42

**第 3 章　小程序开发基础**……43

3.1　认识小程序的生命周期……43
3.2　认识小程序页面的生命周期……47
3.3　概览 MINA 框架……52
3.4　逻辑层……54
　3.4.1　注册程序……55
　3.4.2　注册页面……58
　3.4.3　模块化……65
　3.4.4　接口……66
3.5　视图层……67
　3.5.1　WXML……67
　3.5.2　WXSS……83
　3.5.3　基础组件……87
练习题……88

**第 4 章　搭建以 PHP 为例的后端网络环境**……89

4.1　本地安装网络服务环境……89
4.2　使用小程序进行网络通信……95
4.3　远程服务器环境搭建简介……98

练习题……………………………………………………………………………… 102

第5章 视图容器组件……………………………………………………………………… 103

5.1 Flex布局和view组件 ………………………………………………………… 103
5.2 滚动视图组件scroll-view ……………………………………………………… 110
5.3 滑块视图容器swiper …………………………………………………………… 116
5.4 可移动视图容器movable-view和movable-area ……………………………… 122
5.5 cover-view组件和cover-image组件…………………………………………… 128
练习题……………………………………………………………………………… 134

第6章 基础内容组件……………………………………………………………………… 137

6.1 图标组件icon …………………………………………………………………… 137
6.2 文本组件text …………………………………………………………………… 142
6.3 富文本组件rich-text …………………………………………………………… 146
6.4 进度条组件progress …………………………………………………………… 151
练习题……………………………………………………………………………… 154

第7章 表单组件…………………………………………………………………………… 156

7.1 按钮组件button ………………………………………………………………… 156
7.2 表单form组件 …………………………………………………………………… 161
7.3 多选项目组件checkbox ………………………………………………………… 165
7.4 输入框组件input ………………………………………………………………… 169
7.5 label组件 ………………………………………………………………………… 176
7.6 从底部弹起的页面选择器组件picker ………………………………………… 179
7.7 嵌入页面的滚动选择器组件picker-view ……………………………………… 185
7.8 单项选择器组件radio …………………………………………………………… 189
7.9 滑动选择器组件slider …………………………………………………………… 193
7.10 开关选择器组件switch ………………………………………………………… 196
7.11 多行输入框组件textarea ……………………………………………………… 199
练习题……………………………………………………………………………… 204

第8章 多媒体组件………………………………………………………………………… 207

8.1 音频组件audio …………………………………………………………………… 207
8.2 图片组件image …………………………………………………………………… 210
8.3 视频组件video …………………………………………………………………… 214
8.4 相机组件camera ………………………………………………………………… 220
练习题……………………………………………………………………………… 224

**第 9 章　其他组件** …… 227

9.1　导航组件 navigator …… 227
9.2　地图组件 map …… 231
9.3　开放数据组件 open-data …… 239
9.4　公众号关注组件 official-account …… 242
练习题 …… 245

**第 10 章　小程序网络通信接口** …… 247

10.1　发起网络请求 …… 249
10.2　上传和下载文件 …… 254
10.3　WebSocket 通信 …… 260
练习题 …… 267

**第 11 章　多媒体接口** …… 269

11.1　图片管理 …… 269
11.2　使用录音机 …… 276
11.3　音频控制 …… 280
11.4　背景音频控制 …… 287
11.5　视频管理 …… 293
11.6　使用相机 …… 297
11.7　动态加载字体 …… 299
练习题 …… 301

**第 12 章　文件和数据缓存接口** …… 303

12.1　文件操作 …… 303
12.2　数据缓存操作 …… 309
练习题 …… 315

**第 13 章　获取手机设备信息接口** …… 317

13.1　手机系统信息 …… 317
13.2　兼容性判断 …… 321
13.3　网络状态 …… 323
13.4　电量 …… 326
13.5　加速度计 …… 328
13.6　罗盘 …… 330
13.7　陀螺仪 …… 333
13.8　WiFi …… 333
13.9　联系人和电话 …… 341

13.10 剪贴板 …… 344
13.11 屏幕 …… 347
13.12 振动 …… 350
13.13 扫码 …… 352
练习题 …… 355

**第 14 章 小程序界面交互接口** …… 357

14.1 交互反馈 …… 357
14.1.1 消息提示框 …… 357
14.1.2 模态对话框 …… 360
14.1.3 加载提示框 …… 363
14.1.4 显示操作菜单 …… 364
14.2 下拉刷新 …… 366
14.3 动画控制 …… 368
14.4 导航栏设置 …… 374
14.4.1 设置导航栏样式 …… 374
14.4.2 设置导航栏加载动画 …… 377
14.5 tabBar 设置 …… 379
14.6 控制页面位置 …… 385
14.7 控制页面跳转 …… 387
练习题 …… 392

**第 15 章 地理位置信息接口** …… 393

15.1 获取位置信息 …… 393
15.2 在地图上查看位置信息 …… 396
15.3 在地图上选择位置 …… 398
15.4 地图控制 …… 401
练习题 …… 406

**第 16 章 实战案例** …… 407

16.1 “微活动报名助手”活动管理和报名小程序 …… 407
16.1.1 前端页面设计 …… 407
16.1.2 后端服务器架构 …… 409
16.1.3 发起活动表单设计 …… 411
16.1.4 活动分享与报名 …… 417
16.1.5 查看我发布的活动 …… 420
16.1.6 管理报名人员 …… 421
16.1.7 查看我的报名信息与取消报名 …… 424
16.1.8 个人信息填写管理 …… 426

16.2 MeetingUUU 会议室管理小程序 …… 427
16.2.1 前端页面设计 …… 428
16.2.2 后端服务器架构 …… 431
16.2.3 添加会议室 …… 432
16.2.4 管理会议室 …… 435
16.2.5 注册页面 …… 437
16.2.6 登录页面 …… 439
16.2.7 显示会议室预约订单 …… 440
16.2.8 审核会议室预约订单 …… 442
16.3 “有书共读”图书漂流小程序 …… 445
16.4 “音乐随想”简易小程序音乐播放器 …… 446

**参考文献** …… 447

# 第 1 章　准备工作

在正式开始学习小程序的开发之前，需要对一些基本知识进行了解，同时要做好前期工作的准备。在本章，将介绍小程序的一些特性，以及如何注册管理小程序，同时还会对微信开发者工具进行大致讲解，为后续的开发环节打好基础。

**本章学习目标：**

- 了解小程序的特点和适用场景。
- 熟悉注册小程序的步骤。
- 掌握小程序管理后台的基本操作。
- 掌握开发者工具的使用方法。

## 1.1　小程序简介

小程序是由腾讯公司推出的，基于微信的一种全新形态的应用。在 2016 年 1 月 11 日于广州举行的微信公开课 Pro 版活动中，微信掌门人张小龙首次在演讲中透露了“应用号”的存在。2016 年 9 月 22 日，“应用号”悄然更名为“小程序”，并开启内测。在内测邀请函(图 1-1)中，微信官方写道：“我们提供了一种新的开放能力，开发者可以快速地开发一个小程序。小程序可以在微信内被便捷地获取和传播，同时具有出色的使用体验。”当天，张小龙也在自己的微信朋友圈(图 1-2)中发表了自己对于小程序的看法。最终，微信小程序在 2017 年 1 月 9 日正式推出，引起了人们的高度关注，吹响了向传统应用挑战的号角。

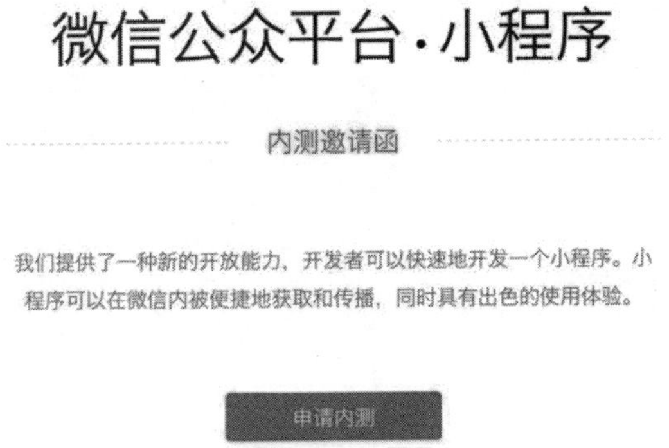

微信公众平台·小程序

内测邀请函

我们提供了一种新的开放能力，开发者可以快速地开发一个小程序。小程序可以在微信内被便捷地获取和传播，同时具有出色的使用体验。

申请内测

图 1-1　微信小程序内测邀请函

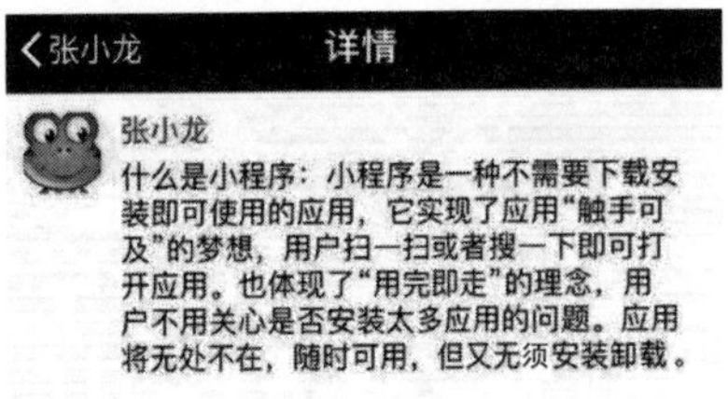

<张小龙　详情

张小龙

什么是小程序：小程序是一种不需要下载安装即可使用的应用，它实现了应用“触手可及”的梦想，用户扫一扫或者搜一下即可打开应用。也体现了“用完即走”的理念，用户不用关心是否安装太多应用的问题。应用将无处不在，随时可用，但又无须安装卸载。

图 1-2　张小龙朋友圈

对用户来说，微信小程序最大的特点就是无须下载安装便能直接使用，不用担心应用安装太多的问题。而对于开发者来说，微信小程序最值得注意的有以下四个特点。

（1）与微信联通。在这样一个互联网的时代，企业获取用户以及线上流量所需要的成本越来越高，各种宣传手段层出不穷，微信作为一款“国民应用”，巨大的安装量带来了巨大的流量，如果想要在一款新开发的手机应用上获取到如此巨大的流量，不投入大量的时间、人力以及推广资源，几乎是不可能办得到的事情。小程序通过微信进行登录使用，这给每一个小程序的开发者都提供了一个巨大的潜在用户群体。小程序的开发者可以对自己所开发的小程序进行最简单快速的推广，而且这种简单、快速、有效的推广方式所消耗的人力、物力等资源相比较于传统手机应用来说要少很多。当然作为开发者，不能一味地考虑到微信平台的传播优势和流量基础，更多的是要把重点放在开发和打磨更好的产品上。只有更好的产品，才能吸引更多的用户。由于小程序的门槛较低，其竞争的激烈程度也相应较高，要想获得更多的用户，还是要有出色的产品，让自己的小程序在其他类似或者同类产品中脱颖而出。

（2）低开发难度。前面提到，小程序开发的门槛较低，有一定网页开发经验的开发者基本都能做到快速入门。其类似于 HTML 的前端开发方式，让有技术基础的开发人员可以快速掌握。但需要注意的是，小程序自身并不是由 HTML、CSS 和 JavaScript 组成的。在此之前，百度也曾经推出过轻应用，由于采用的是 HTML 网页的形式，每个页面打开都需要较长时间加载，在使用过程中，还会遇到响应缓慢、白屏等情况，这都大大降低了用户的使用体验。而微信小程序则有所不同，它不再是一个 HTML 页面，而是与 Facebook 的 React Native 技术类似，平台自身自定义了功能模块以及各类组件（图 1-3）。

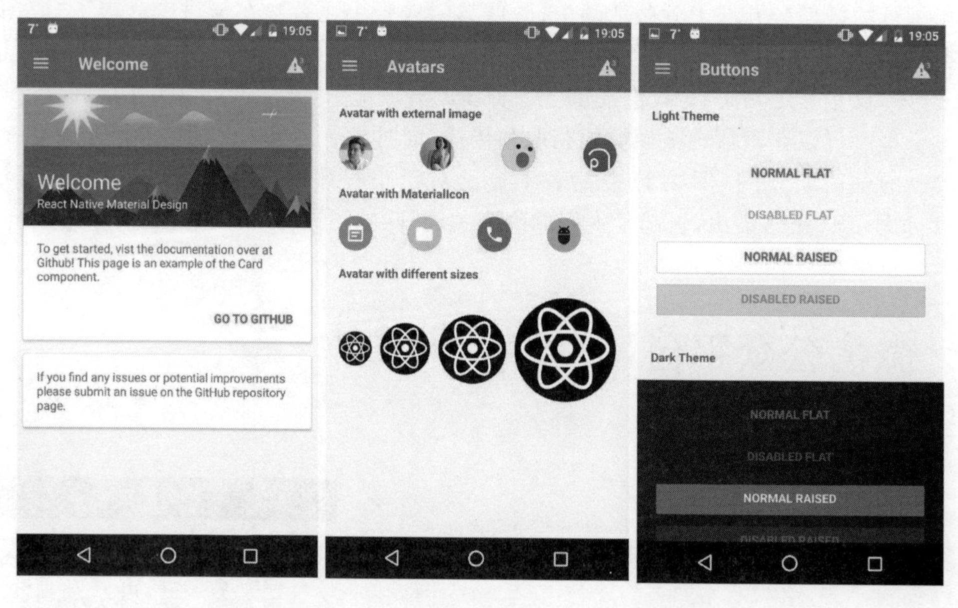


图 1-3　Facebook 的 React Native 页面

同时，小程序提供了大量的接口供开发者使用。这些接口极大地扩充了小程序的本领，使其能做到很多普通网页无法做到的事情。

还有一点值得注意的是，由于小程序基于微信平台，对小程序的开发者来说，多种设备机型，多种版本的操作系统兼容这些在开发原生应用时需要考虑的问题将不复存在。通常，为iOS平台开发的软件，可能需要花费大量的时间在通过审核上，为Android平台开发的软件则面临Android操作系统碎片化严重的问题。而使用小程序则能避免这些问题，同时省下在两个平台上开发所产生的消耗。对于开发者来说，可以先开发小程序进行前期推广，在获取到一定的市场资源和用户数据之后再进行更完善的系统原生软件的开发。

(3) 独立生态。微信小程序是作为一个以微信为核心的独立软件生态而存在的。作为一个独立的软件生态系统，需要具有以下几个特点。首先具有自己的统一入口，使用该软件生态统一的语言，同时在平台的管理之下具有自己严格的规范和开发模式，开发者和平台本身可以说是互相支持，互利共赢的关系。对于微信小程序来说，以上提到的特点均有所满足。它的官方平台是微信，以微信作为软件的统一入口，利用小程序自己的开发语言进行软件的设计和开发，并对其开发、运营、审核方面做了严格的规范和限定。开发者借助于小程序平台进行开发和推广，同时微信官方也通过各种各样的小程序获取到更多的线上资源和用户资源。虽然在直接获取利润方面，目前并没有关于微信官方与开发者如何分成的文档发布出来，但这是完全有可能实现的。

在这样一个软件生态环境中，以前各种长尾需求由于开发者的时间资源等条件限制而无法得到满足的情况，现在有了微信小程序，除了本身自己想要实现的主要目标和需求之外，对长尾需求还可以在这样一个标榜"轻量级"应用的小程序平台中做简单和直接的重新尝试。这样的一个应用生态系统一旦完善起来，相当于在微信平台上实现了一个新的App Store。在这个App Store里需要完成什么目标，实现什么样的需求，就完全由开发者来决定了。

(4) 使用安全。小程序的发布和使用并不是完全没有限制，它是基于微信体系进行的开发，对微信自身的研发和推广肯定也会产生一定的影响。小程序在提供全面功能性的同时，做了一些限制和管控以防止微信自身或者用户利益受到损害是必然的事情。由于微信平台的关联以及限制，小程序完全处在微信的控制之下，开发者需要严格按照微信的规范进行开发和操作，上线也需要通过微信的审核，不符合微信要求的小程序以及页面内容，不仅通过不了审核，还可能面临被直接封杀的风险。

同时，在保护开发者方面，腾讯也有相关措施以防止开发者恶意伪造、仿制他人小程序进行诈骗等。但这些特点，在保证了小程序的安全性的同时，也是对小程序功能性的一种约束，使小程序无法实现一些系统原生软件的功能。

在小程序之前，众多的微信公众号可谓是构建了微信内容生态的护城河。小程序和微信公众号都是微信构建的生态圈(图1-4)的重要组成部分，它们属于并列层级，互不干扰，是两套完全不同的体系，但是鉴于微信拥有强大的用户数据量，微信公众号和小程序之间又有一定互相转换的空间。

一般来说，一个比较成熟的微信公众号，往往有着固定的受众群体，而这类群体无疑是将其转换为小程序用户的首选。因此，小程序在微信公众号中有许多入口，可以通过种种方式来吸引用户使用小程序。

为了扩展小程序的使用场景，方便用户使用小程序，微信公众号可以关联小程序，使得用户可以直接从微信公众号进入小程序。关联规则如下。

(1) 所有公众号都可以关联小程序。

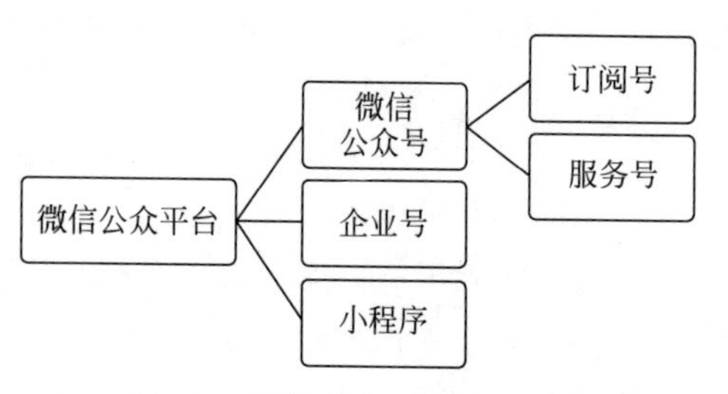


图 1-4　微信公众平台体系示例

(2) 一个公众号可关联 10 个同主体的小程序,3 个不同主体的小程序。

(3) 一个小程序可关联 500 个公众号。

(4) 公众号一个月可新增关联小程序 13 次,小程序一个月可新增关联 500 次。

已关联的小程序可被使用在微信公众号自定义菜单、模板消息等场景中,运营者可以登录公众平台,在"公众号设置"→"相关小程序"中关联小程序(图 1-5)。

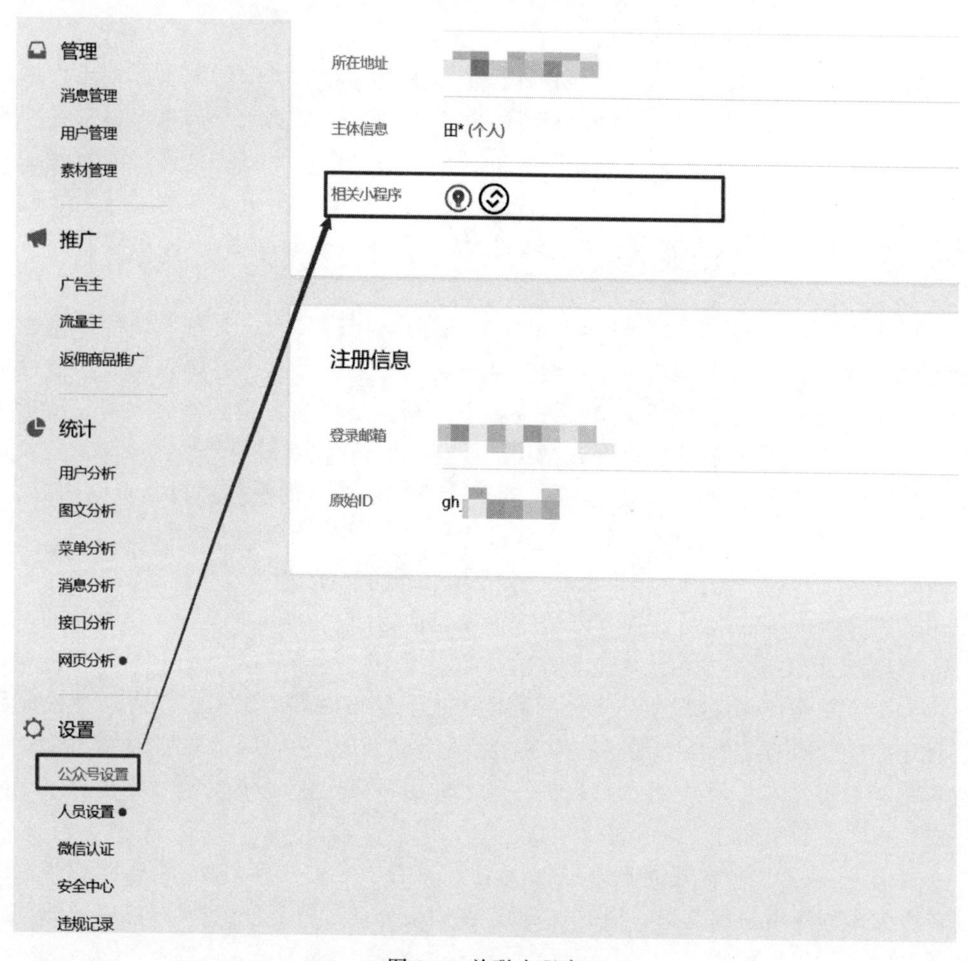


图 1-5　关联小程序

关联成功后，可以在微信公众号的简介（图1-6）以及小程序的详情界面（图1-7）看到相关联的小程序或者微信公众号。

图1-6　在微信公众号界面查看关联的小程序　　图1-7　在小程序界面查看关联的微信公众号

微信公众号可将已关联的小程序页面放置到自定义菜单中，用户单击后，可打开该小程序页面。微信公众号运营者可在公众平台进行设置（图1-8），也可以通过自定义菜单接口进行设置。

微信公众号已关联的小程序页面还可以配置到微信公众号的模板消息中，用户单击微信公众号下方的模板消息，可以打开对应的小程序页面。

为了方便用户在阅读文章时使用小程序提供的服务，微信公众号群发的文章里支持添加小程序卡片（图1-9）。微信公众号群发文章只能添加该微信公众号已关联的小程序，在添加时可以自定义小程序卡片的标题和图片，指定小程序打开的页面。目前所有微信公众号群发文章均支持添加小程序卡片。用户在阅读文章时，只需单击卡片即可打开对应的小程序（图 1-10）。

以上就是对小程序的历史、小程序的功能特性以及如何使用现有的微信公众号为小程序导流的简要介绍。了解了这些，开发者可以更加明确自己开发小程序的目的，制定更加合理的需求。

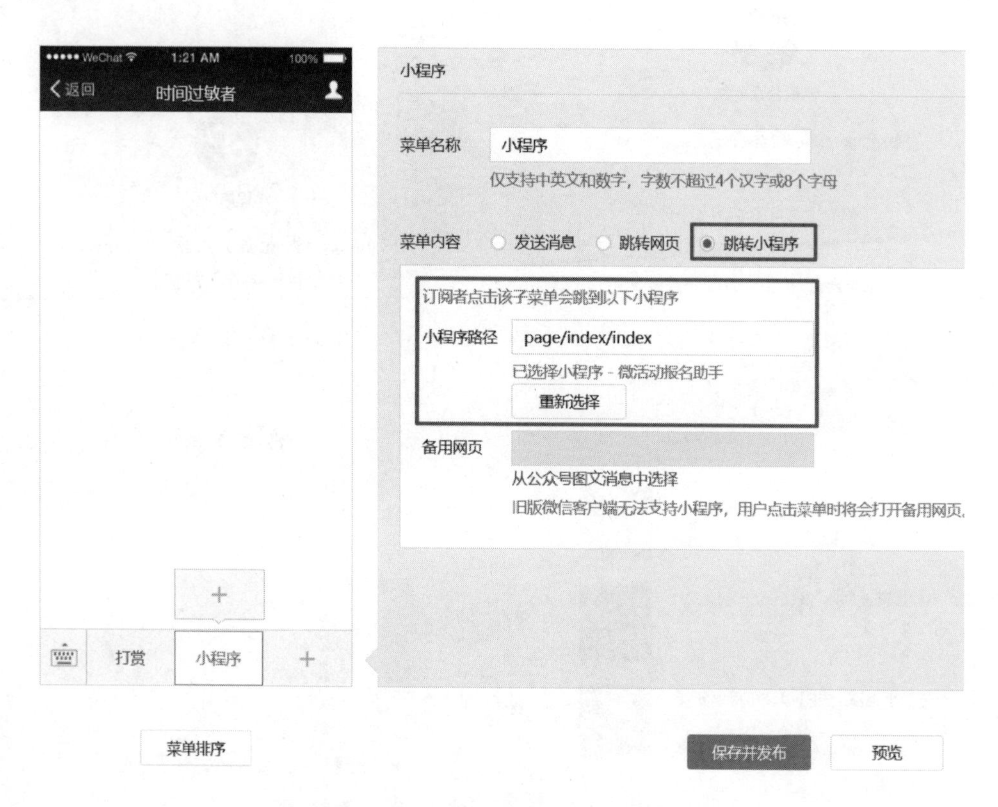


图 1-8　将小程序配置到微信公众号菜单中

图 1-9　微信图文编辑页面支持添加小程序

图 1-10 在群发文章中的小程序卡片

## 1.2 注册小程序

**【任务要求】**

注册一个主体类型为"个人"的小程序,同时完成小程序的基础设置。

**【任务分析】**

小程序的注册是开发小程序的第一步。虽然在没有注册小程序的情况下,也可以使用开发者工具在本地开发代码并预览效果,但是诸多功能都将受到限制。只有注册了小程序的账号,才能完整地体验小程序的所有功能。

在本次任务中,选择门槛最低的"个人"类型小程序进行注册,并完成对小程序名称、图标等基本信息的设置。

**【任务操作】**

(1) 使用浏览器访问网页 https://mp.weixin.qq.com/,在页面右上角单击"立即注册"按钮,如图 1-11 所示。

(2) 在打开的页面中,选择注册的账号类型为"小程序",如图 1-12 所示。

(3) 填写邮箱信息,设定登录密码。该邮箱必须是没有注册过微信公众平台(订阅号,企业号等),没有注册过微信开放平台,以及没有被个人微信号绑定的邮箱。因此在这里建议直接注册一个新的邮箱,并将其用作小程序专用的登录邮箱。阅读并同意相关协议和服务条款后,单击"注册"按钮,如图 1-13 所示。

(4) 登录刚刚填写的邮箱,查收微信团队发送过来的邮箱激活邮件。这一步是为了确认填写的邮箱是有效的。单击邮件中的激活超链接,或者将激活超链接复制到浏览器的地址栏中,访问该激活超链接,如图 1-14 所示。

图 1-11　微信公众平台首页

图 1-12　选择“小程序”进行注册

每个邮箱仅能申请一个小程序

邮箱　sample@sample.com

作为登录账号，请填写未被微信公众平台注册，未被微信开放平台注册，未被个人微信号绑定的邮箱

密码　••••••••••••••

字母、数字或者英文符号，最短8位，区分大小写

确认密码　••••••••••••••

请再次输入密码

验证码　GRBD　GRBD　换一张

你已阅读并同意《微信公众平台服务协议》及《微信小程序平台服务条款》

注册

图 1-13　填写邮箱信息

图 1-14　查收激活邮件

(5) 完成邮箱激活后,进入"信息登记"的页面,在该页面上,选择"注册国家/地区"为"中国大陆",选择"主体类型"为"个人",同时按照要求填写管理员的个人信息,完成手机号码的验证,以及使用微信扫码完成身份验证同时绑定管理员微信号,如图 1-15 所示。

图 1-15　填写个人信息

(6) 如图 1-16 所示，再次确认主体信息后，单击“继续”按钮，出现如图 1-17 所示的提示信息。单击“前往小程序”按钮，便结束了注册的流程，可以去往小程序的后台进一步完成小程序的基础信息设置了。

图 1-16　再次确认

图 1-17　完成注册

(7) 进入小程序后台(图 1-18)后，需要完善小程序的基本信息，包括名称、图标、描述等(图 1-19)。小程序的名称要求规范可以参见网页 http://t.cn/RKNAXPL 的说明。选择恰当的服务类目，对小程序的搜索结果相关性以及某些功能开放与否都有密切关系，因此请务必根据自己小程序的实际功能选择恰当的服务类目。

小程序发布流程

step 1

小程序信息　补充小程序的基本信息，如名称、图标、描述等　填写

小程序开发与管理　添加开发者

开发工具　下载开发者工具进行代码的开发和上传：普通小程序开发者工具、小游戏开发者工具

添加开发者　添加开发者，进行代码上传

配置服务器　在开发设置页面查看AppID和AppSecret，配置服务器域名

帮助文档　可以阅读入门介绍（普通小程序 | 小游戏）、开发文档（普通小程序 | 小游戏）、设计规范和运营规范

step 2

版本发布　先提交代码，然后提交审核，审核通过后可发布　前往发布

图 1-18　小程序后台

图 1-19　填写小程序基本信息

(8) 在各种信息都符合要求,完成填写后,单击“提交”按钮,便完成了小程序基础信息的设置。回到小程序后台管理的首页(图 1-20),单击“添加开发者”按钮,进入如图 1-21 所示页面,还可以对小程序进行“成员管理”。

图 1-20　后台管理首页

“管理员”就是之前在第(5)步时绑定的微信用户;“项目成员”指的是可以让其他的微信用户加入小程序项目当中,并分别为其赋予运营者、开发者和数据分析者这三种不同的角色;“体验成员”指的是在小程序还未正式上线的情况下,允许使用小程序体验版本的用户,在小范围测试阶段将会非常有用。作为管理员,则不需要将自己重复添加成为“项目成员”和“体验成员”。因此,如果不涉及多人参与开发运营,在早期可以不用添加新的“项目成员”,“体验成员”则可以视自己的实际情况进行添加。

(9) 最后一步,回到小程序后台管理的首页,如图 1-22 所示,单击左边菜单的“开发”选项,在“开发设置”里面,记录下 AppID,生成 AppSecret 并保存下来,用于后续开发使用。

至此,完成了小程序的注册和基本信息的设置。

**【相关知识】**

完成了小程序账号的注册和小程序基本信息的设置后,现在已经拥有属于自己的小程序了。在本例中,注册的是“个人”类型的账号。包含“个人”类型的账号主体在内,小程序支持的账号主体说明见表 1-1。

成员管理

管理员　可设置风险操作保护、风险操作提醒等帐号安全

修改

tw

2018

项目成员　管理员可添加小程序项目成员，并配置成员的权限，查看详细说明。

还可添加15个　编辑

请输入搜索关键字

全部成员　运营者　开发者　数据分析者

暂无数据

体验成员

还可添加15个　添加

暂无数据，请添加体验成员

图 1-21　小程序成员管理

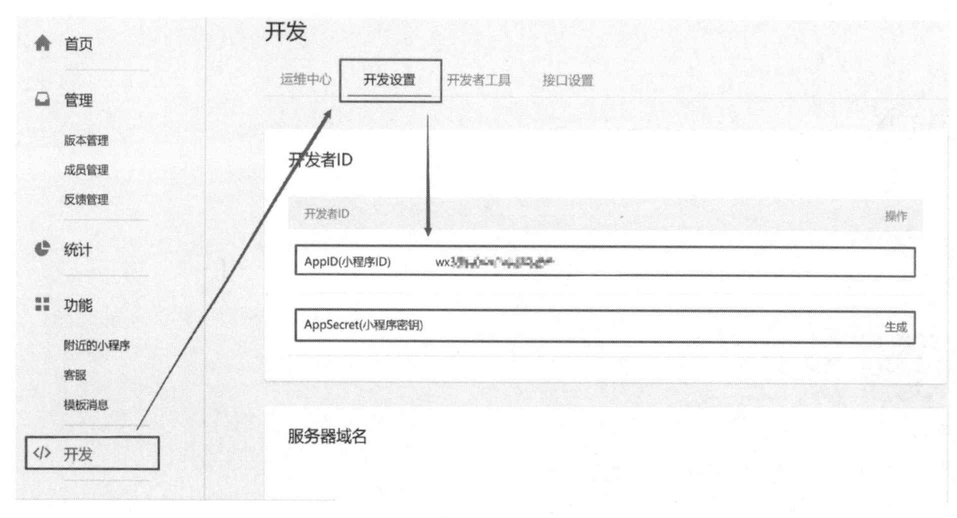


图 1-22　记录并保存 AppID 和 AppSecret

**表 1-1　小程序账号主体说明**

| 账 号 主 体 | 范　　围 |
|---|---|
| 个人 | 18 岁以上有国内身份信息的微信实名用户 |
| 企业 | 企业、分支机构、企业相关品牌 |
| 企业(个体工商户) | 个体工商户 |
| 政府 | 国内、各级、各类政府机构、事业单位、具有行政职能的社会组织等。目前主要覆盖公安机构、党团机构、司法机构、交通机构、旅游机构、工商税务机构、市政机构等 |
| 媒体 | 报纸、杂志、电视、电台、通讯社、其他等 |
| 其他组织 | 不属于政府、媒体、企业或个人的类型 |

不同的账号主体类型在验证身份的时候需要的材料和流程都有所不同,能够使用的小程序的功能也不完全相同。总的来说,主体是组织或者企业(统称“非个人主体”)的小程序,能使用的服务类目是最为齐全的。例如,账户主体为“个人”的小程序,就不可以涉及出国移民、留学、在线视频课程、医疗等只有“非个人主体”才可以涉及的业务。服务类目的限制和选择出现在上文过程的第(7)步中,除了对小程序的搜索结果相关性有影响之外,服务类目的限制也影响到了小程序功能的使用。例如,小程序的直播功能,目前就只对社交、教育、医疗、政务民生和金融这些一级类目下的部分二级类目开放。针对不同账户主体的小程序开放的服务类目详细说明可以参考网页 http://t.cn/RgK5RVx 的内容。

在上述过程的第(8)步中,对小程序的成员进行了管理。其中,“项目成员”表示参与小程序开发、运营的成员,可登录小程序管理后台,包括运营者、开发者及数据分析者。不同的角色拥有的权限说明见表 1-2。

**表 1-2　项目成员权限说明**

| 权　　限 | 说　　明 | 运营者 | 开发者 | 数据分析者 |
|---|---|---|---|---|
| 开发者权限 | 可使用小程序开发者工具及开发版小程序进行开发 | | √ | |
| 体验者权限 | 可使用体验版小程序 | √ | √ | √ |
| 登录 | 可登录小程序管理后台,无须管理员确认 | √ | √ | √ |

续表

| 权　　限 | 说　　明 | 运营者 | 开发者 | 数据分析者 |
|---|---|---|---|---|
| 数据分析 | 使用小程序统计模块功能查看小程序数据 | | | √ |
| 微信支付 | 使用小程序微信支付(虚拟支付)模块 | √ | | |
| 推广 | 使用小程序流量主、广告主模块 | √ | | |
| 开发管理 | 小程序提交审核、发布、回退 | √ | | |
| 开发设置 | 设置小程序服务器域名、消息推送及扫描普通链接二维码打开小程序 | | √ | |
| 暂停服务 | 暂停小程序线上服务 | √ | | |
| 解除关联公众号 | 可解绑小程序已关联的公众号 | √ | | |
| 腾讯云管理 | | | √ | |
| 小程序插件 | 可进行小程序插件开发管理和设置 | √ | | |
| 游戏运营管理 | 可使用小游戏管理后台的素材管理、游戏圈管理等功能 | √ | | |

同时,小程序对于成员管理的人数也有一定限制,依据主体类型的不同,认证状态的不同以及小程序是否发布上线的不同,其成员数量限制见表1-3。

**表1-3　成员管理人数限制**

| 成　　员 | 主体类型 | | | |
|---|---|---|---|---|
| | 个人 | 未认证未发布非个人 | 已认证未发布/未认证已发布非个人 | 已认证已发布非个人 |
| 项目成员 | 15 | 30 | 60 | 90 |
| 体验成员 | 15 | 30 | 60 | 90 |

需要注意的是,管理员及其他项目成员绑定账号数不占用公众号绑定数量限制,每个微信号可以成为50个小程序的项目成员或体验成员。

## 1.3　微信小程序开发工具的下载、安装和使用

**【任务要求】**

在计算机上完成微信开发者工具的安装,并熟悉微信开发者工具的使用。

**【任务分析】**

正所谓"工欲善其事,必先利其器",小程序的开发离不开开发工具。微信开发者工具(简称开发者工具)集成了项目管理、代码编辑、调试模拟、打包编译、上传等功能,也是唯一的官方IDE(Integrated Development Environment,集成开发环境)。本任务的重点是介绍开发者工具的功能,学习开发者工具的使用。

**【任务操作】**

(1) 访问网址 https://developers.weixin.qq.com/miniprogram/dev/devtools/download.html 或者扫描如图1-23所示的二维码,下载符合自己计算机操作系统版本的正式版开发者工具。注意,在没有特殊说明的情况下,下文所有的示例均基于版本号为 v1.02.1812271 的

开发者工具。

(2) 下载完成后,双击安装文件,按照常规方式完成开发者工具的安装。

(3) 启动开发者工具,会出现如图 1-24 所示的界面。请使用具有开发者权限的微信号扫描二维码,或者是由管理员扫描二维码,完成开发者工具的登录。

图 1-23　小程序开发工具下载地址二维码

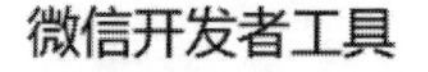

图 1-24　扫码登录开发者工具

(4) 登录完成后,在新出现的界面(图 1-25)中,选择“小程序项目”选项,然后在如图 1-26 所示的界面中,输入项目信息。

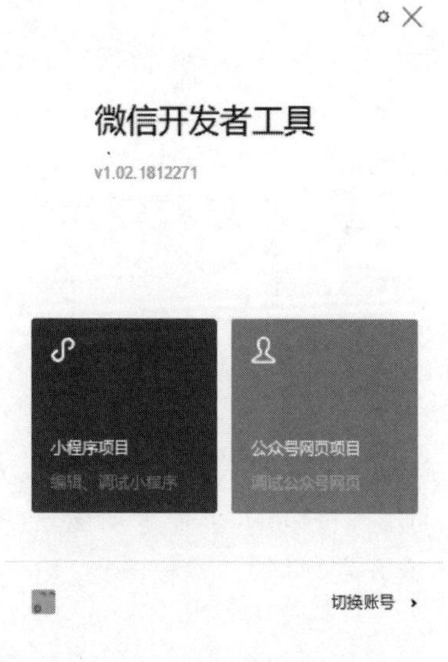

图 1-25　选择项目类型

图 1-26　新增小程序项目

其中,“项目目录”请选择一个空白目录,同时路径最好不要包含中文; AppID 可以去小程序管理后台查看;“项目名称”自拟; 勾选“建立普通快速启动模板”复选框,最后单击“确定”按钮，完成项目的新建，进入如图 1-27 所示的微信开发者工具的界面。

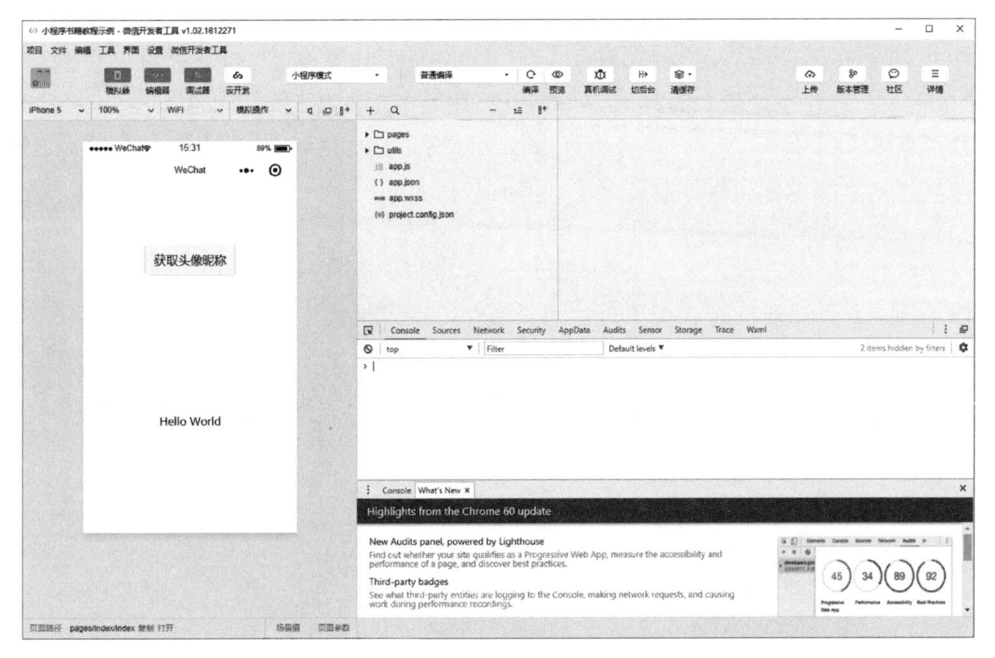


图 1-27　微信开发者工具界面

（5）单击“获取头像昵称”按钮，授权当前小程序获取个人信息，可以看到在如图 1-28 所示的页面上出现了当前登录开发者工具的微信用户的头像和昵称。然后打开 app.js 文件，查看文件内容，体验基本操作。

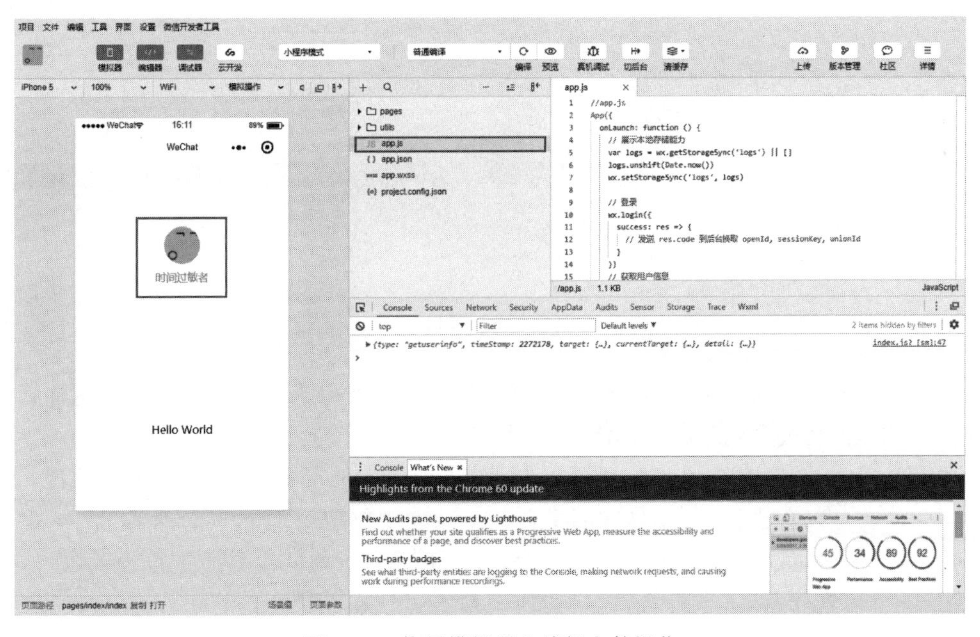


图 1-28　使用模拟器和编辑文件操作

**【相关知识】**

微信开发者工具的下载和安装与普通的软件没有太大的区别，此处略过不表。在安装好软件并完成登录后，可以看到“小程序项目”和“公众号网页项目”两个选项。选择小程序调试，将进入小程序本地项目管理页，可以新建、删除本地的项目，或者选择进入已存在的本地项目；选择公众号网页调试，将直接进入公众号网页项目调试界面，在地址栏输入 URL，即可调试该网页的微信授权以及微信 JS-SDK 功能。

在新建小程序项目时，“项目目录”可以选择一个空白目录，也可以选择包含 app. json（小程序全局配置文件）或者 project. config. json（项目配置文件）的非空目录。选择非空目录一般是用来打开已有的小程序项目。如果选择了空白目录作为项目目录，勾选“建立普通快速启动模板”复选框，可以让开发者工具生成部分必要的文件，自动新建一个示例项目，否则打开就是一个完全空白的项目。

开发者工具的主要界面分为如图 1-29 所示的菜单栏、工具栏、模拟器、编辑器和调试器共五个区域。

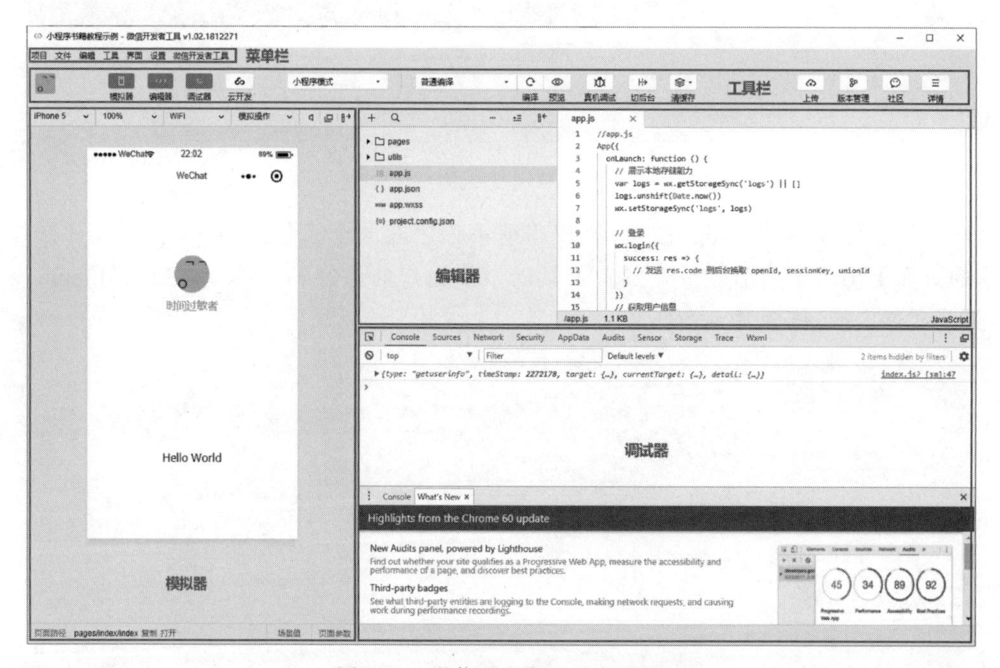


图 1-29　微信开发者工具主界面

微信开发者工具的功能很多，除了基本的项目管理、代码编写、模拟调试外，还有版本控制、连通腾讯云、真机调试等高级功能。下面对部分常用的、重要的功能进行介绍。

在菜单栏中，使用“项目”菜单项可以对项目进行新建、切换、管理、关闭等操作；使用“文件”菜单项可以新建、保存文件或者关闭当前文件；“编辑”菜单项包含搜索、格式化代码、切换文件等功能；使用“界面”菜单项中可以对开发者工具的主界面进行设置，比如是否显示工具栏、编辑器、调试器等，还可以切换模拟器显示在左边还是右边；使用“设置”菜单项中可以设置开发者工具的主题外观、快捷键以及部分编辑习惯；在“微信开发者工具”菜单项中，可以切换当前登录开发者工具的微信账号，快捷访问开发文档或者开发者社区，在小程序调试和公众号网页调试中快速更换开发模式，以及如果在使用开发者工具的过程中遇到问题，还可以使用“微信开发者工具”菜单项下面的“调试”功能，查看开发者工具的日志信息。

剩下的一个“工具”菜单项(图 1-30)中包含的功能则比较多。其中，“编译”和“刷新”功能一致，均可以让模拟器按照最新的代码重新运行。“预览”则会将项目编译后，直接在登录了当前开发者工具微信号的手机上打开项目，在真机上预览当前项目的运行情况。此功能需要确保手机上的微信正处于前台运行状态，同时微信版本在 6.6.7 以上。“编译配置”功能允许用户设定编译的条件，例如启动页面、启动参数等。这在调试某个固定页面时尤其有用，这样就不用每次都从小程序的首页一步步跳转到当前正在开发的页面了。“前后台切换”可以模拟手机上小程序进入后台和重新回到前台时的情况，一般用于测试小程序在对应生命周期执行的功能。“清除缓存”则可以相应地清除文件缓存、数据缓存、授权数据、网络缓存和登录状态。“上传”是一个很重要的功能，它会将本地的代码编译上传至小程序平台，管理员可以在小程序管理后台看到上传的版本，并将其设置为体验版或者进一步提交正式上线的审核。注意每上传一次，都会覆盖上一次上传的结果。“自定义分析”主要用于在小程序正式发布后监控小程序被使用的情况。“自动化测试”则是将小程序提交给由腾讯提供的一套云测试平台进行真机运行并统计运行情况。执行完毕后会自动生成测试报告，开发者可以根据测试报告发现在不同设备上可能存在的潜在问题或者优化部分页面的加载速度等。“素材管理”需要开通腾讯云的相关服务，开发者可以将少量的素材放在云服务器上，直接在线调用。“代码仓库”可以对代码进行版本控制，由 TGit 代码托管平台提供，其功能类似于 Github，属于腾讯。此功能需要在小程序管理后台主动开通相关服务才可以使用。“项目详情”可以打开如图 1-31 所示的项目详情界面，查看项目设置和域名信息。“多账号调试”允许在开发者工具中登录多个微信账号共同参与项目的模拟运行。例如，在聊天室这样的功能页面，就可以使用“多账号调试”达到在一个项目上多人参与运行的目的。“工具栏管理”可以设定工具栏的显示样式，包括“只显示图标”“图标与文字说明”以及自定义在工具栏要显示的内容三个选项。“构建 npm”功能需要配合勾选图 1-31 中“使用 npm 模块”选项

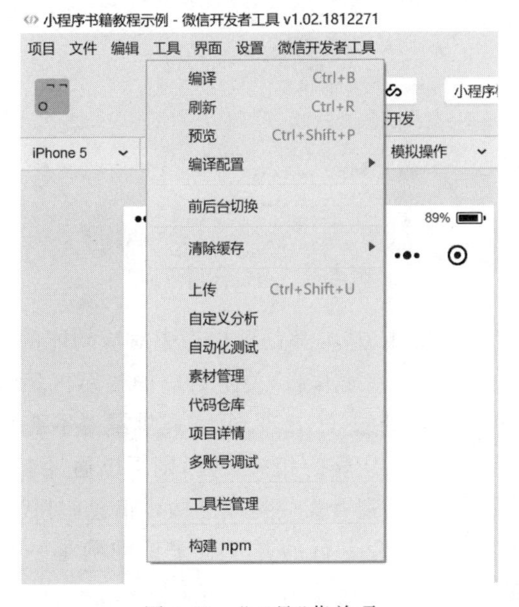


图 1-30 “工具”菜单项

来使用，它使得小程序可以使用 npm 来安装第三方包，其具体要求视开发者自己的需求而定，本书不会涉及相关内容。

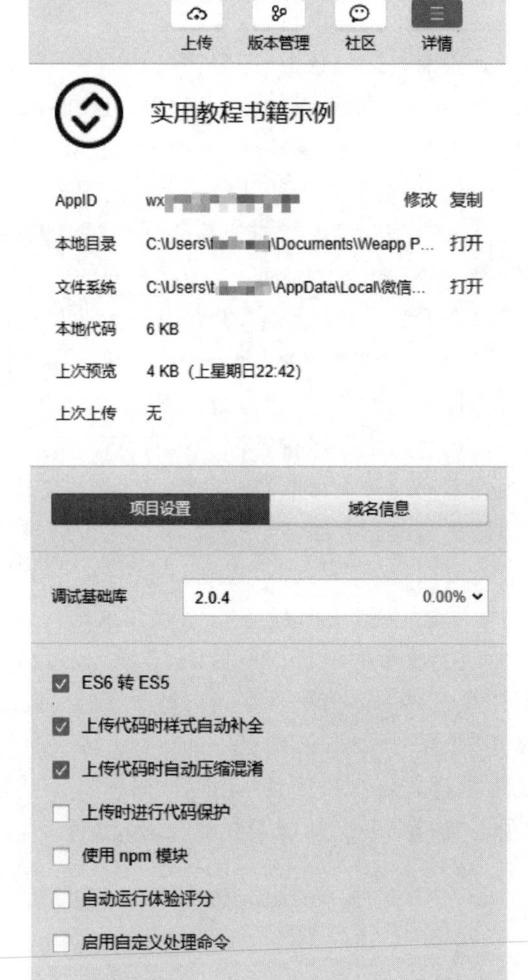


图 1-31　项目详情界面

图 1-32 所示，工具栏中的功能，基本都是菜单栏中对应功能的快捷入口。“模拟器”“编辑器”和“调试器”这三个按钮可以快速开启/关闭对应的显示区域，但是至少要保留其中的一个显示。“版本管理”和前面提到的 TGit 不同，它提供了对本地 Git 仓库管理的功能。如果当前小程序的项目目录下有 Git 仓库的相关文件，则可以通过单击“版本管理”按钮，打开如图 1-33 所示的版本控制器界面，查看文件更改和版本信息，对代码进行可视化的同步、推送、拉取等操作。对于不熟悉 Git 命令行的开发者来说的确是一个非常方便的功能。“社区”按钮可以快速访问微信开发者社区（https://developers.weixin.qq.com/），在开发的过程中遇到问题可以去社区发帖求助。

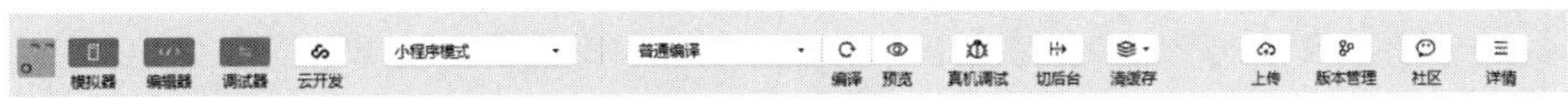


图 1-32　工具栏

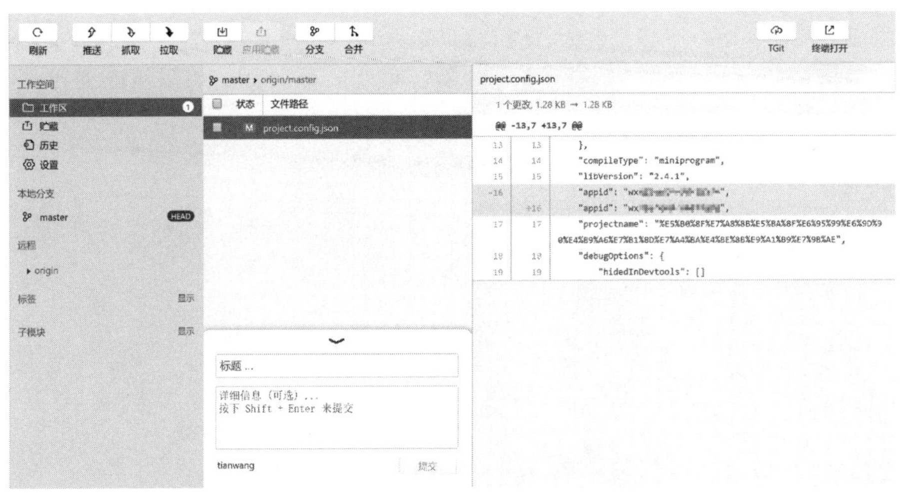


图 1-33　版本管理

在图 1-29 中，模拟器区域可以模拟小程序微信客户端的表现。小程序的代码通过编译后可以在模拟器上直接运行。如图 1-34 所示，为了方便开发者适配不同设备，开发者工具提供了模拟设备的切换功能，开发者也可以按实际的需要自定义设备。在模拟器的操作栏中，还提供了切换网络状态，模拟手机 Home 键和返回键操作，开启/关闭音量的功能。如图 1-35 所示，操作栏最右边的两个按钮则分别可以将模拟器变成独立窗口以及让模拟器在开发者工具的右侧显示。将模拟器变成一个独立窗口，可以有效地扩大代码编辑区和调试区，提升编程效率。

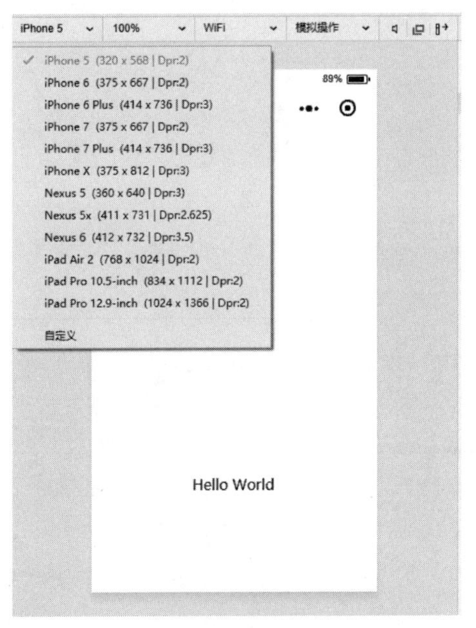


图 1-34　切换模拟设备

图 1-35　更改模拟器显示位置

图 1-36 所示，在模拟器区域的底部，则显示了当前页面的一些信息，包括“页面路径”“场景值”和“页面参数”。“场景值”表示用户是从什么地方访问到当前页面的。当单击工具栏上的“切后台”按钮（单击完后会变成“切前台”按钮），便可以看到模拟器中列出来的所有场景值选项。选择其中一个场景进入，模拟器底部的“场景值”也就变成了对应的值（图 1-37）。一般来说，针对不同的进入场景，开发者可以执行相应的逻辑来响应用户的动作。“页面参数”则可以查看在启动当前页面时传入的参数，一般用于小程序内多个页面含参数跳转时查看参数是否正常，也可以在添加编译模式时指定页面参数。

图 1-36　模拟器底部页面信息

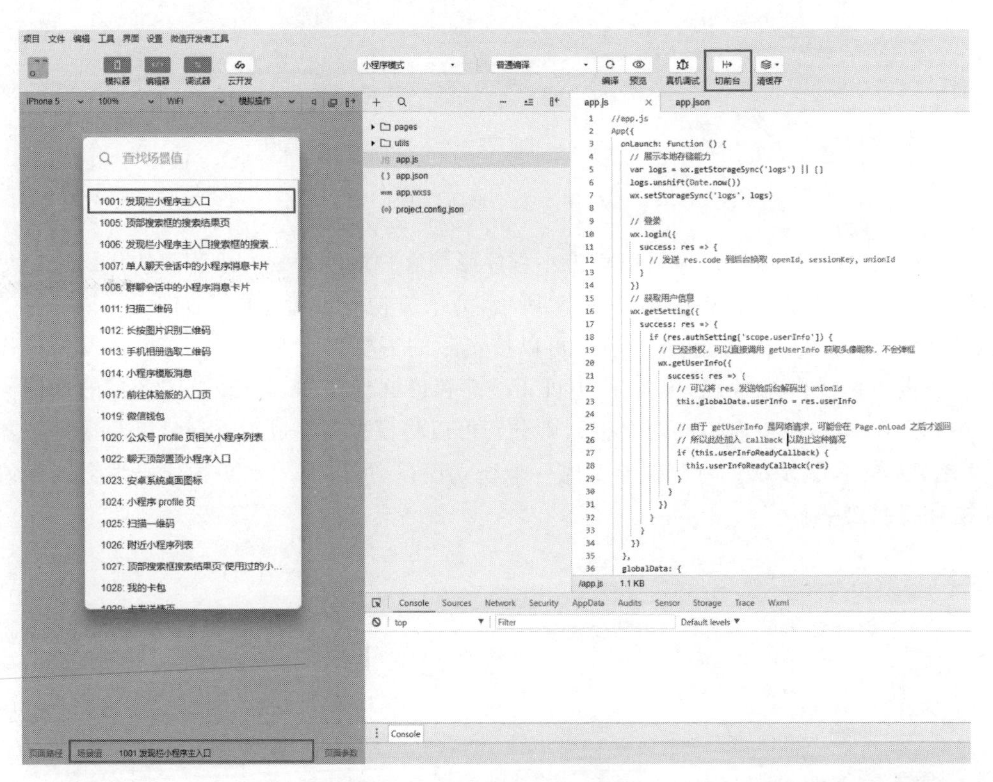


图 1-37　更改小程序场景值

编辑器的功能主要包括目录管理、文件管理和文件编辑这些常规功能。编辑代码时可以使用的快捷键可以在菜单栏的“设置”→“快捷键设置”中查看或指定。

调试器是一个非常重要的区域，如图 1-38 所示，它包含 Console、Sources、Network、Security、AppData、Audits、Sensor、Trace 和 Wxml 共九个部分。

其中，Console 面板是最为常用的。小程序编译或者运行时的错误会显示在这个地方，开发者也可以在 Console 面板里输入和调试代码。一般在代码中使用 console.log(variable)将需要观察的变量输出至 Console 面板，也可以直接在 Console 中输入代码并运行（图 1-39）。

图 1-38　调试器窗口

图 1-39　在 Console 面板中调试代码

图 1-40 所示，Sources 面板可以显示经过微信小程序框架编译过的当前项目的脚本文件，同时还可以在这个面板里进行断点调试，追踪调用栈和变量值。

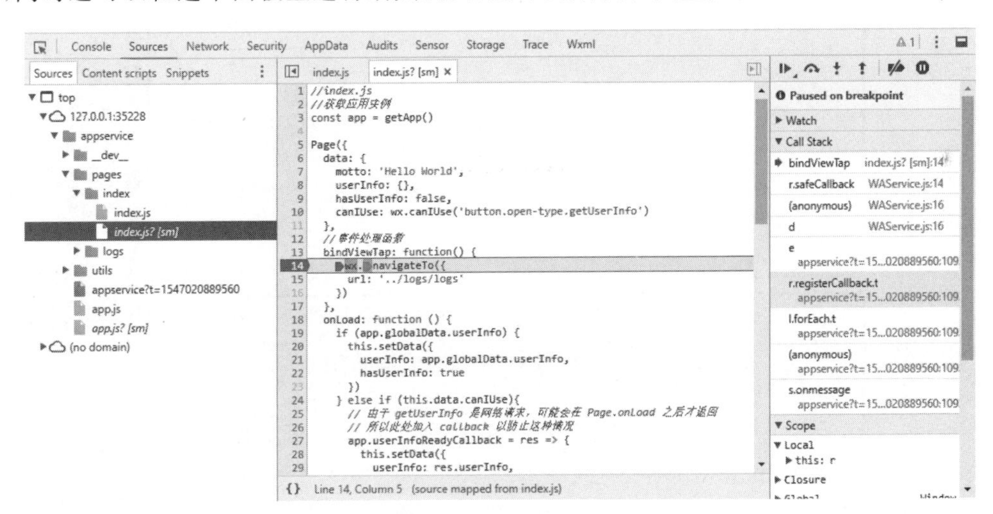


图 1-40　在 Sources 面板里进行断点调试

和 Chrome 浏览器的开发者工具台类似，Network 面板可以用来观察和显示网络连接的情况，包括 request 和 socket 请求。但是上传和下载文件暂时不支持在 Network 面板中查看。

AppData 面板用于显示当前项目运行时小程序 AppData 的具体数据,实时地反映项目数据情况,可以在此处编辑数据,并及时地反馈到界面上。图 1-41 显示的就是 index.js 文件中 data 数组各项数据的情况以及在模拟器界面中对应使用到的位置。

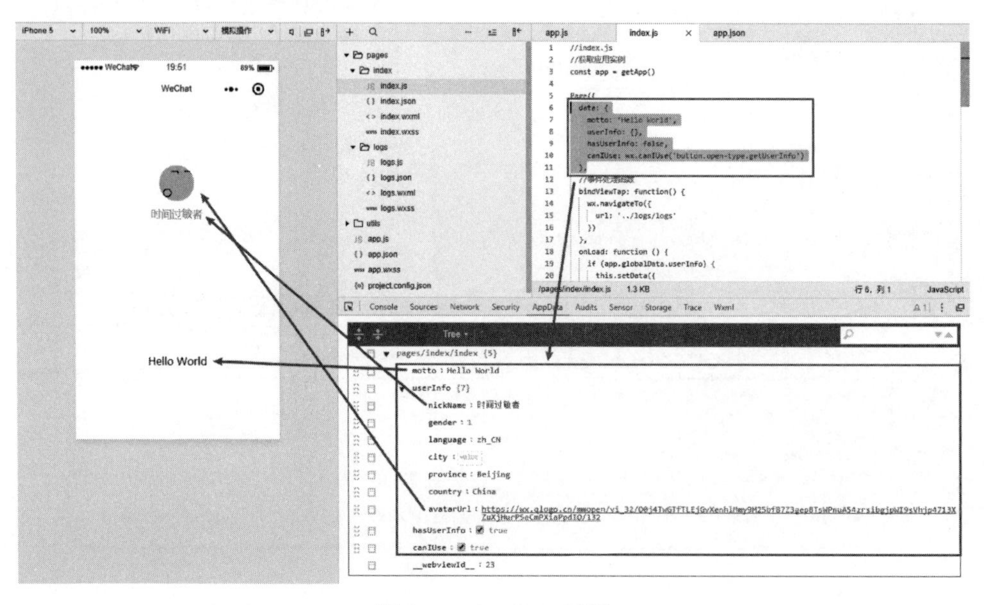

图 1-41　AppData 面板

Sensor 面板(图 1-42)可以模拟设备的位置信息和陀螺仪信息。

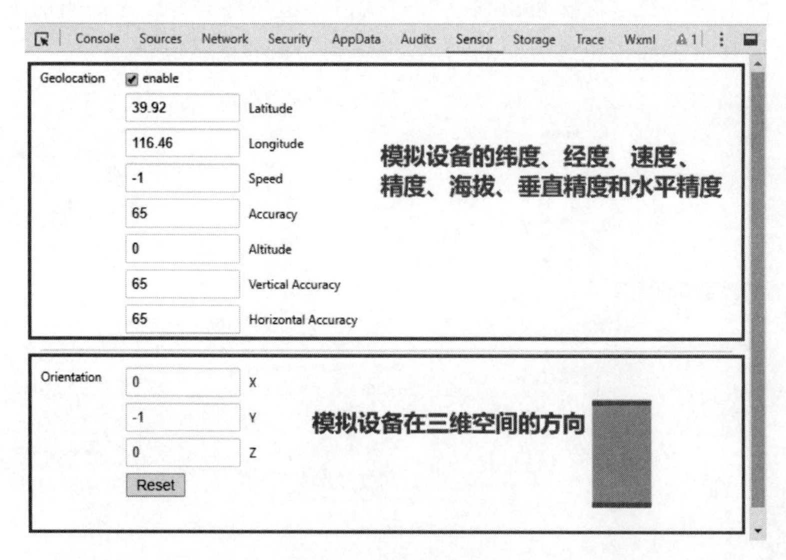


图 1-42　Sensor 面板

Storage 面板用于显示当前项目在本地缓存的数据情况。开发者可以直接在 Storage 面板上对数据进行删除(按 Delete 键)、新增、修改。在模拟器上,单击头像区域,进入当前示例小程序的第二个页面“查看启动日志”。可以看到,页面上列出了每次启动小程序的时间点。这些启动时间数据都是存储在本地缓存中的。如图 1-43 所示,在 app.js 文件中,wx.setStorageSync('logs', logs)表示将当前的时间戳存入本地以 logs 为 key 的缓存中,在下方的 Storage 面板中也能看到对应的 logs 数组的值。要想清除缓存，可以使用工具栏中的“清缓存”按钮。

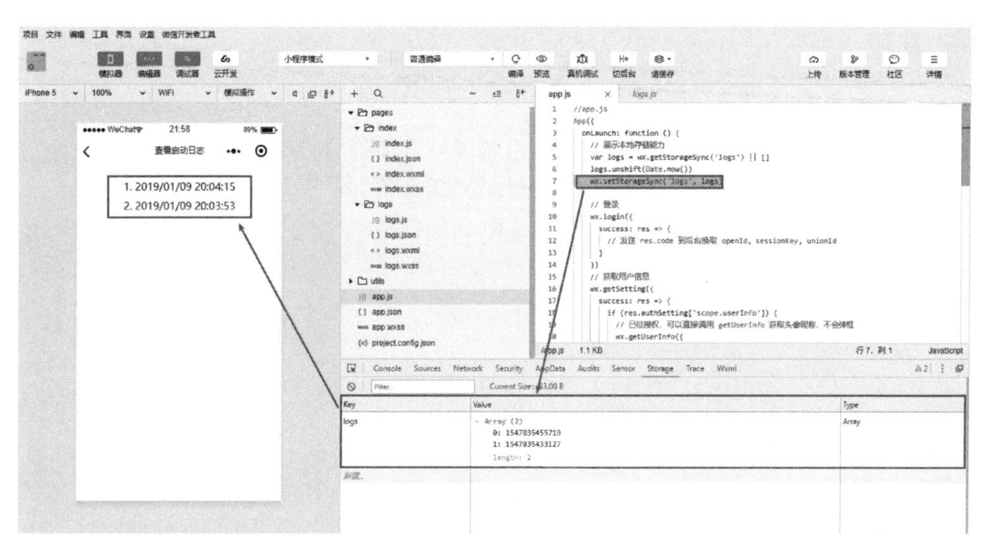


图 1-43　Storage 面板

Wxml 面板用于帮助开发者查看转换后的 wxml 文件内容。在这里可以看到真实的页面结构以及结构对应的 wxss 属性（类似于 CSS），同时可以通过修改对应的 wxss 属性，在模拟器中实时看到修改的情况（仅为实时预览，无法保存到文件）。通过调试模块左上角的选择器，还可以快速定位页面中组件对应的 wxml 代码。图 1-44 显示的正是模拟器中头像和昵称部分对应的 wxml 代码和样式。

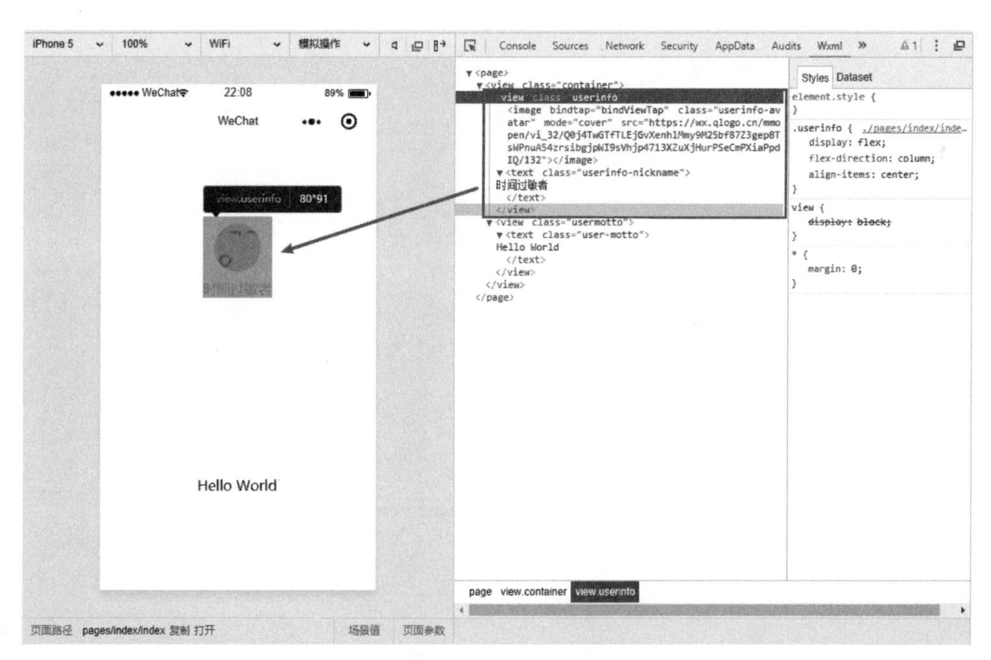


图 1-44　Wxml 面板

在调试器的 9 个面板中，没有提及的 Security、Audits 和 Trace 面板在学习的过程中基本使用不到，感兴趣的读者可以自己去尝试体验一下。

## 练　习　题

1. 尝试用邮箱注册一个小程序账号，并设置好小程序的基本信息，包括名称、图标、描述等。同时邀请几位微信好友成为自己小程序的体验成员，为后面的学习做好准备。

2. 请完成微信开发者工具的安装，并按照前面的步骤新建示例项目，同时熟悉开发者工具的使用与基本操作。

# 第 2 章 初识小程序

在第 1 章完成了小程序的注册，在建立示例项目和熟悉开发者工具的基础上，本章将介绍组成小程序的目录和文件以及发布小程序的关键操作。

**本章学习目标：**

- 了解组成小程序的目录结构和文件。
- 熟悉小程序配置文件和页面配置文件的使用方法。
- 掌握新建页面以及设置启动页面的方法。
- 掌握在真机上预览小程序的方法。
- 熟悉发布小程序的流程，以及对小程序各阶段版本的管理。

## 2.1 认识组成小程序的文件和目录结构

**【任务要求】**

在示例项目的 pages 目录下新增一个 Chapter_2 文件夹，在 Chapter_2 文件夹下新增一个名为 learn 的页面，修改页面的显示内容为“这是一个学习页面”，设置页面的导航栏标题为“学习页面”，并将其设置为启动首页。同时将小程序的导航栏从原来的白底黑字更改为黑底白字。

**【任务分析】**

本次任务主要涉及小程序新建页面的操作，对小程序全局配置文件以及页面配置文件的修改。这部分内容可以视作后续设计自己的小程序的入门。

**【任务操作】**

(1) 先修改导航栏的样式。打开示例项目，编辑其中的 app.json 文件，将原文件第 8 行代码 navigationBarBackgroundColor 的值由原来的 #fff 更改为 #000，表示将导航栏的背景颜色由白色改为黑色。将第 10 行代码 navigationBarTextStyle 的值由原来的 black 更改为 white，表示将导航栏文字的颜色由黑色改为白色。保存文件，编译项目，查看修改后的小程序导航栏样式(图 2-1)。

(2) 按照任务要求新增一个页面。编辑 app.json 文件，在 pages 数组里面添加一项 "pages/Chapter_2/learn/learn"，并将这一项放置于数组的第一项。保存文件，编译项目。开发者工具会自动帮我们生成目录以及页面所需的文件，并在模拟器中打开新建的页面，如图 2-2 所示。

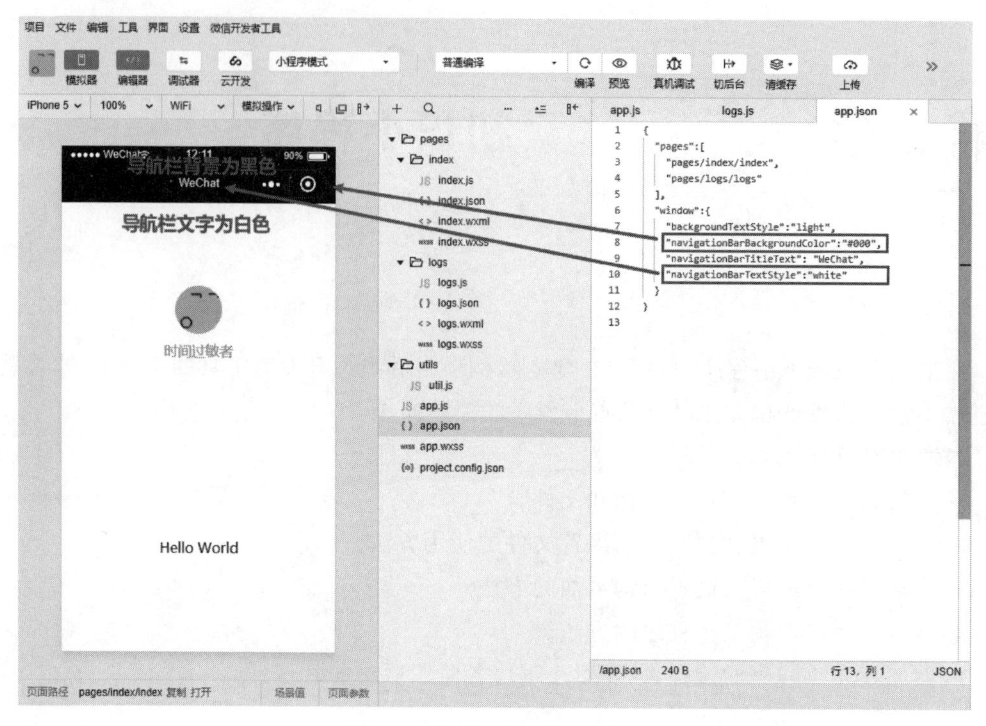


图 2-1 修改后的导航栏样式

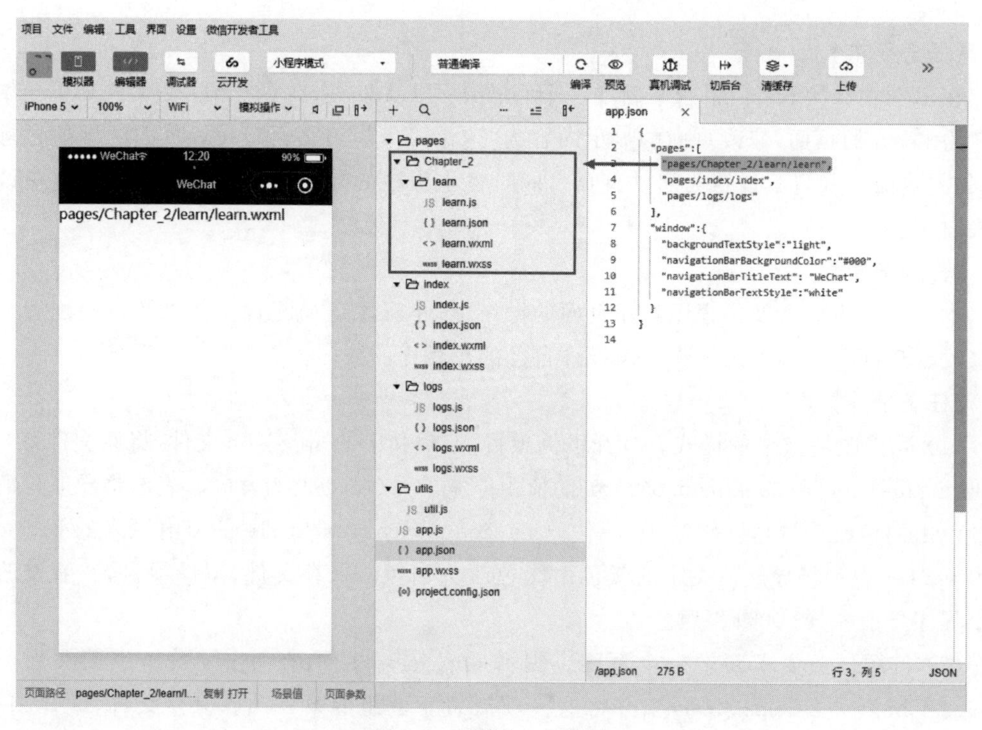


图 2-2 新建 learn 页面

(3) 编辑页面内容。在 pages/Chapter_2/learn 目录下，找到 learn.wxml 文件，将其中的<text>pages/Chapter_2/learn/learn.wxml</text>修改为<text>这是一个学习页面</text>，同时打开该目录下的 learn.json 文件，新增一行"navigationBarTitleText": "学习页面"。

修改之后的 learn.wxml 文件内容如下。

```
<!-- pages/Chapter_2/learn/learn.wxml -->
<text>这是一个学习页面</text>
```

修改后的 learn.json 文件内容如下。

```
{
  "navigationBarTitleText": "学习页面",
  "usingComponents": {}
}
```

保存全部文件，编译项目，在模拟器中看到的效果如图 2-3 所示。

图 2-3　learn 页面示例

**【相关知识】**

组成小程序的文件，主要有小程序整体的逻辑、样式、配置文件以及各个页面的逻辑、样式和配置文件，还包括资源文件例如公共函数或者图片等。完成本次任务后，当前示例项目的文件目录结构应如图 2-4 所示。

从整体来说，小程序包含一个描述整体程序的 App 和多个描述各自页面的 page。一个小程序主体部分由三个文件组成(表 2-1)，必须放在项目的根目录下。

图 2-4　示例项目文件目录结构

**表 2-1　小程序主体文件**

| 文　　件 | 必　　需 | 作　　用 |
| --- | --- | --- |
| app. js | 是 | 小程序逻辑 |
| app. json | 是 | 小程序公共配置 |
| app. wxss | 否 | 小程序公共样式表 |

一个小程序页面由四个文件组成，其说明见表 2-2。

**表 2-2　小程序页面文件**

| 文件类型 | 必　　需 | 作　　用 |
| --- | --- | --- |
| js | 是 | 页面逻辑 |
| wxml | 是 | 页面结构 |
| json | 否 | 页面配置 |
| wxss | 否 | 页面样式表 |

值得注意的是，为了方便开发者减少配置项，描述页面的四个文件必须具有相同的路径与文件名。

了解了整体的结构之后，再来看一下在本次任务中出现的各个文件的作用。

**1. project. config. json**

project. config. json 是项目配置文件，它不影响当前的小程序项目本身的功能，主要是为了方便开发者在开发不同的项目或者是使用不同环境下的开发者工具时，能使用 project. config. json 文件完成针对该项目的开发者工具的设置。project. config. json 可以配置的字段说明见表 2-3。

表 2-3　project. config. json 配置字段说明

| 字　段　名 | 类　　型 | 说　　明 |
| --- | --- | --- |
| miniprogramRoot | Path String | 指定小程序源码的目录(需为相对路径) |
| qcloudRoot | Path String | 指定腾讯云项目的目录(需为相对路径) |
| pluginRoot | Path String | 指定插件项目的目录(需为相对路径) |
| compileType | String | 编译类型 |
| setting | Object | 项目设置 |
| libVersion | String | 基础库版本 |
| appid | String | 项目的 appid,只在新建项目时读取 |
| projectname | String | 项目名字,只在新建项目时读取 |
| packOptions | Object | 打包配置选项 |
| debugOptions | Object | 调试配置选项 |
| scripts | Object | 自定义预处理 |

其中,compileType 字段的有效值说明见表 2-4。

表 2-4　compileType 字段的有效值说明

| 名　　字 | 说　　明 |
| --- | --- |
| miniprogram | 当前为普通小程序项目 |
| plugin | 当前为小程序插件项目 |

setting 字段的有效值说明见表 2-5。

表 2-5　setting 字段的有效值说明

| 字　段　名 | 类　　型 | 说　　明 |
| --- | --- | --- |
| es6 | Boolean | 是否启用 es6 转 es5 |
| postcss | Boolean | 上传代码时样式是否自动补全 |
| minified | Boolean | 上传代码时是否自动压缩 |
| urlCheck | Boolean | 是否检查安全域名和 TLS 版本 |
| uglifyFileName | Boolean | 是否进行代码保护 |

setting 字段这部分内容也可以在如图 1-31 所示的项目详情页面勾选设定。

### 2. app. wxss

app. wxss 是全局样式文件,和 CSS 文件作用一样,用来美化页面的显示效果。定义在 app. wxss 中的样式为全局样式,作用于每一个页面。在各个页面的 wxss 文件中定义的样式为局部样式,只作用在对应的页面,并会覆盖 app. wxss 中相同的选择器。

### 3. app. json

app. json 为全局配置文件。和项目配置文件 project. config. json 不同的是,app. json 文件中的内容决定了小程序页面文件的路径、窗口表现,还可以设置网络超时时间,设置多 tab 等。以下是一个包含部分常用配置选项的 app. json 文件示例。

```
{
  "pages": ["pages/index/index", "pages/logs/index"],
  "window": {
```

```
        "navigationBarTitleText": "Demo"
    },
    "tabBar": {
      "list": [
        {
          "pagePath": "pages/index/index",
          "text": "首页"
        },
        {
          "pagePath": "pages/logs/logs",
          "text": "日志"
        }
      ]
    },
    "networkTimeout": {
      "request": 10000,
      "downloadFile": 10000
    },
    "debug": true,
    "navigateToMiniProgramAppIdList": ["wxe5f52902cf4de896"]
}
```

app.json 文件的配置项说明见表 2-6。

**表 2-6 app.json 配置项说明**

| 属　　性 | 类型 | 必填 | 描　　述 | 最低版本 |
|---|---|---|---|---|
| pages | String Array | 是 | 页面路径列表 | |
| window | Object | 否 | 全局的默认窗口表现 | |
| tabBar | Object | 否 | 底部 tab 栏的表现 | |
| networkTimeout | Object | 否 | 网络超时时间 | |
| debug | Boolean | 否 | 是否开启 debug 模式，默认关闭 | |
| functionalPages | Boolean | 否 | 是否启用插件功能页，默认关闭 | 2.1.0 |
| subpackages | Object Array | 否 | 分包结构配置 | 1.7.3 |
| workers | String | 否 | Worker 代码放置的目录 | 1.9.90 |
| requiredBackgroundModes | String Array | 否 | 需要在后台使用的能力，如音乐播放 | |
| plugins | Object | 否 | 使用到的插件 | 1.9.6 |
| preloadRule | Object | 否 | 分包预下载规则 | 2.3.0 |
| resizable | Boolean | 否 | iPad 小程序是否支持屏幕旋转，默认关闭 | 2.3.0 |
| navigateToMiniProgramAppIdList | String Array | 否 | 需要跳转的小程序列表 | 2.4.0 |
| usingComponents | Object | 否 | 全局自定义组件配置 | 开发者工具 1.02.1810190 |
| permission | Object | 否 | 小程序接口权限相关设置 | 微信客户端 7.0.0 |

其中，pages 字段是一个字符数组，用于指定小程序由哪些页面组成。数组的每一项都对应一个页面的路径和文件名信息。文件名不需要写文件的后缀，框架会自动去寻找对应位置的.json、.js、.wxml、.wxss 四个文件进行处理。

在本次任务中，pages 数组新增的第一项"pages/Chapter_2/learn/learn"，即表示在 pages/Chapter_2/learn 这个目录下有一个叫 learn 的页面。开发者工具在编译项目时，发现暂时还不存在这个页面，便会按照 pages 数组中的内容生成 learn 页面需要的 4 个文件，分别是 learn.js、learn.json、learn.wxml、learn.wxss。

注意，数组的第一项即代表小程序的初始页面(首页)。小程序中新增或者减少页面，都必须要对 pages 数组进行修改。

window 字段用于设置小程序的状态栏、导航条、标题、窗口背景色，其包含的属性说明见表 2-7。

**表 2-7 window 字段属性说明**

| 属性 | 类型 | 默认值 | 描述 | 最低版本 |
|---|---|---|---|---|
| navigationBarBackgroundColor | HexColor | #000000 | 导航栏背景颜色，如 #000000 | |
| navigationBarTextStyle | String | white | 导航栏标题颜色，仅支持 black/white | |
| navigationBarTitleText | String | | 导航栏标题文字内容 | |
| navigationStyle | String | default | 导航栏样式，可选<br>default：默认样式<br>custom：自定义导航栏，只保留右上角胶囊按钮 | 微信客户端 6.6.0 |
| backgroundColor | HexColor | #ffffff | 窗口的背景色 | |
| backgroundTextStyle | String | dark | 下拉 loading 的样式，仅支持 dark/light | |
| backgroundColorTop | String | #ffffff | 顶部窗口的背景色，仅 iOS 支持 | 微信客户端 6.5.16 |
| backgroundColorBottom | String | #ffffff | 底部窗口的背景色，仅 iOS 支持 | 微信客户端 6.5.16 |
| enablePullDownRefresh | Boolean | false | 是否开启当前页面的下拉刷新 | |
| onReachBottomDistance | Number | 50 | 页面上拉触底事件触发时距页面底部距离，单位为 px | |
| pageOrientation | String | portrait | 屏幕旋转设置，支持 auto/portrait/landscape | 微信客户端 6.7.3(auto)/6.7.4(landscape) |

在本次任务中，app.json 文件 window 字段的内容如下。

```
"window":{
    "backgroundTextStyle":"light",
    "navigationBarBackgroundColor":"#000",
```

```
    "navigationBarTitleText": "WeChat",
    "navigationBarTextStyle":"white"
}
```



从上到下配置项分别表示下拉 loading 样式为浅色，导航栏背景色为黑色（十六进制颜色代码为＃000），导航栏标题文字为“WeChat”，导航栏标题文字颜色为白色。

tabBar 字段用于配置指定 tab 栏的表现，以及 tab 切换时显示的对应页面。配置该项后，小程序可以成为一个多 tab 应用，即客户端窗口的底部或顶部有 tab 栏可以切换页面。tabBar 字段可以设置的值见表 2-8。

**表 2-8　tabBar 字段属性说明**

| 属　性 | 类型 | 必填 | 默认值 | 描　述 | 最低版本 |
|---|---|---|---|---|---|
| color | HexColor | 是 | | tab 上的文字默认颜色，仅支持十六进制颜色 | |
| selectedColor | HexColor | 是 | | tab 上的文字选中时的颜色，仅支持十六进制颜色 | |
| backgroundColor | HexColor | 是 | | tab 的背景色，仅支持十六进制颜色 | |
| borderStyle | String | 否 | black | tabBar 上边框的颜色，仅支持 black/white | |
| list | Array | 是 | | tab 的列表，详见表 2-9 list 属性说明，最少 2 个、最多 5 个 tab | |
| position | String | 否 | bottom | tabBar 的位置，仅支持 bottom/top | |
| custom | Boolean | 否 | false | 自定义 tabBar | 2.5.0 |

其中 list 接受一个数组，只能配置最少 2 个、最多 5 个 tab。tab 按数组的顺序排序，每一项都是一个对象，其属性值见表 2-9。

**表 2-9　list 属性说明**

| 属　性 | 类型 | 必填 | 说　明 |
|---|---|---|---|
| pagePath | String | 是 | 页面路径，必须在 pages 中先定义 |
| text | String | 是 | tab 上按钮文字 |
| iconPath | String | 否 | 图片路径，icon 大小限制为 40kb，建议尺寸为 81px×81px，不支持网络图片。当 position 为 top 时，不显示 icon |
| selectedIconPath | String | 否 | 选中时的图片路径，icon 大小限制为 40kb，建议尺寸为 81px×81px，不支持网络图片。当 position 为 top 时，不显示 icon |

一个示例 tabBar 配置如下。

```
"tabBar": {
    "color":"#dddddd",
    "selectedColor":"#00c208",
    "backgroundColor":"#fefefe",
    "borderStyle": "black",
    "list": [{
      "pagePath": "pages/example/component",
      "text": "组件",
      "iconPath": "picture/example/componentIconPath.png",
```

```
    "selectedIconPath": "picture/example/selectedComponentIconPath.png"
  },{
    "pagePath": "pages/example/API",
    "text": "接口",
    "iconPath": "picture/example/APIIconPath.png",
    "selectedIconPath": "picture/example/selectedAPIIconPath.png"
  }]
}
```

显示效果如图 2-5 所示。

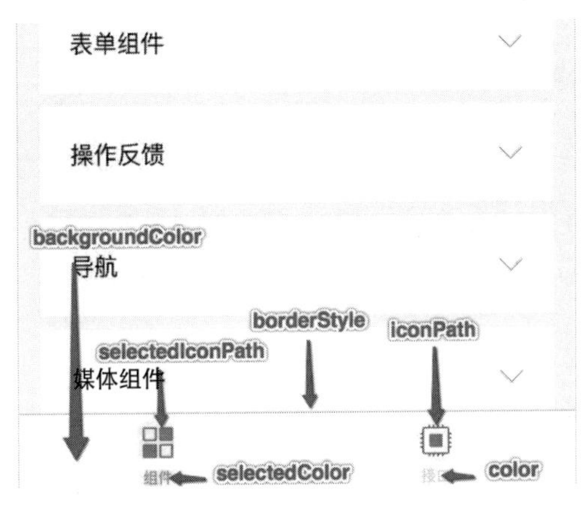


图 2-5　tabBar 部分属性示例

networkTimeout 字段用于设定各类网络请求(表 2-10)的超时时间,单位均为毫秒。

**表 2-10　networkTimeout 属性说明**

| 属　性 | 类型 | 必填 | 默认值 | 说　明 |
|---|---|---|---|---|
| request | Number | 否 | 60000 | wx.request 的超时时间,单位:毫秒 |
| connectSocket | Number | 否 | 60000 | wx.connectSocket 的超时时间,单位:毫秒 |
| uploadFile | Number | 否 | 60000 | wx.uploadFile 的超时时间,单位:毫秒 |
| downloadFile | Number | 否 | 60000 | wx.downloadFile 的超时时间,单位:毫秒 |

debug 字段可以控制是否在开发者工具中开启 debug 模式。开启后,在开发者工具的控制台面板,调试信息以 info 的形式给出,其信息有 Page 的注册、页面路由、数据更新、事件触发等。可以帮助开发者快速定位一些常见的问题。

requiredBackgroundModes 字段用于声明需要后台运行的能力,类型为数组。目前仅支持音频(audio)的后台播放。示例代码如下。

```
{
  "pages": ["pages/index/index"],
  "requiredBackgroundModes": ["audio"]
}
```

**注意**:在此处声明了后台运行的接口,开发版和体验版上可以直接生效,如果是上线正式版则还需通过审核。

navigateToMiniProgramAppIdList 字段用于填写跳转到其他小程序的 AppID 列表。

当小程序使用 wx.navigateToMiniProgram 接口跳转到其他小程序时，需要填写该字段。最多允许填写 10 个小程序的 AppID。

permission 字段用于小程序接口权限的相关设置，字段类型为 Object，结构见表 2-11。

**表 2-11　permission 字段结构说明**

| 属　性 | 类　型 | 必填 | 默认值 | 描　述 |
| --- | --- | --- | --- | --- |
| scope.userLocation | PermissionObject(结构说明见表 2-12) | 否 | | 位置相关权限声明 |

**表 2-12　PermissionObject 结构说明**

| 属性 | 类型 | 必填 | 默认值 | 说　明 |
| --- | --- | --- | --- | --- |
| desc | String | 是 | | 小程序获取权限时展示的接口用途说明。最长 30 个字符 |

一个包含 permission 字段设置的 app.json 示例如下。

```
{
  "pages": ["pages/index/index"],
  "permission": {
    "scope.userLocation": {
      "desc": "你的位置信息将用于小程序位置接口的效果展示"
    }
  }
}
```

当使用了获取设备位置的相关接口时，小程序便会弹出如图 2-6 所示的提示框。

**4. app.js**

app.js 是全局逻辑文件，其中最为重要的便是 App()函数。该函数用于注册一个小程序，接收一个 Object 类型的参数，用来指定小程序的生命周期回调等。App()函数的 Object 类型参数中还可以包含任意的数据或者函数，用于在其他页面全局访问。

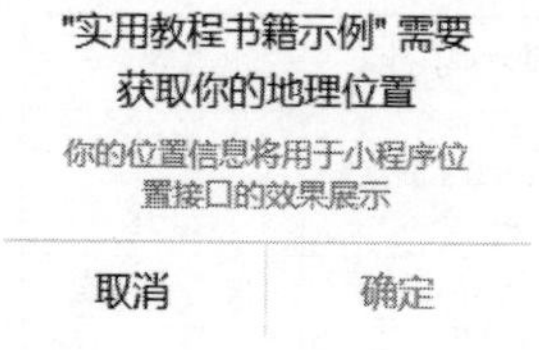

图 2-6　位置相关权限声明示例

在本次任务中，app.js 文件内容如下。

```
//app.js
App({
  onLaunch: function () {
    // 展示本地存储能力
    var logs = wx.getStorageSync('logs') || []
    logs.unshift(Date.now())
    wx.setStorageSync('logs', logs)

    // 登录
    wx.login({
      success: res => {
        // 发送 res.code 到后台换取 openId, sessionKey, unionId
      }
    })
```

```
    // 获取用户信息
    wx.getSetting({
      success: res => {
        if (res.authSetting['scope.userInfo']) {
          // 已经授权,可以直接调用 getUserInfo 获取头像昵称,不会弹框
          wx.getUserInfo({
            success: res => {
              // 可以将 res 发送给后台解码出 unionId
              this.globalData.userInfo = res.userInfo

              // 由于 getUserInfo 是网络请求,可能会在 Page.onLoad 之后才返回
              // 所以此处加入 callback 以防止这种情况
              if (this.userInfoReadyCallback) {
                this.userInfoReadyCallback(res)
              }
            }
          })
        }
      }
    })
  },
  globalData: {
    userInfo: null
  }
})
```

事实上,这段代码主要声明了两个内容,一个是 onLaunch()函数,一个是 globalData 字段。其中,onLaunch()函数是小程序初始化时会触发的,全局只会触发一次。在 onLaunch()函数中,完成了设置启动日志数据和获取用户信息的操作。另一个 globalData 是自定义的全局数据,用于存储用户信息。可以在 index 页面的 index.js 文件中看到对该属性的使用。关于 App( )函数的更多说明可以参见 3.4.1 节的内容。

**5. 页面描述文件**

表 2-2 说明了组成小程序页面的四个文件,分别是 js、json、wxml 和 wxss。js 文件包含逻辑处理的代码,例如相应用户的操作、编写函数处理业务逻辑、进行数据运算等;wxml 文件使用类似于 HTML 的标签声明页面的结构;wxss 则是通过各种选择器对 wxml 的标签样式进行设置,其作用类似于 CSS。页面的 json 文件用来配置当前页面的窗口表现。需要注意的是,页面的配置只能设置 app.json 中 window 配置项的内容,页面中配置项会覆盖 app.json 的 window 中相同的配置项。同理,页面的 wxss 文件中的样式定义也会覆盖 app.wxss 文件中相同的选择器的样式定义。

页面 json 文件支持的配置项说明见表 2-13。

**表 2-13 页面配置项说明**

| 属性 | 类型 | 默认值 | 描述 | 最低版本 |
|---|---|---|---|---|
| navigationBarBackgroundColor | HexColor | #000000 | 导航栏背景颜色,如#000000 | |
| navigationBarTextStyle | String | white | 导航栏标题颜色,仅支持 black/white | |

续表

| 属　性 | 类型 | 默认值 | 描　述 | 最低版本 |
| --- | --- | --- | --- | --- |
| navigationBarTitleText | String | | 导航栏标题文字内容 | |
| navigationStyle | String | default | 导航栏样式，可选<br>default：默认样式<br>custom：自定义导航栏，只保留右上角胶囊按钮 | 微信客户端 7.0.0 |
| backgroundColor | HexColor | #ffffff | 窗口的背景色 | |
| backgroundTextStyle | String | dark | 下拉 loading 的样式，仅支持 dark/light | |
| backgroundColorTop | String | #ffffff | 顶部窗口的背景色，仅 iOS 支持 | 微信客户端 6.5.16 |
| backgroundColorBottom | String | #ffffff | 底部窗口的背景色，仅 iOS 支持 | 微信客户端 6.5.16 |
| enablePullDownRefresh | Boolean | false | 是否全局开启下拉刷新 | |
| onReachBottomDistance | Number | 50 | 页面上拉触底事件触发时距页面底部距离，单位为 px | |
| pageOrientation | String | portrait | 屏幕旋转设置，支持 auto/portrait/landscape | 2.4.0(auto)/2.5.0(landscape) |
| disableScroll | Boolean | false | 设置为 true 则页面整体不能上下滚动 | |
| disableSwipeBack | Boolean | false | 禁止页面右滑手势返回 | 微信客户端 7.0.0 |
| usingComponents | Object | 否 | 页面自定义组件配置 | 1.6.3 |

和 app.json 不同的是，页面的 json 文件只能设置 window 相关的配置项，因此无须再写 window 这个属性。

在本次任务中，learn.json 文件的内容如下。

```
{
  "navigationBarTitleText": "学习页面",
  "usingComponents": {}
}
```

通过覆盖 app.json 中 window 配置项中的 navigationBarTitleText 属性，单独将 learn 页面的导航栏标题文字改为“学习页面”。

**6. 其他公共文件**

本次任务中的 utils 文件夹为公共函数库，其中的 util.js 文件提供了格式化时间的功能。在 logs 页面的 logs.js 文件中，使用到了这部分代码。这部分内容非小程序必需的，但是可以将项目的各个功能模块化，提高代码的耦合能力。

## 2.2 预览和发布小程序

**【任务要求】**

在手机上预览小程序，完成小程序第一个版本的发布。

【任务分析】

小程序只有正式上线，才能被广大的微信用户使用。在正式上线之前，由于部分功能在模拟器上和真机上的表现是不一样的，因此真机的预览就尤为重要。本次任务便会完成小程序上线这最后一步。

【任务操作】

(1) 打开示例项目，确认保存完所有文件后，编译项目。

(2) 如图 2-7 所示，在工具栏中，单击“预览”按钮，选择“扫描二维码预览”或者“自动预览”。通过使用微信扫描二维码或者等到自动预览编译完成，即可在登录了当前开发者工具登录的微信账号的手机上看到该示例小程序。

图 2-7　扫描二维码预览(左)和自动预览(右)

(3) 手机上的表现基本和模拟器一致。如图 2-8 所示，单击页面右上角的“…”按钮，打开菜单，还可以选择“打开调试”和“打开性能监控面板”选项。开启后，便可以在手机上查看调试信息和性能数据(如图 2-9 所示)。

(4) 若在手机上查看小程序的调试信息限于屏幕大小不方便，还可以在手机上预览小程序，在开发者工具上查看调试信息。单击“微信开发者工具”工具栏中的“真机调试”按钮，使用手机扫描二维码后，在手机上运行小程序，其调试信息便会同步到如图 2-10 所示的开发者工具的调试器中，方便查看。

(5) 在代码自查无误后，便可以单击“微信开发者工具”工具栏上的“上传”按钮，如图 2-11 所示，填写版本信息后将代码上传至小程序管理后台。

(6) 完成上传后，登录小程序后台，在“版本管理”中查看刚刚上传的开发版本。如图 2-12 所示，可以将开发版本设置为体验版或者直接提交审核使其成为线上版本。

体验版本的小程序可供具有体验者权限的用户使用。提交审核后，当前版本将成为审核版本，直至审核通过成为线上版本。线上版本即为可供所有微信用户的正式版本。

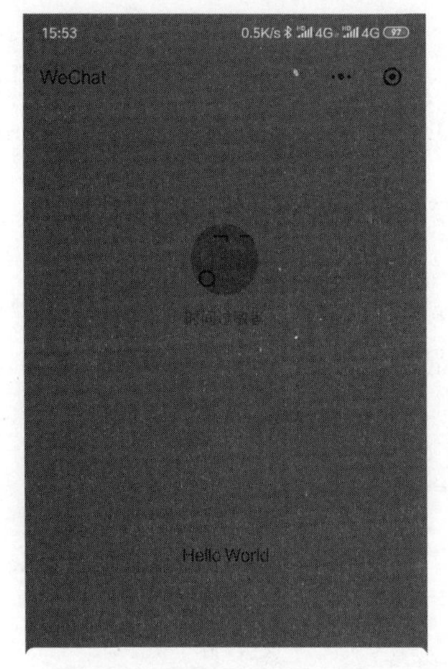


添加到我的小程序

关于实用教程书籍示例

打开调试

打开性能监控面板

图 2-8　打开调试和性能监控面板

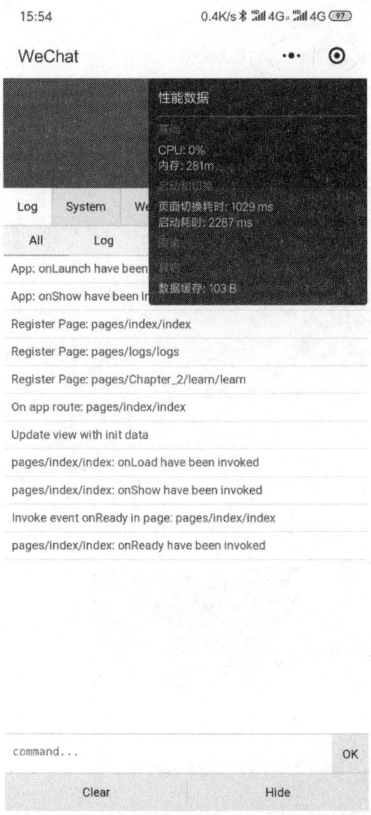

15:54

WeChat

性能数据

CPU: 0%

内存: 281m

页面切换耗时: 1029 ms

启动耗时: 2287 ms

数据缓存: 103 B

Log　System

All　Log

App: onLaunch have been

App: onShow have been I

Register Page: pages/index/index

Register Page: pages/logs/logs

Register Page: pages/Chapter_2/learn/learn

On app route: pages/index/index

Update view with init data

pages/index/index: onLoad have been invoked

pages/index/index: onShow have been invoked

Invoke event onReady in page: pages/index/index

pages/index/index: onReady have been invoked

图 2-9　调试信息和性能数据

图 2-10　真机调试

图 2-11　上传代码

图 2-12　对开发版本进行处理

**【相关知识】**

小程序的版本分为开发版本、审核中版本以及线上版本，这三个版本的说明见表 2-14。

**表 2-14　小程序版本说明**

| 版　　本 | 说　　明 |
| --- | --- |
| 开发版本 | 使用开发者工具，可将代码上传到开发版本中。开发版本只保留每人最新的一份上传的代码。单击“提交审核”按钮，可将代码提交审核。开发版本可删除，不影响线上版本和审核中版本的代码 |
| 审核中的版本 | 只能有一份代码处于审核中。有审核结果后可以发布到线上，也可直接重新提交审核，覆盖原审核版本 |
| 线上版本 | 线上所有用户使用的代码版本，该版本代码在新版本代码发布后被覆盖更新 |

小程序的审核有着诸多的要求。开发者提交的小程序，需要遵循《微信小程序平台运营规范》(可扫描图 2-13 二维码查看)和《微信小程序平台服务条款》(可扫描图 2-14 二维码查看)，一些常见的审核不通过的原因也可以参考如图 2-15 所示二维码网页的内容。

小程序多为人工审核，如果多次提交不符合要求的小程序，导致审核不通过，很可能会影响到以后上线的过程。审核通过之后，管理员的微信中会收到小程序通过审核的通知，此时登录小程序管理后台，在“版本管理”中可以看到通过审核的版本。单击页面上的“发布”按钮，即可将审核通过的小程序上线成为线上版本。

图 2-13 《微信小程序平台运营规范》页面二维码

图 2-14 《微信小程序平台服务条款》页面二维码

图 2-15 常见审核被拒绝原因页面二维码

# 练 习 题

1. 请简要说明，要新建一个小程序，必要的文件有哪些以及它们分别的用途是什么。

2. 试列举几个常见的小程序审核不被通过的原因。

3. 处于开发版本的小程序和体验版的小程序有什么区别？

4. 在示例项目的 pages/Chapter_2 目录下新建一个 practice 页面，设置该页面为启动页面，同时将其导航栏颜色改为白(＃ffffff)底黑(＃000000)字。

5. 为示例项目配置 tabBar 属性，使得该小程序可以通过页面底部的 tab 栏在首页和日志页两个页面之间切换，效果如图 2-16 所示。tab 栏图标可以通过网址 https://www.iconfont.cn/下载。

图 2-16 tab 栏示意

6. 在自己的手机上预览小程序。上传小程序后，将开发版本的小程序设为体验版，将其分享给具有体验者权限的用户体验。提交审核，尝试将当前小程序正式上线成为正式版，将其分享给身边的同学或朋友使用。

# 第3章 小程序开发基础

本章将从架构层面介绍小程序的开发框架，包括视图层描述语言 WXML(WeiXin Markup Language，微信标记语言)和 WXSS(WeiXin Style Sheets，微信样式表)，以及基于 JavaScript 的逻辑层等。

**本章学习目标：**

- 了解小程序的生命周期与页面的生命周期。
- 了解小程序框架的基本功能。
- 了解接口和组件。
- 熟悉小程序注册和页面注册的方法。
- 熟悉模板，样式导入，模块化的操作方法。
- 掌握数据绑定的用法。
- 掌握列表渲染和条件渲染的使用方法。
- 掌握事件的绑定与处理方法。
- 掌握小程序样式文件的使用方法。

## 3.1 认识小程序的生命周期

**【任务要求】**

修改示例项目中的 app.js 文件，要求当小程序在执行以下操作时在调试器的 Console 面板中输出对应的信息。

(1) 当小程序第一次启动时，输出当前系统的时间。

(2) 当小程序被放置到后台时，输出“小程序已被隐藏”。

(3) 当小程序从后台被唤醒时，输出进入的场景值。

**【任务分析】**

本次任务主要涉及对小程序生命周期中三种状态的处理，一个是第一次启动，然后是隐藏和显示。其中比较重要的一点是当小程序从后台被唤醒时，携带的包含场景值的参数，它可以用来帮助开发者更好地响应用户的操作。

**【任务操作】**

(1) 打开示例项目的 app.js 文件，在 onLaunch()函数内部的开始处，新增如下所示的两行代码。

```
//引用 util 文件夹中的公共函数
```

```
const util = require('utils/util.js')
//将当前系统时间格式化输出
console.log(util.formatTime(new Date(Date.now())))
```



(2) 在 app.js 文件的 globalData 参数前,新增如下用于处理小程序被隐藏和唤醒事件的函数。

```
onShow:function(opts) {
//输出 opts 中表示场景值的 scene 变量
  console.log(opts.scene)
},
onHide:function() {
  console.log('小程序已被隐藏')
},
```

完成后的 app.js 文件内容结构大致如下。

```
App({
  onLaunch:function(opts) {
    const util = require('utils/util.js')
    console.log(util.formatTime(new Date(Date.now())))
    // 展示本地存储能力
    ...
  },
  onShow:function(opts) {
    console.log(opts.scene)
  },
  onHide:function() {
    console.log('小程序已被隐藏')
  },
  globalData: {
    userInfo: null
  }
})
```

**注意**:代码中加粗部分内容仅作阅读重点提示用,无其他特殊含义。下同。

(3) 保存文件,编译项目,在 Console 面板中查看小程序启动时输出的时间信息,如图 3-1 所示。

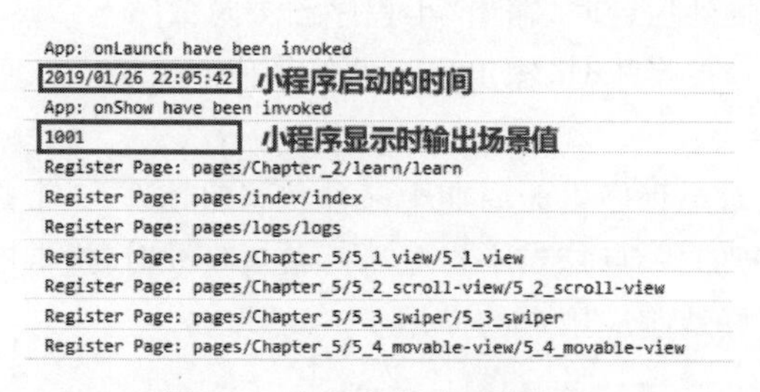


图 3-1 小程序启动时的输出

可以看到,小程序的第一次启动触发了 onLaunch()函数和 onShow()函数。

(4) 在工具栏中单击"切后台"按钮,让小程序进入后台状态,然后在模拟器中选择

"1011：扫描二维码"，唤醒小程序到前台。在这个过程中观察到的输出如图 3-2 所示。

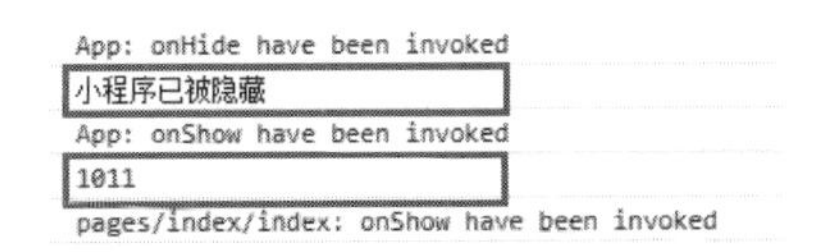


图 3-2　小程序转入后台和切换前台时输出

**【相关知识】**

小程序主要有前台和后台两种运行状态。当小程序处于前台时，它可以调用所有的 API(Application Programming Interface，应用程序编程接口)，为用户提供服务；当用户单击小程序运行页面左上角"关闭"按钮，或者按了设备 Home 键离开微信，小程序就转入了后台，此时小程序只能调用部分 API，并随时可能被销毁。小程序只有在进入后台一定时间后，或者系统资源占用过高时，才会被真正销毁。当用户再次进入微信或再次打开小程序，又会从后台变为前台状态。

场景值表示的是小程序是通过什么途径从后台切换到前台的。目前小程序支持的场景值说明见表 3-1。

**表 3-1　小程序场景值说明**

| 场景值 ID | 说　明 | 场景值 ID | 说　明 | 场景值 ID | 说　明 |
|---|---|---|---|---|---|
| 1001 | 发现栏小程序主入口，"最近使用"列表(基础库 2.2.4 版本起包含"我的小程序"列表) | 1032 | 手机相册选取一维码 | 1064 | 微信连 WiFi 状态栏 |
| 1005 | 顶部搜索框的搜索结果页 | 1034 | 微信支付完成页 | 1067 | 公众号文章广告 |
| 1006 | 发现栏小程序主入口搜索框的搜索结果页 | 1035 | 公众号自定义菜单 | 1068 | 附近小程序列表广告 |
| 1007 | 单人聊天会话中的小程序消息卡片 | 1036 | App 分享消息卡片 | 1069 | 移动应用 |
| 1008 | 群聊会话中的小程序消息卡片 | 1037 | 小程序打开小程序 | 1071 | 钱包中的银行卡列表页 |
| 1011 | 扫描二维码 | 1038 | 从另一个小程序返回 | 1072 | 二维码收款页面 |
| 1012 | 长按图片识别二维码 | 1039 | 摇电视 | 1073 | 客服消息列表下发的小程序消息卡片 |
| 1013 | 手机相册选取二维码 | 1042 | 添加好友搜索框的搜索结果页 | 1074 | 公众号会话下发的小程序消息卡片 |
| 1014 | 小程序模板消息 | 1043 | 公众号模板消息 | 1077 | 摇周边 |
| 1017 | 前往体验版的入口页 | 1044 | 带 shareTicket 的小程序消息卡片 详情 | 1078 | 连 WiFi 成功页 |
| 1019 | 微信钱包 | 1045 | 朋友圈广告 | 1079 | 微信游戏中心 |
| 1020 | 公众号 profile 页相关小程序列表 | 1046 | 朋友圈广告详情页 | 1081 | 客服消息下发的文字链 |

续表

| 场景值 ID | 说　明 | 场景值 ID | 说　明 | 场景值 ID | 说　明 |
|---|---|---|---|---|---|
| 1022 | 聊天顶部置顶小程序入口 | 1047 | 扫描小程序码 | 1082 | 公众号会话下发的文字链 |
| 1023 | 安卓系统桌面图标 | 1048 | 长按图片识别小程序码 | 1084 | 朋友圈广告原生页 |
| 1024 | 小程序 profile 页 | 1049 | 手机相册选取小程序码 | 1089 | 微信聊天主界面下拉，“最近使用”栏（基础库 2.2.4 版本起包含“我的小程序”栏） |
| 1025 | 扫描一维码 | 1052 | 卡券的适用门店列表 | 1090 | 长按小程序右上角菜单唤出最近使用历史 |
| 1026 | 附近小程序列表 | 1053 | 搜一搜的结果页 | 1091 | 公众号文章商品卡片 |
| 1027 | 顶部搜索框搜索结果页“使用过的小程序”列表 | 1054 | 顶部搜索框小程序快捷入口 | 1092 | 城市服务入口 |
| 1028 | 我的卡包 | 1056 | 音乐播放器菜单 | 1095 | 小程序广告组件 |
| 1029 | 卡券详情页 | 1057 | 钱包中的银行卡详情页 | 1096 | 聊天记录 |
| 1030 | 自动化测试下打开小程序 | 1058 | 公众号文章 | 1097 | 微信支付签约页 |
| 1031 | 长按图片识别一维码 | 1059 | 体验版小程序绑定邀请页 | 1099 | 页面内嵌插件 |
| 1102 | 公众号 profile 页服务预览 | | | | |

**注意**：由于 Android 系统限制，目前还无法获取到按 Home 键退出到桌面，然后从桌面再次进小程序的场景值，对于这种情况，会保留上一次的场景值。

监听小程序生命周期变化的函数见表 3-2。

**表 3-2　小程序生命周期函数**

| 属　性 | 类　型 | 描　述 | 触发时机 |
|---|---|---|---|
| onLaunch() | Function | 生命周期回调——监听小程序初始化 | 小程序初始化完成时（全局只触发一次） |
| onShow() | Function | 生命周期回调——监听小程序显示 | 小程序启动或从后台进入前台显示时 |
| onHide() | Function | 生命周期回调——监听小程序隐藏 | 小程序从前台进入后台时 |

其中，onLaunch()函数的回调参数说明见表 3-3。

**表 3-3　onLaunch()函数回调参数说明**

| 属　性 | 类　型 | 说　明 |
|---|---|---|
| path | String | 启动小程序的路径 |
| scene | Number | 启动小程序的场景值 |
| query | Object | 启动小程序的 query 参数 |

续表

| 属　　性 | 类　　型 | 说　　明 |
| --- | --- | --- |
| shareTicket | String | 当其他用户通过分享的小程序卡片打开小程序时，该字段包含转发的信息 |
| referrerInfo | Object | 来源信息。从另一个小程序、公众号或App进入小程序时返回。否则返回{} |

onShow()函数的回调参数说明见表3-4。

**表3-4　onShow函数回调参数说明**

| 属　　性 | 类　　型 | 说　　明 |
| --- | --- | --- |
| path | String | 小程序切前台的路径 |
| scene | Number | 小程序切前台的场景值 |
| query | Object | 小程序切前台的query参数 |
| ShareTicket | String | 当其他用户通过分享的小程序卡片打开小程序时，该字段包含转发的信息 |
| referrerInfo | Object | 来源信息。从另一个小程序、公众号或App进入小程序时返回。否则返回{} |

referrerInfo的结构说明见表3-5。

**表3-5　referrerInfo结构说明**

| 属　　性 | 类　　型 | 说　　明 |
| --- | --- | --- |
| AppID | String | 来源小程序、公众号或App的AppID |
| extraData | Object | 来源小程序传过来的数据，scene=1037或1038时支持 |

当从表3-6中的场景进入小程序时，返回的referrerInfo才是有效的。

**表3-6　返回有效referrerInfo的场景**

| 场　景　值 | 场　　景 | AppID含义 |
| --- | --- | --- |
| 1020 | 公众号profile页相关小程序列表 | 来源公众号 |
| 1035 | 公众号自定义菜单 | 来源公众号 |
| 1036 | App分享消息卡片 | 来源App |
| 1037 | 小程序打开小程序 | 来源小程序 |
| 1038 | 从另一个小程序返回 | 来源小程序 |
| 1043 | 公众号模板消息 | 来源公众号 |

## 3.2　认识小程序页面的生命周期

**【任务要求】**

为当前示例项目的首页和查看日志页添加监听页面生命周期变化的函数，并在对应的生命周期处理函数中编写向调试器Console面板输出页面状态变化的代码。在首页跳转到日志页面时，需要携带名为 message1，值为 Hello 以及名为 message2，值为 Logs 的两个参数，并在日志页面输出获取到的参数。完成后在两个页面之间跳转，观察控制台输出，理解小程序页面生命周期的变化。

**【任务分析】**

除了小程序本身的生命周期外，小程序的每个页面也有自己的生命周期。相较于小程序的生命周期来说，每个页面的生命周期包含加载、准备、显示、隐藏和卸载这几个阶段。本次任务使用现有的两个页面之间的跳转，通过观察对应生命周期函数的输出来理解页面生命周期的变化。

**【任务操作】**

(1) 打开示例项目，在 index 页面的 index.js 文件中，修改 onLoad 函数，使其可以在调试器中输出运行的信息。新增用于监听页面生命周期变化的 onShow()、onReady()、onHide()和 onUnload()函数。同时修改 bindViewTap()函数中的 URL 部分，使其带着参数 message1 和 message2 跳转到日志页面。完成后的 index.js 文件内容大致如下。

```
//index.js
Page({
  data: {
    …
  },
  //事件处理函数
  bindViewTap: function() {
    wx.navigateTo({
      url: '../logs/logs?message1 = Hello&message2 = Logs'
    })
  },
  onLoad: function () {
    console.log("首页加载")
    if (app.globalData.userInfo) {
      …
    }
  },
  getUserInfo: function(e) {
    …
  },
  onShow: function () {
    console.log("首页显示")
  },
  onReady: function () {
    console.log("首页渲染完成")
  },
  onHide: function () {
    console.log("首页隐藏")
  },
  onUnload: function () {
    console.log("首页卸载")
  }
})
```

(2) 打开 logs.js,在 onLoad()函数中新增一行代码用于输出首页传递过来的参数信息。同样新增用于监听页面生命周期变化的 onShow(),onReady(),onHide()和 onUnload()函数。完成后的 logs.js 函数大致如下。

```
//logs.js
Page({
  data: {
    …
  },
  onLoad: function (query) {
    console.log("日志页加载", query)
    this.setData({
      …
      })
    })
  },
  onShow: function () {
    console.log("日志页显示")
  },
  onReady: function () {
    console.log("日志页渲染完成")
  },
  onHide: function () {
    console.log("日志页隐藏")
  },
  onUnload: function () {
    console.log("日志页卸载")
  }
})
```

(3) 保存文件,编译项目。在首页上单击用户头像跳转到日志页面,观察如图 3-3 所示调试器的输出。

图 3-3　页面生命周期函数调用示例

【相关知识】

小程序页面的生命周期,会经历加载、显示、渲染完成、隐藏和卸载这几个过程,涉及的生命周期回调函数说明见表 3-7。

**表 3-7 页面生命周期回调函数**

| 函 数 名 | 描 述 |
|---|---|
| onLoad() | 页面加载时触发。一个页面只会调用一次,可以在 onLoad()的参数中获取打开当前页面路径中的参数 |
| onShow() | 页面显示/切入前台时触发 |
| onReady() | 页面初次渲染完成时触发。一个页面只会调用一次,代表页面已经准备妥当,可以和视图层进行交互 |
| onHide() | 页面隐藏/切入后台时触发。如 navigateTo 或底部 Tab 切换到其他页面,小程序切入后台等 |
| onUnload() | 页面卸载时触发。如 redirectTo 或 navigateBack 到其他页面时 |

在小程序中,所有页面的路由以栈的形式维护。当发生页面切换时,页面栈的变化见表 3-8 的说明。

**表 3-8 各种情况下页面栈的表现**

| 路 由 方 式 | 页面栈表现 |
|---|---|
| 初始化 | 新页面入栈 |
| 打开新页面 | 新页面入栈 |
| 页面重定向 | 当前页面出栈,新页面入栈 |
| 页面返回 | 页面不断出栈,直到目标返回页 |
| Tab 切换 | 页面全部出栈,只留下新的 Tab 页面 |
| 重加载 | 页面全部出栈,只留下新的页面 |

在上述路由方式中,每种情况下的路由触发方式以及对应页面响应的生命周期函数见表 3-9。

**表 3-9 路由触发时机和页面生命周期函数**

| 路由方式 | 触 发 时 机 | 路由前页面 | 路由后页面 |
|---|---|---|---|
| 初始化 | 小程序打开的第一个页面 | | onLoad(), onShow() |
| 打开新页面 | 调用 wx. navigateTo 接口或使用组件< navigator open-type="navigateTo"/> | onHide() | onLoad(), onShow() |
| 页面重定向 | 调用 wx. redirectTo 接口或使用组件< navigator open-type="redirectTo"/> | onUnload() | onLoad(), onShow() |
| 页面返回 | 调用 wx. navigateBack 接口或使用组件< navigator open-type="navigateBack">或用户单击左上角返回按钮 | onUnload() | onShow() |
| Tab 切换 | 调用 wx. switchTab 接口或使用组件< navigator open-type="switchTab"/>或用户切换 Tab | | 参考表 3-10 |
| 重启动 | 调用 wx. reLaunch 接口或使用组件 < navigator open-type="reLaunch"/> | onUnload | onLoad(), onShow() |

Tab 切换时对应页面的生命周期变化见表 3-10(以 A、B 页面为 tabBar 页面,C 是从 A 页面打开的页面,D 页面是从 C 页面打开的页面为例)。

**表 3-10 Tab 切换页面的生命周期变化**

| 当前页面 | 路由后页面 | 触发的生命周期(按顺序) |
|---|---|---|
| A | A | |
| A | B | A. onHide(), B. onLoad(), B. onShow() |
| A | B(再次打开) | A. onHide(), B. onShow() |
| C | A | C. onUnload(), A. onShow() |
| C | B | C. onUnload(), B. onLoad(), B. onShow() |
| D | B | D. onUnload(), C. onUnload(), B. onLoad(), B. onShow() |
| D(从转发进入) | A | D. onUnload(), A. onLoad(), A. onShow() |
| D(从转发进入) | B | D. onUnload(), B. onLoad(), B. onShow() |

关于页面的路由,需要注意以下几点。

(1) navigateTo(),redirectTo()只能打开非 tabBar 页面。

(2) switchTab()只能打开 tabBar 页面。

(3) reLaunch()可以打开任意页面。

(4) 页面底部的 tabBar 由页面决定,即只要是定义为 tabBar 的页面,底部都有 tabBar。

tabBar 部分可以参见 2.1 节内容,涉及的接口可以参见 14.7 节的内容,组件可以参考 9.1 节的内容。

在本次任务中,可以看到,加载首页的时候依次执行的函数是 onLoad(),onShow()和 onReady()。在单击首页头像后,首页被隐藏,首页的 onHide()函数被执行,然后跳转到日志页面。日志页面的 onLoad()函数运行,同时也获取到了首页传递过来的参数 message1 和 message2。紧接着,日志页面的 onShow()和 onReady()函数被执行。

在 index.js 文件中,为要跳转到的 logs 页面地址添加了 message1 和 message2 两个参数。路径携带参数的格式要求为:参数与路径之间使用"?"分隔,参数键与参数值之间用"="相连,不同参数用"&"分隔,例如'path?key=value&key2=value2'。

结合小程序的生命周期和页面的生命周期,在小程序运行的过程中,各个生命周期函数的调用顺序可参考如图 3-4 所示说明。

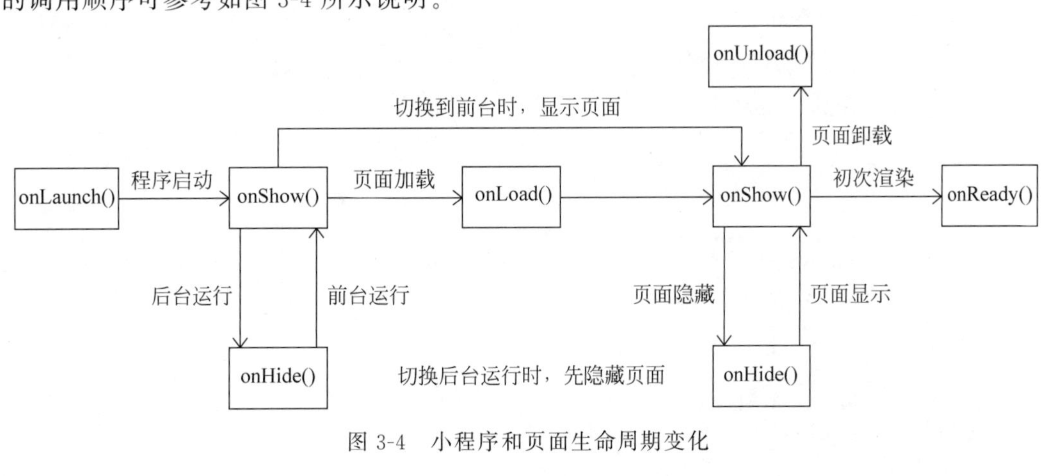


图 3-4 小程序和页面生命周期变化

## 3.3 概览 MINA 框架

**【任务要求】**

在 pages 目录下新建一个 Chapter_3 目录，在 Chapter_3 目录下新建一个名为 mina 的页面。要求在页面上显示文本“This is a text”和一个 Change Text 按钮，并实现单击按钮后将文本更改为“This is another text”的功能。

**【任务分析】**

MINA 是小程序使用的框架，其核心是一个响应的数据绑定系统。本次任务通过实现一个简单的单击按钮更改文字的功能，来体会框架中视图层和逻辑层的联系。

**【任务操作】**

(1) 打开示例项目，在 app.json 文件的 pages 数组中，新增第一项"pages/Chapter_3/mina/mina"。保存文件，编译项目，可以看到开发者工具已经建好了 mina 页面，模拟器中正在运行的也是 mina 页面。完成后的目录结构如图 3-5 所示。

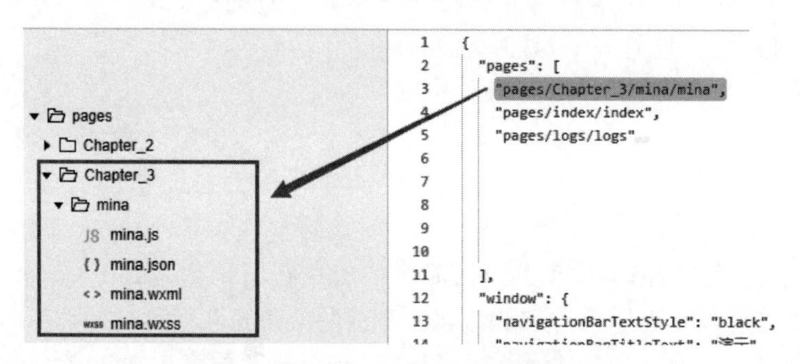


图 3-5　新建 mina 页面后的项目目录结构

(2) 打开 mina.js 文件，在 Page 函数的页面初始数据处，添加一个名为 text，值为“This is a text”的初始数据。完成后的 mina.js 文件内容大致结构如下。

```
// pages/Chapter_3/mina/mina.js
Page({
  /**
   * 页面的初始数据
   */
  data: {
    text:"This is a text"
  },
  …
})
```

(3) 打开 mina.wxml 文件，删除原文件内容，新增用于显示 mina.js 文件中 text 变量的代码，同时增加一个按钮，在按钮的属性中，为单击事件绑定一个名为 changeText()的函数。完成后的 mina.wxml 文件内容如下。

```
<!-- pages/Chapter_3/mina/mina.wxml -->
<text>{{text}}</text>
```

```
<button bindtap = 'changeText'> Change Text </button>
```

(4) 回到 mina.js 文件,需要为按钮单击事件的处理函数 changeText()编写代码逻辑,实现更改文字的功能。完成后的 mina.js 文件内容结构大致如下。

```
// pages/Chapter_3/mina/mina.js
Page({
  /**
   * 页面的初始数据
   */
  data: {
    text:"This is a text"
  },
  …
  /**
   * 用户单击右上角分享
   */
  onShareAppMessage: function () {

  },
  changeText:function(){
    this.setData({
      text:"This is another text"
    })
  }
})
```

(5) 保存所有文件,编译项目,在模拟器中查看 mina 页面表现,单击按钮,观察文字是否被改变。正常情况下,页面表现应如图 3-6 所示。

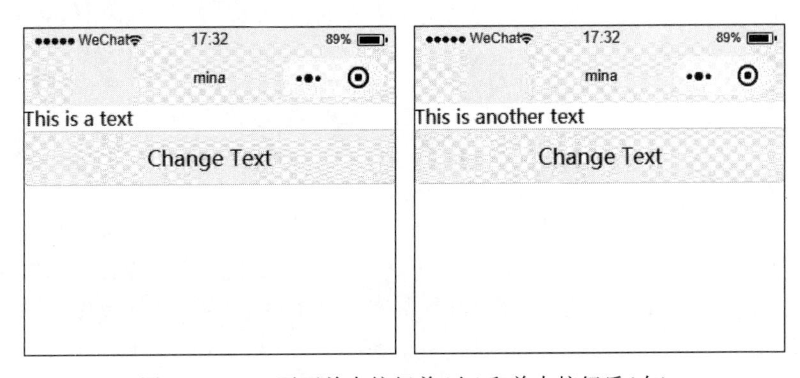


图 3-6　mina 页面单击按钮前(左)和单击按钮后(右)

**【相关知识】**

MINA 框架(后文简称为"框架")是微信小程序的开发框架。框架的目标是通过尽可能简单、高效的方式让开发者可以在微信中开发具有原生应用体验的服务。

框架中,整个小程序的内容分为两个层次:视图层(View)和逻辑层(App Service)。视图层是小程序的"外观",它规定了小程序页面的结构和样式,决定了小程序内容的展示;逻辑层是小程序的"内涵",它控制了小程序的生命周期和数据处理等。除了处理本地的业务逻辑之外,在开发小程序的过程中逻辑层往往还需要通过 HTTP 同远程服务器进行数据交流。

框架提供了自己的视图层描述语言规范：WXML 和 WXSS，以及基于 JavaScript 的逻辑层，并在视图层与逻辑层间提供了数据传输和事件系统，可以让开发者将重点放在数据与视图上。

整个框架中最核心的部分就是视图层和逻辑层之间的数据绑定和事件响应系统。视图层中的信息通过事件绑定携带参数向逻辑层传递，逻辑层的数据通过数据绑定向视图层传递。框架可以让数据与视图非常简单地保持同步。当作数据修改的时候，只需要在逻辑层修改数据，视图层就会做相应的更新。

在本次任务中，通过框架将逻辑层（mina.js 文件）数据中的 text 与视图层（mina.wxml 文件）的 text 进行了绑定，所以在页面一打开的时候会显示"This is a text"。当单击按钮的时候，触发了按钮的单击事件，视图层会发送单击事件的处理函数 changeText()给逻辑层，逻辑层找到并执行对应的函数。changeText()函数触发后，逻辑层执行 setData 的操作，将 data 中的 text 从"This is a text"变为"This is another text"，因为该数据和视图层已经绑定了，从而视图层上显示的内容会自动改变为"This is another text"。

框架除了最为核心的数据绑定和事件响应系统外，还管理了整个小程序的页面路由，可以做到页面间的无缝切换，并给予页面完整的生命周期。开发者需要做的只是将页面的数据、方法、生命周期函数注册到框架中，其他的一切复杂的操作都交由框架处理。有关页面生命周期和路由的介绍，可以参见 3.2 节内容。

框架提供了一套基础的组件，这些组件自带微信风格的样式以及特殊的逻辑，开发者可以通过组合基础组件，创建出强大的微信小程序。大量的预置组件如文本组件<text></text>、轮播组件<swiper></swiper>等使开发者能够专注业务逻辑的编写，快速开发出需要的小程序。

框架还提供了丰富的微信原生 API，使用这些 API 可以方便地调用微信提供的能力，如获取用户信息、本地存储、支付等。

## 3.4 逻 辑 层

小程序开发框架的逻辑层使用 JavaScript 引擎为小程序提供开发者 JavaScript 代码的运行环境以及微信小程序的特有功能。

逻辑层将数据进行处理后发送给视图层，同时接受视图层的事件反馈。开发者写的所有代码最终将会打包成一份 JavaScript 文件，并在小程序启动的时候运行，直到小程序销毁。这一行为类似 Service Worker，所以逻辑层也称为 App Service。

在 JavaScript 的基础上，微信小程序还增加了一些新的功能，以方便小程序的开发。

(1) 增加 App()和 Page()方法，进行程序和页面的注册。

(2) 增加 getApp()和 getCurrentPages()方法，分别用来获取 App 实例和当前页面栈。

(3) 提供丰富的 API，如微信用户数据、扫一扫、支付等微信特有能力。

(4) 每个页面有独立的作用域，并提供模块化能力。

需要注意的是，小程序框架的逻辑层并非运行在浏览器中，因此 JavaScript 在 Web 中的一些能力都无法使用，如 window、document 等。

### 3.4.1 注册程序

**【任务要求】**

新建一个临时的项目，要求在建立的时候，不勾选任何启动模板，直接建立一个完全空白的项目，然后手动新建必要的 app.js 以及 app.json 文件。除了需要在 app.js 文件中注册小程序所有的生命周期函数以外，还需要注册错误监听函数以及页面不存在监听函数，同时，还需要在 app.js 中设置一个名为 globalData，值为“This is global data”字符串的变量。在 app.json 文件中，注册一个名为 demo 的页面，并让该页面显示 globalData 的值。

**【任务分析】**

注册程序，意即让开发者工具知道当前的目录和文件是一个小程序并将其作为小程序进行处理的步骤。之前的任务，我们一直都是使用基于“普通快速启动模板”(详见 1.3 节)建立的小程序项目。本次任务，需要自己手动从一个空白的目录建立小程序，并熟悉声明注册一个小程序的过程，体会哪些文件是小程序必需的。

**【任务操作】**

(1) 新建一个名为 Blank_Project 的项目，具体操作如图 3-7 所示。注意不要勾选图中的“建立普通快速启动模板”复选框。

图 3-7 新建空白小程序项目

(2) 新建 app.js 文件和 app.json 文件。app.js 的文件内容如下。

```
//app.js
App({
  onLaunch: function (options) {
    console.log("小程序启动",options)
  },
  onShow: function (options) {
    console.log("小程序显示",options)
```

```
  },
  onHide: function (options) {
    console.log("小程序隐藏",options)
  },
  onError: function (msg) {
    console.log("小程序发生错误",msg)
  },
  onPageNotFound:function(msg){
    console.log("小程序要打开的页面不存在",msg)
  },
  globalData: 'This is global data'
})
```

app.json 文件内容如下。

```
{
  "pages": [
    "Demo/demo"
  ]
}
```

保存文件,编译项目,完成后的项目目录结构如图 3-8 所示。

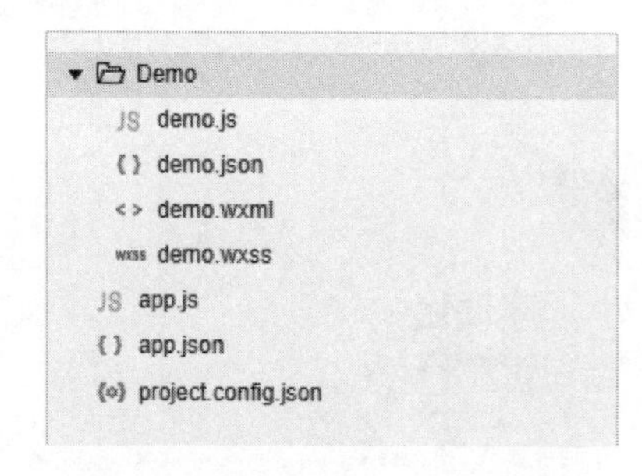


图 3-8 Blank_Project 项目目录

(3) 打开 demo.js 文件,在第一行使用 getApp()函数获取小程序实例,在 data 中,将小程序实例中的 globalData 数据赋给页面的 message 变量。随后打开 demo.wxml 文件,在 <text></text>标签中使用{{message}}来显示 demo.js 中 message 变量的值。完成后的 demo.js 文件大致如下。

```
// Demo/demo.js
const appInstance = getApp()
Page({

  /**
   * 页面的初始数据 */
  data: {
    message:appInstance.globalData
  },
  …
})
```

demo.wxml 文件内容如下。

```
<!-- Demo/demo.wxml -->
<text>{{message}}</text>
```

(4) 编译运行,可以看到在模拟器中显示出了 demo 页面的内容(如图 3-9 所示),调试区输出了小程序生命周期的相关内容(如图 3-10 所示)。

图 3-9　模拟器页面输出

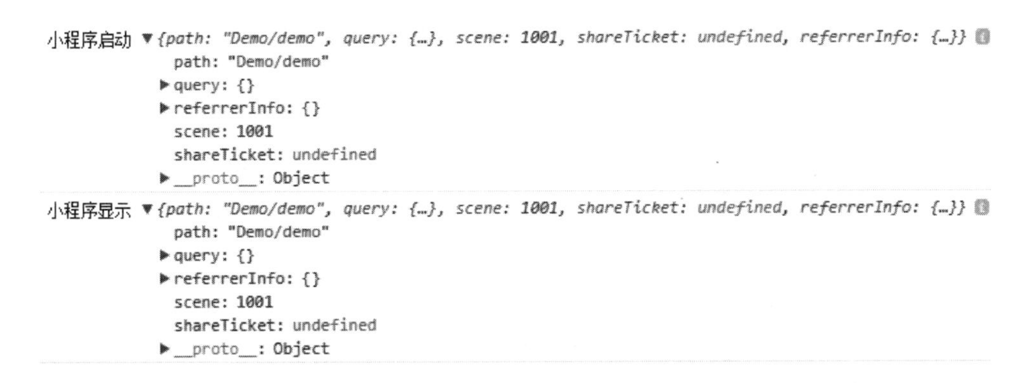


图 3-10　调试区输出

**【相关知识】**

在本次任务中,最为重要的便是 app.js 文件中的 App(Object)函数。App()函数用来注册一个小程序。接受一个 Object 参数,用于指定小程序的生命周期回调等。App()必须在 app.js 中调用,必须调用且只能调用一次,不然会出现无法预期的后果。

Object 参数说明见表 3-11。

**表 3-11　App 函数参数说明**

| 属　　性 | 类　　型 | 描　　述 | 触发时机 |
|---|---|---|---|
| onLaunch() | Function | 生命周期回调—监听小程序初始化 | 小程序初始化完成时(全局只触发一次) |
| onShow() | Function | 生命周期回调—监听小程序显示 | 小程序启动或从后台进入前台显示时 |
| onHide() | Function | 生命周期回调—监听小程序隐藏 | 小程序从前台进入后台时 |
| onError() | Function | 错误监听函数 | 小程序发生脚本错误,或者 API 调用失败时触发,会带上错误信息 |
| onPageNotFound() | Function | 页面不存在监听函数 | 小程序要打开的页面不存在时触发,会带上页面信息回调该函数 |
| 其他 | Any | 开发者可以添加任意的函数或数据到 Object 参数中,用 this 可以访问 | |

其中,有关小程序生命周期函数的相关内容可以参考 3.1 节。

onError(String error)函数会在小程序发生脚本错误或 API 调用报错时触发。string error 表示错误信息,包含堆栈信息。

onPageNotFound(Object)函数会在小程序要打开的页面不存在时触发。其参数说明见表 3-12。

**表 3-12　onPageNotFound 函数参数说明**

| 属　性 | 类　型 | 说　明 |
|---|---|---|
| path | String | 不存在页面的路径 |
| query | Object | 打开不存在页面的 query 参数 |
| isEntryPage | Boolean | 是否本次启动的首个页面(例如从分享等入口进来,首个页面是开发者配置的分享页面) |

一个简单的使用示例如下。

```
App({
  onPageNotFound(res) {
    wx.redirectTo({
      url: 'pages/...'
    }) // 如果是 tabBar 页面,请使用 wx.switchTab
  }
})
```

当小程序页面不存在时,需要注意以下几点。

(1) 开发者可以在回调中进行页面重定向,但必须在回调中同步处理,异步处理(例如 setTimeout 异步执行)无效。

(2) 若开发者没有处理页面不存在的情况,当跳转页面不存在时,将打开微信客户端原生的页面不存在提示页面。

(3) 如果回调中又重定向到另一个不存在的页面,将打开微信客户端原生的页面不存在提示页面,并且不再第二次回调。

getApp(Object)是一个全局函数,可以用来获取到小程序 App 实例。一个简单的使用 getApp 函数的示例如下。

```
// other.js
const appInstance = getApp()
console.log(appInstance.globalData)      // I am global data
```

使用 getApp()函数需要注意以下两点。

(1) 不要在定义于 App()内的函数中调用 getApp(),使用 this 就可以得到 App 实例。

(2) 通过 getApp()获取实例之后,不要私自调用生命周期函数。

### 3.4.2 注册页面

**【任务要求】**

打开之前的示例项目(非上个任务的空白项目),在 pages/Chapter_3 文件夹下新建一个名为 page 的文件夹,并在里面新建一个名为 page 的页面,要求如下。

(1) 当页面显示时,在调试器的 Console 面板输出当前页面的路径;

(2) 添加页面的初始数据,分别包括文本、数字、JSON 对象和数组四种数据类型;

(3) 在页面上显示所有的初始数据,同时添加 4 个按钮用于修改其内容;

(4) 添加一个按钮用于新增一个数据并在页面上显示出来;

(5) 设置自定义分享的标题,将当前页面分享给他人。

完成后的页面示例如图 3-11 所示。

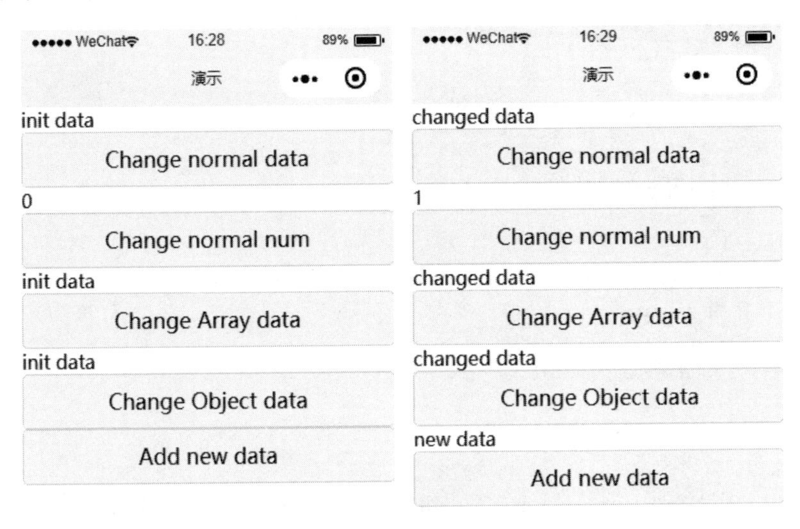


图 3-11　初始页面(左)和单击按钮后页面(右)

**【任务分析】**

对页面的相关处理,可以说是在开发小程序的时候打交道最多的操作了。同注册程序需要一个 App()函数一样,注册页面也需要一个 Page()函数。通过设置 Page()函数中的参数,可以实现对页面生命周期的处理,监听页面的事件和处理组件事件。同时,注册程序里面还有一个非常重要的用于逻辑层和视图层数据同步的机制。这些都是十分重要的。

**【任务操作】**

(1) 打开示例项目,在 app.json 文件的 pages 数组中,新增第一项"pages/Chapter_3/page/page"。保存文件,编译项目,让开发者工具自动生成 page 页面所需的文件。

(2) 打开 page.wxml,将其中的内容替换成如下代码。

```
<!-- pages/Chapter_3/page/page.wxml -->
<view>{{text}}</view>
<button bindtap="changeText"> Change normal data </button>
<view>{{num}}</view>
<button bindtap="changeNum"> Change normal num </button>
<view>{{array[0].text}}</view>
<button bindtap="changeItemInArray"> Change Array data </button>
<view>{{object.text}}</view>
<button bindtap="changeItemInObject"> Change Object data </button>
<view>{{newField.text}}</view>
<button bindtap="addNewField"> Add new data </button>
```

(3) 打开 page.js,将其中的内容替换成如下代码。

```
// pages/Chapter_3/page/page.js
Page({
  data: {
    text: 'init data',
    num: 0,
    array: [{ text: 'init data' }],
    object: {
      text: 'init data'
    }
  },
  onShow(){
    console.log(this.route)
  },
  changeText() {
    // this.data.text = 'changed data' // 不要直接修改 this.data
    // 应该使用 setData
    this.setData({
      text: 'changed data'
    })
  },
  changeNum() {
    // 或者,可以修改 this.data 之后马上用 setData 设置修改了的字段
    this.data.num = 1
    this.setData({
      num: this.data.num
    })
  },
  changeItemInArray() {
    // 对于对象或数组字段,可以直接修改一个其下的子字段,这样做通常比修改整个对象或数组更好
    this.setData({
      'array[0].text': 'changed data'
    })
  },
  changeItemInObject() {
    this.setData({
      'object.text': 'changed data'
    })
  },
  addNewField() {
    this.setData({
      'newField.text': 'new data'
    })
  },
  onShareAppMessage(res){
    if (res.from === 'menu') {
      // 来自右上角转发菜单
      console.log(res.target)
    }
    return {
```

```
        title: '注册页面示例',
        path: this.route
      }
    }
})
```

(4) 保存所有文件,编译项目并运行。可以看到页面的表现和按钮的作用如图 3-11 所示。观察调试器的 Console 面板,可以看到如图 3-12 所示输出的当前页面路径信息。

```
2019/02/14 16:47:59
1001
pages/Chapter_3/page/page   this.route
▶ Thu Feb 14 2019 16:48:00 GMT+0800 (中国标准时间) 接口调整
> |
```

图 3-12　onShow 函数中使用 this. route 输出当前页面路径

(5) 在模拟器区单击右上角的“菜单”按钮,在弹出的选项中选择“转发”(如图 3-13 所示),可以看到带自定义标题的用当前页面截图生成的转发卡片(如图 3-14 所示),同时可以看到在 Console 面板中多了一行如图 3-15 所示的输出。

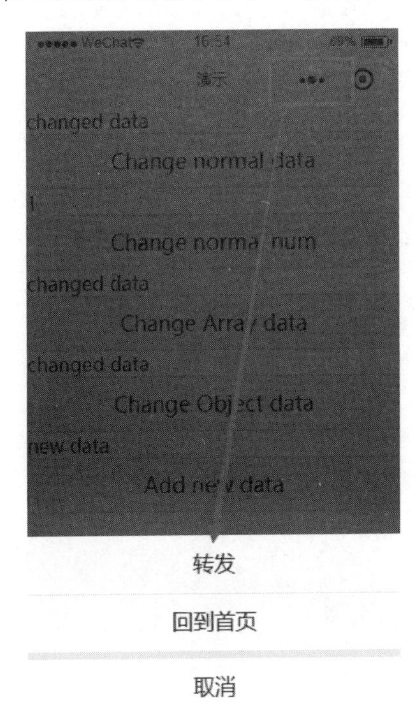


图 3-13　“转发”选项

图 3-14　转发卡片预览

图 3-15　输出转发信息

【相关知识】

Page(Object)函数用来注册一个页面。它接受一个Object类型参数,用于指定页面的初始数据、生命周期回调、事件处理函数等。其中,Object参数内容说明见表3-13。

表3-13 Page函数参数说明

| 属性 | 类型 | 描述 |
|---|---|---|
| data | Object | 页面的初始数据 |
| onLoad() | Function | 生命周期回调—监听页面加载 |
| onShow() | Function | 生命周期回调—监听页面显示 |
| onReady() | Function | 生命周期回调—监听页面初次渲染完成 |
| onHide() | Function | 生命周期回调—监听页面隐藏 |
| onUnload() | Function | 生命周期回调—监听页面卸载 |
| onPullDownRefresh() | Function | 监听用户下拉动作 |
| onReachBottom() | Function | 页面上拉触底事件的处理函数 |
| onShareAppMessage() | Function | 用户单击右上角"转发"菜单 |
| onPageScroll() | Function | 页面滚动触发事件的处理函数 |
| onResize() | Function | 页面尺寸改变时触发,详见响应显示区域变化 |
| onTabItemTap() | Function | 当前是tab页时,单击tab时触发 |
| 其他 | Any | 开发者可以添加任意的函数或数据到Object参数中,在页面的函数中用this可以访问 |

其中,data是页面第一次渲染使用的初始数据。页面加载时,data将会以JSON字符串的形式由逻辑层传至渲染层,因此data中的数据必须是可以转成JSON的类型:字符串,数字,布尔值,对象,数组。在渲染层的wxml文件中,可以使用"{{var}}"的方式绑定数据。一个简单的示例片段如下。

```
<!-- example.wxml -->
<view>{{text}}</view>
<view>{{array[0].msg}}</view>

//example.js
Page({
  data: {
    text: 'init data',
    array: [{msg: '1'}, {msg: '2'}]
  }
})
```

在上面这个示例片段中,最终页面上会输出字符串init data和1。

对页面的生命周期函数的介绍和页面的路由跳转,请参见表3-7的相关内容。此处需要单独提到的一点是,onLoad()函数带有一个Object类型的名为query的参数,该参数包含打开当前页面路径中的参数信息。例如,一个页面通过在路径中使用"url/?key=value"的方式携带了参数跳转到当前页面,那么在当前页面的onLoad函数加载时,便可以在其query参数中获取到以"key : value"形式存储的JSON数据对象。

onPullDownRefresh函数用于监听用户的下拉刷新事件。需要注意的是,下拉刷新的功能并不是默认启用的，如果要允许用户使用下拉刷新，可以在 app. json 的 window 选项中或页面配置中设置 enablePullDownRefresh 的值为 true。也可以使用 wx. startPullDownRefresh 触发下拉刷新，调用后触发下拉刷新动画，效果与用户手动下拉刷新一致。当处理完数据刷新后，调用 wx. stopPullDownRefresh 可以停止当前页面的下拉刷新。

onReachBottom()函数用于监听用户上拉触底事件。开发者可以在 app. json 的 window 选项中或页面配置中设置触发距离 onReachBottomDistance，设置好后，用户滑到距离页面底部指定距离时，便会执行 onReachBottom 函数中的内容。用户在触发距离内滑动期间，本事件只会被触发一次。

onPageScroll(Object)用于监听用户滑动页面事件。其 Object 参数说明见表 3-14。

**表 3-14 onPageScroll 函数参数说明**

| 属　性 | 类　型 | 说　明 |
|---|---|---|
| scrollTop | Number | 页面在垂直方向已滚动的距离(单位为 px) |

需要注意的是，只在需要的时候才在 page 中定义此方法，不要定义空方法，以减少不必要的事件派发对渲染层和逻辑层通信的影响。同时需要避免在 onPageScroll 中过于频繁地执行 setData 等引起逻辑层到渲染层通信的操作，尤其是每次传输大量数据时，这样会影响通信耗时。

onShareAppMessage(Object) 用于监听用户单击页面内“转发”按钮(< button > 组件 open-type="share")或右上角菜单“转发”按钮的行为，并自定义转发内容。只有定义了此事件处理函数，右上角菜单才会显示“转发”按钮。其参数说明见表 3-15。

**表 3-15 onShareAppMessage 函数参数说明**

| 参　数 | 类　型 | 说　明 |
|---|---|---|
| from | String | 转发事件来源。button 表示页面内“转发”按钮，menu 表示右上角的“转发”菜单 |
| target | Object | 如果 from 值是 button，则 target 是触发这次转发事件的 button，否则为 undefined |
| webViewUrl | String | 页面中包含< web-view >组件时，返回当前< web-view >的 URL |

此事件需要返回一个 Object，用于自定义转发内容。返回内容见表 3-16。

**表 3-16 自定义转发内容**

| 字　段 | 说　明 | 默　认　值 |
|---|---|---|
| title | 转发标题 | 当前小程序名称 |
| path | 转发路径 | 当前页面 path，必须是以/开头的完整路径 |
| imageUrl | 自定义图片路径，可以是本地文件路径、代码包文件路径或者网络图片路径。支持 PNG 及 JPG 格式。显示图片长宽比是 5∶4 | 使用默认截图 |

onTabItemTap(Object)在单击 tab 时触发,其参数说明见表 3-17。

**表 3-17　onTabItemTap 参数说明**

| 参　　数 | 类　　型 | 说　　明 | 最低版本 |
|---|---|---|---|
| index | String | 被单击 tabItem 的序号,从 0 开始 | 1.9.0 |
| pagePath | String | 被单击 tabItem 的页面路径 | 1.9.0 |
| text | String | 被单击 tabItem 的按钮文字 | 1.9.0 |

一个使用的简单示例如下。

```
Page({
  onTabItemTap(item) {
    console.log(item.index)
    console.log(item.pagePath)
    console.log(item.text)
  }
})
```

在 Page 中还可以定义组件事件处理函数。在渲染层的组件中加入事件绑定,当事件被触发时,就会执行 Page 中定义的事件处理函数。有关事件响应的详细信息,可以参照 3.5.1 节的内容。在本次任务中,就为多个按钮的单击事件绑定了相应的事件处理函数,用于实现每次单击,就更改数据的功能。

Page.route 是一个 String 类型的成员变量,表示当前页面的路径。在对应页面的 Page 函数中,可以使用 this.route 的方式来获取当前页面的路径信息。

Page.prototype.setData(Object data, Function callback) 函数用于将数据从逻辑层发送到视图层(异步),同时改变对应的 this.data 的值(同步)。其参数说明见表 3-18。

**表 3-18　setData()函数参数说明**

| 字　　段 | 类　　型 | 必　　填 | 描　　述 | 最低版本 |
|---|---|---|---|---|
| data | Object | 是 | 这次要改变的数据 | |
| callback | Function | 否 | setData()引起的界面更新渲染完毕后的回调函数 | 1.5.0 |

其中,Object 以 key : value 的形式表示,将 this.data 中的 key 对应的值改变成 value。key 可以以数据路径的形式给出,支持改变数组中的某一项或对象的某个属性,如 array[2].message,a.b.c.d,并且不需要在 this.data 中预先定义。

使用 setData 函数需要注意以下几点。

(1) 直接修改 this.data 而不调用 this.setData 是无法改变页面的状态的,还会造成数据不一致;

(2) 仅支持设置可 JSON 化的数据;

(3) 单次设置的数据不能超过 1024kB,请尽量避免一次设置过多的数据;

(4) 请不要把 data 中任何一项的 value 设为 undefined,否则这一项将不被设置并可能遗留一些潜在问题。

### 3.4.3 模块化

在 JavaScript 文件中声明的变量和函数只在该文件中有效，不同的文件中可以声明相同名字的变量和函数，不会互相影响。

通过全局函数 getApp()可以获取全局的应用实例，如果需要全局的数据可以在 App()中设置，例如：

```
// app.js
App({
  globalData: 1
})

// a.js
// localValue 只能在 a.js 这个文件中使用
const localValue = 'a'
//获取应用实例
const app = getApp()
//获取全局变量并更改其值
app.globalData++

// b.js
//在 b.js 中再次定义 localValue 不会对 a.js 文件中的 localValue 值造成影响
const localValue = 'b'
//如果 b.js 文件在 a.js 文件后面运行，那么此时的 globalData 的值为 2
console.log(getApp().globalData)
```

小程序也支持将一些公共的代码抽离成为一个单独的 js 文件，使其成为一个模块。模块只有通过 module.exports 或者 exports 才能对外暴露接口。例如，有一个公共的模块 common.js：

```
// common.js
function sayHello(name) {
  console.log(`Hello ${name} !`)
}
function sayGoodbye(name) {
  console.log(`Goodbye ${name} !`)
}

module.exports.sayHello = sayHello
exports.sayGoodbye = sayGoodbye
```

在需要使用这些模块的文件中，使用 require(path) 将公共代码引入，并调用已经暴露出来的接口。

```
const common = require('common.js')
Page({
  helloMINA() {
    common.sayHello('MINA')
  },
```

```
    goodbyeMINA() {
      common.sayGoodbye('MINA')
    }
})
```



需要注意的是，exports 是 module.exports 的一个引用，在模块中随意更改 exports 的指向会造成未知的错误，所以更推荐采用 module.exports 暴露模块接口。同时，require 暂时不支持绝对路径。

### 3.4.4 接口

小程序开发框架提供丰富的微信原生 API，可以方便地调用微信提供的功能，如获取设备信息、本地存储、分享转发等。

通常，小程序的 API 有事件监听 API、同步 API 和异步 API 这三种类型。

一般来说，以 on 开头的 API 用来监听某个事件是否触发，如 wx.onSocketOpen（监听 WebSocket 连接打开事件），wx.onCompassChange（监听罗盘数据变化事件）等。这类 API 接受一个回调函数作为参数，当事件触发时会调用这个回调函数，并将相关数据以参数形式传入。一个简单的示例如下：

```
wx.onCompassChange(function (res) {
  console.log(res.direction)                //输出当前设备面对的方向度数
})
```

一般来说，以 Sync 结尾的 API 都是同步 API，如 wx.setStorageSync，wx.getSystemInfoSync 等。此外，也有一些其他的同步 API，如 wx.createWorker，wx.getBackgroundAudioManager 等，具体的见后文对应 API 详细说明。同步 API 的执行结果可以通过函数返回值直接获取，如果执行出错会抛出异常。一个简单的代码示例如下。

```
try {
  wx.setStorageSync('key', 'value')         //设置本地数据缓存
} catch (e) {
  console.error(e)
}
```

除了以上两种外，大多数 API 都是异步 API，如 wx.request，wx.login 等。这类 API 通常都接受一个 Object 类型的参数，这个参数都支持按需指定不同的字段来接收接口调用结果。其参数说明见表 3-19。

**表 3-19　异步 API 的参数说明**

| 参数名 | 类型 | 必填 | 说明 |
| --- | --- | --- | --- |
| success | Function | 否 | 接口调用成功的回调函数 |
| fail | Function | 否 | 接口调用失败的回调函数 |
| complete | Function | 否 | 接口调用结束的回调函数（调用成功、失败都会执行） |
| 其他 | Any | - | 接口定义的其他参数 |

其中，success，fail 和 complete 这三个回调函数在调用时会传入一个 Object 参数，包含的字段说明见表 3-20。

表 3-20　回调函数参数说明

| 属　性 | 类　型 | 说　明 |
|---|---|---|
| errMsg | String | 错误信息，如果调用成功返回 ${apiName}:ok |
| errCode | Number | 错误码，仅部分 API 支持，成功时为 0 |
| 其他 | Any | 接口返回的其他数据 |

异步 API 的执行结果需要通过 Object 类型的参数中传入的对应回调函数获取。部分异步 API 也会有返回值，可以用来实现更丰富的功能，如 wx. request，wx. connectSockets 等。一个使用异步 API 的简单示例如下。

```
wx.login({
  success(res) {
    console.log(res.code)
  }
})
```

# 3.5　视　图　层

小程序框架的视图层由 WXML（WeiXin Markup Language，微信标记语言）与 WXSS（WeiXin Style Sheet，微信样式表）编写，由组件来进行展示。视图层负责将逻辑层的数据显示在页面上，同时将视图层的事件发送给逻辑层。WXML 用来描述页面的结构，WXSS 用于描述页面的样式，组件是视图的基本组成单元。这三者的关系可以类比为 HTML，CSS 与 HTML 里面各种标签的关系。除了这三者之外，还有一套用于小程序的脚本语言——WXS(WeiXin Script)。WXS 和 WXML 结合起来，可以构建出页面结构。

## 3.5.1　WXML

**【任务要求】**

新建一个页面，在页面上显示九九乘法表。要求每次只显示一组数据，每单击一次按钮，加载下一组数据，直到 9×9=81。也就是先显示 1×1=1，1×2=2，…，1×9=9，单击按钮后，再显示 2×2=4，2×3=6，…，2×9=18。示例效果如图 3-16 所示。

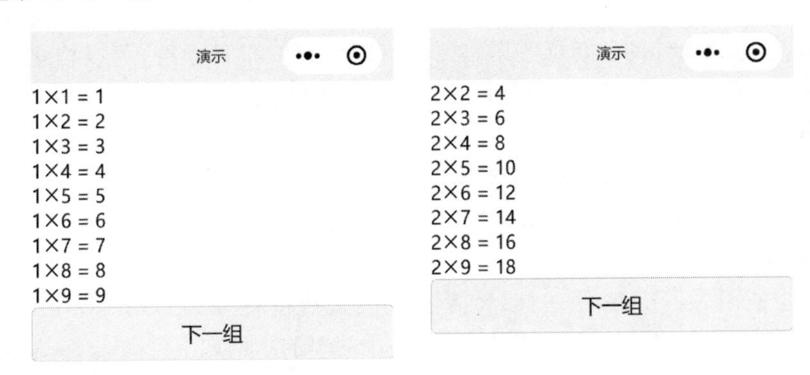


图 3-16　显示第一组（左）和单击按钮后显示第二组（右）

【任务分析】

本次任务针对 WXML 的相关功能进行设计，包含数据绑定、列表渲染(可以类比 for 循环)、条件渲染(可以类比 if 判断)和事件处理等知识点。通过对这个任务的练习和讲解，可以了解 WXML 的绝大部分功能和使用方法。

【任务操作】

(1) 打开示例项目，在 app.json 文件的 pages 数组中，新增第一项"pages/Chapter_3/WXML/WXML"。保存文件，编译项目，让开发者工具自动生成 WXML 页面所需的文件。

(2) 打开 pages/Chapter_3/WXML 目录下的 WXML.wxml 文件，将其中的内容替换为以下代码。

```
<!--pages/Chapter_3/WXML/WXML.wxml-->
<view wx:for="{{array}}" wx:for-item="i">
  <view wx:for="{{[1, 2, 3, 4, 5, 6, 7, 8, 9]}}" wx:for-item="j">
    <view wx:if="{{i <= j}}">
      {{i}} * {{j}} = {{i * j}}
    </view>
  </view>
</view>
<button bindtap="addNewMultiplier">下一组</button>
```

(3) 打开该目录下的 WXML.js 文件，将里面的内容修改为如下代码。

```
// pages/Chapter_3/WXML/WXML.js
Page({
  data: {
    array:[1]
  },
  addNewMultiplier:function(){
    this.setData({
      array:[this.data.array[this.data.array.length - 1] + 1]
    })
  }
})
```

(4) 保存所有文件，编译运行。在模拟器中单击“下一组”按钮，观察运行效果。

【相关知识】

WXML 是框架设计的一套标签语言，结合基础组件、事件系统，可以构建出页面的结构。它包含数据绑定、列表渲染、条件渲染、模板、事件和引用这几个部分的功能。

**1. 数据绑定**

WXML 中的动态数据，均来自于对应 Page()函数的 data 对象。如何将 data 中的数据送到前端页面中去显示，这就涉及数据绑定的问题。

1) 简单绑定

数据绑定使用 Mustache 语法(双大括号)将变量括起来，可以作用于以下四种情况。

(1) 内容。直接在页面上显示数据内容，一个简单的示例如下。

```
<view>{{ message }}</view>
```

```
Page({
  data: {
    message: 'Hello MINA!'
  }
})
```

将变量 message 用{{ }}括起来,即表示需要使用 data 中的数据来显示。该示例会在页面上显示“Hello MINA1”字样。

(2) 组件属性。用后端变量来设置前端部分组件的属性。注意由双大括号括起来的变量需要在属性的双引号内。一个简单的示例如下。

```
<viewid = "item - {{id}}"></view>

Page({
  data: {
    id: 0
  }
})
```

该示例表示为 view 标签新增一个值为“item-0”的 id 属性。

(3) 控制属性。用后端变量来控制前端组件的显示效果。由双大括号括起来的变量需要在属性的双引号内。一个简单的示例如下。

```
<view wx:if = "{{condition}}"> Hello MINA </view>

Page({
  data: {
    condition: true
  }
})
```

该示例表示判断的逻辑条件成立,“Hello MINA”的字样会被渲染显示到屏幕上。如果 condition 的值为 false,则页面上什么也不会显示。有关 wx:if 的用法可以参见后文条件渲染部分内容。

(4) 关键字。主要用于逻辑判断。具体指“true”和“false”这两个关键字,分别是 boolean 类型的 true 和 false,表示真和假。一个简单的示例如下。

```
<view>勾选框不被选中</view>
<checkbox checked = "{{false}}"></checkbox>
<view>勾选框被选中</view>
<checkbox checked = "{{true}}"></checkbox>
```

该示例表示复选框处于选中和未选中的两种状态。显示的效果如图 3-17 所示。

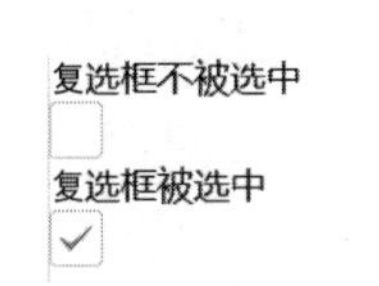


图 3-17　在 WXML 中设置关键字控制复选框状态

需要特别注意的是,设置复选框未被选中时不能直接写 checked="false",因为这样的方式会将“false”当作字符串看待,转成 boolean 类型后代表真值。

2）运算

可以在{{ }}内进行简单的运算，支持如下几种方式。

（1）三元运算。可以在双大括号内进行三元运算，一个简单的示例如下。

```
<view hidden="{{flag ? true : false}}"> Hidden </view>
```

该示例表示会根据条件表达式 flag 的情况来决定 hidden 属性的值是 true 还是 false，进而决定是否要在页面上显示"Hidden"字符串。

（2）算术运算。在双大括号内，可以进行基本的算术运算，会直接显示运算后的结果。一个简单的示例如下。

```
<view>{{a + b}} + {{c}} + d</view>

Page({
  data: {
    a: 1,
    b: 2,
    c: 3
  }
})
```

该示例会在页面上显示"3 + 3 + d"。其中，第一个 3 来自 a+b 的运算结果，第二个 3 来自变量 c 的值，d 因为没有被包含在双大括号内，作为一个字符原样输出。

（3）逻辑判断。可以在双大括号内进行逻辑运算，返回 boolean 类型的 true 或者 false，可以用于某些属性的控制。一个简单的示例如下。

```
<view wx:if="{{length > 5}}">{{length}}</view>
```

该示例表示，如果变量 length 的值大于 5，则显示 length 的值，否则不显示。

（4）字符串运算。可以在双大括号内做字符串的拼接运算。一个简单的示例如下。

```
<view>{{"hello" + " " + name}}</view>

Page({
  data: {
    name: 'MINA'
  }
})
```

该示例会在页面上显示出拼接好的字符串"hello MINA"。

（5）数据路径运算。对于数组和 JSON 对象类型的数据，在双大括号内也可以通过索引的方式取其值。一个简单的示例如下。

```
<view>{{object.key}} {{array[0]}}</view>

Page({
  data: {
    object: {
      key: 'Hello '
```

```
    },
    array: ['MINA','!']
  }
})
```

该示例最终会在页面上显示"Hello MINA"。因为{{array[0]}}是取 array 这个数组的第一个元素,因此"!"并不会被输出。

3) 组合

可以在双大括号内直接进行组合,构成新的数组或者对象。

(1) 数组。可以将 data 中的数据在 WXML 中组合成为一个新的数组。一个简单的示例如下。

```
<view wx:for="{{[zero, 1, 2, 3, 4]}}">{{item}}</view>

Page({
  data: {
    zero: 0
  }
})
```

该示例表示将 data 中的变量 zero 加到 WXML 的数组中去,组成数组[0, 1, 2, 3, 4],最后在页面上输出 0,1,2,3,4。有关示例里面用到的 wx:for 的用法,可以参考后文列表渲染的相关内容。

(2) 对象。在双大括号里面,可以对对象进行组合、展开等操作。几个简单的示例如下。

```
<template is="objectCombine" data="{{for: a, bar: b}}"></template>

Page({
  data: {
    a: 1,
    b: 2
  }
})
```

最终组合成的对象是{for: 1, bar: 2}。

也可以使用扩展运算符"..."来将一个对象展开:

```
<template is="objectCombine" data="{{...obj1, ...obj2, e: 5}}"></template>

Page({
  data: {
    obj1: {
      a: 1,
      b: 2
    },
    obj2: {
      c: 3,
      d: 4
```

```
    }
  }
})
```

最终组合成的对象是{a：1，b：2，c：3，d：4，e：5}。

如果对象的 key 和 value 相同，也可以间接地表达。例如：

```
<template is = "objectCombine" data = "{{foo, bar}}"></template>

Page({
  data: {
    foo: 'my - foo',
    bar: 'my - bar'
  }
})
```

最终组合成的对象是{foo：'my-foo'，bar：'my-bar'}。

上述几种情况可以随意组合，但是如有存在变量名相同的情况，后面的会覆盖前面，例如：

```
<template is = "objectCombine" data = "{{...obj1, ...obj2, a, c: 6}}"></template>

Page({
  data: {
    obj1: {
      a: 1,
      b: 2
    },
    obj2: {
      b: 3,
      c: 4
    },
    a: 5
  }
})
```

最终组合成的对象是{a：5，b：3，c：6}。

**注意**：如果双大括号和引号之间有空格，则表达式最终将会被解析成为字符串。例如：

```
<view wx:for = "{{[1,2,3]}} ">
  {{item}}
</view>
```

等同于：

```
<view wx:for = "{{[1,2,3] + ' '}}">
  {{item}}
</view>
```

**2. 列表渲染**

1）wx：for

在组件上使用 wx：for 控制属性绑定一个数组，即可使用数组中各项的数据重复渲染该组件。默认情况下，数组当前项的下标变量名为 index，数组当前项的变量名为 item。一个简单的示例如下。

```
<view wx:for = "{{array}}">
  {{index}}: {{item.message}}
</view>

Page({
  data: {
    array: [{
      message: 'foo',
    }, {
      message: 'bar'
    }]
  }
})
```

该示例最终会在页面上输出 0：foo 和 1：bar 两行结果。

当然，也可以使用 wx:for-item 来指定数组当前元素的变量名，使用 wx:for-index 来指定数组当前下标的变量名。例如，前面的例子也可以这样写：

```
<view wx:for = "{{array}}" wx:for - index = "idx" wx:for - item = "itemName">
  {{idx}}: {{itemName.message}}
</view>
```

也可以将 wx:for 用在< block />标签上，以渲染一个包含多节点的结构块。例如：

```
<block wx:for = "{{[1, 2, 3]}}">
  <view>{{index}}:</view>
  <view>{{item}}</view>
</block>
```

< block/>标签本身不含有任何的默认样式，也不会在页面上有具体的展现，仅仅是作为设计 WXML 页面的结构而出现。这个例子最终会渲染出 6 个 view 组件，每两个 view 组件为一组，分别输出数组里每一项的序号和值。

如果 wx:for 的值为一个字符串，那么该字符串将被解析成为字符串数组。例如：

```
<view wx:for = "array">
  {{item}}
</view>
```

等同于：

```
<view wx:for = "{{['a','r','r','a','y']}}">
  {{item}}
</view>
```

2）wx:key

如果列表中项目的位置会动态改变或者有新的项目添加到列表中，与此同时还希望列表中已有的项目保持自己的特征和状态（如 < input />中的输入内容，< switch />的选中状态)，这个时候需要使用 wx:key 来指定列表中项目的唯一的标识符。有关< input />和< switch />的介绍可以参见 7.4 节和 7.10 节的内容。

wx:key 的值以如下两种形式提供。

(1) 字符串。代表在 wx:for 循环的数组中某一项的某个属性，该属性的值需要是列表中唯一的字符串或数字，且不能动态改变。

(2) 保留关键字 * this。代表在 wx:for 循环中的某一项本身，这种表示需要这一项本身是一个唯一的字符串或者数字。

当数据改变触发渲染层重新渲染的时候，框架会校正带有 key 的组件，让它们被重新排序，而不是重新创建，以确保使组件保持自身的状态，并且提高列表渲染时的效率。一个使用 wx:key 的示例如下。

```
<!-- pages/Chapter_3/WXKEY/WXKEY.wxml -->
<switch wx:for="{{objectArray}}" wx:key="unique" style="display: block;">
  {{item.id}}
</switch>
<button bindtap="switch">重新排序</button>
<button bindtap="addToFront">在列表顶端新增一项</button>
<switch wx:for="{{numberArray}}" wx:key="*this" style="display: block;">
  {{item}}
</switch>
<button bindtap="addNumberToFront">在列表顶端新增一项</button>

// pages/Chapter_3/WXKEY/WXKEY.js
Page({
  data: {
    objectArray: [
      { id: 5, unique: 'unique_5' },
      { id: 4, unique: 'unique_4' },
      { id: 3, unique: 'unique_3' },
      { id: 2, unique: 'unique_2' },
      { id: 1, unique: 'unique_1' },
      { id: 0, unique: 'unique_0' },
    ],
    numberArray: [1, 2, 3, 4]
  },
  switch(e) {
    const length = this.data.objectArray.length
    for (let i = 0; i < length; ++i) {
      const x = Math.floor(Math.random() * length)
      const y = Math.floor(Math.random() * length)
      const temp = this.data.objectArray[x]
      this.data.objectArray[x] = this.data.objectArray[y]
      this.data.objectArray[y] = temp
    }
    this.setData({
      objectArray: this.data.objectArray
    })
  },
```

```
  addToFront(e) {
    const length = this.data.objectArray.length
    this.data.objectArray = [{ id: length, unique: 'unique_' + length }].concat(this.data.
objectArray)
    this.setData({
      objectArray: this.data.objectArray
    })
  },
  addNumberToFront(e) {
    this.data.numberArray = [this.data.numberArray.length + 1].concat(this.data.numberArray)
    this.setData({
      numberArray: this.data.numberArray
    })
  }
})
```

该示例会在页面上显示若干个开关组件,可以更改部分开关组件的状态(如图 3-18 所示),在单击"重新排序"或者是"在列表顶端新增一项"之后,原有的开关状态并不会被改变,而是会一直保持(如图 3-19 所示)。

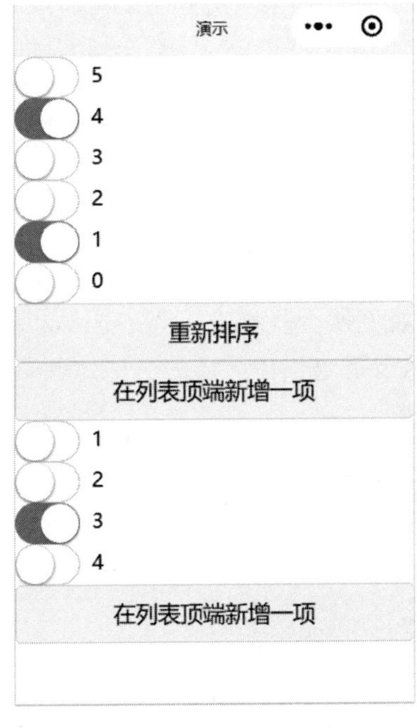


图 3-18　设定开关状态

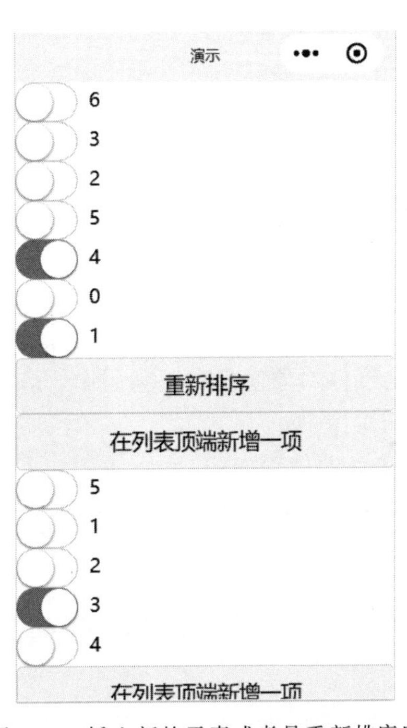


图 3-19　插入新的元素或者是重新排序后

一般情况下,如果不提供 wx:key,调试器会给出一个警告。如果自己明确知道该列表是静态的,或者不必关注其顺序,可以选择忽略。

**3. 条件渲染**

1) wx:if

wx:if 是一个控制属性,用于控制它所作用的标签是否要被渲染。使用的格式为: wx:if="{{condition}}"。condition 需要是一个可以转换为 Boolean 类型的值或者表达式。还可以结合使用 wx:elif 和 wx:else 这两个控制属性组合成 if else 代码块。一个简单的示例如下。

```
< view wx:if = "{{score > 90}}"> A </view >
< view wx:elif = "{{score > 70}}"> B </view >
< view wx:else > C </view >
```

和前面的 wx:if 类似，如果需要一次性判断多个组件标签，可以使用一个 < block/> 标签将多个组件包装起来，并在上边使用 wx:if 控制属性。例如：

```
< block wx:if = "{{true}}">
  < view > view1 </view >
  < view > view2 </view >
</block >
```

同样地，< block />仅仅是一个包装元素，不会在页面中做任何渲染，只接受控制属性。

2）wx:if 对比 hidden

考虑到 wx:if 之中的模板也可能包含数据绑定，所以当 wx:if 的条件值切换时，框架会对 wx:if 包含的代码块进行销毁或者是重新进行局部渲染。同时 wx:if 也是惰性的。这意味着，如果初始渲染条件为 false，那么框架什么也不会做。框架只有在 wx:if 的条件第一次变成真的时候才开始渲染 wx:if 控制的代码块内容。

相比之下，hidden 就简单得多，组件始终会被渲染，只是简单地控制显示与隐藏。

一般来说，wx:if 有更高的切换消耗而 hidden 有更高的初始渲染消耗。因此，如果需要频繁切换，用 hidden 更好，如果在运行时条件不大可能改变则使用 wx:if 较好。

**4. 事件**

事件是视图层到逻辑层的通信方式，它可以将用户的行为反馈到逻辑层进行处理。事件一般绑定在组件上，当设定监听的事件被触发时，视图层会将携带了 id，dataset，touches 等信息的事件对象发送到逻辑层中，此时框架就会执行逻辑层中对应的事件处理函数，来响应用户的操作。

1）事件的使用方式

以 bindtap 这样的一个监听用户单击事件的使用方式举一个简单的例子。

```
< view id = "tapTest" data - hi = "WeChat" bindtap = "tapEvent"> Click me!</view >
```

在相应的 Page 定义中写上相应的事件处理函数，参数是 event。

```
Page({
  tapEvent(event) {
    console.log(event)
  }
})
```

在调试器的 Console 面板中可以看到输出的信息大致如下。

```
{
  "type": "tap",
  "timeStamp": 895,
  "target": {
```

```
    "id": "tapTest",
    "dataset": {
      "hi": "WeChat"
    }
  },
  "currentTarget": {
    "id": "tapTest",
    "dataset": {
      "hi": "WeChat"
    }
  },
  "detail": {
    "x": 53,
    "y": 14
  },
  "touches": [
    {
      "identifier": 0,
      "pageX": 53,
      "pageY": 14,
      "clientX": 53,
      "clientY": 14
    }
  ],
  "changedTouches": [
    {
      "identifier": 0,
      "pageX": 53,
      "pageY": 14,
      "clientX": 53,
      "clientY": 14
    }
  ]
}
```

在这个例子中,为 view 组件绑定了一个值为"tapEvent",名为"bindtap"的属性。它表示需要监听用户的单击(tap)事件,该事件由逻辑层的 tapEvent 函数处理。同时还在 view 组件里设置了事件需要传递的数据,由 data-hi 属性给出,表示需要传递的数据名为"hi",值为"WeChat"。在逻辑层接收到的事件对象 event 里,也找到了对应的数据。

2) 事件的分类

事件分为冒泡事件和非冒泡事件。冒泡事件是指:当一个组件上的事件被触发后,该事件会向父节点传递。非冒泡事件是指:当一个组件上的事件被触发后,该事件不会向父节点传递。一般来说,大多数组件的事件都是非冒泡事件。除了非冒泡事件,WXML 里的冒泡事件见表 3-21。

表 3-21 WXML 里的冒泡事件

| 类　型 | 触发条件 | 最低版本 |
| --- | --- | --- |
| touchstart | 手指触摸动作开始 | |
| touchmove | 手指触摸后移动 | |
| touchcancel | 手指触摸动作被打断,如来电提醒、弹窗 | |
| touchend | 手指触摸动作结束 | |
| tap | 手指触摸后马上离开 | |
| longpress | 手指触摸后,超过 350ms 再离开,如果指定了事件回调函数并触发了这个事件,tap 事件将不被触发 | 1.5.0 |
| longtap | 手指触摸后,超过 350ms 再离开(推荐使用 longpress 事件代替) | |
| transitionend | 会在 WXSS transition 或 wx.createAnimation 动画结束后触发 | |
| animationstart | 会在一个 WXSS animation 动画开始时触发 | |
| animationiteration | 会在一个 WXSS animation 一次迭代结束时触发 | |
| animationend | 会在一个 WXSS animation 动画完成时触发 | |
| touchforcechange | 在支持 3D Touch 的 iPhone 设备,重按时会触发 | 1.9.90 |

3) 事件的绑定和冒泡

事件绑定的写法同组件的属性写法一样,均以(key,value)键值对的形式。

key 以 bind 或 catch 开头,然后跟上事件的类型,如 bindtap、catchtouchstart。自基础库版本 1.5.0 起,在非原生组件中,bind 和 catch 后可以紧跟一个冒号,其含义不变,如 bind:tap、catch:touchstart。使用 bind 绑定的事件不会阻止冒泡事件向上冒泡,而使用 catch 绑定的事件可以阻止冒泡事件向上冒泡。

value 是一个字符串,指的是对应的 Page 中定义的同名函数。如果没有在 Page 中定义该函数,在事件被触发时,调试器会报错。

有关冒泡和阻止冒泡,可以参考下面这个简单的例子。

```
<view id = "outer"bindtap = "handleTap1">
  outer view
  <view id = "middle" catchtap = "handleTap2">
    middle view
    <view id = "inner" bindtap = "handleTap3">
      inner view
    </view>
  </view>
</view>
```

在上面的这个例子中,单击 inner view 会先后调用 handleTap3 和 handleTap2(因为 tap 事件会冒泡到 middle view,而 middle view 阻止了 tap 事件冒泡,不再向父节点传递),单击 middle view 只会触发 handleTap2,单击 outer view 会触发 handleTap1。

4) 事件的捕获阶段

自基础库版本 1.5.0 起,触摸类事件支持捕获阶段,也可以理解为监听事件的发生。捕获阶段位于冒泡阶段之前,且在捕获阶段中,事件到达节点的顺序与冒泡阶段恰好相反。需要在捕获阶段监听事件时，可以采用 capture-bind、capture-catch 关键字。其中，capture-catch 将中断捕获阶段和取消冒泡阶段。

一个使用事件捕获阶段的简单示例如下。

```
<view id = "outer" bindtouchstart = "handleTap1" capture - bindtouchstart = "handleTap2">
  outer view
  <view id = "inner" bindtouchstart = "handleTap3" capture - bindtouchstart = "handleTap4">
    inner view
  </view>
</view>
```

在该示例中，如果单击了 inner view，则会先后触发 handleTap2、handleTap4、handleTap3、handleTap1 这四个事件。

如果将上面例子中的第一个 capture-bindtouchstart 改为 capture-catchtouchstart，由于 capture-catch 会中断后面的事件捕获以及冒泡，因此在单击 inner view 后将只会触发 handleTap2。

5）事件对象

如无特殊说明，当组件触发事件时，逻辑层绑定该事件的处理函数会收到一个事件对象。基础事件(BaseEvent)对象的属性说明见表 3-22。

**表 3-22　基础事件对象属性说明**

| 属　　性 | 类　　型 | 说　　明 |
|---|---|---|
| type | String | 事件类型 |
| timeStamp | Integer | 事件生成时的时间戳，记录的是页面打开到触发事件所经过的毫秒数 |
| target | Object | 触发事件的源组件的一些属性值集合 |
| currentTarget | Object | 事件绑定的当前组件的一些属性值集合 |

由基础事件(BaseEvent)对象派生出自定义事件对象(CustomEvent)和触摸事件对象(TouchEvent)，这两个对象除了具有基础事件对象的所有属性外，还具有各自的一些属性，分别见表 3-23 和表 3-24。

**表 3-23　自定义事件对象属性说明**

| 属　　性 | 类　　型 | 说　　明 |
|---|---|---|
| detail | Object | 额外的信息，由各个组件自己定义。比如表单提交的数据、媒体的错误信息等 |

**表 3-24　触摸事件对象属性说明**

| 属　　性 | 类　　型 | 说　　明 |
|---|---|---|
| touches | Array | 触摸事件，当前停留在屏幕中的触摸点信息的数组 |
| changedTouches | Array | 触摸事件，当前变化的触摸点信息的数组 |

对基础事件对象的 target 属性所包含的属性值集合的说明见表 3-25。

**表 3-25 target 所包含的属性值**

| 属　性 | 类　型 | 说　明 |
| --- | --- | --- |
| id | String | 事件源组件的 id |
| tagName | String | 当前组件的类型 |
| dataset | Object | 事件源组件上由 data-开头的自定义属性组成的集合 |

对基础事件对象的 currentTarget 属性所包含的属性值集合的说明见表 3-26。

**表 3-26 currentTarget 所包含的属性值**

| 属　性 | 类　型 | 说　明 |
| --- | --- | --- |
| id | String | 当前组件的 id |
| tagName | String | 当前组件的类型 |
| dataset | Object | 当前组件上由 data-开头的自定义属性组成的集合 |

有关 target 和 currentTarget 的使用，可以参考下面这个简单的例子。

```
<view id="outer"bindtap="handleTap1">
  outer view
  <view id="middle" catchtap="handleTap2">
    middle view
    <view id="inner" bindtap="handleTap3">
      inner view
    </view>
  </view>
</view>
```

在这个例子中，我们单击 inner view，会依次触发 handleTap3 和 handleTap2 这两个处理函数。其中，handleTap3 收到的事件对象的 target 和 currentTarget 都是 inner，而 handleTap2 收到的事件对象的 target 是 inner，currentTarget 则是 middle。

在 target 和 currentTarget 属性值的集合中，dataset 属性表示组件中自定义数据的集合。在组件中定义的数据，会通过事件传递给逻辑层。正如上面例子中，在 view 组件中自定义了 data-hi="WeChat"的属性，那么在 dataset 这个属性里，就可以找到一个 key 为 hi，value 为“WeChat”的值。在组件中自定义数据的方式是：以“data-”开头，多个单词由连字符“-”连接，不能有大写，如果有大写，则会自动转成小写。例如，data-element-type，最终在 event. currentTarget. dataset 中会将连字符转成驼峰 elementType；data-elementType，最终在 event. currentTarget. dataset 中会转换成 elementtype。

在触摸事件对象中，touches 属性是一个数组，数组的每一项是一个 Touch 对象，表示当前停留在屏幕上的触摸点。Touch 对象的属性说明见表 3-27。

表 3-27　Touch 对象属性说明

| 属　　性 | 类　　型 | 说　　明 |
| --- | --- | --- |
| identifier | Number | 触摸点的标识符 |
| pageX, pageY | Number | 距离文档左上角的距离，文档的左上角为原点，横向为 X 轴，纵向为 Y 轴 |
| clientX, clientY | Number | 距离页面可显示区域（屏幕除去导航条）左上角距离，横向为 X 轴，纵向为 Y 轴 |

触摸事件对象的 changedTouches 属性数据格式同 touches，表示有变化的触摸点。如从无变有（touchstart），位置变化（touchmove），从有变无（touchend，touchcancel）。

需要单独说明的是，在 Canvas 中，触摸事件对象的 touches 属性里面携带的则是 CanvasTouch 对象。CanvasTouch 对象的属性说明见表 3-28。

表 3-28　CanvasTouch 对象属性说明

| 属　　性 | 类　　型 | 说　　明 |
| --- | --- | --- |
| identifier | Number | 触摸点的标识符 |
| x, y | Number | 距离 Canvas 左上角的距离，Canvas 的左上角为原点，横向为 $X$ 轴，纵向为 $Y$ 轴 |

**5. 模板**

WXML 提供模板（template）功能。开发者可以在模板中定义代码片段，然后在不同的地方调用。方便在小程序页面的部分固定结构中使用。

要使用模板，首先需要定义模板。定义模板需要使用< template/>标签，然后在标签内声明 name 属性。模板的代码写在< template/>标签内。一个简单的示例如下。

```
<template name = "msgItem">
  <view>
    <text>{{index}}: {{msg}}</text>
    <text> Time: {{time}}</text>
  </view>
</template>
```

定义好之后，在使用的时候依然是用< template />标签，然后通过指定其 is 属性来确定使用哪个模板。在上个例子中，模板还需要一些数据，我们需要指定< template />标签的 data 属性来将数据传递给模板。使用示例如下。

```
<template is = "msgItem" data = "{{...item}}" />

Page({
  data: {
    item: {
      index: 0,
      msg: 'this is a template',
      time: '2019 - 01 - 01'
    }
  }
})
```

is 属性可以使用双大括号语法，从而动态决定具体需要渲染哪个模板。一个简单的示例如下。

```
<template name="odd">
  <view>odd</view>
</template>
<template name="even">
  <view>even</view>
</template>

<block wx:for="{{[1, 2, 3, 4, 5]}}">
  <template is="{{item % 2 == 0 ? 'even' : 'odd'}}" />
</block>
```

在上面这个例子中，会交替使用 odd 和 even 这两个模板。

**6. 引用**

WXML 提供两种文件引用方式：import 和 include。

import 可以在该文件中使用目标文件定义的模板。例如，在 item.wxml 中定义了一个叫作 item 的模板：

```
<!-- item.wxml -->
<template name="item">
  <text>{{text}}</text>
</template>
```

在 index.wxml 中引用了 item.wxml，就可以使用 item 模板。

```
<import src="item.wxml" />
<template is="item" data="{{text: 'forbar'}}" />
```

import 有作用域的概念，即只会导入目标文件中定义的模板，而不会导入目标文件导入的模板。

例如：C import B，B import A，在 C 中可以使用 B 定义的 template，在 B 中可以使用 A 定义的 template，但是 C 不能使用 A 定义的 template。

include 可以将目标文件除了 <template /> <wxs /> 外的整个代码引入，相当于复制到 include 位置。一个简单的示例如下。

```
<!-- index.wxml -->
<include src="header.wxml" />
<view>body</view>
<include src="footer.wxml" />

<!-- header.wxml -->
<view>header</view>

<!-- footer.wxml -->
<view>footer</view>
```

最终形成的 index.wxml 文件内容如下。

```
<! -- index.wxml -->
<view> header </view>
<view> body </view>
<view> footer </view>
```

### 3.5.2 WXSS

**【任务要求】**

在 pages/Chapter_3 目录下新建一个 WXSS 目录，在 WXSS 目录下新建一个名为 WXSS 的页面。页面上横向放置绿、蓝、灰三个色块，并在上面分别标记 A,B,C。在单击该区域时，三个色块的颜色能在绿、蓝、灰之间随机切换。效果如图 3-20 所示。

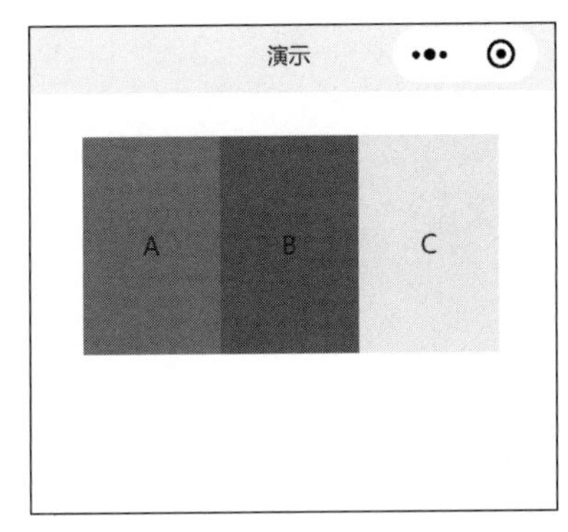


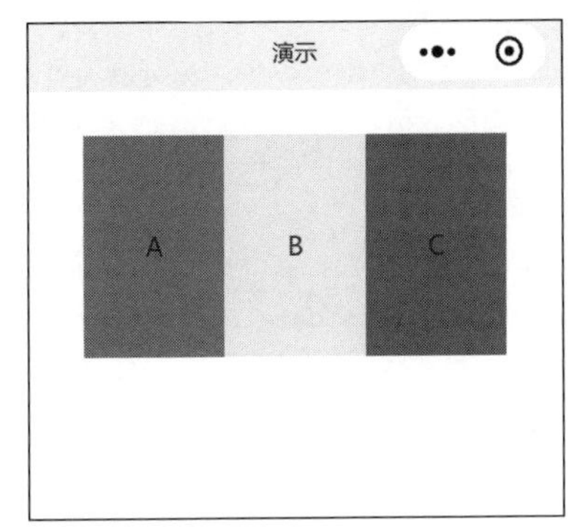


图 3-20　三个色块(左)和单击后随机切换颜色效果(右)

**【任务分析】**

本次任务主要是练习微信的样式语言 WXSS 的使用，包括设定颜色，设定大小，控制位置，如何使用选择器等。其中还涉及样式的动态渲染，需要使用到事件的知识。WXSS 的样式属性大部分都可以和 CSS 类比。本次任务中所涉及的具体的样式属性可以暂时不用太关注，重点学习选择器的使用。

**【任务操作】**

(1) 打开示例项目，在 app.json 中新增第一项"pages/Chapter_3/WXSS/WXSS"。保存并编译项目，让开发者工具自动生成需要的文件。

(2) 打开 pages/Chapter_3/WXSS 目录下的 WXSS.wxml 文件，将其中的内容替换为以下代码。

```
<! -- pages/Chapter_3/WXSS/WXSS.wxml -->
<viewid = "container">
  <view class = "flex - wrp" bindtap = "changeColor">
    <view class = "flex - item demo - text - 1" style = "background - color:{{colorArray[0]}}">
</view>
    <view class = "flex - item demo - text - 2" style = "background - color:{{colorArray[1]}}">
</view>
    <view class = "flex - item demo - text - 3" style = "background - color:{{colorArray[2]}}">
</view>
  </view>
</view>
```

(3) 打开该目录下的 WXSS.js 文件,为色块设定初始颜色和添加改变颜色事件的处理函数。

```
// pages/Chapter_3/WXSS/WXSS.js
Page({
  data: {
    colorArray: ["#1AAD19", "#2782D7", "#F1F1F1"],
  },
  changeColor:function() {
    const length = this.data.colorArray.length
    for (let i = 0; i < length; ++i) {
      const x = Math.floor(Math.random() * length)
      const y = Math.floor(Math.random() * length)
      const temp = this.data.colorArray[x]
      this.data.colorArray[x] = this.data.colorArray[y]
      this.data.colorArray[y] = temp
    }
    this.setData({
      colorArray: this.data.colorArray
    })
  }
})
```

(4) 打开该目录下的 WXSS.wxss 文件,为三个色块设定需要的样式效果。

```
/* pages/Chapter_3/WXSS/WXSS.wxss */
#container{
  box-sizing: border-box;
  padding: 0 80rpx;
}
.flex-wrp{
  margin-top: 60rpx;
  display:flex;
  flex-direction:row;
}
.flex-item{
  width: 200rpx;
  height: 300rpx;
  font-size: 26rpx;
  color: #353535;
}
.demo-text-1{
  position: relative;
  align-items: center;
  justify-content: center;
  font-size: 36rpx;
}
.demo-text-1:before{
  content: 'A';
```

```
  position: absolute;
  top: 50%;
  left: 50%;
  transform: translate(-50%, -50%);
}
.demo-text-2{
  position: relative;
  align-items: center;
  justify-content: center;
  font-size: 36rpx;
}
.demo-text-2:before{
  content: 'B';
  position: absolute;
  top: 50%;
  left: 50%;
  transform: translate(-50%, -50%);
}
.demo-text-3{
  position: relative;
  align-items: center;
  justify-content: center;
  font-size: 36rpx;
}
.demo-text-3:before{
  content: 'C';
  position: absolute;
  top: 50%;
  left: 50%;
  transform: translate(-50%, -50%);
}
```

(5) 保存所有文件，编译项目。在模拟器中单击三个色块所在的区域，观察是否随着单击，三个色块的颜色都在蓝、绿、灰之间改变。

**【相关知识】**

WXSS是一套样式语言，用于描述WXML的组件样式。它被用来决定WXML的组件应该怎么显示。和CSS相比，WXSS具有CSS的大部分特性。同时为了更适合开发微信小程序，在尺寸单位和样式导入这两方面，WXSS对CSS进行了扩充以及修改。

**1. 尺寸单位**

WXSS使用了rpx(responsive pixel，响应像素)作为尺寸单位。它规定屏幕宽为750rpx，然后可以根据屏幕宽度进行自适应。如在iPhone 6上，屏幕宽度为375px，共有750个物理像素，则750rpx=375px=750物理像素，即1rpx=0.5px=1物理像素。一般来说，建议小程序的设计师以iPhone 6作为视觉稿的标准。需要注意的是，在较小的屏幕上不可避免地会有一些毛刺，请在开发时尽量避免这种情况。部分设备的尺寸大小换算见表3-29。

**表 3-29　rpx 和 px 在部分设备上的换算关系**

| 设　　备 | rpx 换算为 px(屏幕宽度/750) | px 换算为 rpx(750/屏幕宽度) |
|---|---|---|
| iPhone 5 | 1rpx = 0.42px | 1px = 2.34rpx |
| iPhone 6 | 1rpx = 0.5px | 1px = 2rpx |
| iPhone 6 Plus | 1rpx = 0.552px | 1px = 1.81rpx |

**2. 样式导入**

使用@import 语句可以导入外联样式表。@import 后跟需要导入的外联样式表的相对路径,用";"表示语句结束。一个简单的示例如下。

```
/** common.wxss **/
.small-p {
  padding:5px;
}

/** app.wxss **/
@import "common.wxss";
.middle-p {
  padding:15px;
}
```

则在 app.wxss 中,包含对 small-p 和 middle-p 这两个样式类的定义。

**3. 内联样式**

框架组件上支持使用 style、class 属性来控制组件的样式。

style: 用于接收动态样式,在运行时会进行解析。一个简单的示例如下。

```
<view style="color:{{color}};" />
```

该示例表示 view 的颜色由 color 这个变量动态定义。

class: 用于指定样式规则。其值是样式规则中类选择器名(样式类名)的集合。一般将静态样式写到对应样式类名的定义中。多个样式类名之间用空格分隔。一个简单的示例如下。

```
<!-- example.wxml -->
<view class="normal_view content_view" />

/** example.wxss **/
.normal_view{
  height: 300rpx;
  width: 200rpx;
}
.content _view{
  font-size: 26rpx;
  color: #353535;
}
```

该示例表示为 view 组件设置了宽为 200rpx,高为 300rpx,里面的内容字体大小为 26rpx,颜色为#353535。

#### 4. 选择器

和 CSS 一样，WXSS 也需要使用选择器来决定样式的作用对象。WXSS 目前支持的选择器见表 3-30。

表 3-30　WXSS 支持的选择器

| 选　择　器 | 样　　例 | 样 例 描 述 |
| --- | --- | --- |
| .class | .intro | 选择所有拥有 class="intro"的组件 |
| #id | #firstname | 选择拥有 id="firstname"的组件 |
| element | view | 选择所有 view 组件 |
| element, element | view, checkbox | 选择所有文档的 view 组件和所有的 checkbox 组件 |
| ::after | view::after | 在 view 组件后边插入内容 |
| ::before | view::before | 在 view 组件前边插入内容 |

#### 5. 全局样式与局部样式

定义在 app.wxss 中的样式为全局样式，作用于每一个页面。在每个页面自己的 wxss 文件中定义的样式为局部样式，只作用在对应的页面，并且会覆盖 app.wxss 中相同的选择器所定义的样式。

### 3.5.3　基础组件

组件是视图层的基本组成单元，自带一些功能与微信风格一致的样式。一个组件通常包括开始标签和结束标签，以及用来修饰这个组件的属性。组件的内容被包含在开始和结束这两个标签之内。组件的使用方式示例如下。

```
<tagname property = "value">
  Content goes here ...
</tagname>
```

框架为开发者提供了一系列基础组件，开发者可以通过组合这些基础组件进行快速开发。

组件属性的数据类型说明见表 3-31。

表 3-31　组件属性的数据类型

| 类　　型 | 描　　述 | 注　　解 |
| --- | --- | --- |
| Boolean | 布尔值 | 组件写上该属性，不管是什么值都被当作 true；只有组件上没有该属性时，属性值才为 false。如果属性值为变量，变量的值会被转换为 Boolean 类型 |
| Number | 数字 | 1, 2.5 |
| String | 字符串 | "string" |
| Array | 数组 | [1, "string"] |
| Object | 对象 | {key: value} |
| EventHandler | 事件处理函数名 | "handlerName"是 Page 中定义的事件处理函数名 |
| Any | 任意属性 | |

所有组件都具有的公共属性见表 3-32。

**表 3-32 组件的公共属性**

| 属 性 名 | 类 型 | 描 述 | 注 解 |
| --- | --- | --- | --- |
| id | String | 组件的唯一标识 | 保持整个页面唯一 |
| class | String | 组件的样式类 | 在对应的 WXSS 中定义的样式类 |
| style | String | 组件的内联样式 | 可以动态设置的内联样式 |
| hidden | Boolean | 组件是否显示 | 所有组件默认显示 |
| data-* | Any | 自定义属性 | 组件上的事件被触发时,会把数据发送给事件处理函数 |
| bind* / catch* | EventHandler | 组件的事件 | 详见 3.5.1 节中对事件的介绍 |

组件各自的特殊属性,详见后文对于每个组件对应的介绍。

# 练 习 题

1. 小程序的运行状态有哪几种?在切换时分别会调用的生命周期函数是什么?

2. 页面 B 通过 switchTab 的方式打开了页面 A,页面 A 通过 redirectTo 打开了页面 C,页面 C 再通过 navigateTo 打开了页面 B。请按顺序描述在这个过程中各个页面的生命周期函数的调用情况。

3. 简要描述 MINA 框架的主要功能。

4. 注册程序和注册页面的 App()函数以及 Page()函数分别可以包含哪些参数?每个参数的大致作用是什么?

5. WXML 里面的数据绑定有几种使用方式?

6. 冒泡事件和非冒泡事件的区别在什么地方?

7. 在事件发生时,如何向事件处理函数发送数据?

8. 在示例项目的 pages/Chapter_3 目录下新建一个 exercise_01 文件夹,然后在该目录下新建一个名为“01”的页面。要求:如果当前页面不是从转发进入的,则在页面上显示文字“请将该页面转发给朋友。”,并且设置转发的标题为“您的好友{{nickname}}觉得这个小程序不错,快来看看吧!”。其中,{{nickname}}为占位符,需要替换成使用当前小程序的用户的微信昵称。如果当前页面是由转发进入的,则在页面上显示“您的好友{{nickname}}邀请您访问了这个页面。”,其中,{{nickname}}为占位符,需要替换成转发者的微信昵称。

9. 在示例项目的 pages/Chapter_3/exercise 目录下新建名为“02”的页面。在页面上用一个数字显示该数字被单击的次数。意即,每单击一次该数字,该数字便会加 1。

# 第4章 搭建以PHP为例的后端网络环境

小程序如果要正式上线运行，离不开与后端服务器的网络通信。例如数据库、文件存储等操作，都需要后端服务器的支持。小程序和服务器的通信，可以理解为传统的C/S(Client/Server，客户端/服务器端)结构。一般而言，服务器端可以按照传统的网站后端来搭建，小程序则负责发起访问请求和接收从服务器返回的数据，充当客户端。按照小程序的要求，正式上线的小程序，必须在微信公众平台后台填写小程序使用到的域名，且域名需经过备案和开通HTTPS加密。考虑到备案和配置HTTPS有一定的操作门槛，本章将以在测试环境下搭建本地的服务器后端环境为例，介绍小程序和服务器通信的方法。在实际的开发过程中，一般也都是先在本地开发和测试完所有的功能后，才会将本地服务器的后端代码上传至远程的线上服务器。

**本章学习目标：**

- 了解小程序对域名的要求。
- 掌握搭建本地Web服务器的方法。
- 掌握小程序和服务器通信的基本方式。

## 4.1 本地安装网络服务环境

**【任务要求】**

在自己的计算机上安装好网站运行的环境。网站后端语言使用PHP，数据库使用MySQL，Web服务选择Apache。安装好后，使用PHP编写一个输出“Hello World!”的网页，并在自己的浏览器上访问该网页。

**【任务分析】**

本次任务是搭建本地的网站后端服务器。采取的方案是WAMP(Windows＋Apache＋MySQL＋PHP)组合。如果需要每个软件都单独安装的话，不仅麻烦，而且还会面临一些配置和版本兼容的问题。因此选择使用XAMPP这个软件，它包含上述用户需要使用的软件，还提供了统一的管理功能，能比较好地满足我们的需求。也可以使用WAMP来安装这一套服务。不过WAMP只适用于Windows操作系统。XAMPP可以用于Mac OS，Windows以及Linux操作系统。本次任务以在Windows操作系统上安装为例。

**【任务操作】**

(1) 访问网址https://www.apachefriends.org/download.html下载XAMPP的最新版本。本次任务以7.3.2版本为例，包含的PHP也为7.3.2版本。

(2) 双击下载完的exe文件，开始安装。

(3) 如图 4-1 所示,这一步 XAMPP 会询问用户想要安装哪些组件。如果计算机存储空间足够,可以选中所有复选框,也可以只选中框出来的部分必要组件。

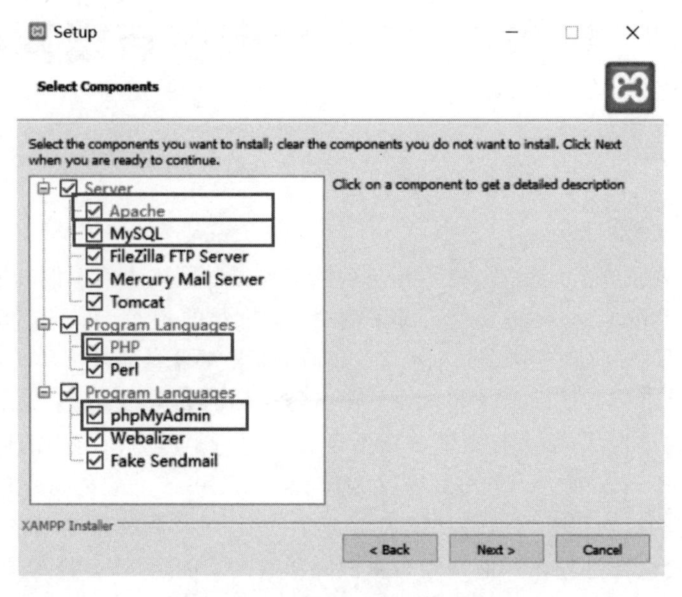


图 4-1　XAMPP 安装组件选项

(4) 如图 4-2 所示,选择安装的位置。注意,如果用户的计算机打开了 UAC(User Account Control,用户账户控制),为了避免因为读写权限不够导致 XAMPP 部分功能的异常,请不要把 XAMPP 的安装路径选择在 C:\Program Files。一般 XAMPP 会默认安装在 C:\xampp 这个目录下。

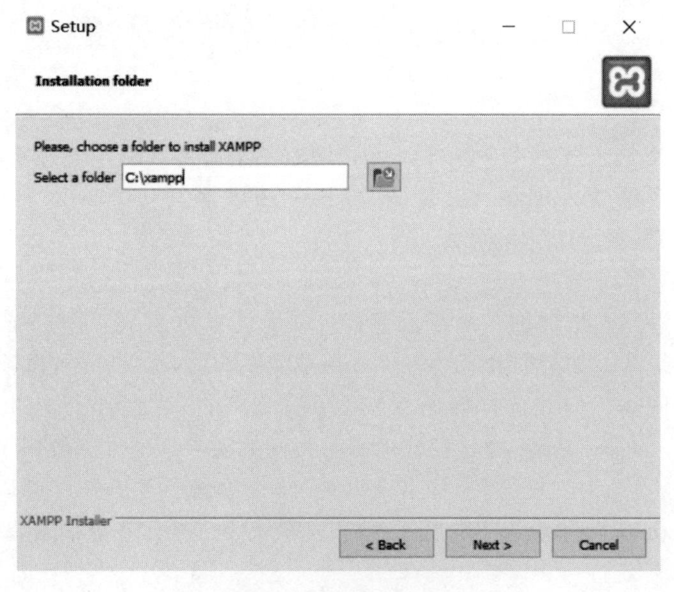


图 4-2　选择安装位置

(5) 完成设定后，单击 Next 按钮直到出现安装进度条。等待进度条加载完成，XAMPP 的安装就到此结束了。

(6) 安装结束之后，如图 4-3 所示默认会选择启动 XAMPP 的控制面板。此处保持勾选状态。单击 Finish 按钮。

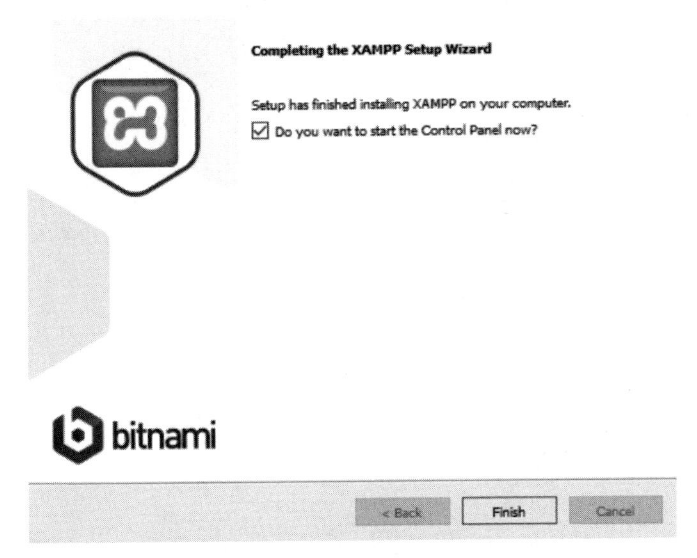


图 4-3 勾选启动控制面板

(7) 启动如图 4-4 所示的控制面板。单击 Apache 模块的 Start 按钮，开启 Apache 服务。

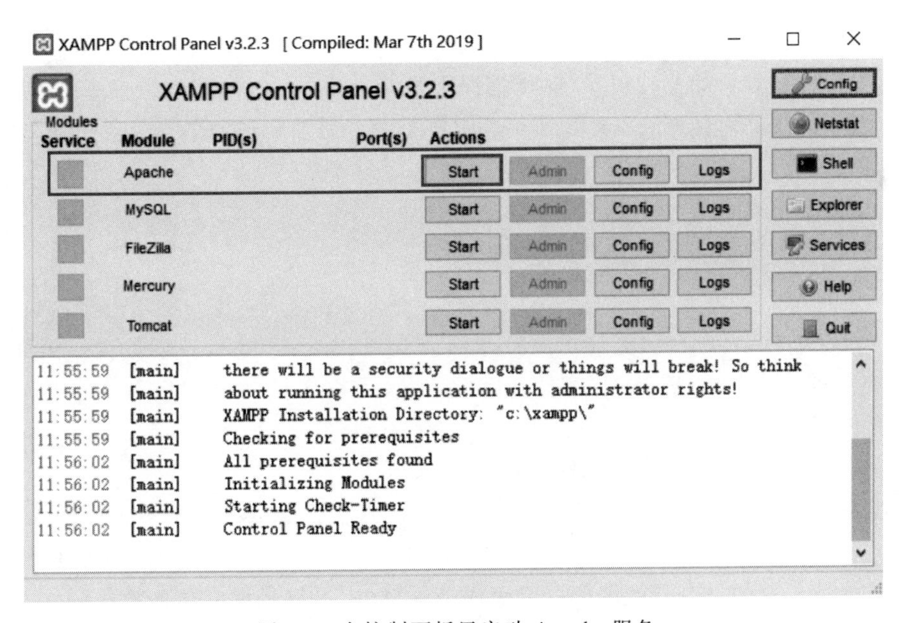


图 4-4 在控制面板里启动 Apache 服务

(8) 成功启动后，打开浏览器，在浏览器的地址栏中输入网址 http://localhost，如出现如图 4-5 所示的页面，即表示环境配置成功。

图 4-5　访问 localhost

(9) 打开 XAMPP 的安装目录(默认情况下是 C:\xampp),找到 htdocs 文件夹,将里面的 index. php 文件重命名为 index_bac. php 用作备份。另外新建一个 index. php 文件,并在里面写入如下三行代码。

```
<?php
    echo "Hello World! "
?>
```

(10) 保存文件,再次在浏览器里面打开网址 http://localhost,观察是否在页面上输出了如图 4-6 所示的"Hello World!"字样。至此,本次任务结束。

**【相关知识】**

本次任务主要是搭建了本地的网站服务器。

在访问 XAMPP 的下载页面时,可以看到官方对于 XAMPP 的介绍是"Apache + MariaDB + PHP + Perl"。Apache(Apache HTTP Server,Apache 网页服务器)是 Apache 软件基金会的一个开放源码的网页服务器软件,可以在大多数计算机操作系统中运行。由于其跨平台性和安全性,被广泛使用,是最流行的 Web 服务器软件之一。它快速、可靠并且可通过简单的 API 扩展,将 Perl、Python 等解释器编译到服务器中。

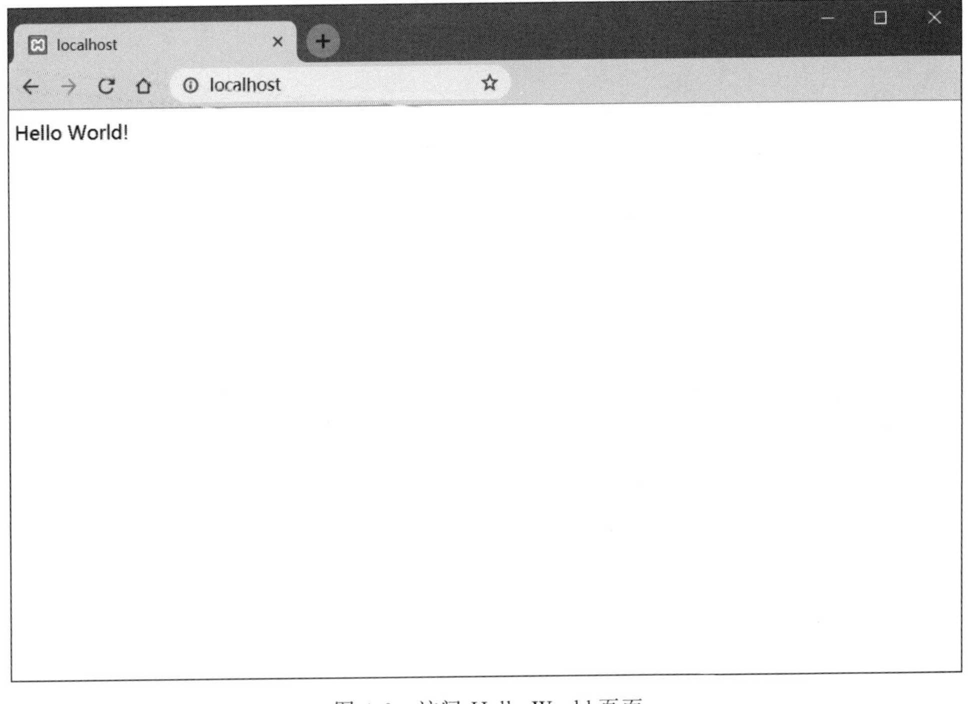


图 4-6 访问 Hello World 页面

MariaDB 其实是 MySQL 数据库的一个分支，主要由开源社区在维护，采用 GPL 授权许可。开发这个分支的原因之一是：甲骨文公司收购了 MySQL 后，有将 MySQL 闭源的潜在风险，因此社区采用分支的方式来避开这个风险。MariaDB 的目的是完全兼容 MySQL，包括 API 和命令行，使之能轻松成为 MySQL 的代替品。

PHP 是一种开源的通用计算机脚本语言，尤其适用于网络开发并可嵌入 HTML 中使用。PHP 的语法借鉴吸收 C 语言、Java 和 Perl 等流行计算机语言的特点，易于一般程序员学习。PHP 的主要目标是允许网络开发人员快速编写动态页面，但 PHP 也被用于其他很多领域。

Perl 是高端、通用、解释型、动态的编程语言。Perl 语言的应用范围很广，除 CGI 以外，Perl 被用于图形编程、系统管理、网络编程、金融、生物以及其他领域。由于其灵活性，Perl 被称为脚本语言中的瑞士军刀。PHP 的设计灵感也正是来自于 Perl。

C:\xampp\htdocs 文件夹是用户存放网站代码的地方。在本次任务中，访问 http://localhost 即会默认访问 htdocs 文件夹下的 index.php 文件。也可以在 htdocs 文件夹下面新建一个子文件夹，例如 backend，用于放置某个特定网站的全部代码。如果将 index.php 文件移动至 backend 子文件夹下，则访问的网址便会成为 http://localhost/backend。

XAMPP 自带了 MySQL 数据库，要想使用，需要先在如图 4-7 所示的 XAMPP 的控制面板启动 MySQL 服务。

启动成功后，单击 MySQL 的 Admin 按钮，便会自动打开浏览器访问如图 4-8 所示的页面(http://localhost/phpmyadmin/)。

使用 PHP 作为网站的后端处理语言，它可以响应请求，处理数据，进行数据库操作等。要开发好一个小程序，后台服务是必不可少的。本次任务只是对搭建本地网络服务环境做一个简单的入门介绍，要学习 PHP 的更多内容，可以参考相关的书籍或者访问 PHP 的官方网站(http://www.php.net/)获取相应的学习资料。

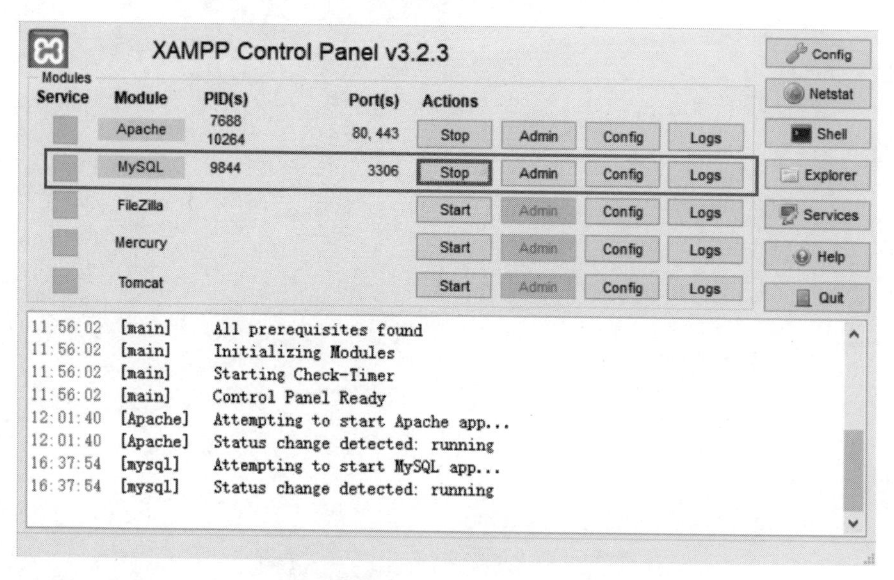


图 4-7 启动 MySQL

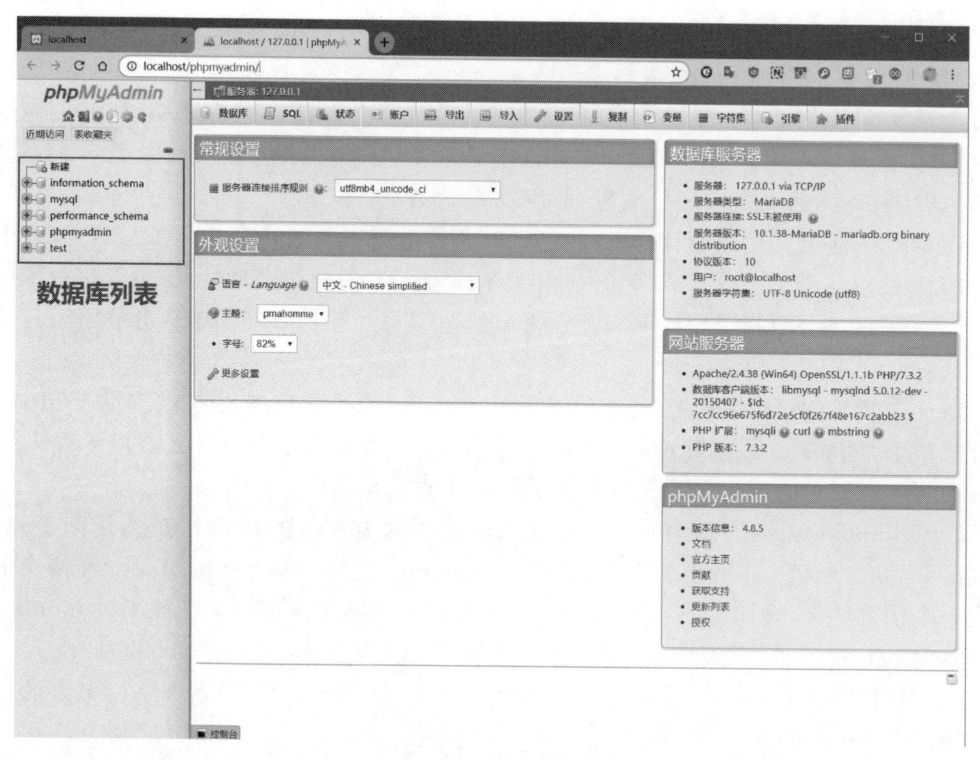


图 4-8 管理数据库

## 4.2 使用小程序进行网络通信

**【任务要求】**

在示例小程序项目中，新建 pages/Chapter_4/frontend 目录，在该目录下新建一个 frontend 页面。实现在页面显示时，向本地的服务器发送一个 ID，用于获取该 ID 对应的人名信息，并在页面上显示出来。服务器端需要根据小程序发送的 ID 信息，找到对应的人名信息并用 JSON 格式返回。

**【任务分析】**

本次任务主要涉及两个部分的内容，一方面是需要编写小程序的代码，实现获取信息显示的功能，另一方面是服务器端需要编写处理小程序发起的请求的代码，需要能获取到小程序提交的数据，并返回相应的信息。通过这个简单的例子，可以对小程序和服务器的通信有更多的了解，为实际的开发打下基础。

**【任务操作】**

(1) 在 XAMPP 安装目录下的 htdocs 文件夹下新建一个 backend 子文件夹，用于存放相应小程序请求的服务器后端代码。在 backend 子文件夹中新建一个名为 response.php 的文件，并在里面写入如下代码。

```
<?php

$id = $_GET['id'];

if($id==001){
    echo json_encode(array('id'=>001,'name'=>'zhangsan'));
}

if($id==002){
    echo json_encode(array('id'=>002,'name'=>'lisi'));
}

if($id==003){
    echo json_encode(array('id'=>003,'name'=>'wangwu'));
}

?>
```

(2) 打开小程序示例项目，在开发者工具的工具栏中打开“详情”页面，勾选“不校验合法域名、web-view(业务域名)、TLS 版本以及 HTTPS 证书”复选框，如图 4-9 所示。

(3) 完成上一步设置后，在 app.json 文件的 pages 数组中新增第一项"pages/Chapter_4/frontend/frontend"，保存文件，编译项目，让开发者工具自动生成所需的目录和文件。

(4) 打开 pages/Chapter_4/frontend 目录下的 frontend.wxml 文件，写入如下代码，让其显示获取到的信息。

```
<!-- pages/Chapter_4/frontend/frontend.wxml -->
<view>编号:{{id}}</view>
```

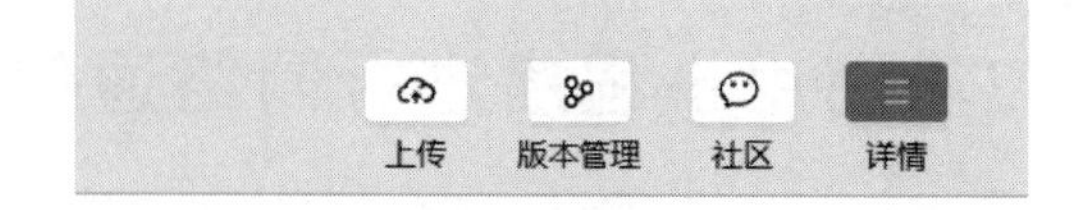


图 4-9　取消严格的服务器验证

```
<view>姓名:{{name}}</view>
```

(5) 打开上述目录下的 frontend.js 文件,编辑其中的 onShow()函数,实现发起带数据的请求并接收服务器返回的数据的功能。

```
// pages/Chapter_4/frontend/frontend.js
Page({
  data: {
    id:"null",
    name:"null"
  },
```

```
    onLoad: function (options) {},
    onReady: function () {},
    /**
     * 生命周期函数--监听页面显示
     */
    onShow: function () {
      const page = this;
      wx.request({
        url: 'http://localhost/backend/response.php',
        data:{
          id:"001"//也可以修改为"002"或"003",用于获取不同的信息
        },
        success(res) {
          console.log(res.data)
          page.setData({
            id:res.data.id,
            name:res.data.name
          })
        }
      })
    },
    onHide: function () {},
    onUnload: function () {},
    onPullDownRefresh: function () {},
    onReachBottom: function () {},
    onShareAppMessage: function () {}
})
```

(6) 保存文件,编译项目,此时应能在页面上看到输出了编号为 1 的人名信息为 zhangsan。如图 4-10 所示。

同时因为用户有将获取到的服务器信息输出到控制台,因此也可以从调试器的控制面板找到服务器的原始 JSON 格式的数据输出,如图 4-11 所示。

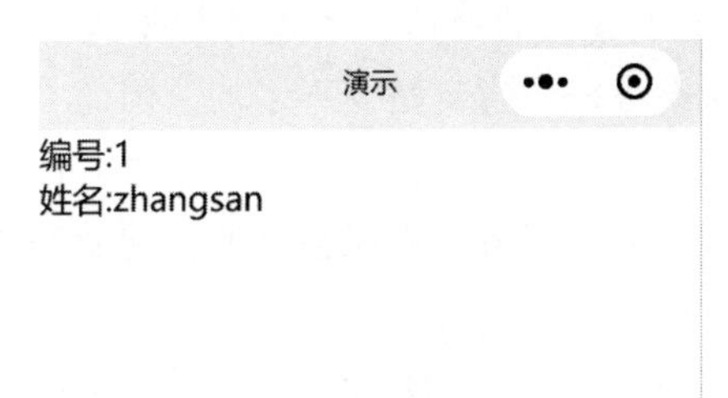

图 4-10　获取到的编号为 1 的信息

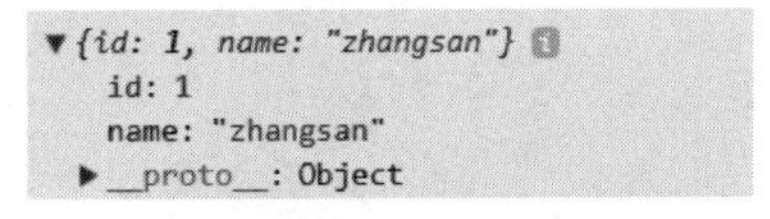

图 4-11　控制面板输出 JSON 格式的数据

【相关知识】

本次任务主要的流程首先是小程序端通过携带参数,向网址 http://localhost/backend/response.php?id=001 发起了访问请求,服务器端的 response.php 文件通过 $id = $_GET['id']这一行代码接收了网址中参数 id 的值并将其赋给了变量 id,然后通过 id 的值进行逻辑判断对比,将对应的包含 id 和 name 信息的数组进行 JSON 编码后,通过 echo 的方式,返回给了小程序端。小程序端在发起网络请求接口的 success 小程序端在发起网络请求接口

的 success 回调函数中，通过其参数 res 的 data 属性，获取到了服务器端返回的 JSON 对象，分别取出其 id 和 name 两部分，通过 setData 的方式发送到视图层进行了渲染，最终实现了需要的效果。

小程序发起网络请求，主要是通过 wx.request 接口。该接口的详细讲解可以参考 10.1 节的内容。在任务的第二步中，对开发者工具的设置进行了更改，这是因为当前在本地测试访问的服务器端地址，没有通过域名实名认证与备案，也没有开启 HTTPS 加密，自然也就无法通过小程序的要求。因此在本地测试时，可以勾选选项让小程序不去进行严格的域名校验。不过在正式上线的情况下，还是需要配置一个合格的域名的。在本次任务中，设定了其 url 参数和 data 的值，分别代表了需要访问的地址和需要携带的数据。默认情况下，wx.request 接口发起的是 GET 请求，故我们在服务器端的 php 文件里使用了 GET 数组来获取其携带的参数的值。

在 php 文件里，可以通过 json_encode 函数将变量转换成为 JSON 数据对象，使用 echo 来表示输出。JSON 数据对象相对而言格式更加规整易读，也方便小程序的解析。在小程序端，wx.request 接口的 success 回调中，包含一个 res 参数，该参数主要包含的是访问结果的信息，包括 HTTP 状态码、请求头、cookies 等，服务器返回的数据则在 res 的 data 属性里，因此 res.data.id 和 res.data.name 分别对应服务器端返回 JSON 对象的 id 和 name 属性。

总结一下，小程序和服务器通信的基本流程就是小程序先通过 wx.request 接口发起网络请求，服务器端响应请求处理完数据后通过 echo 的方式返回 JSON 对象(其他的数据格式也是可以的，不过建议使用 JSON 格式)，小程序端再在 wx.request 接口的 success 回调里获取到服务器端返回的数据。

## 4.3 远程服务器环境搭建简介

4.2 节通过实际的例子，完成了小程序和本地服务器的通信。不过要想正式上线小程序的话，使用在线的服务器以及注册域名，完成备案等操作肯定是少不了的。因此本节将简要地介绍一下远程服务器环境搭建的相关操作。搭建远程服务器，需要一定的 Linux 系统操作知识，该部分内容和小程序本身并无多大关系，因此读者可以视自己的兴趣爱好阅读本节的内容。

首先需要说明的是，在正常情况下，小程序中所有使用到的域名，都需要在小程序的后台进行设置。访问 https://mp.weixin.qq.com/，登录小程序的后台，如图 4-12 所示，选择"开发"→"开发设置"→"服务器域名"选项，单击"开始配置"按钮。完成管理员扫码验证后，即可在如图 4-13 所示页面中填写自己的符合要求的域名。

域名需要在腾讯云购买并备案，建议服务器也同样在腾讯云购买和备案。

腾讯云(https://cloud.tencent.com/)可以使用微信号直接登录。如果是学生的话，可以访问云+校园站点(https://cloud.tencent.com/act/campus)，在完成学生认证后，可以以比较优惠的价格购买服务器。

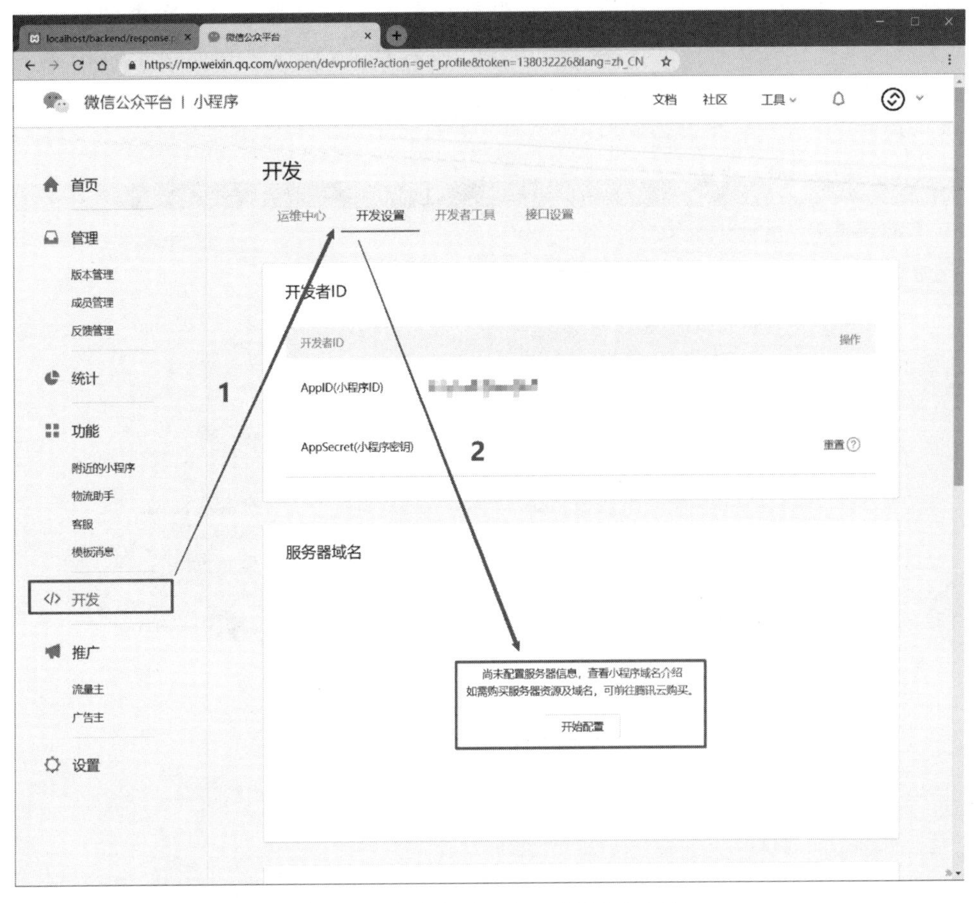


图 4-12　在小程序后台配置服务器域名

配置服务器信息

① 身份确认 —— ② 配置服务器信息

服务器域名需经过ICP备案，新备案域名需24小时后才可配置。域名格式只支持英文大小写字母、数字及“-”，不支持IP地址。如果没有服务器与域名，可前往腾讯云购买。

request合法域名　https://

socket合法域名　wss://

uploadFile合法域名　https://

downloadFile合法域名　https://

保存并提交　取消

图 4-13　填写服务器域名

如果是第一次购买服务器，建议选择最低标准配置的服务器即可。考虑到对性能的要求，服务器的系统建议选择 Linux，例如 Ubuntu 或者 CentOS 等。在如图 4-14 所示的页面购买好服务器后，可以去个人的邮箱或者在站内信中查收自己服务器的 IP 地址、登录用户名以及密码。

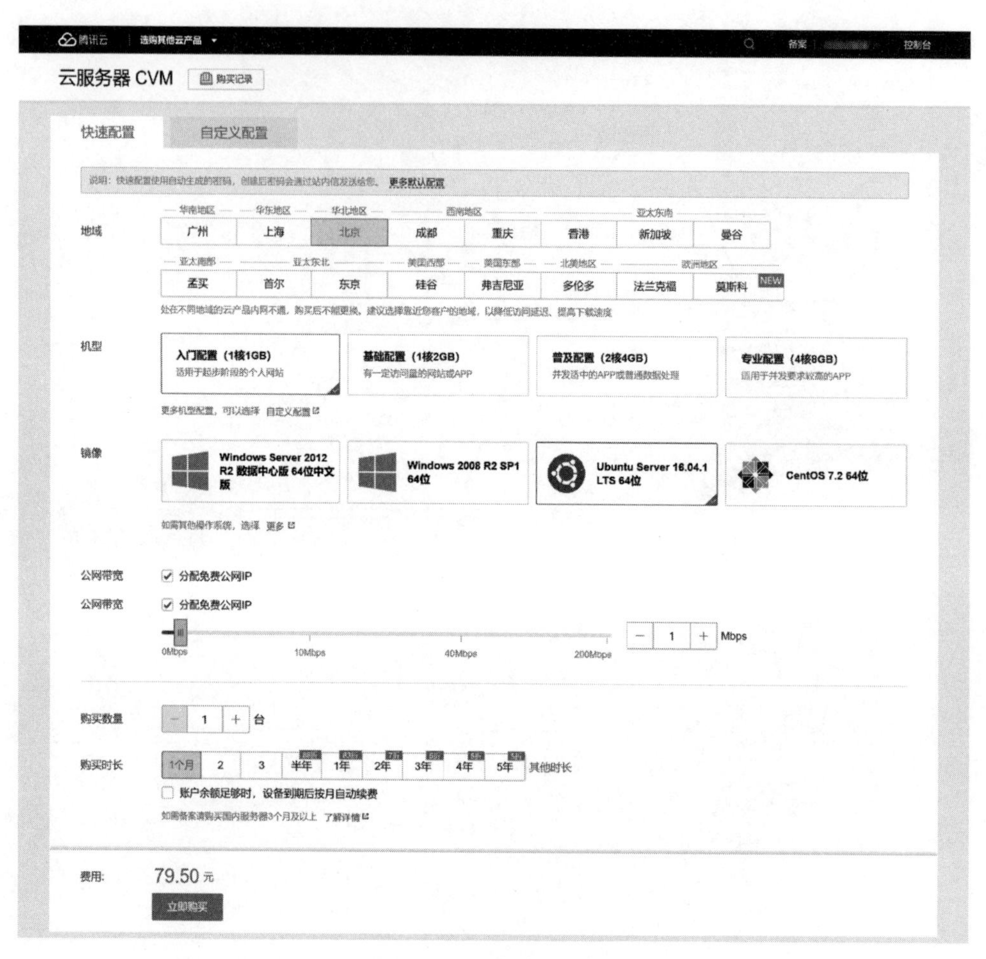

图 4-14　购买服务器页面

在 Mac OS 或者 Linux 系统中，可以运行终端，在终端中使用命令 ssh username@ip 进行远程服务器的登录。其中，username 是用户名，ip 为远程服务器公网 IP 地址。下一步根据终端提示输入密码后，即可连接到远程服务器。

Windows 平台下，可以下载一个名为 PuTTY 的软件，在如图 4-15 所示的空白处输入远程服务器的 IP 地址，单击 Open 按钮，根据提示在打开的对话框里填入用户名和密码即可。

在 Linux 系统的服务器上搭建 Web 服务，推荐使用 Nginx+PHP+MySQL。相比于 Apache，Nginx 的运行效率更高。为了更方便地安装这一系列的软件，可以访问 LNMP（Linux+Nginx+MySQL+PHP）一键安装包网站 https://lnmp.org/获取详细的安装步骤说明。

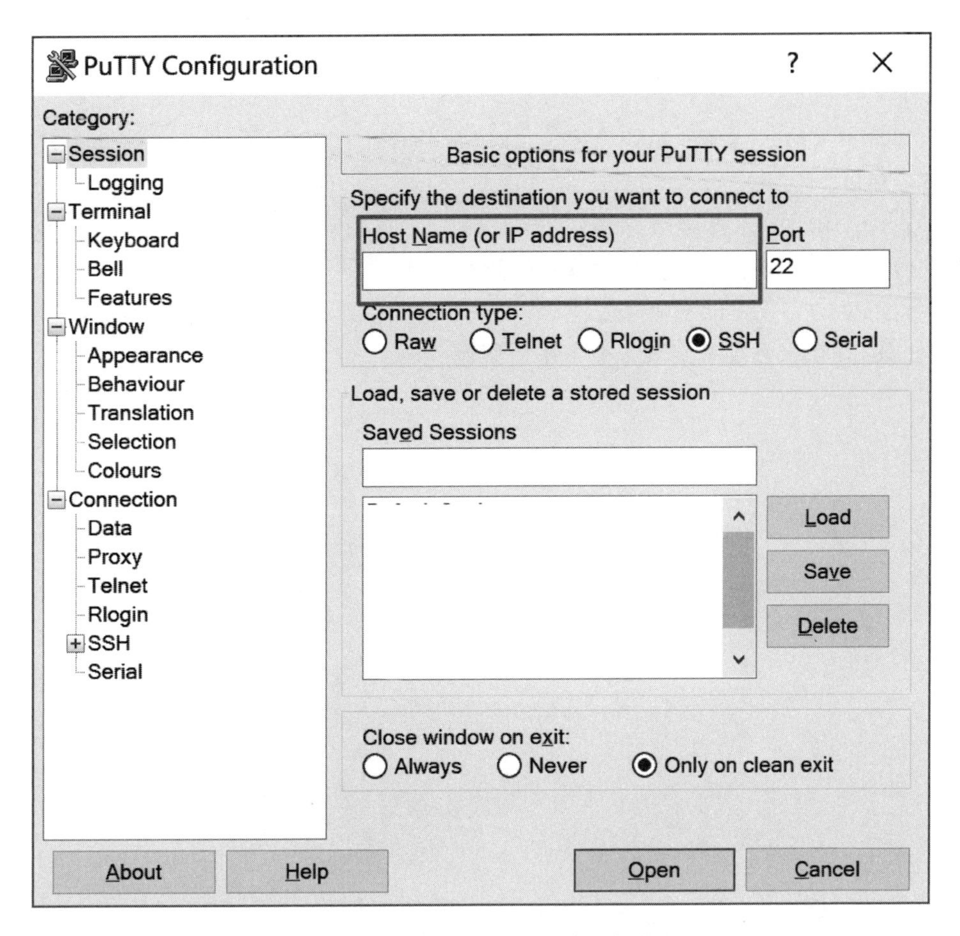


图 4-15　使用 PuTTY 连接服务器

当用户的服务器可以通过在浏览器中输入 IP 地址的方式打开默认网页时，便表示其 Web 环境已经搭建完成。剩下的就是需要购买域名，让其解析到服务器的 IP 地址上。

在腾讯云域名注册的页面(https://console.cloud.tencent.com/domain)，可以自己设定一个暂时还没有人使用的域名进行注册和购买。购买成功后，请在云解析页面(https://console.cloud.tencent.com/cns)根据提示为域名添加解析。解析的具体作用即是让服务器上的网页可以通过域名访问，而不是 IP 地址。

域名和服务器配置好后，请务必按要求完成服务器和域名的备案工作。

与此同时，还需要为域名和服务器配置好 SSL 证书以让其支持 HTTPS 加密。SSL 证书可以在 https://console.cloud.tencent.com/ssl 页面申请，申请完成后，请按照页面的说明将相关的证书文件上传至服务器对应的文件夹。当使用 https://开头去访问你的域名可以成功打开默认网页时，即表示 SSL 证书配置成功。

将配置好的域名填入小程序管理后台如图 4-13 所示的页面中，如果能成功保存，那么就可以使用用户的域名和服务器在小程序上继续开发用户的功能了。

# 练　习　题

1. 根据个人的实际硬件和软件环境，使用XAMPP、LAMP或者WAMP安装好本地的Web服务环境。

2. 自学了解PHP连接数据库进行增、删、改、查的相关操作，将4.2节中服务器端PHP文件里面的if查找改为去数据库里面进行查找。

3. 自己尝试完成腾讯云账号的注册，服务器购买，域名购买以及备案和服务器端Web环境的搭建，并在服务器上实现4.2节中的案例。

# 第5章　视图容器组件

通过前面内容的学习，读者对小程序有了一个大致的了解，包括组成小程序的各个文件，它们的作用是什么，以及小程序的 MINA 框架是怎么回事儿。那么从这一章开始，就要开始学习小程序开发的具体细节。

本章的主要内容是对视图容器组件的介绍。视图容器组件，简单来说与 HTML 中的 <div></div>标签一样，是小程序页面布局的基础元素，用来组织元素的排布，设置页面的整体布局。当然小程序的视图容器组件要比单纯的<div></div>丰富得多，掌握了这部分内容，才能更好地设计出页面更加合理美观的小程序。

**本章学习目标：**

- 了解 Flex 布局的方式。
- 掌握对 view 组件、scroll-view 组件、swiper 组件、movable-view 组件、movable-area 组件、cover-view 组件、cover-image 组件的使用。

## 5.1　Flex 布局和 view 组件

**【任务要求】**

新建一个如图 5-1 所示的小程序页面，了解小程序页面组件的基本排列方式。

**【任务分析】**

本任务主要练习的是对 view 组件和微信小程序所采用的 Flex 布局的操作。观察图 5-1 可以看到，整个页面的元素整体上来看是纵向排列的，而其中又插入了一个横向布局的三个方块和一个纵向布局的三个方块。因此需要对最外层设置成纵向排列，同时单独设置横向布局的三个方块为横向排列。

**【任务操作】**

(1) 打开示例项目，并在其 app.json 文件中新注册一个页面"pages/Chapter_5/5_1_view/5_1_view"。同时修改窗口的配置，使其达到如图 5-1 所示的效果。修改完成后的 app.json 文件如下。

```
{
  "pages": [
    "pages/Chapter_3/mina/mina",
    "pages/Chapter_3/page/page",
    "pages/Chapter_3/WXML/WXML",
    "pages/Chapter_3/WXKEY/WXKEY",
    "pages/Chapter_3/WXSS/WXSS",
```

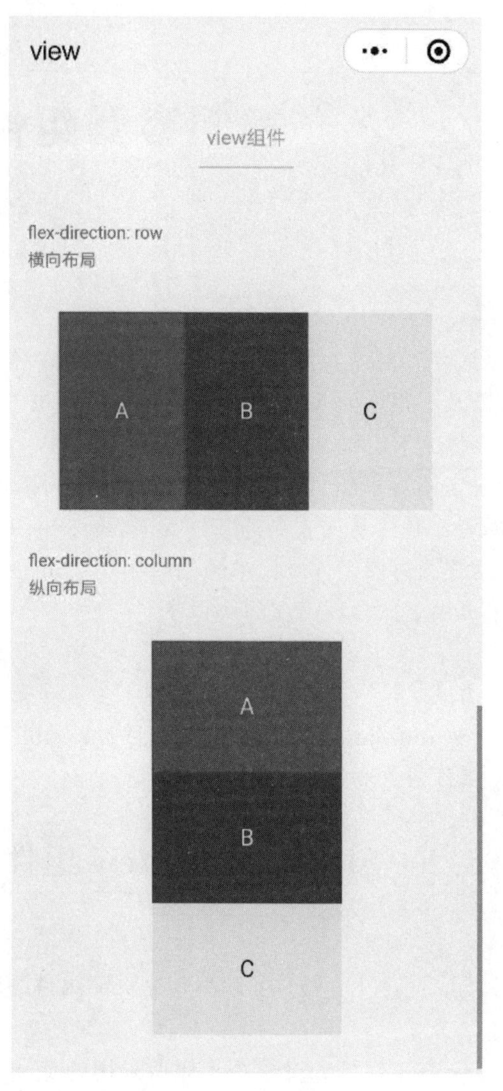


图 5-1　view 组件布局

```
    "pages/Chapter_4/frontend/frontend",
    "pages/index/index",
    "pages/logs/logs",
    "pages/Chapter_5/5_1_view/5_1_view"
  ],
  "window": {
    "navigationBarTextStyle": "black",
    "navigationBarTitleText": "演示",
    "navigationBarBackgroundColor": "#F8F8F8",
    "backgroundColor": "#F8F8F8"
  }
}
```

保存文件并编译项目，让开发者工具自动生成所需的目录和页面。

(2) 修改 5_1_view.json 文件为如下所示代码，让窗口显示“view”。

```
{
  "navigationBarTitleText": "view"
}
```

(3) 在 5_1_view.wxml 文件中写入如下代码，填充页面元素。涉及本任务关键的元素会加粗表示。

```
<!-- pages/Chapter_5/5_1_view/5_1_view.wxml -->
<view class="container">
  <view class="page-head">
    <view class="page-head-title">view 组件</view>
    <view class="page-head-line"></view>
  </view>
  <view class="page-body">
    <view class="page-section">
      <view class="page-section-title">
        <text>flex-direction: row\n 横向布局</text>
      </view>
      <view class="page-section-spacing">
        <view class="flex-wrp" style="flex-direction:row;">
          <view class="flex-item demo-text-1"></view>
          <view class="flex-item demo-text-2"></view>
          <view class="flex-item demo-text-3"></view>
        </view>
      </view>
    </view>
    <view class="page-section">
      <view class="page-section-title">
        <text>flex-direction: column\n 纵向布局</text>
      </view>
      <view class="flex-wrp" style="flex-direction:column;">
        <view class="flex-item flex-item-V demo-text-1"></view>
        <view class="flex-item flex-item-V demo-text-2"></view>
        <view class="flex-item flex-item-V demo-text-3"></view>
      </view>
    </view>
  </view>
</view>
```

(4) 在 5_1_view.wxss 文件中编写如下代码，实现对页面的样式调整。涉及本任务重点的样式设置将会用粗体显示。

```
/* pages/Chapter_5/5_1_view/5_1_view.wxss */
page {
  background-color: #F8F8F8;
  height: 100%;
  font-size: 32rpx;
  line-height: 1.6;
}
```

```
.container {
  display: flex;
  flex-direction: column;
  min-height: 100%;
  justify-content: space-between;
  font-size: 32rpx;
  font-family: -apple-system-font,Helvetica Neue,Helvetica,sans-serif;
}
.page-head{
  padding: 60rpx 50rpx 80rpx;
  text-align: center;
}
.page-head-title{
  display: inline-block;
  padding: 0 40rpx 20rpx 40rpx;
  font-size: 32rpx;
  color: #BEBEBE;
}
.page-head-line{
  margin: 0 auto;
  width: 150rpx;
  height: 2rpx;
  background-color: #D8D8D8;
}
.page-body {
  width: 100%;
  flex-grow: 1;
  overflow-x: hidden;
}
.page-section{
  width: 100%;
  margin-bottom: 60rpx;
}
.page-section-title{
  font-size: 28rpx;
  color: #999999;
  margin-bottom: 10rpx;
  padding-left: 30rpx;
  padding-right: 30rpx;
}
.page-section-spacing{
  box-sizing: border-box;
  padding: 0 80rpx;
}
.flex-wrp{
  margin-top: 60rpx;
  display:flex;
}
.flex-item{
  width: 200rpx;
  height: 300rpx;
```

```
  font - size: 26rpx;
}
.demo - text - 1{
  position: relative;
  align - items: center;
  justify - content: center;
  background - color: #1AAD19;
  color: #FFFFFF;
  font - size: 36rpx;
}
.demo - text - 1:before{
  content: 'A';
  position: absolute;
  top: 50%;
  left: 50%;
  transform: translate( - 50%, - 50%);
}
.demo - text - 2{
  position: relative;
  align - items: center;
  justify - content: center;
  background - color: #2782D7;
  color: #FFFFFF;
  font - size: 36rpx;
}
.demo - text - 2:before{
  content: 'B';
  position: absolute;
  top: 50%;
  left: 50%;
  transform: translate( - 50%, - 50%);
}
.demo - text - 3{
  position: relative;
  align - items: center;
  justify - content: center;
  background - color: #F1F1F1;
  color: #353535;
  font - size: 36rpx;
}
.demo - text - 3:before{
  content: 'C';
  position: absolute;
  top: 50%;
  left: 50%;
  transform: translate( - 50%, - 50%);
}
```

```
.flex-item-V{
  margin: 0 auto;
  width: 300rpx;
  height: 200rpx;
}
```

(5) 在前面的任务中,均是将需要预览的页面放在 app.json 文件里 pages 数组的第一项,这样固然方便,但是当需要调试多个页面时,不停去修改 app.json 文件也比较麻烦。因此从这一部分起,将使用设置“编译模式”的方式来对页面进行预览。在工具栏中打开“普通编译”下拉框,选择“添加编译模式”(如图 5-2 所示),在弹出的对话框中,给“模式名称”起名为“view”,从“启动页面”下拉框中选择“pages/Chapter_5/5_1_view/5_1_view”为启动页面(如图 5-3 所示)。

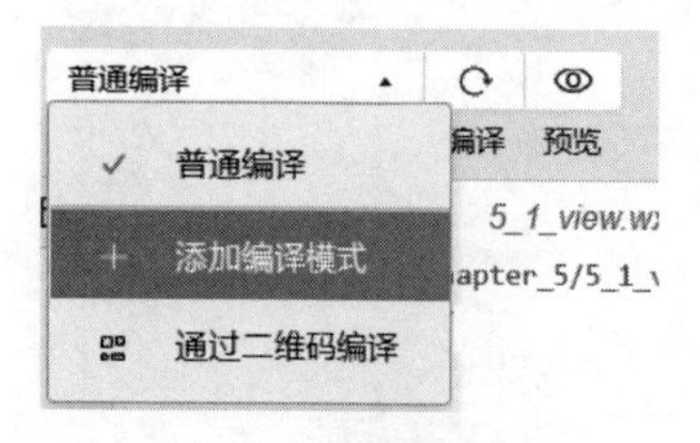


图 5-2　添加编译模式

图 5-3　自定义编译条件将页面 5_1_view 设置为启动页面

(6) 如图 5-4 所示,选择刚刚新建的 view 编译模式,单击“编译”按钮,便可以在界面左边的模拟器中查看到刚刚编写的 5_1_view 页面的效果了。

**【相关知识】**

要想学习小程序的前端页面设计,Flex 布局是一个非常重要的部分。和传统的布局解决方案使用“盒状模型”,依赖 display+position+float 属性来控制元素的排列位置不同的是,于 2009 年由 W3C(World Wide Web Consortium,万维网联盟)提出的新的 Flex 布局方案,可以简便、完整、响应式地实现各种页面布局。目前,它已经得到了所有浏览器的支持。在默认情况下,Flex 布局是从左向右水平依次放置组件,或者是从上到下垂直依次放置组件。当一个< view ></view >标签的样式属性 display 的值设为 flex 时,便表示使用了 Flex 弹性布局方案。在本任务的实现过程中,使用到的 flex 样式属性见表 5-1。

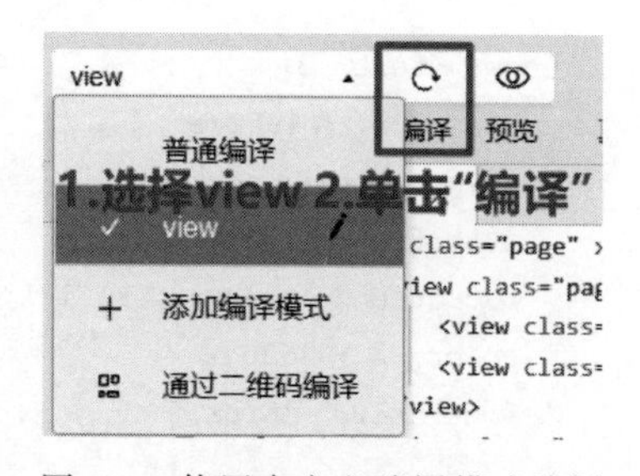


图 5-4　使用自定义编译模式编译

表 5-1　常见 Flex 样式属性说明

| 属　性 | 作　用 | 可 选 值 | 说　明 |
|---|---|---|---|
| flex-direction | 表示元素的排列方式 | row | 元素横向排列 |
| | | column | 元素纵向排列 |
| justify-content | 表示元素在主轴上的排列方式。如果元素为横向排列,则主轴为水平轴 | flex-start | 紧挨着主轴开始处对齐 |
| | | flex-end | 紧挨着主轴结尾处对齐 |
| | | center | 在主轴居中处对齐 |
| | | space-between | 元素平均分布在主轴上 |
| | | space-around | 元素平均分布在主轴上,两边留有一半的间隔空间 |
| align-items | 表示元素在侧轴上的排列方式。如果元素为横向排列,则侧轴为纵轴 | stretch | 默认值,元素被拉伸以适应容器 |
| | | center | 元素位于侧轴中心 |
| | | flex-start | 元素在侧轴开始处 |
| | | flex-end | 元素在侧轴结尾处 |
| | | baseline | 元素位于容器内基线上 |

在上面任务的实现过程中,可以看到,在 5_1_view. wxss 文件中,container 类的 display 属性值为 Flex,表示整个页面布局采取的是 flex 方案;flex-direction 属性值为 column,表示元素整体为纵向排列;justify-content 属性值为 space-between,表示元素平均分布在主轴(也就是纵轴)上。同时,在 demo-text-1、demo-text-2 和 demo-text-3 这三个类中,align-items 和 justify-content 这两个属性值都被设为 center,使得色块中的文本 A、B、C 能在色块中水平、垂直都居中显示。

在文件 5_1_view. wxml 中可以看到,第一个横向排列的色块组合,在< view ></view >标签中使用了内联样式 style="flex-direction:row;",表示里面包含的三个色块采用横向排列,第二个纵向排列的三个色块组合,在< view ></view >标签中使用了内联样式 style="flex-direction:column;",表示里面包含的三个色块采用的是纵向排列。因此,通过对元素的 flex 相关的属性进行设置,得到了任务要求所展示的元素排列。

除了 Flex 样式的相关属性设置和在 3.6 节组件部分提到的所有组件共有的属性外,view 组件还包含的属性见表 5-2。

表 5-2　view 组件属性

| 属 性 名 | 类型 | 默认值 | 说　明 | 最低版本 |
|---|---|---|---|---|
| hover-class | String | none | 指定按下去的样式类。当 hover-class="none" 时,没有效果 | |
| hover-stop-propagation | Boolean | false | 指定是否阻止本节点的祖先节点出现单击态 | 1.5.0 |
| hover-start-time | Number | 50 | 按住后多久出现单击态,单位:毫秒 | |
| hover-stay-time | Number | 400 | 手指松开后单击态保留时间,单位:毫秒 | |

表 5-2 中的属性主要是给用户的单击操作提供视觉反馈,例如,如果要让一个 view 组件(以任务中的 A 色块为例)在被按住时背景颜色透明度发生改变,可以在 view 组件中编

写如下代码。

```
<view class = "flex - item demo - text - 1"hover - class = 'change - color'></view>
```

然后定义类 change-color 的样式为：

```
.change - color{
  background: rgba(26, 173, 25, 0.7);
}
```

因此，每当该 view 组件(A 色块)被单击时，其背景透明度就将变成 0.7，可以给用户一个直观的视觉反馈效果。

## 5.2 滚动视图组件 scroll-view

**【任务要求】**

使用滚动视图组件 scroll-view，使 A、B、C 三个色块能如图 5-5 所示纵向滚动和横向滚动。同时监听滚动、滚动到顶部、滚动到底部的事件，在控制台观察事件输出。

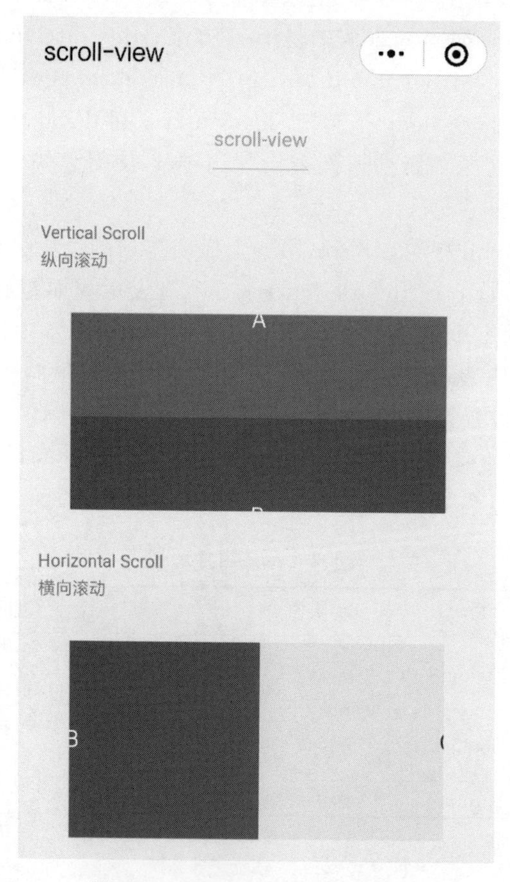


图 5-5 scroll-view 组件任务示例

【任务分析】

本任务主要是练习 scroll-view 组件的使用。从图 5-5 可以看出，主要包含纵向滚动和横向滚动两部分。要想观察相关滚动事件的输出，还需要绑定滚动事件 bindscroll，滚动到顶部/左边事件 bindscrolltoupper，滚动到底部/右边事件 bindscrolltolower。针对这些事件，需要在 js 文件中编写对应的处理函数，将事件详情输出在控制台中。

【任务操作】

(1) 打开示例项目，在 app.json 文件的 pages 数组中新增一项"pages/Chapter_5/5_2_scroll-view/5_2_scroll-view"。保存并编译项目，让开发者工具自动生成必要的目录和页面文件。

(2) 修改 5_2_scroll-view.json 中的内容为如下代码，使页面窗口标题显示为 scroll-view。

```
{
  "navigationBarTitleText": "scroll - view"
}
```

(3) 在 5_2_scroll-view.wxml 文件中编写如下代码，排列好页面元素。

```
<! -- pages/Chapter_5/5_2_scroll - view/5_2_scroll - view.wxml -- >
< view class = "container">
  < view class = "page - head">
    < view class = "page - head - title"> scroll - view </view >
    < view class = "page - head - line"></view >
  </view >

  < view class = "page - body">
    < view class = "page - section">
      < view class = "page - section - title">
        < text > Vertical Scroll\n 纵向滚动</text >
      </view >
      < view class = "page - section - spacing">
         < scroll - view scroll - y = " true" style = " height: 300rpx;" bindscrolltoupper =
"upper" bindscrolltolower = " lower" bindscroll = " scroll">
          < view class = "scroll - view - item demo - text - 1"></view >
          < view class = "scroll - view - item demo - text - 2"></view >
          < view class = "scroll - view - item demo - text - 3"></view >
        </scroll - view >
      </view >
    </view >
    < view class = "page - section">
      < view class = "page - section - title">
        < text > Horizontal Scroll\n 横向滚动</text >
      </view >
      < view class = "page - section - spacing">
        < scroll - view class = " scroll - view_H" scroll - x = " true" bindscroll = " scroll" style =
"width: 100 % ">
          < view class = "scroll - view - item_H demo - text - 1"></view >
          < view class = "scroll - view - item_H demo - text - 2"></view >
```

```
            <view class = "scroll - view - item_H demo - text - 3"></view>
          </scroll - view>
        </view>
      </view>
    </view>
  </view>
```

(4) 在 5_2_scroll-view. js 文件中,添加对应的 scroll 函数,upper 函数和 lower 函数用来处理滚动事件,滚动到顶部事件和滚动到底部事件。完成后的 5_2_scroll-view. js 文件内容如下。和本任务相关的函数已加粗显示。

```
// pages/Chapter_5/5_2_scroll - view/5_2_scroll - view. js
Page({
  data: {},
  onLoad: function (options) {},
  onReady: function () {},
  onShow: function () {},
  onHide: function () {},
  onUnload: function () {},
  onPullDownRefresh: function () {},
  onReachBottom: function () {},
  onShareAppMessage: function () {},
  upper(e) {
    console. log(e)
  },
  lower(e) {
    console. log(e)
  },
  scroll(e) {
    console. log(e)
  }
})
```

(5) 在 5_2_view. wxss 文件中写入如下内容,完成对页面样式的调整。

```
/* pages/Chapter_5/5_2_scroll - view/5_2_scroll - view. wxss */
page {
  background - color: #F8F8F8;
  height: 100 % ;
  font - size: 32rpx;
  line - height: 1.6;
}
. container {
  display: flex;
  flex - direction: column;
  min - height: 100 % ;
  justify - content: space - between;
  font - size: 32rpx;
  font - family: - apple - system - font, Helvetica Neue, Helvetica, sans - serif;
}
. page - head{
```

```
  padding: 60rpx 50rpx 80rpx;
  text-align: center;
}
.page-head-title{
  display: inline-block;
  padding: 0 40rpx 20rpx 40rpx;
  font-size: 32rpx;
  color: #BEBEBE;
}
.page-head-line{
  margin: 0 auto;
  width: 150rpx;
  height: 2rpx;
  background-color: #D8D8D8;
}
.page-body {
  width: 100%;
  flex-grow: 1;
  overflow-x: hidden;
}
.page-section{
  width: 100%;
  margin-bottom: 60rpx;
}
.page-section-title{
  font-size: 28rpx;
  color: #999999;
  margin-bottom: 10rpx;
  padding-left: 30rpx;
  padding-right: 30rpx;
}
.page-section-spacing{
  margin-top: 60rpx;
  box-sizing: border-box;
  padding: 0 80rpx;
}
.scroll-view_H{
  white-space: nowrap;
}
.scroll-view-item{
  height: 300rpx;
}
.scroll-view-item_H{
  display: inline-block;
  width: 100%;
  height: 300rpx;
}
.demo-text-1{
  position: relative;
  align-items: center;
  justify-content: center;
```

```
  background-color: #1AAD19;
  color: #FFFFFF;
  font-size: 36rpx;
}
.demo-text-1:before{
  content: 'A';
  position: absolute;
  top: 50%;
  left: 50%;
  transform: translate(-50%, -50%);
}
.demo-text-2{
  position: relative;
  align-items: center;
  justify-content: center;
  background-color: #2782D7;
  color: #FFFFFF;
  font-size: 36rpx;
}
.demo-text-2:before{
  content: 'B';
  position: absolute;
  top: 50%;
  left: 50%;
  transform: translate(-50%, -50%);
}
.demo-text-3{
  position: relative;
  align-items: center;
  justify-content: center;
  background-color: #F1F1F1;
  color: #353535;
  font-size: 36rpx;
}
.demo-text-3:before{
  content: 'C';
  position: absolute;
  top: 50%;
  left: 50%;
  transform: translate(-50%, -50%);
}
```

(6) 添加一个名叫 scroll-view 的编译模式，将页面 5_2_scroll-view 设置为启动页，单击“编译”按钮，就可以在左边的模拟器中看到新建的页面的效果了。在模拟器中的纵向滚动区域滚动鼠标，可以在下方控制台看到对应事件的输出结果，分别如图 5-6～图 5-8 所示。

**【相关知识】**

scroll-view 表示的是可滚动的视图区域。其包含的属性见表 5-3。

```
Invoke event upper in page: pages/Chapter_5/5_2_scroll-view/5_2_scroll-view
▼{type: "scrolltoupper", timeStamp: 499059, target: {…}, currentTarget: {…}, detail: {…}}
 ▶currentTarget: {id: "", offsetLeft: 44, offsetTop: 198, dataset: {…}}
 ▶detail: {direction: "top"}
 ▶target: {id: "", offsetLeft: 44, offsetTop: 198, dataset: {…}}
  timeStamp: 499059
  type: "scrolltoupper"
 ▶__proto__: Object
```

图 5-6　输出滚动到顶部事件详情

```
Invoke event scroll in page: pages/Chapter_5/5_2_scroll-view/5_2_scroll-view
▼{type: "scroll", timeStamp: 499126, target: {…}, currentTarget: {…}, detail: {…}}
 ▶currentTarget: {id: "", offsetLeft: 44, offsetTop: 198, dataset: {…}}
 ▶detail: {scrollLeft: 0, scrollTop: 0.800000011920929, scrollHeight: 495, scrollWidth: 326, deltaX: 0, …}
 ▶target: {id: "", offsetLeft: 44, offsetTop: 198, dataset: {…}}
  timeStamp: 499126
  type: "scroll"
 ▶__proto__: Object
```

图 5-7　输出滚动事件详情

```
Invoke event lower in page: pages/Chapter_5/5_2_scroll-view/5_2_scroll-view
▼{type: "scrolltolower", timeStamp: 487518, target: {…}, currentTarget: {…}, detail: {…}}
 ▶currentTarget: {id: "", offsetLeft: 44, offsetTop: 198, dataset: {…}}
 ▶detail: {direction: "bottom"}
 ▶target: {id: "", offsetLeft: 44, offsetTop: 198, dataset: {…}}
  timeStamp: 487518
  type: "scrolltolower"
 ▶__proto__: Object
```

图 5-8　输出滚动到底部事件详情

**表 5-3　scroll-view 组件属性说明**

| 属　性　名 | 类　　型 | 默认值 | 说　　明 |
|---|---|---|---|
| scroll-x | Boolean | false | 允许横向滚动 |
| scroll-y | Boolean | false | 允许纵向滚动 |
| upper-threshold | Number / String | 50 | 距顶部/左边多远时(单位：px，2.4.0 起支持 rpx)，触发 scrolltoupper 事件 |
| lower-threshold | Number / String | 50 | 距底部/右边多远时(单位：px，2.4.0 起支持 rpx)，触发 scrolltolower 事件 |
| scroll-top | Number / String | | 设置竖向滚动条位置(单位：px，2.4.0 起支持 rpx) |
| scroll-left | Number / String | | 设置横向滚动条位置(单位：px，2.4.0 起支持 rpx) |
| scroll-into-view | String | | 值应为某子元素 id(id 不能以数字开头)。设置哪个方向可滚动，则在哪个方向滚动到该元素 |
| scroll-with-animation | Boolean | false | 在设置滚动条位置时使用动画过渡 |
| enable-back-to-top | Boolean | false | iOS 单击顶部状态栏、安卓双击标题栏时，滚动条返回顶部，只支持竖向 |
| bindscrolltoupper | EventHandle | | 滚动到顶部/左边，会触发 scrolltoupper 事件 |
| bindscrolltolower | EventHandle | | 滚动到底部/右边，会触发 scrolltolower 事件 |
| bindscroll | EventHandle | | 滚动时触发，event.detail = {scrollLeft, scrollTop, scrollHeight, scrollWidth, deltaX, deltaY} |

在本次任务中，第一组三个色块，通过设置< scroll-view ></scroll-view >标签的 scroll-y 属性值为 true，实现了色块的纵向滚动。需要注意的是，使用竖向滚动时，需要通过 WXSS 设置 height，给< scroll-view >一个固定高度。在本任务的第一个纵向滚动的 scroll-view 中，设置了内联样式 style="height: 300rpx;"，固定了整个纵向滚动区域的高度为 300rpx。在第二个滚动区域中，设置了< scroll-view ></scroll-view >标签的 scroll-x 属性值为 true，使得三个色块可以横向滚动。

在第一个纵向滚动的 scroll-view 组件中，还对 scrolltoupper 事件通过设置 bindscrolltoupper 属性的值绑定了函数 upper()，对 scrolltolower 事件通过设置 bindscrolltolower 属性的值绑定了函数 lower()，对 scroll 事件通过设置 bindscroll 属性的值绑定了函数 scroll()。在第二个横向滚动的 scroll-view 组件中，同样绑定了 scroll 事件，并通过函数 scroll()来处理。在 5_2_scroll-view.js 文件中，upper()函数、lower()函数和 scroll()函数均是将事件详情进行了直接的输出。在输出的内容中，除了事件均包含的公共内容外，其中的 event.detail 包含当前元素的一些位置信息。scrollLeft 表示该元素显示(可见)的内容与该元素实际内容左边的距离，因此该值在第一个纵向滚动区域触发的 scroll 事件中为零，在第二个横向滚动区域触发的 scroll 事件中会随着元素的左右滚动发生变化。scrollTop 表示该元素显示(可见)的内容与该元素实际内容上边的距离，因此该值在第一个纵向滚动区域触发的 scroll 事件中会随着元素的上下滚动而变化，在第二个横向滚动区域触发的 scroll 事件中为零。scrollHeight 表示元素的总高度，scrollWidth 表示元素的总宽度，均包括由于溢出而无法展示在网页的不可见部分。deltaX 和 deltaY 则分别表示在横向上和纵向上元素移动的距离，纵向滚动的话，deltaX 的值为零，横向滚动的话，deltaY 的值为零。

使用 scroll-view 组件除了前面提到的纵向滚动需要设置组件的固定高度外，还有以下几点需要注意的地方。

(1) 请勿在 scroll-view 中使用 textarea、map、canvas、video 组件；

(2) scroll-into-view 的优先级高于 scroll-top；

(3) 在滚动 scroll-view 时会阻止页面回弹，所以在 scroll-view 中滚动，是无法触发 onPullDownRefresh 的；

(4) 若要使用下拉刷新，请使用页面的滚动，而不是 scroll-view，这样也能通过单击顶部状态栏回到页面顶部。

## 5.3 滑块视图容器 swiper

**【任务要求】**

创建一个页面，如图 5-9 所示排列 A、B、C 三个色块，通过使用 swiper 组件使其可以横向滑动。同时增加一个按钮，动态控制是否显示指示点。

**【任务分析】**

本次任务主要是练习 swiper 组件的使用。除了基本的排列显示三个色块外，还增加了一个动态控制指示点显示的功能，可以通过监听按钮的单击事件，动态修改 swiper 的 indicator-dots 属性值来实现。

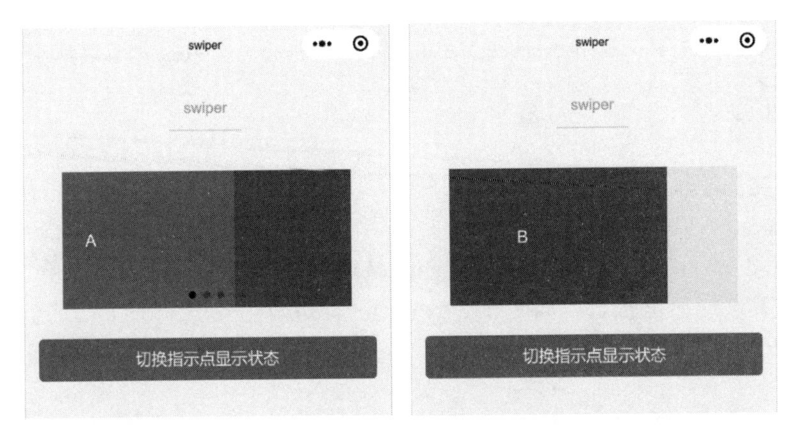


图 5-9 swiper 组件有指示点(左)和无指示点(右)示例

**【任务操作】**

(1) 打开示例小程序项目,在 app.json 文件的 pages 数组中新增页面"pages/Chapter_5/5_3_swiper/5_3_swiper",单击"编译"按钮,生成 5_3_swiper 页面所需的文件。

(2) 打开 5_3_swiper.json 文件,修改其中内容为如下代码,使页面窗口标题栏显示"swiper"。

```
{
  "navigationBarTitleText": "swiper"
}
```

(3) 打开 5_3_swiper.wxml 文件,修改其中内容为如下代码,确定页面结构。

```
<!-- pages/Chapter_5/5_3_swiper/5_3_swiper.wxml -->
<view class="container">
  <view class="page-head">
    <view class="page-head-title">swiper</view>
    <view class="page-head-line"></view>
  </view>

  <view class="page-body">
    <view class="page-section page-section-spacing swiper">
      <swiper indicator-dots="{{indicatorDots}}">
        <swiper-item>
          <view class="swiper-item demo-text-1"></view>
        </swiper-item>
        <swiper-item>
          <view class="swiper-item demo-text-2"></view>
        </swiper-item>
        <swiper-item>
          <view class="swiper-item demo-text-3"></view>
        </swiper-item>
      </swiper>
    </view>

    <view class="page-section">
```

```
      <view class = "btn - area">
        < button bindtap = " changeIndicatorDots"  type = " primary" >切换指示点显示状态
</button >
      </view >
    </view >
  </view >
</view >
```

(4) 在 5_3_swiper.js 文件中，新增 changeIndicatorDots()函数，用来响应按钮的单击事件，修改指示点的显示状态。同时在 data 数组中，初始化 indicatorDots 的值为 true，即默认显示指示点。代码如下。

```
// pages/Chapter_5/5_3_swiper/5_3_swiper.js
Page({
  data: {
    indicatorDots: true
  },
  onLoad: function (options) {},
  onReady: function () {},
  onShow: function () {},
  onHide: function () {},
  onUnload: function () {},
  onPullDownRefresh: function () {},
  onReachBottom: function () {},
  onShareAppMessage: function () {},
  changeIndicatorDots() {
    this.setData({
      indicatorDots: !this.data.indicatorDots
    })
  }
})
```

(5) 打开 5_3_swiper.wxss 文件，写入如下代码，完成对页面样式的设置。

```
/* pages/Chapter_5/5_3_swiper/5_3_swiper.wxss */
page {
  background - color: #F8F8F8;
  height: 100%;
  font - size: 32rpx;
  line - height: 1.6;
}
.container {
  display: flex;
  flex - direction: column;
  min - height: 100%;
  justify - content: space - between;
  font - size: 32rpx;
  font - family: - apple - system - font, Helvetica Neue, Helvetica, sans - serif;
}
.page - head{
  padding: 60rpx 50rpx 80rpx;
```

```
    text - align: center;
}
.page - head - title{
    display: inline - block;
    padding: 0 40rpx 20rpx 40rpx;
    font - size: 32rpx;
    color: #BEBEBE;
}
.page - head - line{
    margin: 0 auto;
    width: 150rpx;
    height: 2rpx;
    background - color: #D8D8D8;
}
.page - body {
    width: 100 % ;
    flex - grow: 1;
    overflow - x: hidden;
}
.page - section{
    width: 100 % ;
    margin - bottom: 60rpx;
}
.page - section - title{
    font - size: 28rpx;
    color: #999999;
    margin - bottom: 10rpx;
    padding - left: 30rpx;
    padding - right: 30rpx;
    padding: 0;
}
.page - section - spacing{
    box - sizing: border - box;
    padding: 0 80rpx;
}
.swiper - item{
    display: block;
    height: 150px;
}
.demo - text - 1{
    position: relative;
    align - items: center;
    justify - content: center;
    background - color: #1AAD19;
    color: #FFFFFF;
    font - size: 36rpx;
}
.demo - text - 1:before{
    content: 'A';
    position: absolute;
    top: 50 % ;
```

```
  left: 50%;
  transform: translate(-50%, -50%);
}
.demo-text-2{
  position: relative;
  align-items: center;
  justify-content: center;
  background-color: #2782D7;
  color: #FFFFFF;
  font-size: 36rpx;
}
.demo-text-2:before{
  content: 'B';
  position: absolute;
  top: 50%;
  left: 50%;
  transform: translate(-50%, -50%);
}
.demo-text-3{
  position: relative;
  align-items: center;
  justify-content: center;
  background-color: #F1F1F1;
  color: #353535;
  font-size: 36rpx;
}
.demo-text-3:before{
  content: 'C';
  position: absolute;
  top: 50%;
  left: 50%;
  transform: translate(-50%, -50%);
}
.btn-area {
  margin-top: 20rpx;
  box-sizing: border-box;
  width: 100%;
  padding: 0 30rpx;
}
```

(6) 添加一个名为 swiper 的编译模式,并将 5_3_swiper 设置为启动页面,使用新的 swiper 编译模式编译项目并在模拟器中预览效果。

**【相关知识】**

swiper 组件和前面学到的 scroll-view 组件不一样的是,swiper 组件是一次滑动一项,而 scroll-view 组件里的内容可以连续滑动。因此在我们的 swiper 示例页面中,除了一个 <swiper></swiper>标签外,里面还包含表示滑块项目的<swiper-item></swiper-item>标签。

swiper 组件的相关属性见表 5-4。

表 5-4　swiper 组件属性

| 属性名 | 类型 | 默认值 | 说明 | 最低版本 |
|---|---|---|---|---|
| indicator-dots | Boolean | false | 是否显示面板指示点 | |
| indicator-color | Color | rgba(0, 0, 0, .3) | 指示点颜色 | 1.1.0 |
| indicator-active-color | Color | #000000 | 当前选中的指示点颜色 | 1.1.0 |
| autoplay | Boolean | false | 是否自动切换 | |
| current | Number | 0 | 当前所在滑块的 index | |
| current-item-id | String | "" | 当前所在滑块的 item-id，不能与 current 被同时指定 | 1.9.0 |
| interval | Number | 5000 | 自动切换时间间隔 | |
| duration | Number | 500 | 滑动动画时长 | |
| circular | Boolean | false | 是否采用衔接滑动 | |
| vertical | Boolean | false | 滑动方向是否为纵向 | |
| previous-margin | String | "0px" | 前边距，可用于露出前一项的一小部分，接受 px 和 rpx 值 | 1.9.0 |
| next-margin | String | "0px" | 后边距，可用于露出后一项的一小部分，接受 px 和 rpx 值 | 1.9.0 |
| display-multiple-items | Number | 1 | 同时显示的滑块数量 | 1.9.0 |
| skip-hidden-item-layout | Boolean | false | 是否跳过未显示的滑块布局，设为 true 可优化复杂情况下的滑动性能，但会丢失隐藏状态滑块的布局信息 | 1.9.0 |
| bindchange | EventHandle | | current 改变时会触发 change 事件，event.detail = {current: current, source: source} | |
| bindanimationfinish | EventHandle | | 动画结束时会触发 animationfinish 事件，event.detail 同上 | 1.9.0 |

在 swiper 组件中，只可以放置 swiper-item 组件，反之，swiper-item 组件也只能放置在 swiper 组件中，而且其宽高会自动设置为 100%。swiper-item 组件的属性说明见表 5-5。

表 5-5　swiper-item 组件属性说明

| 属性名 | 类型 | 默认值 | 说明 | 最低版本 |
|---|---|---|---|---|
| item-id | String | "" | 该 swiper-item 的标识符 | 1.9.0 |

在本例中，我们在<swiper></swiper>标签里面放置了三个<swiper-item></swiper-item>标签，分别表示三个色块。在<swiper></swiper>标签中，swiper 组件用于确定是否显示面板指示点的属性 indicator-dots 的值绑定到了后端的 indicatorDots 变量上。在 5_3_swiper.js 文件中的 data 对象中，indicatorDots 被赋值为 true，也就是默认显示指示点。我们为按钮的单击事件绑定了处理函数 changeIndicatorDots，每次单击按钮，changeIndicatorDots 函数便会将当前的 indicatorDots 变量值取反，实现通过单击按钮切换指示点显示状态的效果。

使用 swiper 组件，需要注意以下几点。

（1）swiper 组件里只能放置 swiper-item 组件，swiper-item 组件也只能被放置在 swiper 组件中。

（2）swiper 组件的 change 事件返回的 detail 里面，source 字段表示导致变更的原因。source 字段的可能值如下。

① autoplay：自动播放导致 swiper 发生变化。

② touch：用户滑动引起 swiper 发生变化。

③ ""：其他原因将用空字符串表示。

（3）如果在 bindchange 的事件回调函数中使用 setData 改变 current 值，则有可能导致 setData 被不停地调用，因而通常情况下请在改变 current 值前检测 source 字段来判断是否是由于用户触摸引起的。

## 5.4 可移动视图容器 movable-view 和 movable-area

**【任务要求】**

使用 movable-view 组件和 movable-area 组件新建如图 5-10 所示页面，分别实现滑块的横向移动，纵向移动，以及任意移动。实现按钮的单击移动到固定位置的功能，并在任意移动的滑块 C 中，绑定 change 事件，在控制台观察滑块移动事件的输出。

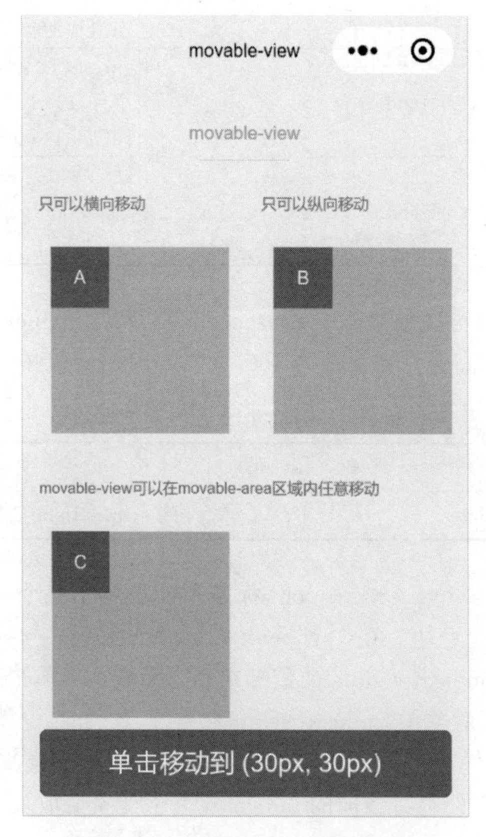


图 5-10 movable-view 组件示例

【任务分析】

本任务使用到的是可移动视图容器 movable-view 和 movable-area。movable-view 表示可移动的组件/视图，movable-area 表示可移动的范围。在本例中，需要限制可以移动的方向，可以通过设置 movable-view 组件的 direction 属性值来实现。需要实现单击按钮将滑块移动到指定位置的功能，可以通过监听按钮单击事件，动态修改 movable-view 的 x、y 属性值来实现。

【任务操作】

(1) 打开示例小程序项目，在 app.json 文件的 pages 数组中新增页面"pages/Chapter_5/5_4_movable-view/5_4_ movable-view"，单击"编译"按钮，生成 5_4_ movable-view 页面所需的文件。

(2) 修改 5_4_movable-view.json 文件内容为如下代码，使页面的窗口标题显示 movable-view。

```
{
  "navigationBarTitleText": "movable - view"
}
```

(3) 修改文件 5_4_movable-view.wxml 的内容为如下代码，完成页面元素的布局。

```
<!-- pages/Chapter_5/5_4_movable - view/5_4_movable - view.wxml -->
<view class = "container">
  <view class = "page - head">
    <view class = "page - head - title"> movable - view </view>
    <view class = "page - head - line"></view>
  </view>

  <view class = "page - body">
    <view class = "wrap">
      <view class = "page - section">
        <view class = "page - section - title top">只可以横向移动</view>
        <movable - area>
          <movable - view direction = "horizontal"> A </movable - view>
        </movable - area>
      </view>

      <view class = "page - section">
        <view class = "page - section - title top">只可以纵向移动</view>
        <movable - area>
          <movable - view direction = "vertical"> B </movable - view>
        </movable - area>
      </view>
    </view>

    <view class = "page - section">
      <view class = "page - section - title"> movable - view 可以在 movable - area 区域内任意移
动</view>
      <movable - area>
        <movable - view x = "{{x}}" y = "{{y}}" direction = "all" bindchange = "onChange"> C
```

```
</movable-view>
        </movable-area>
      </view>
      <view class="btn-area">
        <button bindtap="tap" class="page-body-button" type="primary">单击移动到(30px, 30px)</button>
      </view>
    </view>
</view>
```

(4) 修改文件 5_4_movable-view.wxss 的内容为如下代码,完成页面的样式调整。

```
/* pages/Chapter_5/5_4_movable-view/5_4_movable-view.wxss */
page {
  background-color: #F8F8F8;
  height: 100%;
  font-size: 32rpx;
  line-height: 1.6;
}
button{
  margin-top: 20rpx;
  margin-bottom: 20rpx;
}
.container {
  display: flex;
  flex-direction: column;
  min-height: 100%;
  justify-content: space-between;
  font-size: 32rpx;
  font-family: -apple-system-font,Helvetica Neue,Helvetica,sans-serif;
}
.wrap {
  display: flex;
  flex-direction: row;
  min-height: 100%;
}
.page-head{
  padding: 60rpx 50rpx 50rpx;
  text-align: center;
}
.page-head-title{
  display: inline-block;
  padding: 0 40rpx 20rpx 40rpx;
  font-size: 32rpx;
  color: #BEBEBE;
}
.page-head-line{
  margin: 0 auto;
  width: 150rpx;
  height: 2rpx;
  background-color: #D8D8D8;
```

```
}
.page-body {
  width: 100%;
  flex-grow: 1;
  overflow-x: hidden;
}
.page-section{
  width: 100%;
  margin-bottom: 20rpx;
}
.page-section-title{
  margin-top: 50rpx;
  font-size: 28rpx;
  color: #999999;
  margin-bottom: 10rpx;
  padding-left: 30rpx;
  padding-right: 30rpx;
}
.page-section-title.top {
  margin-top: 0;
}
movable-view {
  display: flex;
  align-items: center;
  justify-content: center;
  height: 100rpx;
  width: 100rpx;
  background: #1AAD19;
  color: #fff;
}
movable-area {
  height: 300rpx;
  width: 300rpx;
  margin: 50rpx 0rpx 0 50rpx;
  background-color: #ccc;
  overflow: hidden;
}
.btn-area {
  margin-top: 20rpx;
  box-sizing: border-box;
  width: 100%;
  padding: 0 30rpx;
}
```

(5) 在 5_4_movable-view.js 文件中,设定属性 x,y 的初始值为 0,新增用于处理按钮单击事件的 tap()函数以及处理滑块移动事件的 onChange()函数。修改完成后的 5_4_movable-view.js 文件内容如下。

```
// pages/Chapter_5/5_4_movable-view/5_4_movable-view.js
Page({
  data: {
```

```
      x: 0,
      y: 0,
    },
    onLoad: function (options) {},
    onReady: function () {},
    onShow: function () {},
    onHide: function () {},
    onUnload: function () {},
    onPullDownRefresh: function () {},
    onReachBottom: function () {},
    onShareAppMessage: function () {},
    tap() {
      this.setData({
        x: 30,
        y: 30
      })
    },
    onChange(e) {
      console.log(e.detail)
    }
  })
```

(6) 新建名为 movable-view 的编译模式，并设置"pages/Chapter_5/5_3_swiper/5_3_swiper"为启动页面。使用 movable-view 编译模式编译项目，观察模拟器显示效果。

(7) 使用鼠标按住并移动滑块"C"，打开控制台，可以看到 onChange()函数被执行并输出如图 5-11 所示 change 事件的详情。

```
Invoke event onChange in page: pages/Chapter_5/5_4_movable-view/5_4_movable-view
▼{x: 87.2, y: 63.2, source: "touch"}
    source: "touch"
    x: 87.2
    y: 63.2
  ▶__proto__: Object
```

图 5-11　onChange()函数输出结果

**【相关知识】**

movable-view 表示可移动的视图容器，从基础库 1.2.0 开始支持，该容器可以在页面中拖曳滑动。其属性值说明见表 5-6。

**表 5-6　movable-view 组件属性说明**

| 属 性 名 | 类　型 | 默认值 | 说　明 | 最低版本 |
| --- | --- | --- | --- | --- |
| direction | String | none | movable-view 的移动方向，属性值有 all、vertical、horizontal、none | |
| inertia | Boolean | false | movable-view 是否带有惯性 | |
| out-of-bounds | Boolean | false | 超过可移动区域后，movable-view 是否还可以移动 | |
| x | Number / String | | 定义 x 轴方向的偏移，如果 x 的值不在可移动范围内，会自动移动到可移动范围；改变 x 的值会触发动画 | |

续表

| 属 性 名 | 类 型 | 默认值 | 说 明 | 最低版本 |
| --- | --- | --- | --- | --- |
| y | Number / String | | 定义y轴方向的偏移，如果y的值不在可移动范围内，会自动移动到可移动范围；改变y的值会触发动画 | |
| damping | Number | 20 | 阻尼系数，用于控制x或y改变时的动画和过界回弹的动画，值越大移动越快 | |
| friction | Number | 2 | 摩擦系数，用于控制惯性滑动的动画，值越大摩擦力越大，滑动越快停止；必须大于0，否则会被设置成默认值 | |
| disabled | Boolean | false | 是否禁用 | 1.9.90 |
| scale | Boolean | false | 是否支持双指缩放，默认缩放手势生效区域是在movable-view内 | 1.9.90 |
| scale-min | Number | 0.5 | 定义缩放倍数最小值 | 1.9.90 |
| scale-max | Number | 10 | 定义缩放倍数最大值 | 1.9.90 |
| scale-value | Number | 1 | 定义缩放倍数，取值范围为0.5～10 | 1.9.90 |
| animation | Boolean | true | 是否使用动画 | 2.1.0 |
| bindchange | EventHandle | | 拖动过程中触发的事件，event.detail = {x: x, y: y, source: source}，其中，source表示产生移动的原因，值可为touch(拖动)、touch-out-of-bounds(超出移动范围)、out-of-bounds(超出移动范围后的回弹)、friction(惯性)和空字符串(setData) | 1.9.90 |
| bindscale | EventHandle | | 缩放过程中触发的事件，event.detail = {x: x, y: y, scale: scale}，其中x和y字段在2.1.0之后开始支持返回 | 1.9.90 |

除了基本事件外，movable-view提供了两个特殊事件，说明见表5-7。

**表5-7 movable-view特殊事件**

| 类 型 | 触 发 条 件 | 最 低 版 本 |
| --- | --- | --- |
| htouchmove | 初次手指触摸后移动为横向的移动，如果catch此事件，则意味着touchmove事件也被catch | 1.9.90 |
| vtouchmove | 初次手指触摸后移动为纵向的移动，如果catch此事件，则意味着touchmove事件也被catch | 1.9.90 |

movable-area表示movable-view可移动的区域。其属性说明见表5-8。

**表5-8 movable-area属性说明表**

| 属 性 名 | 类 型 | 默 认 值 | 说 明 | 最低版本 |
| --- | --- | --- | --- | --- |
| scale-area | Boolean | false | 当里面的movable-view设置为支持双指缩放时，设置此值可将缩放手势生效区域修改为整个movable-area | 1.9.90 |

movable-view 组件必须被包含在 movable-area 组件中，并且必须是直接子节点，否则便没有移动效果。当 movable-view 小于 movable-area 时，movable-view 的移动范围是在 movable-area 内；当 movable-view 大于 movable-area 时，movable-view 的移动范围必须包含 movable-area（x 轴方向和 y 轴方向分开考虑）。

在本例中，三个可移动区域均是 movable-view 小于 movable-area，因此带有文本的色块也就只能在限定区域内移动。滑块“A”通过设定其 direction 属性值为 horizontal，限制了其只能横向移动；同理，滑块“B”的 direction 属性值被设置为 vertical，因此只能纵向滑动。滑块“C”的 direction 属性值为 all，表示不限制滑动方向，即可以在 movable-area 组件区域内任意移动。同时，滑块“C”的 x 属性，也就是横坐标值绑定到了后端变量 x 上；y 属性，也就是纵坐标值，绑定到了后端变量 y 上，并且在 5_4_movable-view. js 文件的 data 对象中，将 x，y 初始化为 0，也就是顶齐 movable-area 区域的左上顶点显示。按钮的单击事件处理函数 tap()则通过直接将 x，y 的值设置为 30，实现了单击移动滑块“C”到指定位置的功能。

在使用鼠标按住并拖动滑块“C”的过程中，可以看到 change 事件的输出（如图 5-11 所示），e. detail 包含滑块的横、纵坐标信息，还有一个 source 字段表示产生改变的原因。当我们使用鼠标拖动时，可以看到 source 的值为“touch”，而当我们单击按钮直接将其定位到坐标为(30，30)的点时，可以看到控制台的输出如图 5-12 所示。

```
Invoke event onChange in page: pages/Chapter_5/5_4_movable-view/5_4_movable-view
▶{x: 29.7, y: 29.7, source: ""}
Invoke event onChange in page: pages/Chapter_5/5_4_movable-view/5_4_movable-view
▶{x: 29.8, y: 29.8, source: ""}
Invoke event onChange in page: pages/Chapter_5/5_4_movable-view/5_4_movable-view
▶{x: 29.9, y: 29.9, source: ""}
Invoke event onChange in page: pages/Chapter_5/5_4_movable-view/5_4_movable-view
▶{x: 30, y: 30, source: ""}
```

图 5-12　使用按钮设置位置触发 change 事件输出

控制台的输出展示了滑块“C”从位置(0，0)移动到(30，30)的全过程，由于篇幅限制，图 5-12 只截取了最后的四次输出。可以看到和图 5-11 展示的输出不同的是，图 5-12 的 source 字段为空字符串，因为这里的移动，是通过 tap()函数里面的 setData()直接改变 x，y 的值实现的，因此为空字符串。

使用 movable-view 和 movable-area 组件，还有以下几点注意事项。

(1) movable-view 必须设置 width 和 height 属性，不设置则默认为 10px；

(2) movable-view 默认为绝对定位，top 和 left 属性为 0px；

(3) movable-area 必须设置 width 和 height 属性，不设置则默认为 10px。

## 5.5　cover-view 组件和 cover-image 组件

**【任务要求】**

新建如图 5-13 所示页面，使用 video 标签在页面上放置一个视频，视频地址为 http://t.cn/RIt6r8j。在视频上面使用 cover-view 组件和 cover-image 组件放置三个由图片组成的控件，从左至右分别是播放、暂停以及停止，实现对视频播放的控制。

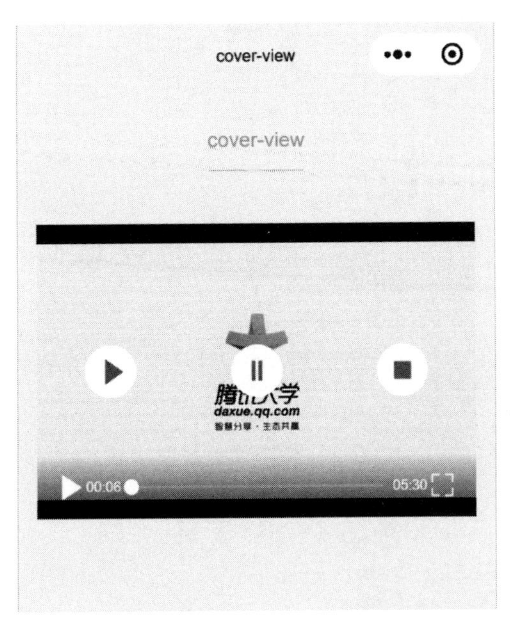


图 5-13　cover-view 和 cover-image 任务示例

**【任务分析】**

本次任务主要是针对 cover-view 和 cover-image 组件的应用。这两个组件都是可以覆盖在其他组件之上的。在本次任务中，涉及视频组件的使用，包括对视频的控制操作，这部分内容可以参考第 8 章以及第 12 章内容，本次任务视频控制部分将不作重点讲解。

**【任务操作】**

(1) 打开示例小程序项目，在 app.json 文件的 pages 数组中新增页面"pages/Chapter_5/5_5_cover-view/5_5_ cover-view"，单击"编译"按钮，生成 5_5_ cover-view 页面所需的文件。

(2) 在示例小程序项目的根目录下新建一个 image 文件夹，用于放置图片文件。在阿里巴巴矢量图标库(http://www.iconfont.cn/)中，分别以 play、pause、stop 为关键字搜索图标并下载，并将下载好的图片放置到 image 文件夹中。完成后的小程序文件目录结构如图 5-14 所示。

(3) 在文件 5_5_cover-view.json 中写入如下代码，配置窗口显示为"cover-view"。

```
{
  "navigationBarTitleText": "cover - view"
}
```

(4) 在文件 5_5_cover-view.wxml 中写入如下代码，完成页面元素的排布。

```
<! -- pages/Chapter_5/5_5_cover - view/5_5_cover - view.wxml -- >
< view class = "container">
  < view class = "page - head">
    < view class = "page - head - title"> cover - view </view >
    < view class = "page - head - line"></view >
```

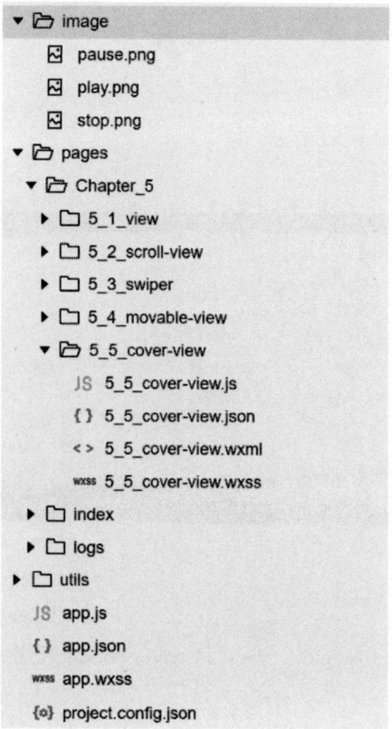

图 5-14　image 文件夹

```
  </view>

  <view class = "page - body">
    <view class = "page - section page - section - gap">
      <video id = "myVideo" src = "http://t.cn/RIt6r8j" controls = "true" event - model =
"bubble">
        <cover - view class = "controls">
          <cover - view class = "play" bindtap = "play">
            <cover - image class = "img" src = "../../../image/play.png" />
          </cover - view>
          <cover - view class = "pause" bindtap = "pause">
            <cover - image class = "img" src = "../../../image/pause.png" />
          </cover - view>
          <cover - view class = "stop" bindtap = "stop">
            <cover - image class = "img" src = "../../../image/stop.png" />
          </cover - view>
        </cover - view>
      </video>
    </view>
  </view>

</view>
```

(5) 在 5_5_cover-view. wxss 文件中写入如下代码,完成页面样式的调整。

```
/* pages/Chapter_5/5_5_cover - view/5_5_cover - view.wxss */
page {
```

```
  background-color: #F8F8F8;
  height: 100%;
  font-size: 32rpx;
  line-height: 1.6;
}
.container {
  display: flex;
  flex-direction: column;
  min-height: 100%;
  justify-content: space-between;
  font-size: 32rpx;
  font-family: -apple-system-font,Helvetica Neue,Helvetica,sans-serif;
}
.page-head{
  padding: 60rpx 50rpx 80rpx;
  text-align: center;
}
.page-head-title{
  display: inline-block;
  padding: 0 40rpx 20rpx 40rpx;
  font-size: 32rpx;
  color: #BEBEBE;
}
.page-head-line{
  margin: 0 auto;
  width: 150rpx;
  height: 2rpx;
  background-color: #D8D8D8;
}
.page-body {
  width: 100%;
  flex-grow: 1;
  overflow-x: hidden;
}
.page-section{
  width: 100%;
  margin-bottom: 20rpx;
}
.page-section-title{
  margin-top: 50rpx;
  font-size: 28rpx;
  color: #999999;
  margin-bottom: 10rpx;
  padding-left: 30rpx;
  padding-right: 30rpx;
}
.page-section-gap{
  box-sizing: border-box;
  padding: 0 30rpx;
}
.controls {
```

```
    position: relative;
    top: 50%;
    height: 50px;
    margin-top: -25px;
    display: flex;
  }
  .play,.pause,.stop {
    flex: 1;
    height: 100%;
  }
  .img {
    width: 40px;
    height: 40px;
    margin: 5px auto;
  }
  video{
    width: 100%
  }
```

(6) 在 5_5_cover-view.js 文件中,新建 play()函数、pause()函数、stop()函数实现对视频播放的控制。

```
// pages/Chapter_5/5_5_cover-view/5_5_cover-view.js
Page({
  data: {},
  onLoad: function (options) {},
  onReady: function () {
    this.videoCtx = wx.createVideoContext('myVideo')
  },
  onShow: function () {},
  onHide: function () {},
  onUnload: function () {},
  onPullDownRefresh: function () {},
  onReachBottom: function () {},
  onShareAppMessage: function () {},
  play() {
    this.videoCtx.play()
  },
  pause() {
    this.videoCtx.pause()
  },
  stop() {
    this.videoCtx.stop()
  }
})
```

(7) 新建一个名为 cover-view 的编译模式,设置"pages/Chapter_5/5_5_cover-view/5_5_cover-view"为启动页面。使用 cover-view 编译模式编译项目并在模拟器中观察页面效果。

【相关知识】

cover-view 和 cover-image 组件均是从基础库 1.4.0 开始支持。cover-view 表示覆盖在原生组件之上的文本视图，可覆盖的原生组件包括 map、video、canvas、camera、live-player 和 live-pusher，只支持嵌套 cover-view 和 cover-image，可在 cover-view 中使用 button。cover-image 表示覆盖在原生组件之上的图片视图，可覆盖的原生组件同 cover-view，支持嵌套在 cover-view 里。

cover-view 组件的属性说明见表 5-9。

表 5-9　cover-view 组件属性说明

| 属性名 | 类　　型 | 默认值 | 说　　明 | 最低版本 |
|---|---|---|---|---|
| scroll-top | Number/String | | 设置顶部滚动偏移量，仅在设置了 overflow-y: scroll 成为滚动元素后生效(单位为 px，2.4.0 起支持 rpx) | 2.1.0 |

cover-image 组件的属性说明见表 5-10。

表 5-10　cover-image 组件属性说明

| 属性名 | 类　　型 | 默认值 | 说　　明 | 最低版本 |
|---|---|---|---|---|
| src | String | | 图标路径，支持临时路径、网络地址(1.6.0 起支持)、云文件 ID(2.2.3 起支持)。暂不支持 base64 格式 | |
| bindload | EventHandle | | 图片加载成功时触发 | 2.1.0 |
| binderror | EventHandle | | 图片加载失败时触发 | 2.1.0 |

在本次任务中，在< video ></video >标签中嵌套了一个 cover-view 组件，在这个 cover-view 组件中，又嵌套了三个 cover-view 组件，其中，每个 cover-view 组件都嵌套了一个 cover-image 组件，用于放置三个控件图片。在三个 cover-view 组件中，每个组件都绑定了 tap 事件，对应的处理函数 play()，pause()和 stop()实现了对视频播放的控制。

使用 cover-view 组件和 cover-image 组件需要注意以下几点。

(1) 基础库 2.2.4 起支持 touch 相关事件，也可使用 hover-class 设置单击态；

(2) 基础库 2.1.0 起支持设置 scalerotate 的 CSS 样式，包括 transition 动画；

(3) 基础库 1.9.90 起 cover-view 支持 overflow:scroll，但不支持动态更新 overflow；

(4) 基础库 1.9.90 起最外层 cover-view 支持 position:fixed；

(5) 基础库 1.9.0 起支持插在 view 等标签下。在此之前只可嵌套在原生组件 map、video、canvas 和 camera 内，避免嵌套在其他组件内；

(6) 基础库 1.6.0 起支持 csstransition 动画，transition-property 只支持 transform (translateX，translateY)与 opacity；

(7) 基础库 1.6.0 起支持 cssopacity；

(8) 事件模型遵循冒泡模型，但不会冒泡到原生组件；

(9) 文本建议都套上 cover-view 标签，避免排版错误；

(10) 只支持基本的定位、布局、文本样式，不支持设置单边的 border、background-

image、shadow、overflow：visible 等；

(11) 建议子节点不要溢出父节点；

(12) 默认设置的样式有：white-space：nowrap；line-height：1.2；display：block；

(13) 自定义组件嵌套 cover-view 时，自定义组件的 slot 及其父节点暂不支持通过 wx：if 控制显隐，否则会导致 cover-view 不显示。

# 练 习 题

1. 请使用表 5-1 中的 justify-content 属性，通过为其设置不同的值，实现如图 5-15 所示的显示效果。

2. 请使用表 5-1 中的 align-items 属性，通过为其设置不同的值，实现如图 5-16 所示的显示效果。

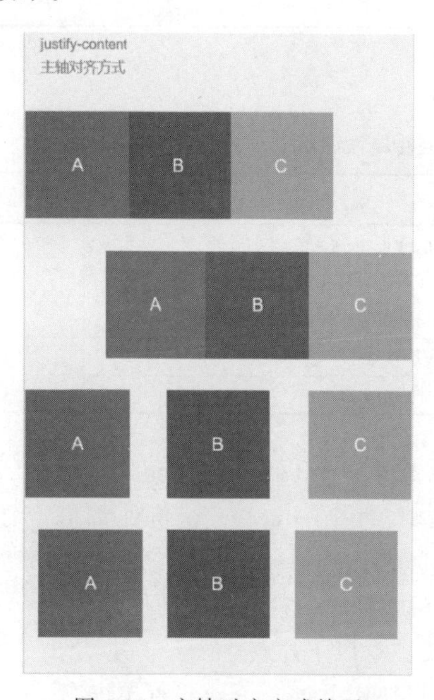


图 5-15 主轴对齐方式练习

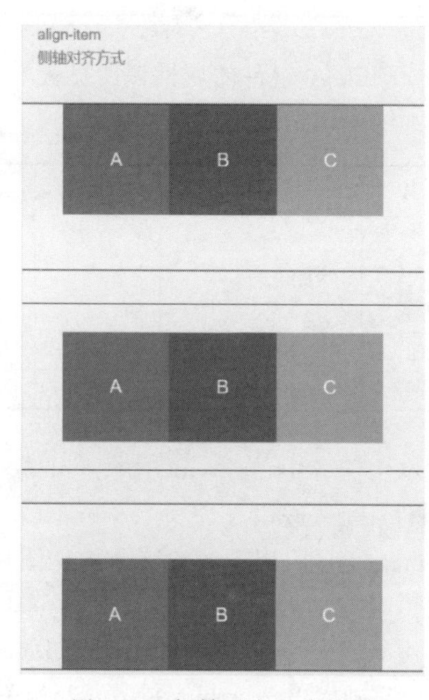


图 5-16 侧轴对齐方式练习

3. 在页面上新增两个按钮，一个按钮实现单击一次，色块向下移动 10px 的功能，另一个按钮实现单击一次，滑动到下一个色块的功能(如图 5-17 所示)。提示：需要使用到表 5-3 中的 scroll-top 和 scroll-into-view 属性，然后为按钮设置监听单击事件，动态改变上述两个属性的值。

4. 新建如图 5-18 所示页面，要求滑块为纵向滑动，默认显示指示点，同时实现四个按钮的相关功能。

5. 新建一个如图 5-19 所示页面，放置 A、B、C 三个可移动区域和滑块。其中，区域 A 的 movable-view 大于 movable-area，对 A 色块设置渐变色便于观察 movable-view 和 movable-area 的边界；对 B 色块的属性值进行设置使得 movable-view 边界可以超出 movable-area 边界；对 C 色块绑定 change 事件和 scale 事件，新增一个按钮实现单击放大 C 色块的功能，并在控制台观察 C 色块 change 事件和 scale 事件的输出详情。

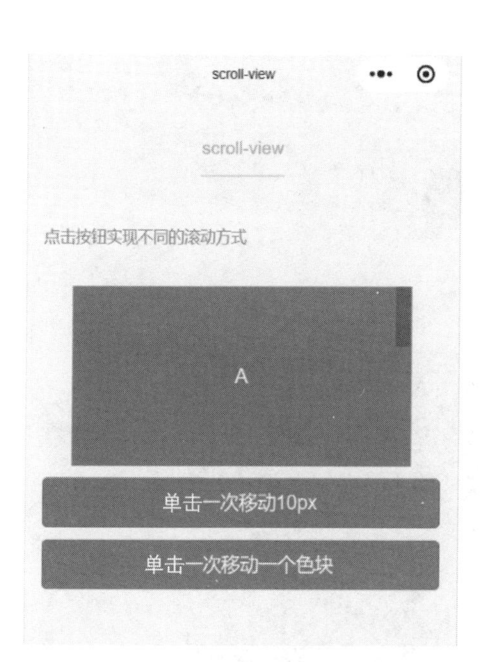


图 5-17　通过按钮控制滚动

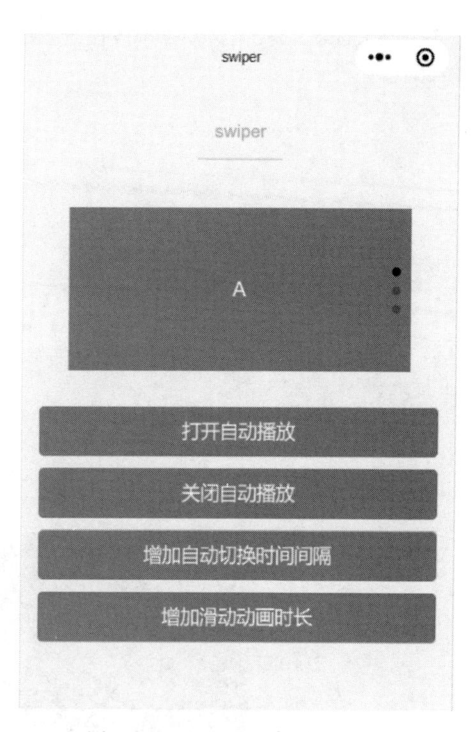


图 5-18　swiper 组件练习示例

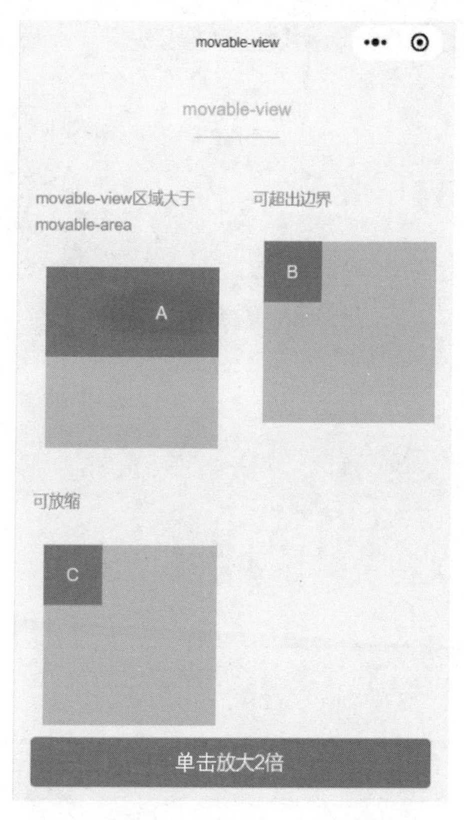


图 5-19　movable-view 练习示例

6. 新建如图 5-20 所示页面，在地图组件上覆盖 A、B、C 三个色块，并给色块设置一定的透明度。

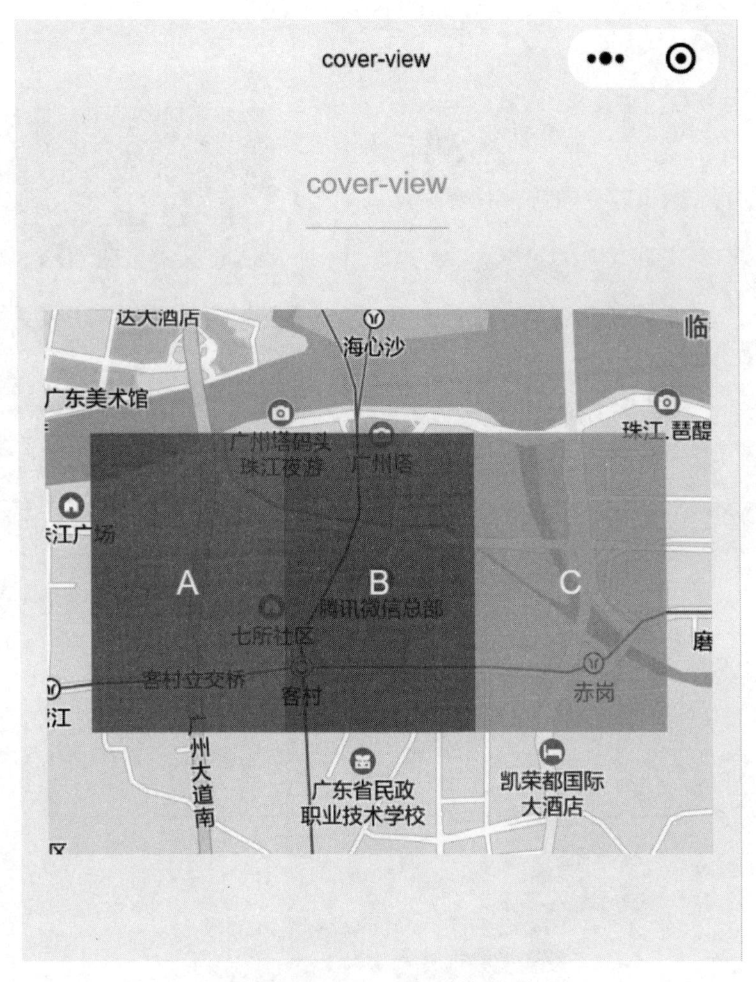


图 5-20　cover-view 练习

# 第6章　基础内容组件

本章主要介绍小程序的一些基础内容组件，包括常用的图标、基本的文本、富文本以及进度条组件。这些组件的功能并不复杂，得益于微信给予了组件统一的外观样式设计规范，用户可以简单地通过这些组件设计出自己需要的小程序的功能。

**本章学习目标：**

- 掌握图标，文本，富文本以及进度条组件的使用方法。
- 了解如何修改组件的各种属性满足实际的开发需求。

## 6.1　图标组件 icon

**【任务要求】**

新建一个页面，在页面上以不同的颜色和大小展示小程序的各种图标并配以说明，如图 6-1 所示。

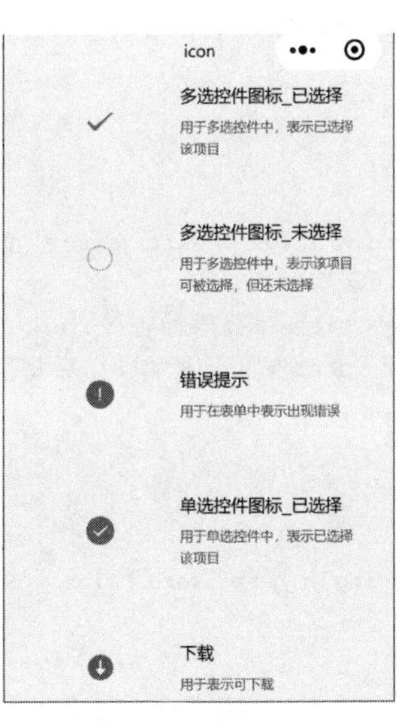

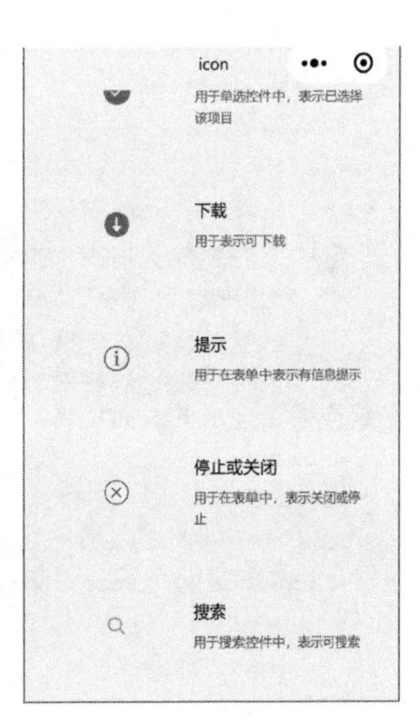


图 6-1　icon 页面示例

**【任务分析】**

为了给用户统一而且清晰的使用体验，针对各种需要提示用户的情景，小程序自带了很多图标。小程序的图标包含成功提示、信息提示、警告提示、取消提示和搜索提示等。每个图标都可以设置其颜色(同 CSS 格式)和大小(单位为 px 或 rpx)。本次任务就是一个非常简单的图标展示。

【任务操作】

(1) 打开示例项目,在 app.json 文件的 pages 数组中新增一项"pages/Chapter_6/6_1_icon/6_1_icon",保存文件,使用开发者工具生成页面所需的文件后,新增一个将页面 6_1_icon 设置为启动页面的名为“6_1_icon”的编译模式,并使用该模式编译项目。

(2) 打开目录 pages/Chapter_6/6_1_icon,将 6_1_icon.wxml 文件的内容更换为以下代码。

```
<!-- pages/Chapter_6/6_1_icon/6_1_icon.wxml -->
<view class="container">
  <view class="page-head">
    <view class="page-head-title">icon 组件</view>
    <view class="page-head-line"></view>
  </view>
  <view class="icon-box">
    <icon class="icon-box-img" type="success" size="93"></icon>
    <view class="icon-box-ctn">
      <view class="icon-box-title">成功</view>
      <view class="icon-box-desc">用于表示操作顺利完成</view>
    </view>
  </view>
  <view class="icon-box">
    <icon class="icon-box-img" type="info" size="93"></icon>
    <view class="icon-box-ctn">
      <view class="icon-box-title">提示</view>
      <view class="icon-box-desc">用于表示信息提示; 也常用于缺乏条件的操作拦截,提示
用户所需信息</view>
    </view>
  </view>
  <view class="icon-box">
    <icon class="icon-box-img" type="warn" size="93" color="#C9C9C9"></icon>
    <view class="icon-box-ctn">
      <view class="icon-box-title">普通警告</view>
      <view class="icon-box-desc">用于表示操作后将引起一定后果的情况; 也用于表示由于
系统原因而造成的负向结果</view>
    </view>
  </view>
  <view class="icon-box">
    <icon class="icon-box-img" type="warn" size="93"></icon>
    <view class="icon-box-ctn">
      <view class="icon-box-title">强烈警告</view>
      <view class="icon-box-desc">用于表示由于用户原因造成的负向结果; 也用于表示操作
后将引起不可挽回的严重后果的情况</view>
    </view>
  </view>
  <view class="icon-box">
    <icon class="icon-box-img" type="waiting" size="93"></icon>
    <view class="icon-box-ctn">
      <view class="icon-box-title">等待</view>
```

```
      <view class = "icon - box - desc">用于表示等待,告知用户结果需等待</view>
    </view>
  </view>
  <view class = "icon - box">
    <view class = "icon - small - wrp">
      <icon class = "icon - small" type = "success_no_circle" size = "23"></icon>
    </view>
    <view class = "icon - box - ctn">
      <view class = "icon - box - title">多选控件图标_已选择</view>
      <view class = "icon - box - desc">用于多选控件中,表示已选择该项目</view>
    </view>
  </view>
  <view class = "icon - box">
    <view class = "icon - small - wrp">
      <icon class = "icon - small" type = "circle" size = "23"></icon>
    </view>
    <view class = "icon - box - ctn">
      <view class = "icon - box - title">多选控件图标_未选择</view>
      <view class = "icon - box - desc">用于多选控件中,表示该项目可被选择,但还未选择
</view>
    </view>
  </view>
  <view class = "icon - box">
    <view class = "icon - small - wrp">
      <icon class = "icon - small" type = "warn" size = "23"></icon>
    </view>
    <view class = "icon - box - ctn">
      <view class = "icon - box - title">错误提示</view>
      <view class = "icon - box - desc">用于在表单中表示出现错误</view>
    </view>
  </view>
  <view class = "icon - box">
    <view class = "icon - small - wrp">
      <icon class = "icon - small" type = "success" size = "23"></icon>
    </view>
    <view class = "icon - box - ctn">
      <view class = "icon - box - title">单选控件图标_已选择</view>
      <view class = "icon - box - desc">用于单选控件中,表示已选择该项目</view>
    </view>
  </view>
  <view class = "icon - box">
    <view class = "icon - small - wrp">
      <icon class = "icon - small" type = "download" size = "23"></icon>
    </view>
    <view class = "icon - box - ctn">
      <view class = "icon - box - title">下载</view>
      <view class = "icon - box - desc">用于表示可下载</view>
    </view>
  </view>
  <view class = "icon - box">
    <view class = "icon - small - wrp">
```

```
        <icon class = "icon - small" type = "info_circle" size = "23"></icon>
      </view>
      <view class = "icon - box - ctn">
        <view class = "icon - box - title">提示</view>
        <view class = "icon - box - desc">用于在表单中表示有信息提示</view>
      </view>
    </view>
    <view class = "icon - box">
      <view class = "icon - small - wrp">
        <icon class = "icon - small" type = "cancel" size = "23"></icon>
      </view>
      <view class = "icon - box - ctn">
        <view class = "icon - box - title">停止或关闭</view>
        <view class = "icon - box - desc">用于在表单中,表示关闭或停止</view>
      </view>
    </view>
    <view class = "icon - box">
      <view class = "icon - small - wrp">
        <icon class = "icon - small" type = "search" size = "14"></icon>
      </view>
      <view class = "icon - box - ctn">
        <view class = "icon - box - title">搜索</view>
        <view class = "icon - box - desc">用于搜索控件中,表示可搜索</view>
      </view>
    </view>
</view>
```

(3) 打开该目录下的 6_1_icon. wxss 文件,为页面中的元素设置相应的样式。

```
/* pages/Chapter_6/6_1_icon/6_1_icon.wxss */
page {
  background - color: #F8F8F8;
  height: 100 %;
  font - size: 32rpx;
  line - height: 1.6;
}
.container {
  display: flex;
  flex - direction: column;
  min - height: 100 %;
  justify - content: space - between;
  font - size: 32rpx;
  font - family: - apple - system - font, Helvetica Neue, Helvetica, sans - serif;
}
.page - head{
  padding: 60rpx 50rpx 80rpx;
  text - align: center;
}
.page - head - title{
  display: inline - block;
  padding: 0 40rpx 20rpx 40rpx;
```

```
  font-size: 32rpx;
  color: #BEBEBE;
}
.page-head-line{
  margin: 0 auto;
  width: 150rpx;
  height: 2rpx;
  background-color: #D8D8D8;
}
.icon-box{
  margin-bottom: 40rpx;
  padding: 0 75rpx;
  display: flex;
  align-items: center;
}
.icon-box-img{
  margin-right: 46rpx;
}
.icon-box-ctn{
  flex-shrink: 100;
}
.icon-box-title{
  font-size: 34rpx;
}
.icon-box-desc{
  margin-top: 12rpx;
  font-size: 26rpx;
  color: #888;
}
.icon-small-wrp{
  margin-right: 46rpx;
  width: 93px;
  height: 93px;
  display: flex;
  align-items: center;
  justify-content: center;
}
```

(4) 保存所有文件，编译项目，在模拟器中查看页面效果。

**【相关知识】**

icon 图标组件的属性说明见表 6-1。

**表 6-1　icon 组件属性说明**

| 属性名 | 类　型 | 默认值 | 说　明 |
| --- | --- | --- | --- |
| type | String | | icon 的类型，有效值：success，success_no_circle，info，warn，waiting，cancel，download，search，clear |
| size | Number/String | 23px | icon 的大小，单位为 px(2.4.0 起支持 rpx) |
| color | Color | | icon 的颜色，同 CSS 的 color |
| aria-label | String | | 无障碍访问，(属性)元素的额外描述 2.5.0 |

基本的使用格式为：

```
< icon type = "{{iconType}}" size = "{{iconSize}}" color = "{{iconColor}}" />
```



此处 iconType，iconSize，iconColor 为占位符，实际使用时需要换成对应的值或者从逻辑层传递合适的值。

## 6.2 文本组件 text

**【任务要求】**

新建一个页面，在页面上包含一个 text 组件和两个分别实现添加一行和移除一行功能的按钮。实现效果和文字内容可以参考图 6-2。

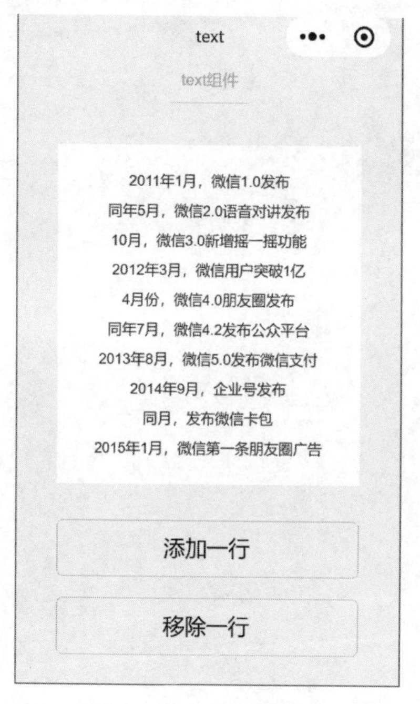


图 6-2　text 组件展示

**【任务分析】**

要在页面上显示基本的文字，text 组件是必不可少的。除了显示最基本的文字以外，text 组件也可以识别和渲染“\n”、 、<等内容。本次任务需要新建一块文本区域，并且文本区域的高度可以随着内容的增减而升降，同时还需要根据内容的多少，决定两个按钮能否继续单击，涉及前面有关 view 组件的相关知识。

**【任务操作】**

(1) 打开示例项目，在 app.json 文件的 pages 数组中新增一项"pages/Chapter_6/6_2_text/6_2_text"，保存文件，使用开发者工具生成了页面所需的文件后，新增一个将页面 6_2_text 设置为启动页面的名为“6_2_text”的编译模式，并使用该模式编译项目。

(2) 打开 pages/Chapter_6/6_2_text 目录下的 6_2_text.wxml 文件，写入如下代码，搭建好页面的基本结构。

```
<!-- pages/Chapter_6/6_2_text/6_2_text.wxml -->
<view class="container">
  <view class="page-head">
    <view class="page-head-title">text 组件</view>
    <view class="page-head-line"></view>
  </view>
  <view class="page-body">
    <view class="page-section page-section-spacing">
      <view class="text-box" scroll-y="true" scroll-top="{{scrollTop}}">
        <text>{{text}}</text>
      </view>
      <button disabled="{{!canAdd}}" bindtap="add">添加一行</button>
      <button disabled="{{!canRemove}}" bindtap="remove">移除一行</button>
    </view>
  </view>
</view>
```

(3) 打开该目录下的 6_2_text.js 文件，设置文本框的内容，同时实现两个按钮的功能。

```
// pages/Chapter_6/6_2_text/6_2_text.js
const texts = [
  '2011 年 1 月,微信 1.0 发布',
  '同年 5 月,微信 2.0 语音对讲发布',
  '10 月,微信 3.0 新增摇一摇功能',
  '2012 年 3 月,微信用户突破 1 亿',
  '4 月份,微信 4.0 朋友圈发布',
  '同年 7 月,微信 4.2 发布公众平台',
  '2013 年 8 月,微信 5.0 发布微信支付',
  '2014 年 9 月,企业号发布',
  '同月,发布微信卡包',
  '2015 年 1 月,微信第一条朋友圈广告',
  '2016 年 1 月,企业微信发布',
  '2017 年 1 月,小程序发布',
  '......'
]

Page({
  data: {
    text: '',
    canAdd: true,
    canRemove: false
  },
  extraLine: [],

  add() {
    this.extraLine.push(texts[this.extraLine.length % 12])
    this.setData({
      text: this.extraLine.join('\n'),
      canAdd: this.extraLine.length < 12,
      canRemove: this.extraLine.length > 0,
      scrollTop:99999
```

```
      })
    },
    remove() {
      if (this.extraLine.length > 0) {
        this.extraLine.pop()
        this.setData({
          text: this.extraLine.join('\n'),
          canAdd: this.extraLine.length < 12,
          canRemove: this.extraLine.length > 0,
          scrollTop:99999
        })
      }
    }
})
```

(4) 打开该目录下的 6_2_text.wxss 文件,增加样式。

```
/* pages/Chapter_6/6_2_text/6_2_text.wxss */
page {
  background-color: #F8F8F8;
  height: 100%;
  font-size: 32rpx;
  line-height: 1.6;
}
.container {
  display: flex;
  flex-direction: column;
  min-height: 100%;
  justify-content: space-between;
  font-size: 32rpx;
  font-family: -apple-system-font,Helvetica Neue,Helvetica,sans-serif;
}
.page-head{
  padding: 60rpx 50rpx 80rpx;
  text-align: center;
}
.page-head-title{
  display: inline-block;
  padding: 0 40rpx 20rpx 40rpx;
  font-size: 32rpx;
  color: #BEBEBE;
}
.page-head-line{
  margin: 0 auto;
  width: 150rpx;
  height: 2rpx;
  background-color: #D8D8D8;
}
.page-body {
  width: 100%;
  flex-grow: 1;
```

```
  overflow - x: hidden;
}
.page - section{
  width: 100 % ;
  margin - bottom: 60rpx;
}
.page - section - spacing{
  box - sizing: border - box;
  padding: 0 80rpx;
}
button{
  margin: 40rpx 0;
}
.text - box{
  margin - bottom: 70rpx;
  padding: 40rpx 0;
  display: flex;
  min - height: 300rpx;
  background - color: #FFFFFF;
  justify - content: center;
  align - items: center;
  text - align: center;
  font - size: 30rpx;
  color: #353535;
  line - height: 2em;
}
```

(5) 保存所有文件,编译项目并在模拟器中查看效果。

**【相关知识】**

text 为小程序的文本组件,其属性说明见表 6-2。

**表 6-2　text 组件属性说明**

| 属　性　名 | 类　　型 | 默　认　值 | 说　　明 | 最低版本 |
|---|---|---|---|---|
| selectable | Boolean | false | 文本是否可选 | 1.1.0 |
| space | String | false | 显示连续空格 | 1.4.0 |
| decode | Boolean | false | 是否解码 | 1.4.0 |

其中,space 属性的有效值见表 6-3。

**表 6-3　space 属性的有效值**

| 值 | 说　　明 |
|---|---|
| ensp | 中文字符空格一半大小 |
| emsp | 中文字符空格大小 |
| nbsp | 根据字体设置的空格大小 |

使用 text 组件需要注意以下几点。

(1) decode 可以解析的有  、<、>、&、'、 、 ;

(2) 各个操作系统的空格标准并不一致;

(3) text 组件内只支持 text 组件嵌套；

(4) 除了文本节点以外的其他节点都无法通过长按选中。

## 6.3 富文本组件 rich-text

**【任务要求】**

图 6-3 所示，在一个富文本组件里，将如下 HTML 代码：

```
<div class = "div_class">
  <h1 > Forrest Gump </h1 >
  <p class = "p">
    Life is < i > like </i >  a box of
    <b >  chocolates </b >.
  </p >
</div >
```

渲染显示成为如下内容。

**Forrest Gump**

Life is *like* a box of **chocolates.**

同时使用节点的方式，如图 6-4 所示，在富文本组件中添加一个 div 父节点和 text 子节点，显示一段文字："You never know what you're gonna get."

图 6-3　渲染 HTML 代码示例

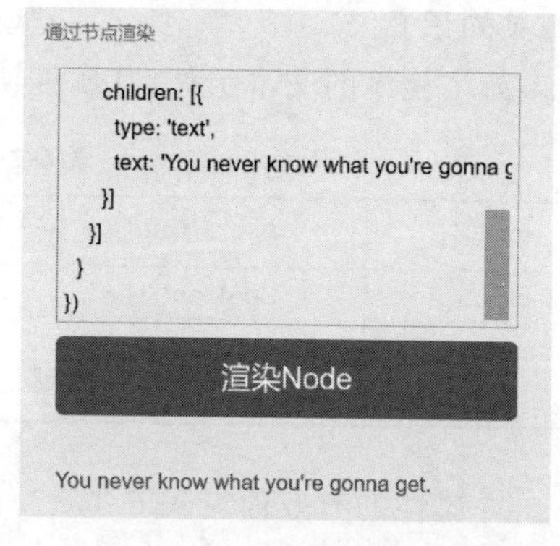


图 6-4　渲染节点列表

**【任务分析】**

富文本相比于普通的文本组件，其显示的功能只多不少。尤其是它可以支持 HTML 代码和节点列表的渲染。用户可以像编写 CSS 一样，为富文本组件中的内容赋予更多的显示效果。本次任务主要就 HTML 代码渲染和节点列表渲染两种方式给出了一个简单的示例。

**【任务操作】**

(1) 打开示例项目，在 app.json 文件的 pages 数组中新增一项"pages/Chapter_6/6_3_

rich-text/6_3_rich-text"，保存文件，使用开发者工具生成页面所需的文件后，新增一个将页面 6_3_rich-text 设置为启动页面的名为"6_3_rich-text"的编译模式，并使用该模式编译项目。

(2) 打开 pages/Chapter_6/6_3_rich-text 目录下的 6_3_rich-text.wxml 文件，写入如下代码，搭建好页面的基本结构。

```
<!-- pages/Chapter_6/6_3_rich-text/6_1_rich-text.wxml -->
<view class="container">
  <view class="page-head">
    <view class="page-head-title">rich-text 组件</view>
    <view class="page-head-line"></view>
  </view>
  <view class="page-body">
    <view class="page-section">
      <view class="page-section-title">通过 HTML String 渲染</view>
      <view class="page-content">
        <scroll-view scroll-y>{{htmlSnip}}</scroll-view>
        <button type="primary" bindtap="renderHtml">渲染 HTML</button>
        <block wx:if="{{renderedByHtml}}">
          <rich-text nodes="{{htmlSnip}}"></rich-text>
        </block>
      </view>
    </view>

    <view class="page-section">
      <view class="page-section-title">通过节点渲染</view>
      <view class="page-content">
        <scroll-view scroll-y>{{nodeSnip}}</scroll-view>
        <button type="primary" bindtap="renderNode">渲染 Node</button>
        <block wx:if="{{renderedByNode}}">
          <rich-text nodes="{{nodes}}"></rich-text>
        </block>
      </view>
    </view>
  </view>
</view>
```

(3) 打开该目录下的 6_3_rich-text.js 文件，设定 HTML 代码和节点列表的内容。

```
// pages/Chapter_6/6_3_rich-text/6_1_rich-text.js
const htmlSnip =
  `<div class="div_class">
  <h1>Forrest Gump</h1>
  <p class="p">
    Life is <i>like</i> a box of
    <b> chocolates</b>.
  </p>
</div>
`
```

```
const nodeSnip =
  `Page({
  data: {
    nodes: [{
      name: 'div',
      attrs: {
        class: 'div_class',
        style: 'line - height: 60px; color: red;'
      },
      children: [{
        type: 'text',
        text: 'You never know what you're gonna get.'
      }]
    }]
  }
})
`
Page({
  data: {
    htmlSnip,
    nodeSnip,
    renderedByHtml: false,
    renderedByNode: false,
    nodes: [{
      name: 'div',
      attrs: {
        class: 'div_class',
        style: 'line - height: 60px; color: red;'
      },
      children: [{
        type: 'text',
        text: 'You never know what you\'re gonna get.'
      }]
    }]
  },
  renderHtml() {
    this.setData({
      renderedByHtml: true
    })
  },
  renderNode() {
    this.setData({
      renderedByNode: true
    })
  }
})
```

(4) 打开该目录下的 6_3_rich-text. wxss 文件,设定界面元素的样式。

```
/* pages/Chapter_6/6_3_rich - text/6_1_rich - text.wxss */
page {
```

```
  background-color: #F8F8F8;
  height: 100%;
  font-size: 32rpx;
  line-height: 1.6;
}
.container {
  display: flex;
  flex-direction: column;
  min-height: 100%;
  justify-content: space-between;
  font-size: 32rpx;
  font-family: -apple-system-font,Helvetica Neue,Helvetica,sans-serif;
}
.page-head{
  padding: 60rpx 50rpx 80rpx;
  text-align: center;
}
.page-head-title{
  display: inline-block;
  padding: 0 40rpx 20rpx 40rpx;
  font-size: 32rpx;
  color: #BEBEBE;
}
.page-head-line{
  margin: 0 auto;
  width: 150rpx;
  height: 2rpx;
  background-color: #D8D8D8;
}
.page-body {
  width: 100%;
  flex-grow: 1;
  overflow-x: hidden;
}
.page-section{
  width: 100%;
  margin-bottom: 60rpx;
}
.page-section-title{
  font-size: 28rpx;
  color: #999999;
  margin-bottom: 10rpx;
  padding-left: 30rpx;
  padding-right: 30rpx;
}
.page-content {
  width: auto;
  margin: 30rpx 0;
  padding: 0 50rpx;
}
.p {
```

```
    color: #1AAD19;
    margin-top: 30rpx;
  }
  scroll-view {
    height: 350rpx;
    border: 1rpx solid #1AAD19;
    white-space: pre;
    padding: 10rpx;
    box-sizing: border-box;
  }
  button{
    margin-top: 20rpx;
    margin-bottom: 20rpx;
  }
```

(5) 保存所有文件，编译项目，并在模拟器中查看效果。

**【相关知识】**

rich-text 富文本组件从基础库 1.4.0 开始支持。rich-text 组件支持默认事件，包括：tap、touchstart、touchmove、touchcancel、touchend 和 longtap。其属性说明见表 6-4。

**表 6-4 rich-text 组件属性说明**

| 属　性 | 类　型 | 默 认 值 | 说　明 | 最 低 版 本 |
|---|---|---|---|---|
| nodes | Array/String | [] | 节点列表/HTML 代码 | 1.4.0 |
| space | String | | 显示连续空格 | 2.4.1 |

其中，space 属性的有效值同表 6-3 中的说明。

nodes 支持两种节点，通过 type 来区分，分别是元素节点和文本节点，默认是元素节点，在富文本区域中显示的 HTML 节点。nodes 属性推荐使用 Array 类型，由于组件会将 String 类型转换为 Array 类型，因而性能会有所下降。

当 nodes 是元素节点，即 type=node 时，其包含的属性说明见表 6-5。

**表 6-5 元素节点包含的属性**

| 属　性 | 说　明 | 类　型 | 必　填 | 备　注 |
|---|---|---|---|---|
| name | 标签名 | String | 是 | 支持部分受信任的 HTML 节点 |
| attrs | 属性 | Object | 否 | 支持部分受信任的属性，遵循 Pascal 命名法 |
| children | 子节点列表 | Array | 否 | 结构和 nodes 一致 |

当 nodes 是文本节点，即 type=text 时，其包含的属性说明见表 6-6。

**表 6-6 文本节点包含的属性**

| 属　性 | 说　明 | 类　型 | 必　填 | 备　注 |
|---|---|---|---|---|
| text | 文本 | String | 是 | 支持 entities |

在表 6-5 的 name 属性中，提到的部分受信任的 HTML 节点，分别是(所有节点均支持 class 和 style 属性，不支持 id 属性，括号内为节点单独支持的属性)：a、abbr、b、blockquote、

br、code、col(span，width)、colgroup(span，width)、dd、del、div、dl、dt、em、fieldset、h1、h2、h3、h4、h5、h6、hr、i、img(alt，src，height，width)、ins、label、legend、li、ol(start，type)、p、q、span、strong、sub、sup、table(width)、tbody、td(colspan，height，rowspan，width)、tfoot、th(colspan，height，rowspan，width)、thead、tr、ul。

使用 rich-text 组件有以下几点需要注意。

(1) nodes 不推荐使用 String 类型，性能会有所下降；

(2) rich-text 组件内屏蔽所有节点的事件；

(3) attrs 属性不支持 id，支持 class；

(4) name 属性大小写不敏感；

(5) 如果使用了不受信任的 HTML 节点，该节点及其所有子节点将会被移除；

(6) img 标签仅支持网络图片；

(7) 如果在自定义组件中使用 rich-text 组件，那么仅自定义组件的 wxss 样式对 rich-text 中的 class 生效。

## 6.4 进度条组件 progress

**【任务要求】**

新建一个页面，页面上带有如图 6-5 所示的四个进度条，分别要求在进度条右边显示百分比，取消图标，以及为进度条设置不同的进度、颜色和粗细，同时需要为后面的三个进度条添加上加载动画。

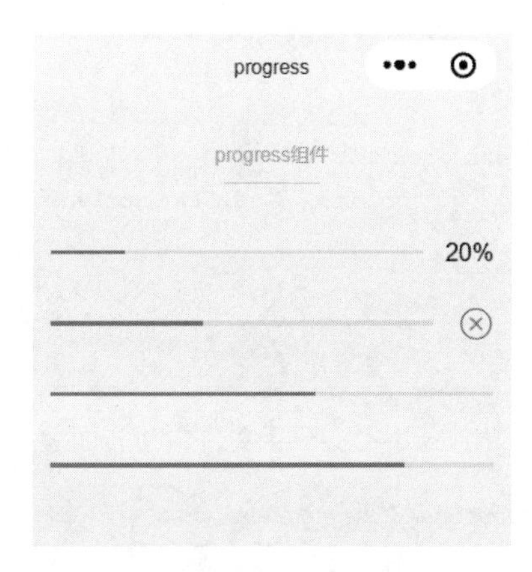


图 6-5 progress 组件示例

**【任务分析】**

进度条是一个常用在页面中用于提示用户信息的组件，合理地使用进度条，可以有效地缓解用户在等待加载时的焦虑。小程序的进度条提供了完整的属性，包括粗细、颜色、进度以及动画等，可以很方便地使用。

**【任务操作】**

(1) 打开示例项目，在 app.json 文件的 pages 数组中新增一项"pages/Chapter_6/6_4_progress/6_4_progress"，保存文件，使用开发者工具生成页面所需的文件后，新增一个将页面 6_4_progress 设置为启动页面的名为“6_4_progress”的编译模式，并使用该模式编译项目。

(2) 打开 pages/Chapter_6/6_4_progress 目录下的 6_4_progress.wxml 文件，写入如下代码，搭建好页面的基本结构。

```
<!-- pages/Chapter_6/6_4_progress/6_4_progress.wxml -->
<view class="container">
  <view class="page-head">
    <view class="page-head-title">progress 组件</view>
    <view class="page-head-line"></view>
  </view>

  <view class="page-body">
    <view class="page-section page-section-gap">

      <view class="progress-box">
        <progress percent="20" show-info stroke-width="3"/>
      </view>

      <view class="progress-box">
        <progress percent="40" active stroke-width="3" />
        <icon class="progress-cancel" type="cancel"></icon>
      </view>

      <view class="progress-box">
        <progress percent="60" active stroke-width="3" />
      </view>

      <view class="progress-box">
        <progress percent="80" color="#10AEFF" active stroke-width="3" />
      </view>
    </view>
  </view>
</view>
```

(3) 打开该目录下的 6_4_progress.wxss 文件，为页面元素添加必要的样式。

```
/* pages/Chapter_6/6_4_progress/6_4_progress.wxss */
page {
  background-color: #F8F8F8;
  height: 100%;
  font-size: 32rpx;
  line-height: 1.6;
}
.container {
  display: flex;
  flex-direction: column;
  min-height: 100%;
  justify-content: space-between;
  font-size: 32rpx;
```

```
  font-family: -apple-system-font,Helvetica Neue,Helvetica,sans-serif;
}
.page-head{
  padding: 60rpx 50rpx 80rpx;
  text-align: center;
}
.page-head-title{
  display: inline-block;
  padding: 0 40rpx 20rpx 40rpx;
  font-size: 32rpx;
  color: #BEBEBE;
}
.page-head-line{
  margin: 0 auto;
  width: 150rpx;
  height: 2rpx;
  background-color: #D8D8D8;
}
.page-body {
  width: 100%;
  flex-grow: 1;
  overflow-x: hidden;
}
.page-section{
  width: 100%;
  margin-bottom: 60rpx;
}
.page-section-gap{
  box-sizing: border-box;
  padding: 0 30rpx;
}
progress{
  width: 100%;
}
.progress-box{
  display: flex;
  height: 50rpx;
  margin-bottom: 60rpx;
}
.progress-cancel{
  margin-left: 40rpx;
}
```

(4) 保存所有文件,编译项目,在模拟器中查看页面效果。

**【相关知识】**

progress 组件的属性说明见表 6-7。

表 6-7　progress 组件属性说明

| 属　性　名 | 类　　型 | 默认值 | 说　　明 | 最低版本 |
| --- | --- | --- | --- | --- |
| percent | Float | 无 | 百分比为 0%～100% | |
| show-info | Boolean | false | 在进度条右侧显示百分比 | |
| border-radius | Number/String | 0 | 圆角大小，单位为 px(2.4.0 起支持 rpx) | 2.3.1 |
| font-size | Number/String | 16 | 右侧百分比字体大小，单位为 px(2.4.0 起支持 rpx) | 2.3.1 |
| stroke-width | Number/String | 6 | 进度条线的宽度，单位为 px(2.4.0 起支持 rpx) | |
| color | Color | #09BB07 | 进度条颜色(推荐使用 activeColor) | |
| activeColor | Color | | 已选择的进度条的颜色 | |
| backgroundColor | Color | | 未选择的进度条的颜色 | |
| active | Boolean | false | 进度条从左往右的动画 | |
| active-mode | String | backwards | backwards：动画从头播；<br>forwards：动画从上次结束点接着播 | 1.7.0 |
| bindactiveend | EventHandle | | 动画完成事件 | 2.4.1 |
| aria-label | String | | 无障碍访问，(属性)元素的额外描述 | 2.5.0 |

# 练　习　题

1. 新建一个如图 6-6 所示的页面。页面第一行显示大小分别为 20px，30 px，40 px，50 px，60 px，70 px 的 success 图标，第二行依次显示大小为 35px 的 success、success_no_circle、info、warn、waiting、cancel、download、search、clear 图标，第三行依次显示大小为 35px，颜色为 red、orange、yellow、green、rgb(0,255,255)、blue、purple 的 success 图标。

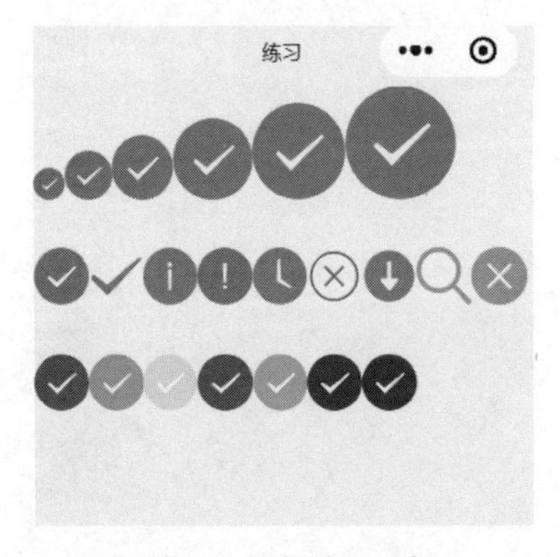


图 6-6　图标练习示例

2. 新建一个页面，在页面上显示一个允许复制文本的 text 组件，同时显示一个使用 HTML 渲染的电影《波西米亚狂想曲》海报和介绍，参考如图 6-7 所示效果。

3. 新增一个页面，在页面上添加一个显示进度的进度条和一个每次单击可以增加 10% 进度的按钮。参考效果如图 6-8 所示。

图 6-7　文本组件练习示例

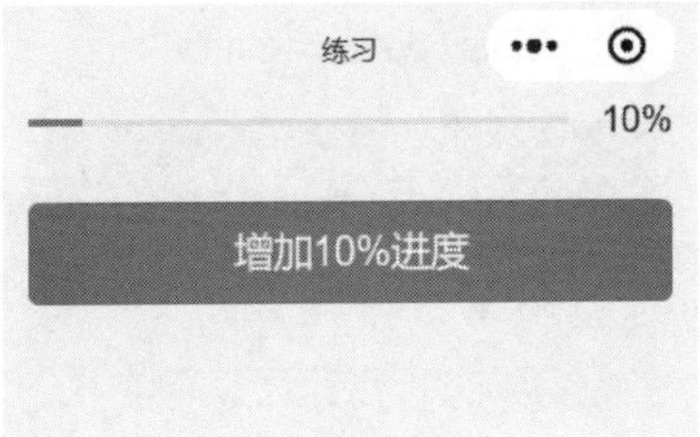

图 6-8　进度条练习示例

# 第7章 表单组件

表单是网页上最常见的功能之一。登录注册、订单管理、信息采集、问卷调查等，都离不开表单的参与。表单里面涉及选择框、输入框、文本框、选择器等功能，都在小程序里有对应的组件，并且小程序为这些组件提供了丰富的属性可以供我们按需求自定义。使用小程序的表单功能来统计信息，可以很好地发挥小程序随用随取、用完即走的特性。

**本章学习目标：**

➢ 掌握 button、form、checkbox、input、radio、switch 组件的使用。

➢ 了解 label、picker、picker-view、slider、textarea 组件的使用方法。

➢ 掌握使用表单来获取和处理各类信息的能力。

## 7.1 按钮组件 button

**【任务要求】**

新建一个页面，在页面上分别添加如图 7-1 所示的绿色主按钮，绿色带加载图标按钮，绿色不可单击按钮、白色按钮、警告类红色按钮、背景镂空的绿色按钮、背景镂空的白色按钮，以及三个绿色、白色和红色的小型按钮。

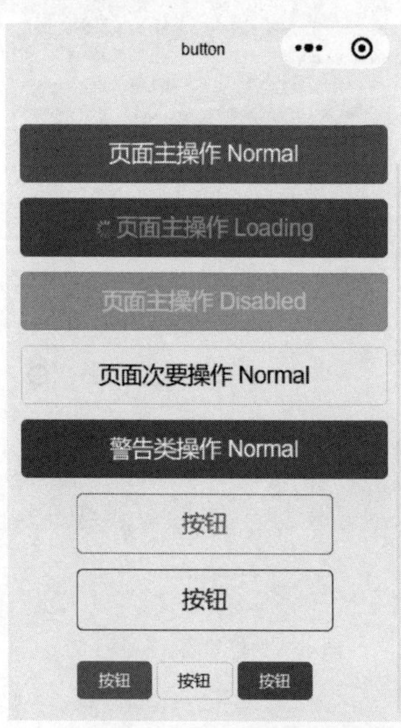


图 7-1　button 组件任务示例

**【任务分析】**

按钮是一个非常常见的组件，不同的颜色、大小和提示的按钮，可以在不同的地方给用户恰当的指引。按钮一般也携带了很多的功能，比如提交表单数据，重置表单数据，处理单击事件等。本次任务是对按钮的基本样式的示范。

**【任务操作】**

(1) 打开示例项目，在 app.json 文件的 pages 数组中新增一项"pages/Chapter_7/7_1_button/7_1_button"，保存文件，使用开发者工具生成页面所需的文件后，新增一个将页面 7_1_button 设置为启动页面的名为"7_1_button"的编译模式，并使用该模式编译项目。

(2) 打开该目录下的 7_1_button.wxml 文件，在其中输入以下代码，构建页面结构。

```
<!-- pages/Chapter_7/7_1_button/7_1_button.wxml -->
<view class="container">
  <view class="page-head">
    <view class="page-head-title">button 组件</view>
    <view class="page-head-line"></view>
  </view>
  <view class="page-body">
    <view class="btn-area" id="buttonContainer">
      <button type="primary">页面主操作 Normal </button>
      <button type="primary" loading="true">页面主操作 Loading </button>
      <button type="primary" disabled="true">页面主操作 Disabled </button>
      <button type="default">页面次要操作 Normal </button>
      <button type="warn">警告类操作 Normal </button>
      <view class="button-sp-area">
        <button type="primary" plain="true">按钮</button>
        <button type="default" plain="true">按钮</button>
        <button class="mini-btn" type="primary" size="mini">按钮</button>
        <button class="mini-btn" type="default" size="mini">按钮</button>
        <button class="mini-btn" type="warn" size="mini">按钮</button>
      </view>
    </view>
  </view>
</view>
```

(3) 打开该目录下的 7_1_button.wxss 文件，为页面元素添加样式。

```
/* pages/Chapter_7/7_1_button/7_1_button.wxss */
page {
  background-color: #F8F8F8;
  height: 100%;
  font-size: 32rpx;
  line-height: 1.6;
}
.container {
  display: flex;
  flex-direction: column;
  min-height: 100%;
  justify-content: space-between;
  font-size: 32rpx;
```

```
  font - family: -apple - system - font,Helvetica Neue,Helvetica,sans - serif;
}
.page - head{
  padding: 60rpx 50rpx 80rpx;
  text - align: center;
}
.page - head - title{
  display: inline - block;
  padding: 0 40rpx 20rpx 40rpx;
  font - size: 32rpx;
  color: #BEBEBE;
}
.page - head - line{
  margin: 0 auto;
  width: 150rpx;
  height: 2rpx;
  background - color: #D8D8D8;
}
.page - body {
  width: 100%;
  flex - grow: 1;
  overflow - x: hidden;
}
.btn - area{
  margin - top:60rpx;
  box - sizing:border - box;
  width:100%;
  padding:0 30rpx;
}
button{
  margin - top: 30rpx;
  margin - bottom: 30rpx;
}
.button - sp - area{
  margin: 0 auto;
  width: 70%;
}
.mini - btn{
  margin - right: 10rpx;
}
```

(4) 保存所有文件,编译项目并在模拟器中查看效果。

**【相关知识】**

button 组件的属性说明见表 7-1。

**表 7-1 button 组件属性**

| 属 性 名 | 类型 | 默认值 | 说 明 | 生 效 时 机 | 最低版本 |
|---|---|---|---|---|---|
| size | String | default | 按钮的大小。default 为默认大小,mini 为小尺寸 | | |

续表

| 属　性　名 | 类型 | 默认值 | 说　　明 | 生 效 时 机 | 最低版本 |
|---|---|---|---|---|---|
| type | String | default | 按钮的样式类型。primary：绿色；default：白色；warn：红色 | | |
| plain | Boolean | false | 按钮是否镂空，背景色透明 | | |
| disabled | Boolean | false | 是否禁用 | | |
| loading | Boolean | false | 名称前是否带 loading 图标 | | |
| form-type | String | | 用于< form >组件，可选值为 submit 和 reset，单击分别会触发< form >组件的 submit/reset 事件 | | |
| open-type | String | | 微信开放能力，见表 7-2 | | 1.1.0 |
| hover-class | String | button-hover | 指定按钮按下去的样式类。当 hover-class="none" 时，没有单击态效果。button-hover 默认为{background-color：rgba(0，0，0，0.1)；opacity：0.7；} | | |
| hover-stop-propagation | Boolean | false | 指定是否阻止本节点的祖先节点出现单击态 | | 1.5.0 |
| hover-start-time | Number | 20 | 按住后多久出现单击态，单位：毫秒 | | |
| hover-stay-time | Number | 70 | 手指松开后单击态保留时间，单位：毫秒 | | |
| lang | String | en | 指定返回用户信息的语言，zh_CN 简体中文，zh_TW 繁体中文，en 英文 | open-type="getUserInfo" | 1.3.0 |
| bindgetuserinfo | Handler | | 用户单击该按钮时，会返回获取到的用户信息，回调的 detail 数据与 wx. getUserInfo 返回的一致 | open-type="getUserInfo" | 1.3.0 |
| session-from | String | | 会话来源 | open-type="contact" | 1.4.0 |
| send-message-title | String | 当前标题 | 会话内消息卡片标题 | open-type="contact" | 1.5.0 |
| send-message-path | String | 当前分享路径 | 会话内消息卡片单击跳转小程序路径 | open-type="contact" | 1.5.0 |
| send-message-img | String | 截图 | 会话内消息卡片图片 | open-type="contact" | 1.5.0 |
| show-message-card | Boolean | false | 是否显示会话内消息卡片，设置此参数为 true，用户进入客服会话会在右下角显示"可能要发送的小程序"提示，用户单击后可以快速发送小程序消息 | open-type="contact" | 1.5.0 |

续表

| 属　性　名 | 类型 | 默认值 | 说　　明 | 生 效 时 机 | 最低版本 |
| --- | --- | --- | --- | --- | --- |
| bindcontact | Handler | | 客服消息回调 | open-type="contact" | 1.5.0 |
| bindgetphonenumber | Handler | | 获取用户手机号回调 | open-type="getPhoneNumber" | 1.2.0 |
| app-parameter | String | | 打开 App 时，向 App 传递的参数 | open-type="launchApp" | 1.9.5 |
| binderror | Handler | | 当使用开放能力时，发生错误的回调 | open-type="launchApp" | 1.9.5 |
| bindlaunchapp | Handler | | 打开 App 成功的回调 | open-type="launchApp" | 2.4.4 |
| bindopensetting | Handler | | 在打开授权设置页后回调 | open-type="openSetting" | 2.0.7 |
| aria-label | String | | 无障碍访问，(属性)元素的额外描述 | | 2.5.0 |

open-type 属性的有效值见表 7-2。

**表 7-2　open-type 有效值**

| 值 | 说　　明 | 最低版本 |
| --- | --- | --- |
| contact | 打开客服会话，如果用户在会话中单击消息卡片后返回小程序，可以从 bindcontact 回调中获得具体信息 | 1.1.0 |
| share | 触发用户转发 | 1.2.0 |
| getUserInfo | 获取用户信息，可以从 bindgetuserinfo 回调中获取到用户信息 | 1.3.0 |
| getPhoneNumber | 获取用户手机号，可以从 bindgetphonenumber 回调中获取到用户信息 | 1.2.0 |
| launchApp | 打开 App，可以通过 app-parameter 属性设定向 App 传的参数具体说明 | 1.9.5 |
| openSetting | 打开授权设置页 | 2.0.7 |
| feedback | 打开“意见反馈”页面，用户可提交反馈内容并上传日志，开发者可以登录小程序管理后台后进入左侧菜单“客服反馈”页面获取到反馈内容 | 2.1.0 |

使用 button 组件需要注意以下几点。

(1) bindgetphonenumber 从 1.2.0 开始支持，但是在 1.5.3 以下版本中无法使用 wx.canIUse 进行检测，建议使用基础库版本进行判断。

(2) 在 bindgetphonenumber 等返回加密信息的回调中调用 wx.login 登录，可能会刷新登录状态。此时服务器使用 code 换取的 sessionKey 不是加密时使用的 sessionKey，导致解密失败。建议开发者提前进行 login；或者在回调中先使用 checkSession 进行登录态检查，避免 login 刷新登录状态。

(3) 从 2.1.0 起，button 可作为原生组件的子节点嵌入，以便在原生组件上使用 open-type 的能力。

(4) 目前，设置了 form-type 的 button 只会对当前组件中的 form 有效。因而，将 button 封装在自定义组件中，而 form 在自定义组件外，将会使这个 button 的 form-type 失效。

# 7.2　表单 form 组件

【任务要求】

新建一个如图 7-2 所示页面，表单组件中需要包含一个 switch 组件，一个有两个选项的单选 radio 组件，一个包含两个选项的 checkbox 多选组件，一个滑动选择器 slider 组件和一个输入 input 组件。然后还需要一个用于提交表单数据的 Submit 按钮和一个用于清除整个表单输入的 Reset 按钮。要求单击 Submit 按钮后，能在调试器的 Console 面板输出表单提交的数据，单击 Reset 按钮后，能在 Console 面板输出触发 reset 事件。

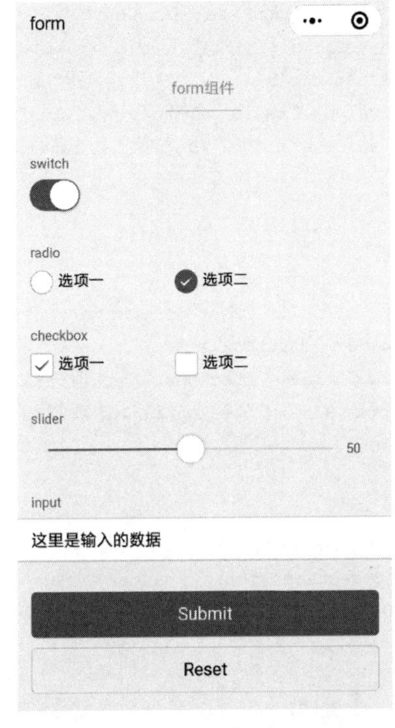


图 7-2　form 组件任务示例

【任务分析】

form 组件可以将里面包含的其他表单组件(例如 switch、radio、checkbox 等)的数据提交到逻辑层，然后逻辑层可以对数据进行进一步的处理。本次任务涉及后续才会学到的多个表单组件，不过暂时可以不用去关注它们的具体用法。本次任务的主要目标是需要了解如何对数据进行提交以及如何在逻辑层获取表单的数据。

【任务操作】

(1) 打开示例项目，在 app.json 文件的 pages 数组中新增一项"pages/Chapter_7/7_2_form/7_2_form"，保存文件，使用开发者工具生成页面所需的文件后，新增一个将页面 7_2_form 设置为启动页面的名为"7_2_form"的编译模式，并使用该模式编译项目。

(2) 打开该目录下的 7_2_form.wxml 文件，写入如下代码，构建好页面的结构。

```
<!-- pages/Chapter_7/7_2_form/7_2_form.wxml -->
```

```
<view class = "container">
  <view class = "page - head">
    <view class = "page - head - title"> form 组件</view>
    <view class = "page - head - line"></view>
  </view>
  <view class = "page - body">
    <form catchsubmit = "formSubmit" catchreset = "formReset">
      <view class = "page - section page - section - gap">
        <view class = "page - section - title"> switch </view>
        <switch name = "switch"/>
      </view>

      <view class = "page - section page - section - gap">
        <view class = "page - section - title"> radio </view>
        <radio - group name = "radio">
          <label><radio value = "radio1"/>选项一</label>
          <label><radio value = "radio2"/>选项二</label>
        </radio - group>
      </view>

      <view class = "page - section page - section - gap">
        <view class = "page - section - title"> checkbox </view>
        <checkbox - group name = "checkbox">
          <label><checkbox value = "checkbox1"/>选项一</label>
          <label><checkbox value = "checkbox2"/>选项二</label>
        </checkbox - group>
      </view>

      <view class = "page - section page - section - gap">
        <view class = "page - section - title"> slider </view>
        <slider value = "50" name = "slider" show - value ></slider>
      </view>

      <view class = "page - section">
        <view class = "page - section - title page - section - gap"> input </view>
        <view class = "weui - cells weui - cells_after - title">
          <view class = "weui - cell weui - cell_input">
            <view class = "weui - cell__bd">
              <input class = "weui - input" name = "input" placeholder = "这是一个输入框" />
            </view>
          </view>
        </view>
      </view>
      <view class = "btn - area">
        <button type = "primary" formType = "submit"> Submit </button>
        <button formType = "reset"> Reset </button>
      </view>
    </form>
  </view>
</view>
```

(3) 打开该目录下的 7_2_form. js 文件，添加用于处理表单提交和表单数据清除事件的函数。

```
// pages/Chapter_7/7_2_form/7_2_form.js
Page({
  formSubmit(e) {
    console.log('form 发生了 submit 事件,携带数据为: ', e.detail.value)
  },

  formReset(e) {
    console.log('form 发生了 reset 事件,携带数据为: ', e.detail.value)
  }
})
```

(4) 打开该目录下的 7_2_form. wxss 文件，为页面的元素添加样式。注意，此处使用@import 语法导入了一个外部的第三方 WXSS 库——WeUI，这是由微信官方设计团队为微信内网页和微信小程序量身设计的一套同微信原生视觉体验一致的基础样式库，可以去 https://weui. io/下载好文件后将其放置于示例项目的对应位置。在本次任务中，weui. wxss 文件放置于示例项目根文件夹下的 common 目录下。

```
/* pages/Chapter_7/7_2_form/7_2_form.wxss */
@import "../../../common/weui.wxss";
page {
  background-color: #F8F8F8;
  height: 100%;
  font-size: 32rpx;
  line-height: 1.6;
}
.container {
  display: flex;
  flex-direction: column;
  min-height: 100%;
  justify-content: space-between;
  font-size: 32rpx;
  font-family: -apple-system-font,Helvetica Neue,Helvetica,sans-serif;
}
.page-head{
  padding: 60rpx 50rpx 80rpx;
  text-align: center;
}
.page-head-title{
  display: inline-block;
  padding: 0 40rpx 20rpx 40rpx;
  font-size: 32rpx;
  color: #BEBEBE;
}
.page-head-line{
  margin: 0 auto;
  width: 150rpx;
  height: 2rpx;
```

```
  background - color: #D8D8D8;
}
.page - body {
  width: 100%;
  flex - grow: 1;
  overflow - x: hidden;
}
.page - section{
  width: 100%;
  margin - bottom: 60rpx;
}
.page - section - title{
  font - size: 28rpx;
  color: #999999;
  margin - bottom: 10rpx;
}
.page - section - gap{
  box - sizing:border - box;
  padding:0 30rpx;
}
button{
  margin - top:20rpx;
  margin - bottom:20rpx;
}
.btn - area{
  margin - top:60rpx;
  box - sizing:border - box;
  width:100%;
  padding:0 30rpx;
}
label {
  display: inline - block;
  min - width: 270rpx;
  margin - right: 20rpx;
}
form{
  width: 100%;
}
.picker - text {
  margin - left: 20rpx;
  position: relative;
}
```

(5) 保存所有文件，编译项目，在模拟器中选择一些选项，输入一些数据，观察如图 7-3 所示 Console 面板输出的内容。

**【相关知识】**

form 表单组件，用于将组件内用户输入的 switch、input、checkbox、slider、radio、picker 组件的值提交。form 组件的属性说明见表 7-3。

```
form发生了submit事件，携带数据为：
▼{switch: true, radio: "radio1", checkbox: Array(2), slider: 80, input: "这里是输入的内容"}
  ▼checkbox: Array(2)
      0: "checkbox2"
      1: "checkbox1"
      length: 2
      nv_length: (...)
    ▶__proto__: Array(0)
   input: "这里是输入的内容"
   radio: "radio1"
   slider: 80
   switch: true
  ▶__proto__: Object
form发生了reset事件，携带数据为： undefined
```

图 7-3　form 表单提交事件和清除事件输出示例

**表 7-3　form 组件属性说明**

| 属 性 名 | 类　型 | 说　明 | 最低版本 |
| --- | --- | --- | --- |
| report-submit | Boolean | 是否返回 formId 用于发送模板消息 | |
| report-submit-timeout | Number | 等待一段时间(毫秒数)以确认 formId 是否生效。如果未指定这个参数,formId 有很小的概率是无效的(如遇到网络失败的情况)。指定这个参数将可以检测 formId 是否有效,以这个参数的时间作为这项检测的超时时间。如果失败,将返回 requestFormId:fail 开头的 formId | 2.6.2 |
| bindsubmit | EventHandle | 携带 form 中的数据触发 submit 事件,event.detail = {value : {'name': 'value'} , formId: ''} | |
| bindreset | EventHandle | 表单重置时会触发 reset 事件 | |

当单击表单中属性 form-type 的值为“submit”的 button 按钮组件时,会触发表单的 submit 事件。此时,逻辑层对应的 submit 事件处理函数,会收到表单组件中以 key:value 格式传输过来的数据。其中,value 为表单中每个组件的值,key 为每个组件的 name 属性的值。例如,一个 name 属性为“test”的 input 组件里输入了一行文字内容——“This is a test text”,则在 submit 事件的处理函数中,接收到的数据为{test: "This is a test text"}。

## 7.3　多选项目组件 checkbox

**【任务要求】**

新建一个如图 7-4 所示页面,要求国家列表使用 wx:for 渲染,默认“中国”处于选中状态。每个国家选项的值为对应国家的三个英文大写缩写。每次勾选完国家复选框后,在调试器的 Console 面板中以数组形式输出当前选中的国家的英文大写缩写信息。

**【任务分析】**

checkbox 是一个复选框组件,当其被选中时,发往逻辑层携带的数据是其 value 属性的值,而不是显示出来的文字内容。图 7-4 中的“推荐展示样式”,依然使用 WeUI 来实现。不过可以暂时不用过度关心其展示效果。本次任务主要是练习了 checkbox 的几个属性的使用。

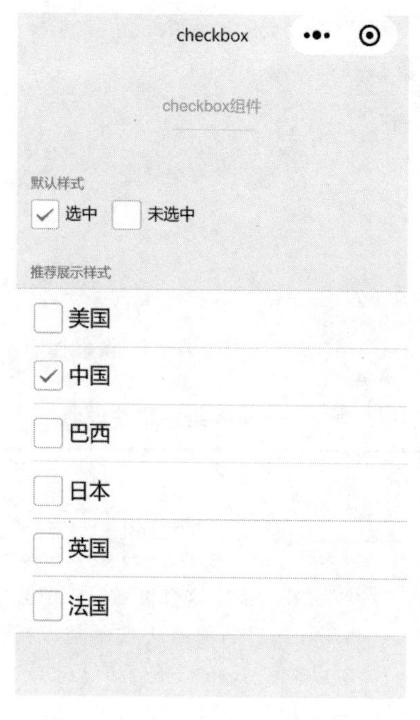


图 7-4　checkbox 组件任务示例

**【任务操作】**

(1) 打开示例项目，在 app.json 文件的 pages 数组中新增一项"pages/Chapter_7/7_3_checkbox/7_3_checkbox"，保存文件，使用开发者工具生成页面所需的文件后，新增一个将页面 7_3_checkbox 设置为启动页面的名为"7_3_checkbox"的编译模式，并使用该模式编译项目。

(2) 打开该目录下的 7_3_checkbox.wxml 文件，写入以下代码，构建页面结构。

```
<!-- pages/Chapter_7/7_3_checkbox/7_3_checkbox.wxml -->
<view class="container">
  <view class="page-head">
    <view class="page-head-title">checkbox 组件</view>
    <view class="page-head-line"></view>
  </view>
  <view class="page-body">
    <view class="page-section page-section-gap">
      <view class="page-section-title">默认样式</view>
      <label class="checkbox">
        <checkbox value="cb" checked="true"/>选中
      </label>
      <label class="checkbox">
        <checkbox value="cb" />未选中
      </label>
    </view>
```

```
    <view class="page-section">
      <view class="page-section-title page-section-gap">推荐展示样式</view>
      <view class="weui-cells weui-cells_after-title">
        <checkbox-group bindchange="checkboxChange">
          <label class="weui-cell weui-check__label" wx:for="{{items}}" wx:key="{{item.value}}">
            <view class="weui-cell__hd">
              <checkbox value="{{item.value}}" checked="{{item.checked}}"/>
            </view>
            <view class="weui-cell__bd">{{item.name}}</view>
          </label>
        </checkbox-group>
      </view>
    </view>
  </view>
</view>
```

(3) 打开该目录下的 7_3_checkbox.js 文件,设定 checkbox 的选项,同时添加一个用来处理多选框选项改变事件的函数。

```
// pages/Chapter_7/7_3_checkbox/7_3_checkbox.js
Page({
  data: {
    items: [
      { value: 'USA', name: '美国' },
      { value: 'CHN', name: '中国', checked: 'true' },
      { value: 'BRA', name: '巴西' },
      { value: 'JPN', name: '日本' },
      { value: 'ENG', name: '英国' },
      { value: 'FRA', name: '法国' }
    ]
  },

  checkboxChange(e) {
    console.log('checkbox 发生 change 事件,携带 value 值为: ', e.detail.value)
  }
})
```

(4) 打开该目录下的 7_3_checkbox.wxss 文件,为页面元素添加样式。

```
/* pages/Chapter_7/7_3_checkbox/7_3_checkbox.wxss */
@import "../../../common/weui.wxss";
page {
  background-color: #F8F8F8;
  height: 100%;
  font-size: 32rpx;
  line-height: 1.6;
}
.container {
  display: flex;
  flex-direction: column;
```

```
  min-height: 100%;
  justify-content: space-between;
  font-size: 32rpx;
  font-family: -apple-system-font,Helvetica Neue,Helvetica,sans-serif;
}
.page-head{
  padding: 60rpx 50rpx 80rpx;
  text-align: center;
}
.page-head-title{
  display: inline-block;
  padding: 0 40rpx 20rpx 40rpx;
  font-size: 32rpx;
  color: #BEBEBE;
}
.page-head-line{
  margin: 0 auto;
  width: 150rpx;
  height: 2rpx;
  background-color: #D8D8D8;
}
.page-body {
  width: 100%;
  flex-grow: 1;
  overflow-x: hidden;
}
.page-section{
  width: 100%;
  margin-bottom: 60rpx;
}
.page-section-title{
  font-size: 28rpx;
  color: #999999;
  margin-bottom: 10rpx;
}
.page-section-gap{
  box-sizing:border-box;
  padding:0 30rpx;
}
.checkbox{
  margin-right: 20rpx;
}
```

(5) 保存文件,编译项目,在模拟器中勾选不同的国家,并在 Console 面板中观察如图 7-5 所示的事件输出。

**【相关知识】**

checkbox-group 标签——多项选择器,其内部由多个 checkbox 组成。其属性说明见表 7-4。

```
checkbox发生change事件，携带value值为： ▼(2) ["CHN", "USA"]
                                        0: "CHN"
                                        1: "USA"
                                        length: 2
                                        nv_length: (...)
                                      ▶ __proto__: Array(0)
checkbox发生change事件，携带value值为： ▶(3) ["CHN", "USA", "BRA"]
checkbox发生change事件，携带value值为： ▶(4) ["CHN", "USA", "BRA", "JPN"]
```

图 7-5　checkbox 组件 change 事件输出

**表 7-4　checkbox-group 组件属性说明**

| 属性名 | 类型 | 默认值 | 说　　明 |
|---|---|---|---|
| bindchange | EventHandle |  | <checkbox-group>中选中项发生改变时触发 change 事件，detail = {value:[选中的 checkbox 的 value 的数组]} |

checkbox，多选项目组件，其属性说明见表 7-5。

**表 7-5　checkbox 组件属性说明**

| 属性名 | 类型 | 默认值 | 说　　明 | 最低版本 |
|---|---|---|---|---|
| value | String |  | <checkbox>标识，选中时触发<checkbox-group>的 change 事件，并携带<checkbox>的 value |  |
| disabled | Boolean | false | 是否禁用 |  |
| checked | Boolean | false | 当前是否选中，可用来设置默认选中 |  |
| color | Color |  | checkbox 的颜色，同 CSS 的 color |  |
| aria-label | String |  | 无障碍访问，(属性)元素的额外描述 | 2.5.0 |

## 7.4　输入框组件 input

**【任务要求】**

新建一个如图 7-6 所示页面，实现每个输入框要求的功能。

**【任务分析】**

input 组件是表单中的输入组件。在实际的情况中，往往需要对用户的输入做各类合法性的验证。除了在用户结束输入后再在后台使用字符串匹配的方式来验证外，小程序的 input 组件还可以通过各类属性的设置，直接在前端就限制用户可以输入的数据样式。多样性的验证组合，可以让用户方便地处理自己的各类输入。本次任务，涉及限制字符串长度，输入的数据类型以及对键盘的表现进行控制等 input 组件的功能。

**【任务操作】**

(1) 打开示例项目，在 app.json 文件的 pages 数组中新增一项"pages/Chapter_7/7_4_input/7_4_input"，保存文件，使用开发者工具生成页面所需的文件后，新增一个将页面 7_4_input 设置为启动页面的名为"7_4_input"的编译模式，并使用该模式编译项目。

(2) 打开该目录下的 7_4_input.wxml 文件，输入以下代码，构建页面结构。

图 7-6　input 组件任务示例

```
<! -- pages/Chapter_7/7_4_input/7_4_input.wxml -- >
< view class = "container">
  < view class = "page - head">
    < view class = "page - head - title"> input 组件</view >
    < view class = "page - head - line"></view >
  </view >
  < view class = "page - body">
    < view class = "page - section">
      < view class = "weui - cells __ title">可以自动聚焦的 input </view >
      < view class = "weui - cells weui - cells_after - title">
        < view class = "weui - cell weui - cell_input">
          < input class = "weui - input" auto - focus placeholder = "将会获取焦点"/>
        </view >
      </view >
    </view >
    < view class = "page - section">
      < view class = "weui - cells __ title">控制最大输入长度的 input </view >
      < view class = "weui - cells weui - cells_after - title">
```

```
        <view class="weui-cell weui-cell_input">
          <input class="weui-input" maxlength="10" placeholder="最大输入长度为 10" />
        </view>
      </view>
    </view>
    <view class="page-section">
      <view class="weui-cells__title">实时获取输入值: {{inputValue}}</view>
      <view class="weui-cells weui-cells_after-title">
        <view class="weui-cell weui-cell_input">
          <input class="weui-input" maxlength="10" bindinput="bindKeyInput"
placeholder="输入同步到 view 中"/>
        </view>
      </view>
    </view>
    <view class="page-section">
      <view class="weui-cells__title">控制输入的 input </view>
      <view class="weui-cells weui-cells_after-title">
        <view class="weui-cell weui-cell_input">
          <input class="weui-input"  bindinput="bindReplaceInput" placeholder="连续的
两个 1 会变成 2" />
        </view>
      </view>
    </view>
    <view class="page-section">
      <view class="weui-cells__title">控制键盘的 input </view>
      <view class="weui-cells weui-cells_after-title">
        <view class="weui-cell weui-cell_input">
          <input class="weui-input"  bindinput="bindHideKeyboard" placeholder="输入
123 自动收起键盘" />
        </view>
      </view>
    </view>
    <view class="page-section">
      <view class="weui-cells__title">数字输入的 input </view>
      <view class="weui-cells weui-cells_after-title">
        <view class="weui-cell weui-cell_input">
          <input class="weui-input" type="number" placeholder="这是一个数字输入框" />
        </view>
      </view>
    </view>
    <view class="page-section">
      <view class="weui-cells__title">密码输入的 input </view>
      <view class="weui-cells weui-cells_after-title">
        <view class="weui-cell weui-cell_input">
          <input class="weui-input" password type="text" placeholder="这是一个密码输
入框" />
        </view>
      </view>
    </view>
    <view class="page-section">
      <view class="weui-cells__title">带小数点的 input </view>
```

```
        <view class = "weui - cells weui - cells_after - title">
          <view class = "weui - cell weui - cell_input">
            <input class = "weui - input" type = "digit" placeholder = "带小数点的数字键盘"/>
          </view>
        </view>
      </view>
      <view class = "page - section">
        <view class = "weui - cells __ title">身份证输入的 input </view>
        <view class = "weui - cells weui - cells_after - title">
          <view class = "weui - cell weui - cell_input">
            <input class = "weui - input" type = "idcard" placeholder = "身份证输入键盘" />
          </view>
        </view>
      </view>
      <view class = "page - section">
        <view class = "weui - cells __ title">控制占位符颜色的 input </view>
        <view class = "weui - cells weui - cells_after - title">
          <view class = "weui - cell weui - cell_input">
            <input class = "weui - input" placeholder - style = "color: # F76260" placeholder =
"占位符字体是红色的" />
          </view>
        </view>
      </view>
    </view>
</view>
```

(3) 打开该目录下的 7_4_input.js 文件,添加对应 input 组件的事件处理函数。

```
// pages/Chapter_7/7_4_input/7_4_input.js
Page({
  data: {
    focus: false,
    inputValue: ''
  },

  bindKeyInput(e) {
    this.setData({
      inputValue: e.detail.value
    })
  },

  bindReplaceInput(e) {
    const value = e.detail.value
    let pos = e.detail.cursor
    let left
    if (pos !== -1) {
      // 光标在中间
      left = e.detail.value.slice(0, pos)
      // 计算光标的位置
      pos = left.replace(/11/g, '2').length
    }
```

```
    // 直接返回对象,可以对输入进行过滤处理,同时可以控制光标的位置
    return {
      value: value.replace(/11/g, '2'),
      cursor: pos
    }

    // 或者直接返回字符串,光标在最后边
    // return value.replace(/11/g,'2'),
  },

  bindHideKeyboard(e) {
    if (e.detail.value === '123') {
      // 收起键盘
      wx.hideKeyboard()
    }
  }
})
```

(4) 打开该目录下的 7_4_input.wxss 文件,为页面元素添加样式。

```
/* pages/Chapter_7/7_4_input/7_4_input.wxss */
@import "../../../common/weui.wxss";
page {
  background-color: #F8F8F8;
  height: 100%;
  font-size: 32rpx;
  line-height: 1.6;
}
.container {
  display: flex;
  flex-direction: column;
  min-height: 100%;
  justify-content: space-between;
  font-size: 32rpx;
  font-family: -apple-system-font,Helvetica Neue,Helvetica,sans-serif;
}
.page-head{
  padding: 60rpx 50rpx 80rpx;
  text-align: center;
}
.page-head-title{
  display: inline-block;
  padding: 0 40rpx 20rpx 40rpx;
  font-size: 32rpx;
  color: #BEBEBE;
}
.page-head-line{
  margin: 0 auto;
  width: 150rpx;
  height: 2rpx;
  background-color: #D8D8D8;
```

```
}
.page - body {
  width: 100 % ;
  flex - grow: 1;
  overflow - x: hidden;
}
.page - section{
  width: 100 % ;
  margin - bottom: 20rpx;
}
```

(5) 保存文件,编译项目,在模拟器中查看页面效果。同时建议在真机上预览该页面。

**【相关知识】**

input 输入框组件,用来接收用户输入的信息。需要注意的是,这是一个原生组件,因此具体的表现请以在真机上的效果为准。其属性说明见表 7-6。

**表 7-6 input 组件属性说明**

| 属性名 | 类型 | 默认值 | 说明 | 最低版本 |
|---|---|---|---|---|
| value | String | | 输入框的初始内容 | |
| type | String | "text" | input 的类型,其余有效值说明见表 7-7 | |
| password | Boolean | false | 是否是密码类型 | |
| placeholder | String | | 输入框为空时占位符 | |
| placeholder-style | String | | 指定 placeholder 的样式 | |
| placeholder-class | String | "input-placeholder" | 指定 placeholder 的样式类 | |
| disabled | Boolean | false | 是否禁用 | |
| maxlength | Number | 140 | 最大输入长度,设置为-1 的时候不限制最大长度 | |
| cursor-spacing | Number/String | 0 | 指定光标与键盘的距离,单位: px(2.4.0 起支持 rpx)。取 input 距离底部的距离和 cursor-spacing 指定的距离的最小值作为光标与键盘的距离 | |
| auto-focus | Boolean | false | (即将废弃,请直接使用 focus)自动聚焦,拉起键盘 | |
| focus | Boolean | false | 获取焦点 | |
| confirm-type | String | "done" | 设置键盘右下角按钮的文字,仅在 type='text'时生效。其余有效值说明见表 7-8 | 1.1.0 |
| confirm-hold | Boolean | false | 单击键盘右下角按钮时是否保持键盘不收起 | 1.1.0 |
| cursor | Number | | 指定 focus 时的光标位置 | 1.5.0 |
| selection-start | Number | -1 | 光标起始位置,自动聚集时有效,需与 selection-end 搭配使用 | 1.9.0 |
| selection-end | Number | -1 | 光标结束位置,自动聚集时有效,需与 selection-start 搭配使用 | 1.9.0 |
| adjust-position | Boolean | true | 键盘弹起时,是否自动上推页面 | 1.9.90 |

续表

| 属 性 名 | 类 型 | 默 认 值 | 说 明 | 最低版本 |
|---|---|---|---|---|
| bindinput | EventHandle | | 键盘输入时触发，event. detail = {value, cursor, keyCode}，keyCode 为键值，2.1.0 版本起支持，处理函数可以直接返回一个字符串，将替换输入框的内容 | |
| bindfocus | EventHandle | | 输入框聚焦时触发，event. detail = { value, height }，height 为键盘高度，在基础库 1.9.90 版本起支持 | |
| bindblur | EventHandle | | 输入框失去焦点时触发，event. detail = {value: value} | |
| bindconfirm | EventHandle | | 单击完成按钮时触发，event. detail = {value: value} | |
| aria-label | String | | 无障碍访问，(属性)元素的额外描述 | 2.5.0 |

其中，type 属性的有效值见表 7-7。

**表 7-7 type 属性有效值**

| 值 | 说 明 |
|---|---|
| text | 文本输入键盘 |
| number | 数字输入键盘 |
| idcard | 身份证输入键盘 |
| digit | 带小数点的数字键盘 |

confirm-type 属性的有效值见表 7-8。

**表 7-8 confirm-type 属性有效值**

| 值 | 说 明 |
|---|---|
| send | 右下角按钮为“发送” |
| search | 右下角按钮为“搜索” |
| next | 右下角按钮为“下一个” |
| go | 右下角按钮为“前往” |
| done | 右下角按钮为“完成” |

使用 input 组件，需要注意以下几点。

(1) confirm-type 的最终表现与手机输入法本身的实现有关，部分安卓系统输入法和第三方输入法可能不支持或不完全支持；

(2) input 组件是一个原生组件，字体是系统字体，所以无法设置 font-family；

(3) 在 input 聚焦期间，避免使用 CSS 动画；

(4) 对于将 input 封装在自定义组件中而 form 在自定义组件外的情况，form 将不能获得这个自定义组件中 input 的值。此时需要使用自定义组件的内置 behaviors wx://form-field。

# 7.5 label组件

【任务要求】

新建一个如图 7-7 所示页面，要求分别用 label 组件包含表单组件，在表单组件里面包含 label 组件（使用 for 属性），以及观察在表单内的 label 组件默认表现情况。

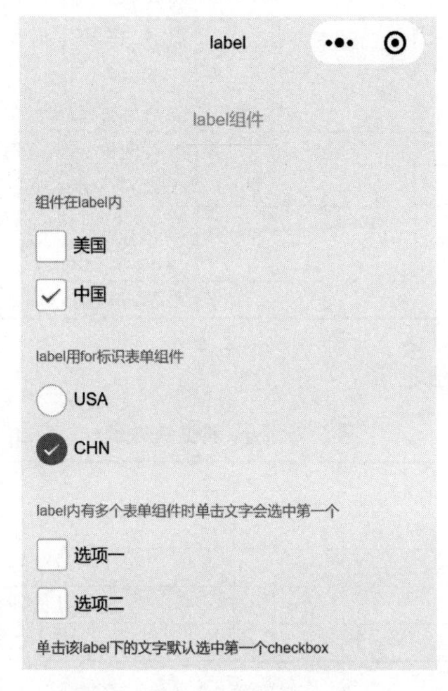


图 7-7 label 组件任务示例

【任务分析】

label 组件用于将文字描述和表单选项绑定起来。如图 7-8 所示，在没有 label 组件的情况下，要勾选一个多项选择框，只能单击该多选框的图标，而如果有了 label，将某一段文字绑定到表单组件后，直接单击文字就能选中某个复选框了。

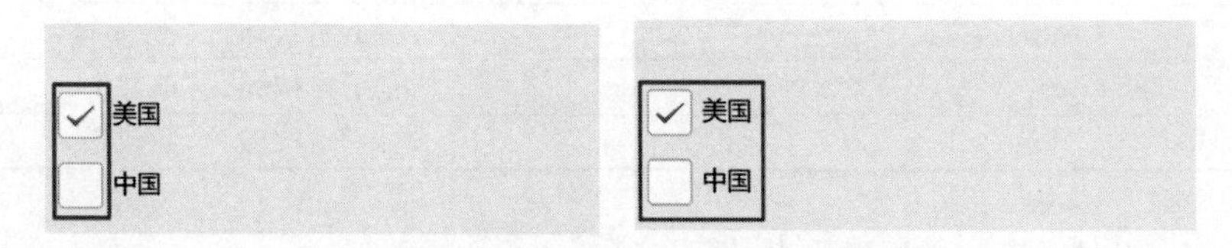


图 7-8 没有 label 时的单击区域（左）和带有 label 时的单击区域（右）

本次任务练习的主要是 label 的几种基本使用方法。

【任务操作】

(1) 打开示例项目，在 app.json 文件的 pages 数组中新增一项"pages/Chapter_7/7_5_label/7_5_label"，保存文件，使用开发者工具生成页面所需的文件后，新增一个将页面 7_5_label 设置为启动页面的名为“7_5_label”的编译模式，并使用该模式编译项目。

(2) 打开该目录下的 7_5_label.wxml 文件，输入以下代码，构建页面结构。

```
<! -- pages/Chapter_7/7_5_label/7_5_label.wxml -- >
< view class = "container">
  < view class = "page - head">
    < view class = "page - head - title"> label 组件</view >
    < view class = "page - head - line"></view >
  </view >
  < view class = "page - body">
    < view class = "page - section page - section - gap">
      < view class = "page - section - title">组件在 label 内</view >
      < checkbox - group class = "group">
        < view class = "label - 1" wx:for = "{{checkboxItems}}">
          < label >
            < checkbox value = "{{item.name}}" checked = "{{item.checked}}"></checkbox >
            < text class = "label - 1 - text">{{item.value}}</text >
          </label >
        </view >
      </checkbox - group >
    </view >

    < view class = "page - section page - section - gap">
      < view class = "page - section - title"> label 用 for 标识表单组件</view >
      < radio - group class = "group">
        < view class = "label - 2" wx:for = "{{radioItems}}">
          < radio id = "{{item.name}}" value = "{{item.name}}" checked = "{{item.checked}}">
</radio >
          < label class = "label - 2 - text" for = "{{item.name}}">< text >{{item.name}}
</text ></label >
        </view >
      </radio - group >
    </view >

    < view class = "page - section page - section - gap">
      < view class = "page - section - title"> label 内有多个表单组件时单击文字会选中第一个
</view >
      < label class = "label - 3">
        < checkbox class = "checkbox - 3">选项一</checkbox >
        < checkbox class = "checkbox - 3">选项二</checkbox >
        < view class = "label - 3 - text">单击该 label 下的文字默认选中第一个 checkbox </view >
      </label >
    </view >
  </view >
</view >
```

(3) 打开该目录下的 7_5_label.js 文件,设定表单元素的初始值。

```
// pages/Chapter_7/7_5_label/7_5_label.js
Page({
  data: {
    checkboxItems: [
      { name: 'USA', value: '美国' },
      { name: 'CHN', value: '中国', checked: 'true' }
```

```
    ],
    radioItems: [
      { name: 'USA', value: '美国' },
      { name: 'CHN', value: '中国', checked: 'true' }
    ],
    hidden: false
  }
})
```

(4) 打开该目录下的 7_5_label.wxss 文件,为页面元素添加样式。

```
/* pages/Chapter_7/7_5_label/7_5_label.wxss */
page {
  background-color: #F8F8F8;
  height: 100%;
  font-size: 32rpx;
  line-height: 1.6;
}
.container {
  display: flex;
  flex-direction: column;
  min-height: 100%;
  justify-content: space-between;
  font-size: 32rpx;
  font-family: -apple-system-font,Helvetica Neue,Helvetica,sans-serif;
}
.page-head{
  padding: 60rpx 50rpx 80rpx;
  text-align: center;
}
.page-head-title{
  display: inline-block;
  padding: 0 40rpx 20rpx 40rpx;
  font-size: 32rpx;
  color: #BEBEBE;
}
.page-head-line{
  margin: 0 auto;
  width: 150rpx;
  height: 2rpx;
  background-color: #D8D8D8;
}
.page-body {
  width: 100%;
  flex-grow: 1;
  overflow-x: hidden;
}
.page-section{
  width: 100%;
  margin-bottom: 60rpx;
}
```

```
.page-section-title{
  font-size: 28rpx;
  color: #999999;
  margin-bottom: 10rpx;
}
.page-section-gap{
  box-sizing:border-box;
  padding:0 30rpx;
}
.label-1, .label-2{
  margin: 30rpx 0;
}
.label-3-text{
  color: #576B95;
  font-size: 28rpx;
}
.checkbox-3{
  display: block;
  margin: 30rpx 0;
}
```

(5) 保存文件,编译项目,在模拟器中查看页面效果。

**【相关知识】**

label组件用来改进表单组件的可用性,增加触发某个组件的单击面积。使用label的for属性绑定对应需要控制的表单组件的id,或者将组件放在该label标签下,当单击时,就会触发对应的组件。当label标签内部有多个组件的时候默认触发第一个组件。label的属性说明见表7-9。

表7-9 label组件属性

| 属性名 | 类型 | 说明 |
| --- | --- | --- |
| for | String | 绑定控件的id |

目前,label可以绑定的控件有button、checkbox、radio和switch。

## 7.6 从底部弹起的页面选择器组件picker

**【任务要求】**

新建一个如图7-9所示页面,页面上包含3个picker,分别用于选择地区、时间和日期。其中,地区选择器给定的选择项为中国、美国、巴西和日本;时间选择器限定范围为09:01—21:01;日期选择器限定范围为2015-09-01—2020-09-01。同时,每个选择器发生改变时,都需要在调试器的Console面板里输出改变后的值。

**【任务分析】**

picker组件也是一个常用的用来限定用户输入的表单组件。同时,让用户使用选择的方式而不是自己输入的方式也能一定程度上提升用户体验。picker的类型有多种,本次任务主要是了解其作为普通、日期和时间三种选择器时的表现。

图 7-9 picker 任务示例

**【任务操作】**

(1) 打开示例项目,在 app.json 文件的 pages 数组中新增一项"pages/Chapter_7/7_6_picker/7_6_picker",保存文件,使用开发者工具生成页面所需的文件后,新增一个将页面 7_6_picker 设置为启动页面的名为"7_6_picker"的编译模式,并使用该模式编译项目。

(2) 打开该目录下的 7_6_picker.wxml 文件,输入以下代码,构建页面结构。

```
<!-- pages/Chapter_7/7_6_picker/7_6_picker.wxml -->
<view class="container">
  <view class="page-head">
    <view class="page-head-title">picker 组件</view>
    <view class="page-head-line"></view>
  </view>
  <view class="page-body">
    <view class="page-section">
      <view class="weui-cells__title">地区选择器</view>
      <view class="weui-cells weui-cells_after-title">
        <view class="weui-cell weui-cell_input">
          <view class="weui-cell__hd">
            <view class="weui-label">当前选择</view>
          </view>
          <view class="weui-cell__bd">
            <picker bindchange="bindPickerChange" value="{{index}}" range="{{array}}">
              <view class="weui-input">{{array[index]}}</view>
            </picker>
          </view>
        </view>
      </view>

      <view class="weui-cells__title">时间选择器</view>
```

```
    <view class = "weui - cells weui - cells_after - title">
      <view class = "weui - cell weui - cell_input">
        <view class = "weui - cell __ hd">
          <view class = "weui - label">当前选择</view>
        </view>
        <view class = "weui - cell __ bd">
          <picker mode = "time" value = "{{time}}" start = "09:01" end = "21:01" bindchange =
"bindTimeChange">
            <view class = "weui - input">{{time}}</view>
          </picker>
        </view>
      </view>
    </view>

    <view class = "weui - cells __ title">日期选择器</view>
    <view class = "weui - cells weui - cells_after - title">
      <view class = "weui - cell weui - cell_input">
        <view class = "weui - cell __ hd">
          <view class = "weui - label">当前选择</view>
        </view>
        <view class = "weui - cell __ bd">
          <picker mode = "date" value = "{{date}}" start = "2015 - 09 - 01" end = "2020 - 09 - 01"
bindchange = "bindDateChange">
            <view class = "weui - input">{{date}}</view>
          </picker>
        </view>
      </view>
    </view>
  </view>
 </view>
</view>
```

(3) 打开该目录下的 7_6_picker.js 文件,设定文本选择器的可选项,以及添加选择器发生改变的事件处理函数。

```
// pages/Chapter_7/7_6_picker/7_6_picker.js
Page({
  data: {
    array: ['中国', '美国', '巴西', '日本'],
    index: 0,
    date: '2019 - 05 - 01',
    time: '12:01'
  },

  bindPickerChange(e) {
    console.log('地区选择器发生改变,携带值为', e.detail.value)
    this.setData({
      index: e.detail.value
    })
  },
```

```
  bindDateChange(e) {
    console.log('日期选择器发生改变,携带值为', e.detail.value)
    this.setData({
      date: e.detail.value
    })
  },

  bindTimeChange(e) {
    console.log('时间选择器发生改变,携带值为', e.detail.value)
    this.setData({
      time: e.detail.value
    })
  }
})
```

(4) 打开该目录下的 7_6_picker.wxss 文件,为页面元素添加样式。

```
/* pages/Chapter_7/7_6_picker/7_6_picker.wxss */
@import "../../../common/weui.wxss";
page {
  background-color: #F8F8F8;
  height: 100%;
  font-size: 32rpx;
  line-height: 1.6;
}
.container {
  display: flex;
  flex-direction: column;
  min-height: 100%;
  justify-content: space-between;
  font-size: 32rpx;
  font-family: -apple-system-font,Helvetica Neue,Helvetica,sans-serif;
}
.page-head{
  padding: 60rpx 50rpx 80rpx;
  text-align: center;
}
.page-head-title{
  display: inline-block;
  padding: 0 40rpx 20rpx 40rpx;
  font-size: 32rpx;
  color: #BEBEBE;
}
.page-head-line{
  margin: 0 auto;
  width: 150rpx;
  height: 2rpx;
  background-color: #D8D8D8;
}
.page-body {
  width: 100%;
```

```
    flex-grow: 1;
    overflow-x: hidden;
  }
  .page-section{
    width: 100%;
    margin-bottom: 60rpx;
  }
  .picker{
    padding: 19rpx 26rpx;
    background-color: #FFFFFF;
  }
```

(5) 保存文件,编译项目,在模拟器中操作三个选择器,查看页面效果并观察如图 7-10 所示的 Console 面板输出。

```
地区选择器发生改变，携带值为 3
时间选择器发生改变，携带值为 17:01
日期选择器发生改变，携带值为 2015-09-01
>
```

图 7-10　picker 发生改变事件输出

**【相关知识】**

picker 组件表示从底部弹起的滚动选择器。现支持五种选择器,通过其 mode 属性的值来区分,分别是普通选择器、多列选择器、时间选择器、日期选择器和省市区选择器。默认是普通选择器。

当 mode=selector,意即默认的普通选择器时,picker 组件的属性说明见表 7-10。

**表 7-10　默认选择器的属性说明**

| 属性名 | 类　　型 | 默认值 | 说　　明 | 最低版本 |
|---|---|---|---|---|
| range | Array/Object Array | [] | mode 为 selector 或 multiSelector 时,range 有效 | |
| range-key | String | | 当 range 是一个 ObjectArray 时,通过 range-key 来指定 Object 中 key 的值作为选择器显示内容 | |
| value | Number | 0 | value 的值表示选择了 range 中的第几个(下标从 0 开始) | |
| bindchange | EventHandle | | value 改变时触发 change 事件,event.detail = {value: value} | |
| disabled | Boolean | false | 是否禁用 | |
| bindcancel | EventHandle | | 取消选择或点遮罩层收起 picker 时触发 | 1.9.90 |

当 mode=multiSelector,意即多列选择器时,picker 组件的属性说明见表 7-11。

**表 7-11　多列选择器的属性说明**

| 属　性　名 | 类　　型 | 默认值 | 说　　明 | 最低版本 |
|---|---|---|---|---|
| range | 二维 Array/二维 Object Array | [] | mode 为 selector 或 multiSelector 时,range 有效。二维数组,长度表示多少列,数组的每项表示每列的数据,如[["a","b"],["c","d"]] | |

续表

| 属 性 名 | 类 型 | 默认值 | 说 明 | 最低版本 |
|---|---|---|---|---|
| range-key | String | | 当 range 是一个二维 Object Array 时，通过 range-key 来指定 Object 中 key 的值作为选择器显示内容 | |
| value | Array | [] | value 每一项的值表示选择了 range 对应项中的第几个(下标从 0 开始) | |
| bindchange | EventHandle | | value 改变时触发 change 事件，event.detail = {value: value} | |
| bindcolumnchange | EventHandle | | 某一列的值改变时触发 columnchange 事件，event.detail = {column: column, value: value},column 的值表示改变了第几列(下标从 0 开始),value 的值表示变更值的下标 | |
| bindcancel | EventHandle | | 取消选择时触发 | 1.9.90 |
| disabled | Boolean | false | 是否禁用 | |

当 mode=time,意即时间选择器时，picker 组件的属性说明见表 7-12。

**表 7-12 时间选择器属性说明**

| 属性名 | 类 型 | 默认值 | 说 明 | 最低版本 |
|---|---|---|---|---|
| value | String | | 表示选中的时间，格式为"hh:mm" | |
| start | String | | 表示有效时间范围的开始，字符串格式为"hh:mm" | |
| end | String | | 表示有效时间范围的结束，字符串格式为"hh:mm" | |
| bindchange | EventHandle | | value 改变时触发 change 事件，event.detail = {value: value} | |
| bindcancel | EventHandle | | 取消选择时触发 | 1.9.90 |
| disabled | Boolean | false | 是否禁用 | |

当 mode=date,意即日期选择器时，picker 组件的属性说明见表 7-13。

**表 7-13 日期选择器属性说明**

| 属性名 | 类 型 | 默认值 | 说 明 | 最低版本 |
|---|---|---|---|---|
| value | String | 0 | 表示选中的日期，格式为"YYYY-MM-DD" | |
| start | String | | 表示有效日期范围的开始，字符串格式为"YYYY-MM-DD" | |
| end | String | | 表示有效日期范围的结束，字符串格式为"YYYY-MM-DD" | |
| fields | String | day | 有效值为 year,month,day,表示选择器的粒度 | |
| bindchange | EventHandle | | value 改变时触发 change 事件，event.detail = {value: value} | |
| bindcancel | EventHandle | | 取消选择时触发 | 1.9.90 |
| disabled | Boolean | false | 是否禁用 | |

当 mode=region，意即省市区选择器时，picker 组件的属性说明见表 7-14。

**表 7-14　省市区选择器属性说明**

| 属性名 | 类　型 | 默认值 | 说　明 | 最低版本 |
| --- | --- | --- | --- | --- |
| value | Array | [] | 表示选中的省市区，默认选中每一列的第一个值 | |
| custom-item | String | | 可为每一列的顶部添加一个自定义的项 | 1.5.0 |
| bindchange | EventHandle | | value 改变时触发 change 事件，event.detail = {value: value, code: code, postcode: postcode}，其中，字段 code 是统计用区划代码，postcode 是邮政编码 | |
| bindcancel | EventHandle | | 取消选择时触发 | 1.9.90 |
| disabled | Boolean | false | 是否禁用 | |

## 7.7　嵌入页面的滚动选择器组件 picker-view

**【任务要求】**

新建一个如图 7-11 所示页面，在页面上嵌入一个滚动选择器，能选择从 1990 年 1 月 1 日至当前年份 12 月 1 日的白天和夜间。不要求考虑大、小月和平年、闰年差异。同时需要在页面顶端显示当前选择的值。

图 7-11　picker-view 组件任务示例

**【任务分析】**

picker-view 组件的作用和 picker 组件类似，不过在表现形式上有所区别。picker 组件是在页面底部弹起一个滚动选择器供用户使用，而 picker-view 组件是嵌入页面的，可以直接在页面上进行滚动选择。picker-view 的每一列的值都来自一个数组，其对应的提交给逻辑层的值也是数组的索引而不是每一项具体的值。在本次任务中涉及的太阳和月亮的图标可以自行去网络上下载。

**【任务操作】**

(1) 打开示例项目，在 app.json 文件的 pages 数组中新增一项"pages/Chapter_7/7_7_picker-view/7_7_picker-view"，保存文件，使开发者工具生成页面所需的文件后，新增一个将页面 7_7_picker-view 设置为启动页面的名为“7_7_picker-view”的编译模式，并使用该模式编译项目。

(2) 打开该目录下的 7_7_picker-view.wxml 文件，输入以下代码，构建页面结构。在本次任务中，太阳和月亮的图片分别以 daytime.png 和 night.png 为文件名存放在和 pages 目录同级的小程序项目根目录下的 image 文件夹中。

```
<!-- pages/Chapter_7/7_7_picker-view/7_7_picker-view.wxml -->
<view class="container">
  <view class="page-head">
    <view class="page-head-title">picker-view组件</view>
    <view class="page-head-line"></view>
  </view>
  <view class="page-body">
    <view class="selected-date">{{year}}年{{month}}月{{day}}日{{isDaytime ? "白天" : "夜晚"}}</view>
    <picker-view indicator-style="height: 50px;" style="width: 100%; height: 300px;" value="{{value}}" bindchange="bindChange">
      <picker-view-column>
        <view wx:for="{{years}}" wx:key="{{years}}" style="line-height: 50px; text-align: center;">{{item}}年</view>
      </picker-view-column>
      <picker-view-column>
        <view wx:for="{{months}}" wx:key="{{months}}" style="line-height: 50px; text-align: center;">{{item}}月</view>
      </picker-view-column>
      <picker-view-column>
        <view wx:for="{{days}}" wx:key="{{days}}" style="line-height: 50px; text-align: center;">{{item}}日</view>
      </picker-view-column>
      <picker-view-column>
        <view class="icon-container">
          <image class="picker-icon" src="../../../image/daytime.png" />
        </view>
        <view class="icon-container">
          <image class="picker-icon" src="../../../image/night.png" />
        </view>
      </picker-view-column>
    </picker-view>
```

```
  </view>
</view>
```

（3）打开该目录下的 7_7_picker-view. js 文件，设定 picker-view 的初始值，以及每一列对应的数组的值。

```
// pages/Chapter_7/7_7_picker-view/7_7_picker-view.js
const date = new Date()
const years = []
const months = []
const days = []

for (let i = 1990; i <= date.getFullYear(); i++) {
  years.push(i)
}

for (let i = 1; i <= 12; i++) {
  months.push(i)
}

for (let i = 1; i <= 31; i++) {
  days.push(i)
}

Page({
  data: {
    years,
    year: date.getFullYear(),
    months,
    month: 5,
    days,
    day: 1,
    value: [9999, 4, 0],
    isDaytime: true,
  },

  bindChange(e) {
    const val = e.detail.value
    this.setData({
      year: this.data.years[val[0]],
      month: this.data.months[val[1]],
      day: this.data.days[val[2]],
      isDaytime: !val[3]
    })
  }
})
```

（4）打开该目录下的 7_7_picker-view. wxss 文件，为页面元素添加样式。

```
/* pages/Chapter_7/7_7_picker-view/7_7_picker-view.wxss */
page {
```

```
  background - color: #F8F8F8;
  height: 100 %;
  font - size: 32rpx;
  line - height: 1.6;
}
.container {
  display: flex;
  flex - direction: column;
  min - height: 100 %;
  justify - content: space - between;
  font - size: 32rpx;
  font - family: - apple - system - font,Helvetica Neue,Helvetica,sans - serif;
}
.page - head{
  padding: 60rpx 50rpx 80rpx;
  text - align: center;
}
.page - head - title{
  display: inline - block;
  padding: 0 40rpx 20rpx 40rpx;
  font - size: 32rpx;
  color: #BEBEBE;
}
.page - head - line{
  margin: 0 auto;
  width: 150rpx;
  height: 2rpx;
  background - color: #D8D8D8;
}
.page - body {
  width: 100 %;
  flex - grow: 1;
  overflow - x: hidden;
}
.selected - date {
  text - align: center;
  margin: 30rpx;
}

.icon - container {
  display: flex;
  flex - direction: column;
  justify - content: center;
  align - items: center;
}

.picker - icon {
  width: 50rpx;
  height: 50rpx;
}
```

(5) 保存文件,编译项目,在模拟器中查看页面效果。

**【相关知识】**

picker-view 组件,即嵌入页面的滚动选择器。其属性说明见表 7-15。

**表 7-15 picker-view 组件属性说明**

| 属 性 名 | 类 型 | 说 明 | 最低版本 |
| --- | --- | --- | --- |
| value | NumberArray | 数组中的数字依次表示 picker-view 内的 picker-view-column 选择的第几项(下标从 0 开始),数字大于 picker-view-column 可选项长度时,选择最后一项 | |
| indicator-style | String | 设置选择器中间选中框的样式 | |
| indicator-class | String | 设置选择器中间选中框的类名 | 1.1.0 |
| mask-style | String | 设置蒙层的样式 | 1.5.0 |
| mask-class | String | 设置蒙层的类名 | 1.5.0 |
| bindchange | EventHandle | 当滚动选择,value 改变时触发 change 事件,event.detail = {value: value}; value 为数组,表示 picker-view 内的 picker-view-column 当前选择的是第几项(下标从 0 开始) | |
| bindpickstart | EventHandle | 当滚动选择开始时触发事件 | 2.3.1 |
| bindpickend | EventHandle | 当滚动选择结束时触发事件 | 2.3.1 |
| aria-label | String | 无障碍访问,(属性)元素的额外描述 | 2.5.0 |

在 picker-view 组件内,只能放置 picker-view-column 组件,其余的节点都不会显示。

同样的 picker-view-column 组件也只可以放置于 picker-view 组件中,其孩子节点的高度会自动设置成与 picker-view 的选中框的高度一致。

## 7.8 单项选择器组件 radio

**【任务要求】**

新建如图 7-12 所示页面,要求提供“美国,中国,巴西,日本,英国,法国”作为可选项(单选)。默认“中国”处于选中状态,同时每次选择其他国家时,需要在调试器的 Console 面板中输出该国家的三个英文大写缩写(如图 7-13 所示)。

**【任务分析】**

radio 为单选组件。本次任务和练习 checkbox 组件的任务有很多相似之处,主要练习的也是其基本的使用以及如何选中和监听选项改变事件以便获取选中的值。

**【任务操作】**

(1) 打开示例项目,在 app.json 文件的 pages 数组中新增一项"pages/Chapter_7/7_8_radio/7_8_radio",保存文件,使用开发者工具生成页面所需的文件后,新增一个将页面 7_8_radio 设置为启动页面的名为“7_8_radio”的编译模式,并使用该模式编译项目。

(2) 打开该目录下的 7_8_radio.wxml 文件,输入以下代码,构建页面结构。

```
<! -- pages/Chapter_7/7_8_radio/7_8_radio.wxml -- >
< view class = "container">
```

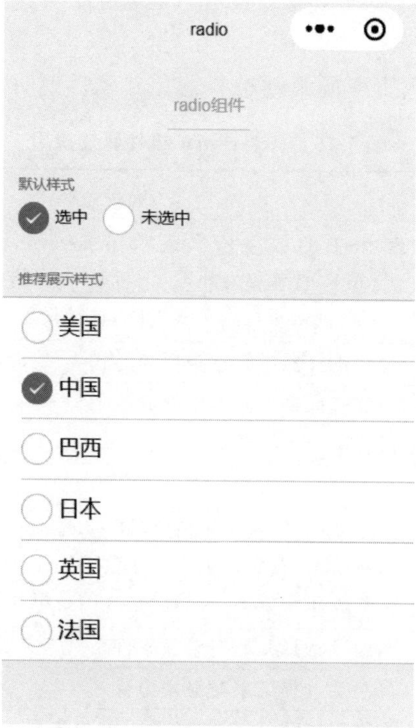
radio
radio组件
默认样式
选中
未选中
推荐展示样式
美国
中国
巴西
日本
英国
法国

图 7-12　radio 组件任务示例

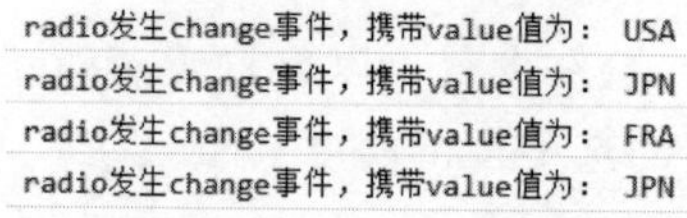
radio发生change事件，携带value值为： USA
radio发生change事件，携带value值为： JPN
radio发生change事件，携带value值为： FRA
radio发生change事件，携带value值为： JPN

图 7-13　更换选项后在 Console 面板中输出当前选中的值

```
<view class = "page - head">
  <view class = "page - head - title"> radio 组件</view>
  <view class = "page - head - line"></view>
</view>
<view class = "page - body">
  <view class = "page - section page - section - gap">
    <view class = "page - section - title">默认样式</view>
    <label class = "radio">
      <radio value = "r1" checked = "true"/>选中
    </label>
    <label class = "radio">
      <radio value = "r2" />未选中
    </label>
  </view>
  <view class = "page - section">
    <view class = "page - section - title page - section - gap">推荐展示样式</view>
    <view class = "weui - cells weui - cells_after - title">
      <radio - group bindchange = "radioChange">
        <label class = "weui - cell weui - check __ label" wx:for = "{{items}}" wx:key =
"{{item.value}}">
```

```
            <view class = "weui - cell __ hd">
              <radio value = "{{item.value}}" checked = "{{item.checked}}"/>
            </view>
            <view class = "weui - cell __ bd">{{item.name}}</view>
          </label>
        </radio - group>
      </view>
    </view>
  </view>
</view>
```

(3) 打开该目录下的 7_8_radio.js 文件,设定可供选择的列表项,同时添加一个用来处理 radio 组件选项发生变化事件的函数。

```
// pages/Chapter_7/7_8_radio/7_8_radio.js
Page({
  data: {
    items: [
      { value: 'USA', name: '美国' },
      { value: 'CHN', name: '中国', checked: 'true' },
      { value: 'BRA', name: '巴西' },
      { value: 'JPN', name: '日本' },
      { value: 'ENG', name: '英国' },
      { value: 'FRA', name: '法国' },
    ]
  },
  radioChange(e) {
    console.log('radio 发生 change 事件,携带 value 值为: ', e.detail.value)
  }
})
```

(4) 打开该目录下的 7_8_radio.wxss 文件,为页面元素添加样式。

```
/* pages/Chapter_7/7_8_radio/7_8_radio.wxss */
@import "../../../common/weui.wxss";
page {
  background - color: #F8F8F8;
  height: 100%;
  font - size: 32rpx;
  line - height: 1.6;
}
.container {
  display: flex;
  flex - direction: column;
  min - height: 100%;
  justify - content: space - between;
  font - size: 32rpx;
  font - family: - apple - system - font,Helvetica Neue,Helvetica,sans - serif;
}
.page - head{
  padding: 60rpx 50rpx 80rpx;
```

```
    text-align: center;
  }
  .page-head-title{
    display: inline-block;
    padding: 0 40rpx 20rpx 40rpx;
    font-size: 32rpx;
    color: #BEBEBE;
  }
  .page-head-line{
    margin: 0 auto;
    width: 150rpx;
    height: 2rpx;
    background-color: #D8D8D8;
  }
  .page-body {
    width: 100%;
    flex-grow: 1;
    overflow-x: hidden;
  }
  .page-section{
    width: 100%;
    margin-bottom: 60rpx;
  }
  .page-section-title{
    font-size: 28rpx;
    color: #999999;
    margin-bottom: 10rpx;
  }
  .page-section-gap{
    box-sizing:border-box;
    padding:0 30rpx;
  }
  .radio {
    margin-right: 20rpx;
  }
```

(5) 保存文件,编译项目,在模拟器中查看页面效果。同时在调试器的 Console 面板中观察事件的输出。

**【相关知识】**

radio-group 组件,表示单项选择器,其内部由多个 radio 组件组成。radio-group 组件的属性说明见表 7-16。

**表 7-16 radio-group 组件属性说明**

| 属性名 | 类型 | 默认值 | 说明 |
|---|---|---|---|
| bindchange | EventHandle | | <radio-group>中的选中项发生变化时触发 change 事件,event.detail = {value:选中项 radio 的 value} |

radio 表示单选项目,其属性说明见表 7-17。

表 7-17　radio 组件属性说明

| 属 性 名 | 类 型 | 默认值 | 说 明 |
|---|---|---|---|
| value | String | | <radio>标识。当该<radio>选中时,<radio-group>的 change 事件会携带<radio>的 value |
| checked | Boolean | false | 当前是否选中 |
| disabled | Boolean | false | 是否禁用 |
| color | Color | | radio 的颜色,同 CSS 的 color |

# 7.9　滑动选择器组件 slider

**【任务要求】**

新建如图 7-14 所示页面,要求在页面上有三个滑动选择器组件。第一个设置步长为 5,意即每次滑动变化的最小值都是 5;第二个要求能在滑动条的右边显示当前滑动条具体的值;第三个要求设置其最小值为 50,即滑动到最左端时的值为 50,最大值为 200,即滑动到最右端时的值为 200。同时需要为这三个滑动选择器都注册监听其值改变的函数,能在每个滑动选择器改变值时,在调试器的 Console 面板中输出当前该滑动选择器的值。

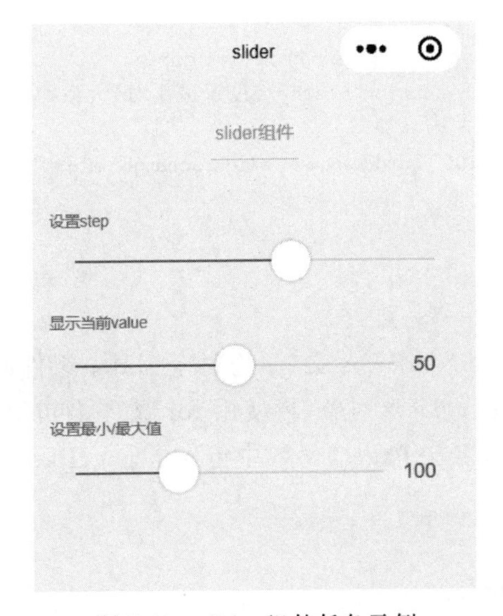


图 7-14　slider 组件任务示例

**【任务分析】**

slider 组件是一个滑动选择器。它可以让用户的选择方式更加直观和多样化。同时 slider 组件的各类属性也能很好地按照实际情况给出各类限定。本次任务主要练习的是其 step、show-value、min 和 max 属性。

**【任务操作】**

(1) 打开示例项目,在 app.json 文件的 pages 数组中新增一项"pages/Chapter_7/7_9_slider/7_9_slider",保存文件,使用开发者工具生成页面所需的文件后,新增一个将页面

7_9_slider 设置为启动页面的名为“7_9_slider”的编译模式，并使用该模式编译项目。

（2）打开该目录下的 7_9_slider. wxml 文件，输入以下代码，构建页面结构。

```
<!-- pages/Chapter_7/7_9_slider/7_9_slider.wxml -->
<view class="container">
  <view class="page-head">
    <view class="page-head-title">slider 组件</view>
    <view class="page-head-line"></view>
  </view>
  <view class="page-body">
    <view class="page-section page-section-gap">
      <view class="page-section-title">设置 step</view>
      <view class="body-view">
        <slider value="60" bindchange="slider1change" step="5"/>
      </view>
    </view>

    <view class="page-section page-section-gap">
      <view class="page-section-title">显示当前 value</view>
      <view class="body-view">
        <slider value="50" bindchange="slider2change" show-value/>
      </view>
    </view>

    <view class="page-section page-section-gap">
      <view class="page-section-title">设置最小/最大值</view>
      <view class="body-view">
        <slider value="100" bindchange="slider3change" min="50" max="200" show-value/>
      </view>
    </view>
  </view>
</view>
```

（3）打开该目录下的 7_9_slider. js 文件，为每个 slider 组件的 change 事件添加处理函数。注意此处是先构建了 pageData 对象，再使用 for 循环语句生成了 3 个 slider 的处理函数添加进 pageData 中，最后再在 Page()函数中传入了 pageData 对象，完成了页面的注册。

```
// pages/Chapter_7/7_9_slider/7_9_slider.js
const pageData = { }
for (let i = 1; i < 4; ++i) {
  (function (index) {
    pageData['slider' + index + 'change'] = function (e) {
      console.log('slider' + index + '发生 change 事件，携带值为', e.detail.value)
    }
  }(i))
}
Page(pageData)
```

（4）打开该目录下的 7_9_slider. wxss 文件，为页面元素添加样式。

```
/* pages/Chapter_7/7_9_slider/7_9_slider.wxss */
```

```
page {
  background-color: #F8F8F8;
  height: 100%;
  font-size: 32rpx;
  line-height: 1.6;
}
.container {
  display: flex;
  flex-direction: column;
  min-height: 100%;
  justify-content: space-between;
  font-size: 32rpx;
  font-family: -apple-system-font,Helvetica Neue,Helvetica,sans-serif;
}
.page-head{
  padding: 60rpx 50rpx 80rpx;
  text-align: center;
}
.page-head-title{
  display: inline-block;
  padding: 0 40rpx 20rpx 40rpx;
  font-size: 32rpx;
  color: #BEBEBE;
}
.page-head-line{
  margin: 0 auto;
  width: 150rpx;
  height: 2rpx;
  background-color: #D8D8D8;
}
.page-body {
  width: 100%;
  flex-grow: 1;
  overflow-x: hidden;
}
.page-section{
  width: 100%;
  margin-bottom: 60rpx;
}
.page-section-title{
  font-size: 28rpx;
  color: #999999;
  margin-bottom: 10rpx;
}
.page-section-gap{
  box-sizing:border-box;
  padding:0 30rpx;
}
```

(5) 保存文件,编译项目,在模拟器中查看页面效果。同时在Console面板中观察如图7-15所示的输出。

```
slider1发生change事件，携带值为 25
slider2发生change事件，携带值为 76
slider3发生change事件，携带值为 200
```

图7-15 slider组件change事件输出

**【相关知识】**

slider 滑动选择器，其属性说明见表 7-18。

**表 7-18　slider 组件属性说明**

| 属 性 名 | 类　型 | 默认值 | 说　明 | 最低版本 |
|---|---|---|---|---|
| min | Number | 0 | 最小值 | |
| max | Number | 100 | 最大值 | |
| step | Number | 1 | 步长，取值必须大于 0，并且可被(max - min)整除 | |
| disabled | Boolean | false | 是否禁用 | |
| value | Number | 0 | 当前取值 | |
| color | Color | #e9e9e9 | 背景条的颜色(请使用 backgroundColor) | |
| selected-color | Color | #1aad19 | 已选择的颜色(请使用 activeColor) | |
| activeColor | Color | #1aad19 | 已选择的颜色 | |
| backgroundColor | Color | #e9e9e9 | 背景条的颜色 | |
| block-size | Number | 28 | 滑块的大小，取值范围为 12～28 | 1.9.0 |
| block-color | Color | #ffffff | 滑块的颜色 | 1.9.0 |
| show-value | Boolean | false | 是否显示当前 value | |
| bindchange | EventHandle | | 完成一次拖动后触发的事件，event.detail = {value：value} | |
| bindchanging | EventHandle | | 拖动过程中触发的事件，event.detail = {value：value} | 1.7.0 |

# 7.10　开关选择器组件 switch

**【任务要求】**

新建一个如图 7-16 所示的页面，同时为“默认样式”的两个开关注册监听改变的事件，每次改变后在调试器的 Console 面板中输出对应开关当前的值(true 或 false)。

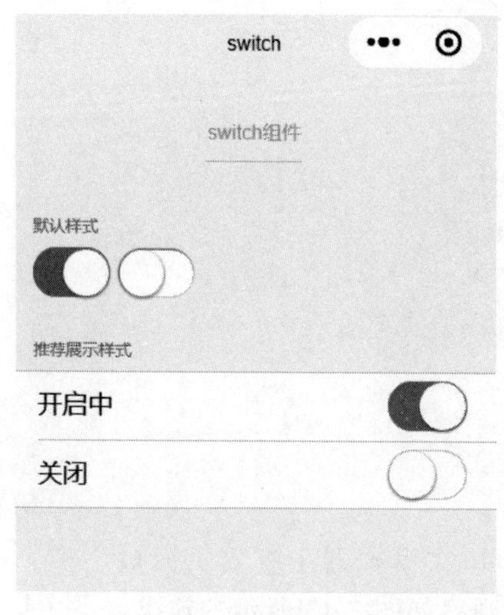


图 7-16　switch 组件任务示例

【任务分析】

switch组件可以理解为一个只有两个选项——true和false的raido组件，不过在展示效果上更有针对性。其功能总体来说也是比较简单的。本次任务主要练习的是监听其状态的变化，并获取其值。

【任务操作】

(1) 打开示例项目，在app.json文件的pages数组中新增一项"pages/Chapter_7/7_10_switch/7_10_switch"，保存文件，使用开发者工具生成页面所需的文件后，新增一个将页面7_10_switch设置为启动页面的名为"7_10_switch"的编译模式，并使用该模式编译项目。

(2) 打开该目录下的7_10_switch.wxml文件，输入以下代码，构建页面结构。

```
<!-- pages/Chapter_7/7_10_switch/7_10_switch.wxml -->
<view class="container">
  <view class="page-head">
    <view class="page-head-title">switch组件</view>
    <view class="page-head-line"></view>
  </view>
  <view class="page-body">
    <view class="page-section page-section-gap">
      <view class="page-section-title">默认样式</view>
      <view class="body-view">
        <switch checked bindchange="switch1Change"/>
        <switch bindchange="switch2Change"/>
      </view>
    </view>

    <view class="page-section">
      <view class="page-section-title page-section-gap">推荐展示样式</view>
      <view class="weui-cells weui-cells_after-title">
        <view class="weui-cell weui-cell_switch">
          <view class="weui-cell__bd">开启中</view>
          <view class="weui-cell__ft">
            <switch checked />
          </view>
        </view>
        <view class="weui-cell weui-cell_switch">
          <view class="weui-cell__bd">关闭</view>
          <view class="weui-cell__ft">
            <switch />
          </view>
        </view>
      </view>
    </view>
  </view>
</view>
```

(3) 打开该目录下的7_10_switch.js文件，添加用来处理两个switch组件发生改变事件的函数。

```
// pages/Chapter_7/7_10_switch/7_10_switch.js
```

```
Page({
  switch1Change(e) {
    console.log('switch1 发生 change 事件,携带值为', e.detail.value)
  },
  switch2Change(e) {
    console.log('switch2 发生 change 事件,携带值为', e.detail.value)
  }
})
```

(4) 打开该目录下的 7_10_switch.wxss 文件,为页面元素添加样式。

```
/* pages/Chapter_7/7_10_switch/7_10_switch.wxss */
@import "../../../common/weui.wxss";
page {
  background-color: #F8F8F8;
  height: 100%;
  font-size: 32rpx;
  line-height: 1.6;
}
.container {
  display: flex;
  flex-direction: column;
  min-height: 100%;
  justify-content: space-between;
  font-size: 32rpx;
  font-family: -apple-system-font,Helvetica Neue,Helvetica,sans-serif;
}
.page-head{
  padding: 60rpx 50rpx 80rpx;
  text-align: center;
}
.page-head-title{
  display: inline-block;
  padding: 0 40rpx 20rpx 40rpx;
  font-size: 32rpx;
  color: #BEBEBE;
}
.page-head-line{
  margin: 0 auto;
  width: 150rpx;
  height: 2rpx;
  background-color: #D8D8D8;
}
.page-body {
  width: 100%;
  flex-grow: 1;
  overflow-x: hidden;
}
.page-section{
  width: 100%;
  margin-bottom: 60rpx;
```

```
}
.page - section - title{
  font - size: 28rpx;
  color: #999999;
  margin - bottom: 10rpx;
}
.page - section - gap{
  box - sizing:border - box;
  padding:0 30rpx;
}
```

(5) 保存文件,编译项目,在模拟器中查看页面效果。同时在 Console 面板中观察如图 7-17 所示的事件输出。

```
switch2 发生 change 事件，携带值为 true
switch1 发生 change 事件，携带值为 false
switch2 发生 change 事件，携带值为 false
switch1 发生 change 事件，携带值为 true
switch2 发生 change 事件，携带值为 true
```

图 7-17　switch 状态改变的事件输出

**【相关知识】**

switch 开关选择器,其属性说明见表 7-19。

**表 7-19　switch 组件属性说明**

| 属 性 名 | 类　型 | 默认值 | 说　明 | 最低版本 |
| --- | --- | --- | --- | --- |
| checked | Boolean | false | 是否选中 | |
| disabled | Boolean | false | 是否禁用 | |
| type | String | switch | 样式,有效值: switch, checkbox | |
| bindchange | EventHandle | | checked 改变时触发 change 事件,event. detail ={ value:checked} | |
| color | Color | | switch 的颜色,同 CSS 的 color | |
| aria-label | String | | 无障碍访问,(属性)元素的额外描述 | 2.5.0 |

# 7.11　多行输入框组件 textarea

**【任务要求】**

新建一个如图 7-18 所示的页面。页面上包含两个多行文本输入组件。第一个组件的高度能随着文字的多少而自动变化(如图 7-19 所示),同时在完成输入后,能将输入的内容显示在调试器的 Console 面板中(如图 7-20 所示)。第二个组件能在页面启动的时候,自动聚焦弹出键盘进入输入状态(如图 7-19 所示)。

**【任务分析】**

多行文本输入组件常用在需要用户填写自定义信息的时候,和 input 组件不同的是,它只能输入文字内容,不过 textarea 组件也有类似的自动聚焦等功能。本次任务主要练习的是获取输入的文本以及设置文本框自动聚焦的功能。

**【任务操作】**

(1) 打开示例项目,在 app. json 文件的 pages 数组中新增一项"pages/Chapter_7/7_11_textarea/7_11_textarea",保存文件,使用开发者工具生成页面所需的文件后,新增一个将页面 7_11_textarea 设置为启动页面的名为"7_11_textarea"的编译模式,并使用该模式编译项目。

图 7-18 textarea 组件任务示例

(2) 打开该目录下的 7_11_textarea.wxml 文件,输入以下代码,构建页面结构。

```
<!-- pages/Chapter_7/7_11_textarea/7_11_textarea.wxml -->
<view class = "container">
  <view class = "page-head">
    <view class = "page-head-title"> textarea 组件</view>
    <view class = "page-head-line"></view>
  </view>
  <view class = "page-body">
    <view class = "page-section">
      <view class = "page-section-title">输入区域高度自适应,不会出现滚动条</view>
      <view class = "textarea-wrp">
        <textarea bindblur = "bindTextAreaBlur" auto-height />
      </view>
    </view>
```

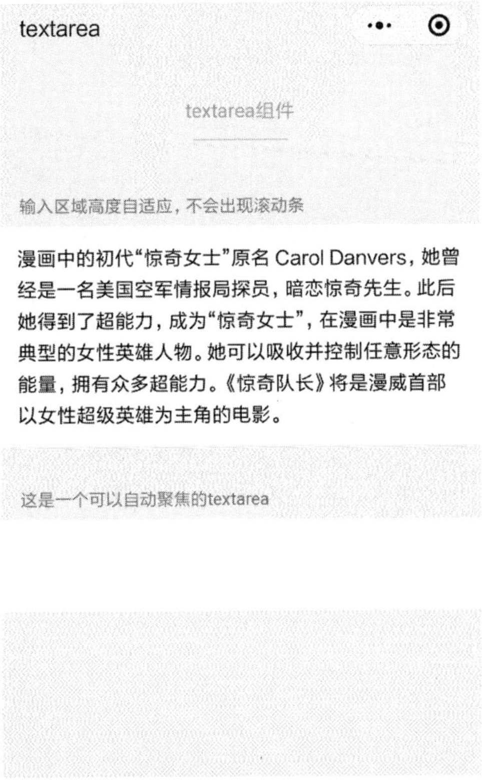

textarea

textarea组件

输入区域高度自适应，不会出现滚动条

漫画中的初代"惊奇女士"原名 Carol Danvers，她曾经是一名美国空军情报局探员，暗恋惊奇先生。此后她得到了超能力，成为"惊奇女士"，在漫画中是非常典型的女性英雄人物。她可以吸收并控制任意形态的能量，拥有众多超能力。《惊奇队长》将是漫威首部以女性超级英雄为主角的电影。

这是一个可以自动聚焦的textarea

图 7-19　输入框高度随文字增加而增加

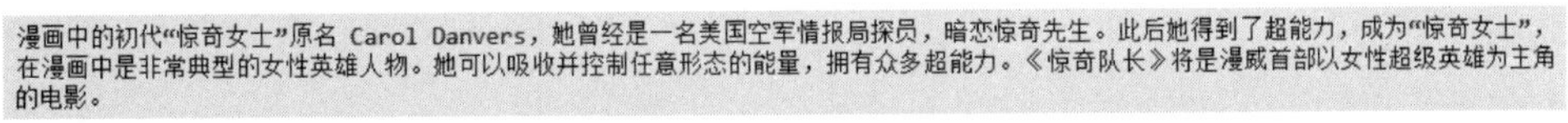

漫画中的初代"惊奇女士"原名 Carol Danvers，她曾经是一名美国空军情报局探员，暗恋惊奇先生。此后她得到了超能力，成为"惊奇女士"，在漫画中是非常典型的女性英雄人物。她可以吸收并控制任意形态的能量，拥有众多超能力。《惊奇队长》将是漫威首部以女性超级英雄为主角的电影。

图 7-20　在输入完成后将文字内容输出到 Console 面板

```
      <view class="page-section">
        <view class="page-section-title">这是一个可以自动聚焦的 textarea</view>
        <view class="textarea-wrp">
          <textarea auto-focus="true" style="height: 3em" />
        </view>
      </view>
    </view>
  </view>
```

(3) 打开该目录下的 7_11_textarea.js 文件，添加监听文本框失去输入焦点事件的处理函数。

```
// pages/Chapter_7/7_11_textarea/7_11_textarea.js
Page({
  bindTextAreaBlur(e) {
    console.log(e.detail.value)
  }
})
```

(4) 打开该目录下的 7_11_textarea.wxss 文件，为页面元素添加样式。

```
/* pages/Chapter_7/7_11_textarea/7_11_textarea.wxss */
page {
  background-color: #F8F8F8;
  height: 100%;
  font-size: 32rpx;
  line-height: 1.6;
}
.container {
  display: flex;
  flex-direction: column;
  min-height: 100%;
  justify-content: space-between;
  font-size: 32rpx;
  font-family: -apple-system-font,Helvetica Neue,Helvetica,sans-serif;
}
.page-head{
  padding: 60rpx 50rpx 80rpx;
  text-align: center;
}
.page-head-title{
  display: inline-block;
  padding: 0 40rpx 20rpx 40rpx;
  font-size: 32rpx;
  color: #BEBEBE;
}
.page-head-line{
  margin: 0 auto;
  width: 150rpx;
  height: 2rpx;
  background-color: #D8D8D8;
}
.page-body {
  width: 100%;
  flex-grow: 1;
  overflow-x: hidden;
}
.page-section{
  width: 100%;
  margin-bottom: 60rpx;
}
.page-section-title{
  font-size: 28rpx;
  color: #999999;
  margin-bottom: 10rpx;
  padding:0 30rpx;
}
textarea {
```

```
    width: 700rpx;
    padding: 25rpx 0;
}
.textarea-wrp {
    padding: 0 25rpx;
    background-color: #fff;
}
```

（5）保存文件，编译项目，使用真机调试，查看页面效果。

**【相关知识】**

textarea 多行输入框，该组件是原生组件，在不同的设备上可能会有不同的表现效果，因此建议使用真机进行调试。其属性说明见表 7-20。

**表 7-20　textarea 组件属性说明**

| 属性名 | 类型 | 默认值 | 说明 | 最低版本 |
|---|---|---|---|---|
| value | String | | 输入框的内容 | |
| placeholder | String | | 输入框为空时占位符 | |
| placeholder-style | String | | 指定 placeholder 的样式，目前仅支持 color、font-size 和 font-weight | |
| placeholder-class | String | textarea-placeholder | 指定 placeholder 的样式类 | |
| disabled | Boolean | false | 是否禁用 | |
| maxlength | Number | 140 | 最大输入长度，设置为－1 的时候不限制最大长度 | |
| auto-focus | Boolean | false | 自动聚焦，拉起键盘 | |
| focus | Boolean | false | 获取焦点 | |
| auto-height | Boolean | false | 是否自动增高，设置 auto-height 时，style.height 不生效 | |
| fixed | Boolean | false | 如果 textarea 是在一个 position:fixed 的区域，需要显式指定属性 fixed 为 true | |
| cursor-spacing | Number/String | 0 | 指定光标与键盘的距离，单位：px(2.4.0 起支持 rpx)。取 textarea 距离底部的距离和 cursor-spacing 指定的距离的最小值作为光标与键盘的距离 | |
| cursor | Number | | 指定 focus 时的光标位置 | 1.5.0 |
| show-confirm-bar | Boolean | true | 是否显示键盘上方带有“完成”按钮那一栏 | 1.6.0 |
| selection-start | Number | －1 | 光标起始位置，自动聚集时有效，需与 selection-end 搭配使用 | 1.9.0 |
| selection-end | Number | －1 | 光标结束位置，自动聚集时有效，需与 selection-start 搭配使用 | 1.9.0 |
| adjust-position | Boolean | true | 键盘弹起时，是否自动上推页面 | 1.9.90 |
| bindfocus | EventHandle | | 输入框聚焦时触发，event.detail = { value, height }，height 为键盘高度，从基础库 1.9.90 起支持 | |

续表

| 属 性 名 | 类 型 | 默 认 值 | 说 明 | 最低版本 |
| --- | --- | --- | --- | --- |
| bindblur | EventHandle | | 输入框失去焦点时触发,event.detail = {value, cursor} | |
| bindlinechange | EventHandle | | 输入框行数变化时调用,event.detail = {height: 0, heightRpx: 0, lineCount: 0} | |
| bindinput | EventHandle | | 当键盘输入时,触发 input 事件,event.detail = {value, cursor, keyCode},keyCode 为键值,目前工具还不支持返回 keyCode 参数。bindinput 处理函数的返回值并不会反映到 textarea 上 | |
| bindconfirm | EventHandle | | 单击完成时,触发 confirm 事件,event.detail = {value: value} | |
| aria-label | String | | 无障碍访问,(属性)元素的额外描述 | 2.5.0 |

使用 textarea 组件需要注意,textarea 的 blur 事件(失去焦点事件)会晚于页面上的 tap 事件,如果需要在 button 的单击事件中获取 textarea,可以使用 form 的 bindsubmit。同时,不建议在多行文本上对用户的输入进行直接的修改,因为 textarea 的 bindinput()函数并不会将返回值反映到 textarea 上。

# 练 习 题

1. 新建一个如图 7-21 所示的新建活动的页面,需要包含的组件有 form,input,picker,switch,textarea,checkbox 和 button。要求如下。

(1) "开始日期"和"开始时间"默认为当前的系统时间。

(2) "费用"信息根据"是否收费"的 switch 组件状态决定是否显示,"费用"输入框要求只能输入数字和小数点,如图 7-22 所示。

(3) "其他信息"设置最多允许输入的字符长度为 200,同时在用户输入的时候需要实时地在文本框的右下角显示已经输入的字符数量。

(4) "活动发起人联系方式"提供手机号、微信号、QQ 和 E-mail 这四种联系方式。

(5) 在用户单击"确定"按钮时,需要在调试器的 Console 面板输出表单的所有内容,同时,需要检测活动名称是否为空,详细地址是否为空,在选择了收费的情况下费用是否为空或者为 0,联系方式是否为空,是否已经同意了《相关条款》,如果有不满足的,需要在页面的顶端弹出对应的红色错误提示,如图 7-23 所示,如果所有表单项符合要求,则在 Console 面板输出"提交成功"的提示。

2. 新建一个如图 7-24 所示的活动报名页面,需要包含的组件有 input,radio,slider,checkbox,picker 和 textarea。要求如下。

图 7-21　新建活动练习示例

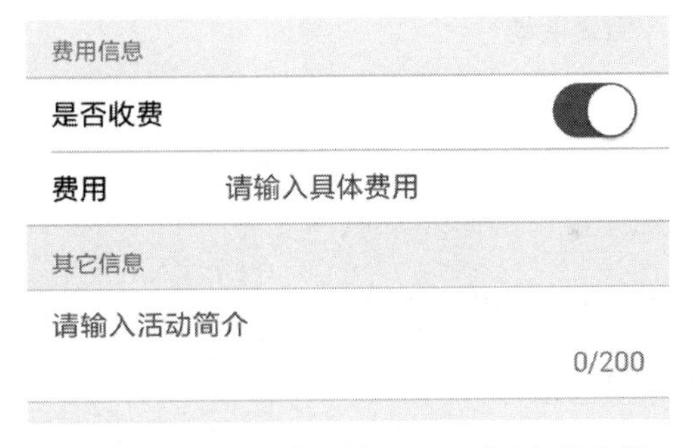


图 7-22　根据“是否收费”显示“费用”输入框

(1)“年龄”的范围为 0～100,默认为 25。

(2) 在提交表单的时候,需要检测“想要参加的活动”至少选择了一项。

(3)“其他需要说明的事项”文本框要求同上一个练习的“其他信息”文本输入框。

(4) 用户单击“确定”时,需要在调试器的 Console 面板输出用户填写的表单数据。其中,“姓名”“性别”“年龄”“想要参加的活动”“联系方式”和“阅读并同意《相关条款》”都是必填项,如有缺少,需要在页面顶部弹出如图 7-23 所示的提示,如没有任何问题,需要在 Console 面板输出“提交成功”的提示。

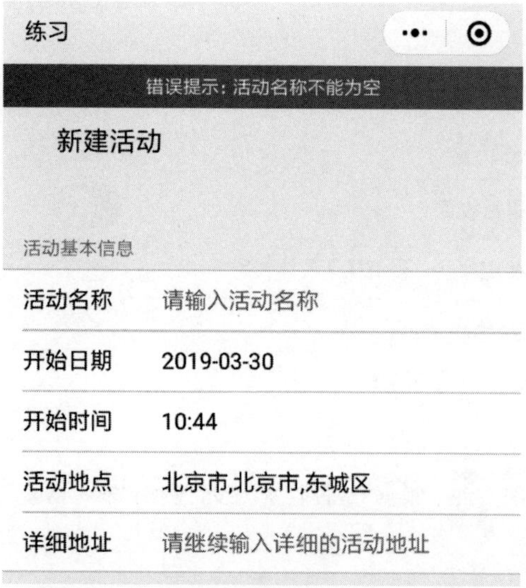

练习

错误提示：活动名称不能为空

新建活动

活动基本信息

活动名称　请输入活动名称

开始日期　2019-03-30

开始时间　10:44

活动地点　北京市,北京市,东城区

详细地址　请继续输入详细的活动地址

图 7-23　错误提示示例

练习

活动报名

姓名

请输入姓名

性别

男

女

年龄

25

想要参加的活动

公司聚餐

社团招新

春游

健身房私教课

联系方式

手机号　请输入详细联系方式

选择一种填写即可

其它需要说明的事项

请输入其他需要说明的事项

0/200

阅读并同意《相关条款》

确定

重置表单

图 7-24　活动报名练习示例

# 第8章　多媒体组件

小程序的多媒体处理能力，赋予了它更加实用和强大的功能。新闻资讯、电商平台和各类工具实用类型的小程序，都离不开多媒体的使用。小程序对多媒体的支持，除了常见的图片和音/视频外，也支持调用系统的相机。有了多媒体组件，可以设计出更加精美和丰富多彩的小程序。

**本章学习目标：**

- 掌握音频组件、图片组件、视频组件和相机组件的使用方法。
- 建议自行了解使用小程序做音/视频直播的方法。

## 8.1　音频组件 audio

**【任务要求】**

新建一个如图 8-1 所示的页面，在页面上包含一个能播放许巍的《此时此刻》歌曲的 audio 组件。同时能在专辑图片上进行简单的播放和暂停操作。当音乐暂停或者播放时，需要在调试器的 Console 面板中输出"音乐暂停"和"音乐播放"。音频资料可以从 QQ 音乐上获取。

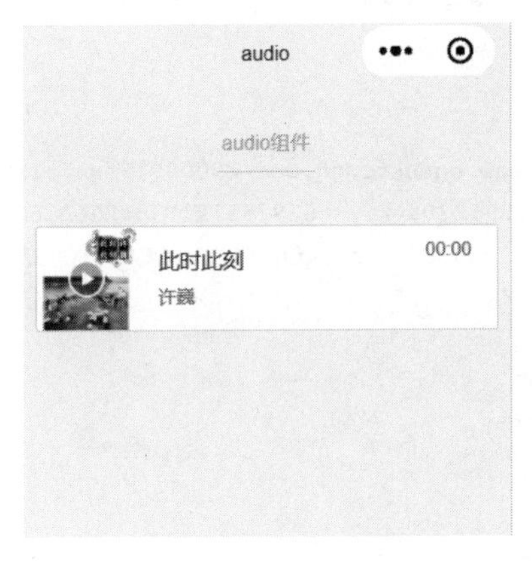


图 8-1　audio 组件任务示例

**【任务分析】**

本次任务练习的是使用 audio 组件播放网络在线的音频，默认的音频组件样式包含歌曲封面、歌曲名、作者和控制按钮等信息。同时也可以为音乐的播放事件注册处理函数。总体而言较为简单。

【任务操作】

(1) 打开示例项目,在 app.json 文件的 pages 数组中新增一项"pages/Chapter_8/8_1_audio/8_1_audio ",保存文件,使用开发者工具生成了页面所需的文件后,新增一个将页面 8_1_audio 设置为启动页面的名为"8_1_audio"的编译模式,并使用该模式编译项目。

(2) 打开该目录下的 8_1_audio.wxml 文件,输入以下代码,构建页面结构。

```
<!-- pages/Chapter_8/8_1_audio/8_1_audio.wxml -->
<view class="container">
  <view class="page-head">
    <view class="page-head-title">audio 组件</view>
    <view class="page-head-line"></view>
  </view>

  <view class="page-body">
    <view class="page-section" style="text-align: center;">
      <audio style="text-align: left" src="{{current.src}}" poster="{{current.poster}}" name="{{current.name}}" author="{{current.author}}" controls bindplay='playMusic' bindpause='pauseMusic'></audio>
    </view>
  </view>
</view>
```

(3) 打开该目录下的 8_1_audio.js 文件,添加歌曲信息以及监听音乐播放和暂停事件的处理函数。

```
// pages/Chapter_8/8_1_audio/8_1_audio.js
Page({
  data: {
    current: {
      poster: 'http://y.gtimg.cn/music/photo_new/T002R300x300M000003rsKF44GyaSk.jpg?max_age=2592000',
      name: '此时此刻',
      author: '许巍',
      src: 'http://ws.stream.qqmusic.qq.com/M500001VfvsJ21xFqb.mp3?guid=ffffffff82def4af4b12b3cd9337d5e7&uin=346897220&vkey=6292F51E1E384E06DCBDC9AB7C49FD713D632D313AC4858BACB8DDD29067D3C601481D36E62053BF8DFEAF74C0A5CCFADD6471160CAF3E6A&fromtag=46',
    }
  },
  playMusic:function(e){
    console.log("音乐播放")
  },
  pauseMusic:function(e){
    console.log("音乐暂停")
  }
})
```

(4) 打开该目录下的 8_1_audio.wxss 文件,为页面元素添加样式。

```
/* pages/Chapter_8/8_1_audio/8_1_audio.wxss */
page {
```

```
  background-color: #F8F8F8;
  height: 100%;
  font-size: 32rpx;
  line-height: 1.6;
}
.container {
  display: flex;
  flex-direction: column;
  min-height: 100%;
  justify-content: space-between;
  font-size: 32rpx;
  font-family: -apple-system-font,Helvetica Neue,Helvetica,sans-serif;
}
.page-head{
  padding: 60rpx 50rpx 80rpx;
  text-align: center;
}
.page-head-title{
  display: inline-block;
  padding: 0 40rpx 20rpx 40rpx;
  font-size: 32rpx;
  color: #BEBEBE;
}
.page-head-line{
  margin: 0 auto;
  width: 150rpx;
  height: 2rpx;
  background-color: #D8D8D8;
}
.page-body {
  width: 100%;
  flex-grow: 1;
  overflow-x: hidden;
}
.page-section{
  width: 100%;
  margin-bottom: 60rpx;
}
```

（5）保存文件，编译项目，在模拟器中查看页面效果。

**【相关知识】**

audio 音频组件，其属性说明见表 8-1。

**表 8-1　audio 组件属性说明**

| 属 性 名 | 类　　型 | 默认值 | 说　　明 |
|---|---|---|---|
| id | String | | audio 组件的唯一标识符 |
| src | String | | 要播放音频的资源地址 |
| loop | Boolean | false | 是否循环播放 |
| controls | Boolean | false | 是否显示默认控件 |

续表

| 属性名 | 类型 | 默认值 | 说明 |
|---|---|---|---|
| poster | String | | 默认控件上的音频封面的图片资源地址，如果 controls 属性值为 false 则设置 poster 无效 |
| name | String | 未知音频 | 默认控件上的音频名字，如果 controls 属性值为 false 则设置 name 无效 |
| author | String | 未知作者 | 默认控件上的作者名字，如果 controls 属性值为 false 则设置 author 无效 |
| binderror | EventHandle | | 当发生错误时触发 error 事件，detail = {errMsg: MediaError. code} |
| bindplay | EventHandle | | 当开始/继续播放时触发 play 事件 |
| bindpause | EventHandle | | 当暂停播放时触发 pause 事件 |
| bindtimeupdate | EventHandle | | 当播放进度改变时触发 timeupdate 事件，detail = {currentTime, duration} |
| bindended | EventHandle | | 当播放到末尾时触发 ended 事件 |

其中，MediaError. code 的值说明见表 8-2。

**表 8-2　MediaError. code 错误码说明**

| 返回错误码 | 描　述 |
|---|---|
| 1 | 获取资源被用户禁止 |
| 2 | 网络错误 |
| 3 | 解码错误 |
| 4 | 不合适资源 |

需要注意的是，如果是网络上的音乐资源，请检测是否有版权和付费的限制。如果有相关限制，音乐可能无法被正常播放。

## 8.2　图片组件 image

**【任务要求】**

新建一个如图 8-2 所示的页面，页面上包含一张引用自本地的图片和一张引用自网络的图片。

**【任务分析】**

image 组件也是一个比较简单的组件，它的一个最为重要的属性便是指定图片来源。除此之外，也可以设定图片的缩放模式等。

**【任务操作】**

(1) 打开示例项目，在 app. json 文件的 pages 数组中新增一项"pages/Chapter_8/8_2_image/8_2_image "，保存文件，使用开发者工具生成页面所需的文件后，新增一个将页面 8_2_image 设置为启动页面的名为"8_2_image"的编译模式，并使用该模式编译项目。

(2) 打开该目录下的 8_2_image. wxml 文件，输入以下代码，构建页面结构。此处本地图片文件的地址为与 pages 文件夹处于同一层级的 image 文件夹内。

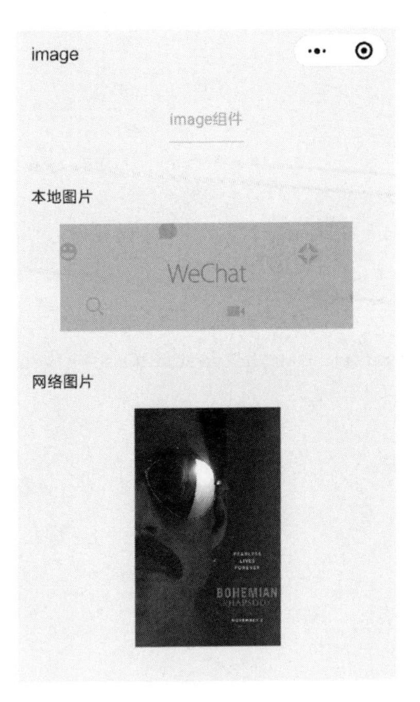


图 8-2　image 组件任务示例

```
<! -- pages/Chapter_8/8_2_image/8_2_image.wxml -- >
< view class = "container">
  < view class = "page - head">
    < view class = "page - head - title"> image 组件</view >
    < view class = "page - head - line"></view >
  </view >
  < view class = "page - body">
    < view class = "page - section page - section - gap">
      < view class = "page - section - title">本地图片</view >
      < view class = "page - section - ctn">
        < image class = "image_1" src = "../../../image/WeChat_1.jpg"/>
      </view >
    </view >
    < view class = "page - section page - section - gap">
      < view class = "page - section - title">网络图片</view >
      < view class = "page - section - ctn">
        < image class = " image_2" mode = 'aspectFit' src = "https://img3.doubanio.com/view/
photo/raw/public/p2522138824.jpg"/>
      </view >
    </view >
  </view >
</view >
```

(3) 打开该目录下的 8_2_image.wxss 文件,为页面元素添加样式。

```
/* pages/Chapter_8/8_2_image/8_2_image.wxss */
page {
  background - color: #F8F8F8;
```

```
  height: 100%;
  font-size: 32rpx;
  line-height: 1.6;
}
.container {
  display: flex;
  flex-direction: column;
  min-height: 100%;
  justify-content: space-between;
  font-size: 32rpx;
  font-family: -apple-system-font,Helvetica Neue,Helvetica,sans-serif;
}
.page-head{
  padding: 60rpx 50rpx 80rpx;
  text-align: center;
}
.page-head-title{
  display: inline-block;
  padding: 0 40rpx 20rpx 40rpx;
  font-size: 32rpx;
  color: #BEBEBE;
}
.page-head-line{
  margin: 0 auto;
  width: 150rpx;
  height: 2rpx;
  background-color: #D8D8D8;
}
.page-body {
  width: 100%;
  flex-grow: 1;
  overflow-x: hidden;
}
.page-section{
  width: 100%;
  margin-bottom: 60rpx;
}
.page-section-gap{
  box-sizing:border-box;
  padding:0 30rpx;
}
.page-section-ctn {
  text-align: center;
}
.image_1 {
  margin-top: 30rpx;
  width: 580rpx;
  height: 208rpx;
}
.image_2 {
  margin-top: 30rpx;
```

```
  width: 580rpx;
}
```

(4) 保存文件,编译项目,在模拟器中查看页面效果。

**【相关知识】**

image 图片组件的属性说明见表 8-3。

**表 8-3　image 组件的属性说明**

| 属性名 | 类　　型 | 默 认 值 | 说　　明 | 最低版本 |
|---|---|---|---|---|
| src | String | | 图片资源地址 | |
| mode | String | 'scaleToFill' | 图片裁剪、缩放的模式,有效值说明见表 8-4 | |
| lazy-load | Boolean | false | 图片懒加载,在即将进入当前屏幕可视区域时才开始加载 | 1.5.0 |
| binderror | HandleEvent | | 当错误发生时,发布到 AppService 的事件名,事件对象 event.detail = {errMsg: 'something wrong'} | |
| bindload | HandleEvent | | 当图片载入完毕时,发布到 AppService 的事件名,事件对象 event.detail = {height:'图片高度 px', width:'图片宽度 px'} | |
| aria-label | String | | 无障碍访问,(属性)元素的额外描述 | 2.5.0 |

image 组件默认宽度为 300px、高度为 225px,同时组件内的二维码/小程序码图片不支持长按识别。其中,mode 属性的有效值说明见表 8-4。

**表 8-4　mode 属性的有效值**

| 模式 | 值 | 说　　明 |
|---|---|---|
| 缩放 | scaleToFill | 不保持纵横比缩放图片,使图片的宽高完全拉伸至填满 image 元素 |
| 缩放 | aspectFit | 保持纵横比缩放图片,使图片的长边能完全显示出来。也就是说,可以完整地将图片显示出来 |
| 缩放 | aspectFill | 保持纵横比缩放图片,只保证图片的短边能完全显示出来。也就是说,图片通常只在水平或垂直方向是完整的,另一个方向将会发生截取 |
| 缩放 | widthFix | 宽度不变,高度自动变化,保持原图宽高比不变 |
| 裁剪 | top | 不缩放图片,只显示图片的顶部区域 |
| 裁剪 | bottom | 不缩放图片,只显示图片的底部区域 |
| 裁剪 | center | 不缩放图片,只显示图片的中间区域 |
| 裁剪 | left | 不缩放图片,只显示图片的左边区域 |
| 裁剪 | right | 不缩放图片,只显示图片的右边区域 |
| 裁剪 | top left | 不缩放图片,只显示图片的左上边区域 |
| 裁剪 | top right | 不缩放图片,只显示图片的右上边区域 |
| 裁剪 | bottom left | 不缩放图片,只显示图片的左下边区域 |
| 裁剪 | bottom right | 不缩放图片,只显示图片的右下边区域 |

## 8.3 视频组件 video

**【任务要求】**

新建一个如图 8-3 所示的页面，页面上包含一个视频播放器和一个弹幕输入框以及发送弹幕的按钮。视频能自动默认在第 1 秒和第 3 秒加载两条弹幕。新输入的弹幕文字颜色设置为随机。

图 8-3 video 组件任务示例

**【任务分析】**

本次任务主要练习了视频组件的使用。除了和 image 组件需要 src 属性来指明视频的路径外，视频还可以显示弹幕。在本次任务中，需要预先输入两条弹幕，同时还需要一个能生成随机颜色的函数。

**【任务操作】**

(1) 打开示例项目，在 app.json 文件的 pages 数组中新增一项"pages/Chapter_8/8_3_video/8_3_video"，保存文件，使用开发者工具生成页面所需的文件后，新增一个将页面 8_3_video 设置为启动页面的名为"8_3_video"的编译模式，并使用该模式编译项目。

(2) 打开该目录下的 8_3_video.wxml 文件，输入以下代码，构建页面结构。

```
<! -- pages/Chapter_8/8_3_video/8_3_video.wxml -- >
< view class = "container">
  < view class = "page - head">
```

```
      <view class = "page - head - title"> video 组件</view>
      <view class = "page - head - line"></view>
    </view>
    <view class = "page - body">
      <view class = "page - section tc">
        <video id = "myVideo" src = "http://wxsnsdy.tc.qq.com/105/20210/snsdyvideodownload?
filekey = 30280201010421301f0201690402534804102ca905ce620b1241b726bc41dcff44e00204012882
540400&bizid = 1023&hy = SH&fileparam = 302c020101042530230204136ffd93020457e3c4ff02024ef20
2031e8d7f02030f42400204045a320a0201000400" binderror = "videoErrorCallback" danmu - list =
"{{danmuList}}" enable - danmu danmu - btn show - center - play - btn = '{{false}}' show - play -
btn = "{{true}}" controls ></video>

        <view class = "weui - cells">
          <view class = "weui - cell weui - cell_input">
            <view class = "weui - cell__hd">
              <view class = "weui - label">弹幕内容</view>
            </view>
            <view class = "weui - cell__bd">
              <input bindblur = "bindInputBlur" class = "weui - input" type = "text" placeholder =
"在此处输入弹幕内容" />
            </view>
          </view>
        </view>
        <view class = "btn - area">
          <button bindtap = "bindSendDanmu" class = "page - body - button" type = "primary"
formType = "submit">发送弹幕</button>
        </view>
      </view>
    </view>
</view>
```

(3) 打开该目录下的 8_3_video.js 文件,添加默认的弹幕以及相应的事件处理函数。

```
// pages/Chapter_8/8_3_video/8_3_video.js
function getRandomColor() {
  const rgb = []
  for (let i = 0; i < 3; ++i) {
    let color = Math.floor(Math.random() * 256).toString(16)
    color = color.length === 1 ? '0' + color : color
    rgb.push(color)
  }
  return '#' + rgb.join('')
}

Page({
  onReady() {
    this.videoContext = wx.createVideoContext('myVideo')
  },

  inputValue: '',
  data: {
```

```
    src: '',
    danmuList:
      [{
        text: '第 1 秒出现的弹幕',
        color: '#ff0000',
        time: 1
      }, {
        text: '第 3 秒出现的弹幕',
        color: '#ff00ff',
        time: 3
      }]
  },

  bindInputBlur(e) {
    this.inputValue = e.detail.value
  },

  bindSendDanmu() {
    this.videoContext.sendDanmu({
      text: this.inputValue,
      color: getRandomColor()
    })
  },

  videoErrorCallback(e) {
    console.log('视频错误信息:')
    console.log(e.detail.errMsg)
  }
})
```

(4) 打开该目录下的 8_3_video.wxss 文件，为页面元素添加样式。

```
/* pages/Chapter_8/8_3_video/8_3_video.wxss */
@import "../../../common/weui.wxss";
page {
  background-color: #F8F8F8;
  height: 100%;
  font-size: 32rpx;
  line-height: 1.6;
}
.container {
  display: flex;
  flex-direction: column;
  min-height: 100%;
  justify-content: space-between;
  font-size: 32rpx;
  font-family: -apple-system-font,Helvetica Neue,Helvetica,sans-serif;
}
.page-head{
  padding: 60rpx 50rpx 80rpx;
  text-align: center;
```

```
}
.page-head-title{
  display: inline-block;
  padding: 0 40rpx 20rpx 40rpx;
  font-size: 32rpx;
  color: #BEBEBE;
}
.page-head-line{
  margin: 0 auto;
  width: 150rpx;
  height: 2rpx;
  background-color: #D8D8D8;
}
.page-body {
  width: 100%;
  flex-grow: 1;
  overflow-x: hidden;
}
.page-section{
  width: 100%;
  margin-bottom: 60rpx;
}
.tc{
  text-align:center;
}
.btn-area{
  margin-top:60rpx;
  box-sizing:border-box;
  width:100%;
  padding:0 30rpx;
}
.weui-cells{
  margin-top: 80rpx;
  text-align: left;
}
.weui-label{
  width: 5em;
}
```

(5) 保存文件,编译项目,在模拟器中查看页面效果。

**【相关知识】**

video 视频组件在基础库 2.4.0 及以上版本已默认开启同层渲染,低版本请注意原生组件相关限制。在本次任务中使用到的 wx.createVideoContext 接口可参考后文 11.5 节的内容。

video 组件的属性说明见表 8-5。

表 8-5 video 组件属性说明

| 属性名 | 类型 | 默认值 | 说明 | 最低版本 |
| --- | --- | --- | --- | --- |
| src | String | | 要播放视频的资源地址，支持云文件 ID (2.2.3 起) | |
| duration | Number | | 指定视频时长 | 1.1.0 |
| controls | Boolean | true | 是否显示默认播放控件(播放/暂停按钮、播放进度、时间) | |
| danmu-list | Object Array | | 弹幕列表 | |
| danmu-btn | Boolean | false | 是否显示弹幕按钮，只在初始化时有效，不能动态变更 | |
| enable-danmu | Boolean | false | 是否展示弹幕，只在初始化时有效，不能动态变更 | |
| autoplay | Boolean | false | 是否自动播放 | |
| loop | Boolean | false | 是否循环播放 | 1.4.0 |
| muted | Boolean | false | 是否静音播放 | 1.4.0 |
| initial-time | Number | | 指定视频初始播放位置 | 1.6.0 |
| page-gesture | Boolean | false | 在非全屏模式下，是否开启亮度与音量调节手势(废弃，见 vslide-gesture) | 1.6.0 |
| direction | Number | | 设置全屏时视频的方向，不指定则根据宽高比自动判断。有效值为 0(正常竖向)，90(屏幕逆时针 90°)，－90(屏幕顺时针 90°) | 1.7.0 |
| show-progress | Boolean | true | 若不设置，宽度大于 240 时才会显示 | 1.9.0 |
| show-fullscreen-btn | Boolean | true | 是否显示全屏按钮 | 1.9.0 |
| show-play-btn | Boolean | true | 是否显示视频底部控制栏的播放按钮 | 1.9.0 |
| show-center-play-btn | Boolean | true | 是否显示视频中间的播放按钮 | 1.9.0 |
| enable-progress-gesture | Boolean | true | 是否开启控制进度的手势 | 1.9.0 |
| object-fit | String | contain | 当视频大小与 video 器大小不一致时，视频的表现形式。contain：包含，fill：填充，cover：覆盖 | |
| poster | String | | 视频封面的图片网络资源地址或云文件 ID(2.2.3 起支持)。若 controls 属性值为 false 则设置 poster 无效 | |
| show-mute-btn | Boolean | false | 是否显示静音按钮 | 2.4.0 |
| title | String | | 视频的标题，全屏时在顶部展示 | 2.4.0 |
| play-btn-position | String | bottom | 播放按钮的位置，有效值为：bottom (controls bar 上)、center(视频中间) | 2.4.0 |
| enable-play-gesture | Boolean | false | 是否开启播放手势，即双击切换播放/暂停 | 2.4.0 |
| auto-pause-if-navigate | Boolean | true | 当跳转到其他小程序页面时，是否自动暂停本页面的视频 | 2.5.0 |
| auto-pause-if-open-native | Boolean | true | 当跳转到其他微信原生页面时，是否自动暂停本页面的视频 | 2.5.0 |

续表

| 属 性 名 | 类 型 | 默认值 | 说 明 | 最低版本 |
|---|---|---|---|---|
| vslide-gesture | Boolean | false | 在非全屏模式下,是否开启亮度与音量调节手势(同 page-gesture) | 2.6.2 |
| vslide-gesture-in-fullscreen | Boolean | true | 在全屏模式下,是否开启亮度与音量调节手势 | 2.6.2 |
| bindplay | EventHandle | | 当开始/继续播放时触发 play 事件 | |
| bindpause | EventHandle | | 当暂停播放时触发 pause 事件 | |
| bindended | EventHandle | | 当播放到末尾时触发 ended 事件 | |
| bindtimeupdate | EventHandle | | 播放进度变化时触发,event.detail = {currentTime, duration}。触发频率 250ms 一次 | |
| bindfullscreenchange | EventHandle | | 视频进入和退出全屏时触发,event.detail = {fullScreen, direction},direction 有效值为 vertical 或 horizontal | 1.4.0 |
| bindwaiting | EventHandle | | 视频出现缓冲时触发 | 1.7.0 |
| binderror | EventHandle | | 视频播放出错时触发 | 1.7.0 |
| bindprogress | EventHandle | | 加载进度变化时触发,只支持一段加载。event.detail = {buffered},百分比 | 2.4.0 |

video 组件的默认宽度为 300px,高度为 225px,我们也可以通过 wxss 设置宽高。video 组件里面的视频格式,不同的系统支持情况见表 8-6 和表 8-7 的说明。

**表 8-6 iOS 和 Android 支持的格式区别**

| 格 式 | iOS | Android |
|---|---|---|
| mp4 | √ | √ |
| mov | √ | x |
| m4v | √ | x |
| 3gp | √ | √ |
| avi | √ | x |
| m3u8 | √ | √ |
| webm | x | √ |

**表 8-7 iOS 和 Android 支持的编码格式的区别**

| 编 码 格 式 | iOS | Android |
|---|---|---|
| H.264 | √ | √ |
| HEVC | √ | √ |
| MPEG-4 | √ | √ |
| VP9 | x | √ |

## 8.4 相机组件 camera

**【任务要求】**

新建一个如图 8-4 所示的页面，要求能实时显示相机的画面，同时实现四个按钮对应的功能。在完成拍摄后，需要在页面底部一次显示出先前拍摄的内容，如图 8-5 所示。

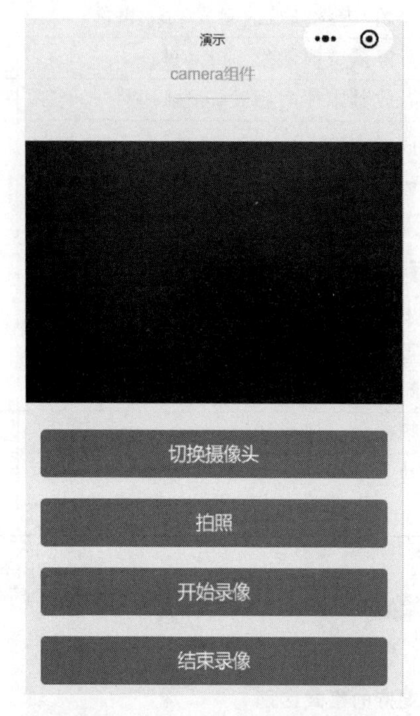


图 8-4 camera 组件任务示例

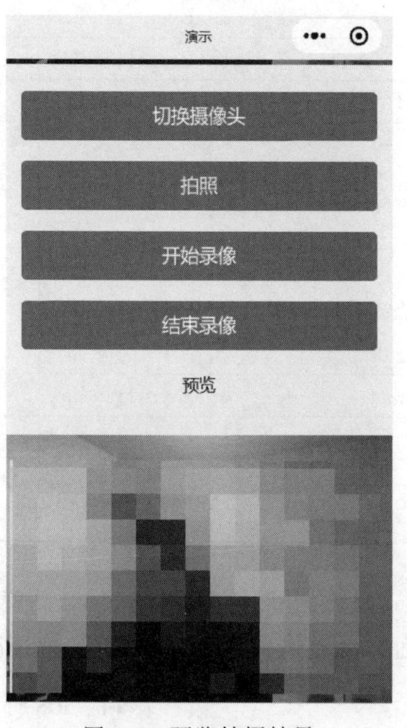


图 8-5 预览拍摄结果

**【任务分析】**

此次任务练习的是调用手机摄像头的功能，包含切换前后摄像头、拍照、录像以及查看拍摄后的文件的功能。这些也是 camera 组件最为基本的一些功能。在本次任务中，将会用到 wx.createCameraContext 接口，有关该接口的详细说明可以参考 11.6 节。

**【任务操作】**

（1）打开示例项目，在 app.json 文件的 pages 数组中新增一项"pages/Chapter_8/8_4_camera/8_4_camera"，保存文件，使用开发者工具生成页面所需的文件后，新增一个将页面 8_4_camera 设置为启动页面的名为"8_4_camera"的编译模式，并使用该模式编译项目。

（2）打开该目录下的 8_4_camera.wxml 文件，输入以下代码，构建页面结构。

```
<!-- pages/Chapter_8/8_4_camera/8_4_camera.wxml -->
<view class="container">
  <view class="page-head">
    <view class="page-head-title">camera 组件</view>
    <view class="page-head-line"></view>
```

```
  </view>
  <view class="page-body">
    <view class="page-body-wrapper">
      <camera
        flash="off"
        device-position="{{position}}"
        binderror="error"
      >
      </camera>
      <view class="btn-area first-btn">
        <button type="primary" bindtap="togglePosition">切换摄像头</button>
      </view>
      <view class="btn-area">
        <button type="primary" bindtap="takePhoto">拍照</button>
      </view>
      <view class="btn-area">
        <button type="primary" bindtap="startRecord">开始录像</button>
      </view>
      <view class="btn-area">
        <button type="primary" bindtap="stopRecord">结束录像</button>
      </view>
      <view class="preview-tips">预览</view>
      <image wx:if="{{src}}" mode="widthFix" class="photo" src="{{src}}"></image>
      <video wx:if="{{videoSrc}}" class="video" src="{{videoSrc}}"></video>
    </view>
  </view>
</view>
```

(3) 打开该目录下的 8_4_camera.js 文件，设定初始数据，添加相应的事件处理函数。

```
// pages/Chapter_8/8_4_camera/8_4_camera.js
Page({
  data: {
    src: '',
    videoSrc: '',
    position: 'back',
    mode: 'scanCode',
    result: {}
  },
  onLoad() {
    this.ctx = wx.createCameraContext()
  },
  takePhoto() {
    this.ctx.takePhoto({
      quality: 'high',
      success: (res) => {
        this.setData({
          src: res.tempImagePath
        })
      }
    })
```

```
    },
    startRecord() {
      this.ctx.startRecord({
        success: () => {
          console.log('startRecord')
        }
      })
    },
    stopRecord() {
      this.ctx.stopRecord({
        success: (res) => {
          this.setData({
            src: res.tempThumbPath,
            videoSrc: res.tempVideoPath
          })
        }
      })
    },
    togglePosition() {
      this.setData({
        position: this.data.position === 'front'
          ? 'back' : 'front'
      })
    },
    error(e) {
      console.log(e.detail)
    }
})
```

(4) 打开该目录下的 8_4_camera.wxss 文件，为页面元素添加样式。

```
/* pages/Chapter_8/8_4_camera/8_4_camera.wxss */
@import "../../../common/weui.wxss";
page {
  background-color: #F8F8F8;
  height: 100%;
  font-size: 32rpx;
  line-height: 1.6;
}
.container {
  display: flex;
  flex-direction: column;
  min-height: 100%;
  justify-content: space-between;
  font-size: 32rpx;
  font-family: -apple-system-font,Helvetica Neue,Helvetica,sans-serif;
}
.page-head{
  padding: 60rpx 50rpx 80rpx;
  text-align: center;
}
```

```
.page - head - title{
  display: inline - block;
  padding: 0 40rpx 20rpx 40rpx;
  font - size: 32rpx;
  color: #BEBEBE;
}
.page - head - line{
  margin: 0 auto;
  width: 150rpx;
  height: 2rpx;
  background - color: #D8D8D8;
}
.page - body {
  width: 100 % ;
  flex - grow: 1;
  overflow - x: hidden;
}
.page - body - wrapper{
  display:flex;
  flex - direction:column;
  align - items:center;
  width:100 % ;
}

camera {
  height: 500rpx;
}

.preview - tips {
  margin: 20rpx 0;
}

.photo, .video {
  margin - top: 50rpx;
  width: 100 % ;
}
button{
  margin - top:20rpx;
  margin - bottom: 20rpx;
}
.btn - area {
  margin - top: 0;
  box - sizing:border - box;
  width:100 % ;
  padding:0 30rpx;
}

.first - btn {
```

```
    margin-top: 30rpx;
  }

  form {
    margin-top: 30rpx;
  }

  .weui-cell__bd {
    display: flex;
    justify-content: flex-start;
    align-items: center;
    padding: 20rpx 0;
    min-height: 60rpx;
  }
```

（5）保存文件，编译项目，在模拟器中查看页面效果。

**【相关知识】**

camera 系统相机组件，自基础库 1.6.0 开始支持。该组件是原生组件，使用时请注意相关限制。在使用 camera 组件时，需要用户授权 scope.camera。在一个页面上，只允许有一个 camera 组件。camera 组件的属性说明见表 8-8。

**表 8-8　camera 组件属性说明**

| 属性名 | 类型 | 默认值 | 说明 | 最低版本 |
| --- | --- | --- | --- | --- |
| mode | String | normal | 有效值为 normal，scanCode | 2.1.0 |
| device-position | String | back | 前置或后置，值为 front，back | |
| flash | String | auto | 闪光灯，值为 auto，on，off | |
| bindstop | EventHandle | | 摄像头在非正常终止时触发，如退出后台等情况 | |
| binderror | EventHandle | | 用户不允许使用摄像头时触发 | |
| bindscancode | EventHandle | | 在扫码识别成功时触发，仅在 mode="scanCode" 时生效 | 2.1.0 支持一维码，2.4.0 支持二维码 |

# 练　习　题

1. 新建一个如图 8-6 所示的页面，在页面上显示一张图片的原图，同时显示在不同的裁剪和缩放模式下的效果图。

2. 在 video 组件示例任务的基础上，删除弹幕的功能，为 video 组件添加播放手势（双击切换播放/暂停）和在非全屏情况下的亮度和与音量调节手势。

3. 新建一个如图 8-7 所示页面，使其能使用摄像头读取一维码和二维码数据，并显示在页面上。

图 8-6　图片原图(左)和不同缩放和裁剪样式(右)练习

图 8-7　使用 camera 组件读取二维码示例

# 第9章 其他组件

在前面四章介绍了小程序的视图容器组件、基础内容组件、表单组件和多媒体组件等功能比较复杂也很常用的组件后，本章将介绍小程序中其余的一些暂时没有提到的组件，包括导航组件，地图组件，开放数据组件以及公众号关注组件。这些组件可能使用到的频率没有前面提到的那些组件那么高，但是它们也有自己独特的作用，可以为我们的小程序提供更加高级和丰富的功能。

**本章学习目标：**

➢ 了解开放数据组件和公众号关注组件的使用方法。

➢ 掌握导航组件，地图组件的使用方法。

## 9.1 导航组件 navigator

**【任务要求】**

新建三个页面(如图 9-1 所示)，在第一个页面里提供一个使用跳转到新页面的方式打开第二个页面的按钮，再提供一个使用替换当前页面的方式打开第三个页面的按钮，还需要提供一个单击能跳转到其他小程序的按钮。在跳转到第二个和第三个页面时，需要携带一个名为 title 的参数，自拟值，在第二个和第三个页面加载时，需要在调试器的控制台输出 title 的值。在跳转到其他小程序时，需要视情况在控制台输出"跳转成功"和"跳转失败"的提示。

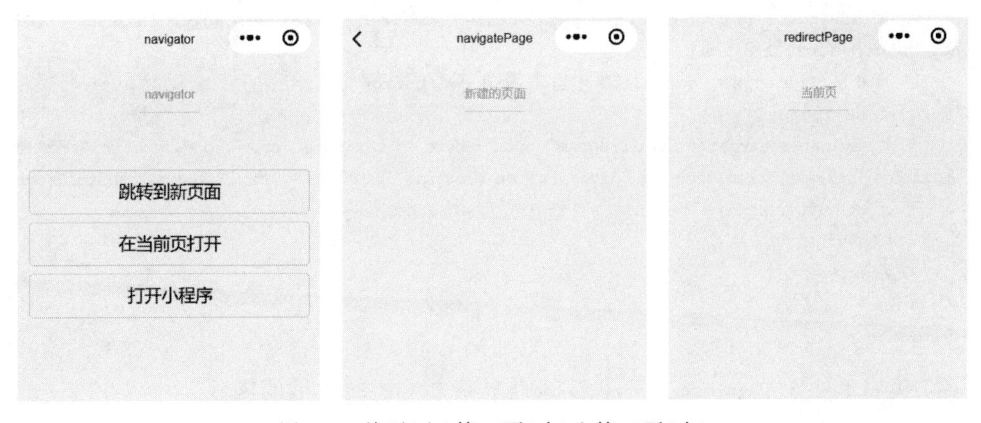


图 9-1　首页(左)第二页(中)和第三页(右)

**【任务分析】**

小程序的页面间跳转是一个非常常用的功能。小程序页面栈的维护请参考 3.2 节内容。本次任务主要是了解 navigate 和 redirect 这两种导航方式的不同，以及如何在页面的跳转之间传递参数。在跳转到其他小程序时，本次任务选择了“微信公开课+”（AppID：wx4f1b24bdc99fa23b）作为跳转对象。注意，为了节省篇幅，本次的任务操作不提供每个页面的 wxss 文件。

**【任务操作】**

（1）打开示例项目，在 app.json 文件的 pages 数组中新增三项"pages/Chapter_9/9_1_navigator/9_1_navigator""pages/Chapter_9/9_1_navigator/9_1_navigate""pages/Chapter_9/9_1_navigator/9_1_redirect"。其中，9_1_navigator 作为启动首页，9_1_navigate 作为使用 navigate 方式导航到的页面，9_1_redirect 作为使用 redirect 方式跳转到的页面。保存文件，待开发者工具生成了页面所需的文件后，新增一个将页面 9_1_navigator 设置为启动页面的名为“9_1_navigator”的编译模式，并使用该模式编译项目。

（2）在 app.json 文件里面新增一个如下的配置项，用于支持打开微信公开课+的小程序。

```
"navigateToMiniProgramAppIdList": ["wx4f1b24bdc99fa23b"]
```

（3）编辑 9_1_ navigator.wxml 文件，构建页面结构。

```
<!-- pages/Chapter_9/9_1_navigator/9_1_navigator.wxml -->
<view class = "container">
  <view class = "page - head">
    <view class = "page - head - title"> navigator </view>
    <view class = "page - head - line"></view>
  </view>
  <view class = "page - body">
    <view class = "btn - area">
      <navigator url = "9_1_navigate?title = navigate" hover - class = "navigator - hover">
        <button type = "default">跳转到新页面</button>
      </navigator>
      <navigator url = "9_1_redirect?title = redirect" redirect hover - class = "other - navigator - hover">
        <button type = "default">在当前页打开</button>
      </navigator>
      <navigator target = "miniProgram" open - type = "navigate" app - id = "wx4f1b24bdc99fa23b" version = "release" bindsuccess = "navigateToMiniProgram" bindfail = "FailToNavigateToMiniProgram">
        <button type = "default">打开小程序</button>
      </navigator>
    </view>
  </view>
</view>
```

（4）编辑 9_1_navigator.js 文件，实现跳转成功和跳转失败的函数。

```
// pages/Chapter_9/9_1_navigator/9_1_navigator.js
Page({
  navigateToMiniProgram:function(){
```

```
        console.log("跳转成功")
    },
    FailToNavigateToMiniProgram:function(){
        console.log("跳转失败")
    }
})
```

(5) 编辑 9_1_navigate.wxml 文件,在页面上显示"新建的页面"字样。

```
<!-- pages/Chapter_9/9_1_navigator/9_1_navigate.wxml -->
<view class="container">
    <view class="page-head">
        <view class="page-head-title">新建的页面</view>
        <view class="page-head-line"></view>
    </view>
</view>
```

(6) 编辑 9_1_navigate.js 文件,在 onLoad 函数里输出获取到的 title 的值。

```
// pages/Chapter_9/9_1_navigator/9_1_navigate.js
Page({
    /**
     * 生命周期函数--监听页面加载
     */
    onLoad: function (options) {
        console.log(options)
        this.setData({
            title: options.title
        })
    },
})
```

(7) 编辑 9_1_redirect.wxml 文件,在页面上显示"当前页"字样。

```
<!-- pages/Chapter_9/9_1_navigator/9_1_redirect.wxml -->
<view class="container">
    <view class="page-head">
        <view class="page-head-title">当前页</view>
        <view class="page-head-line"></view>
    </view>
</view>
```

(8) 编辑 9_1_redirect.js 文件,在 onLoad()函数中输出获取到的 title 的值。

```
// pages/Chapter_9/9_1_navigator/9_1_redirect.js
Page({
    /**
     * 生命周期函数--监听页面加载
     */
    onLoad: function (options) {
        console.log(options)
        this.setData({
            title: options.title
```

```
        })
      },
    })
```



(9) 保存文件,编译项目。在模拟器中查看页面的效果,同时注意观察调试器 Console 面板的输出信息。

**【相关知识】**

navigator 导航组件,其属性说明见表 9-1。

**表 9-1　navigator 导航组件属性**

| 属　　性 | 类型 | 默　认　值 | 必填 | 说　　明 | 最低版本 |
|---|---|---|---|---|---|
| target | String | self | 否 | 在哪个目标上发生跳转,默认值为 self,表示当前小程序。可选值 miniProgram,表示其他小程序 | 2.0.7 |
| url | String | | 否 | 当前小程序内的跳转链接 | 1.0.0 |
| open-type | String | navigate | 否 | 跳转方式 | 1.0.0 |
| delta | Number | 1 | 否 | 当 open-type 为 navigateBack 时有效,表示回退的层数 | 1.0.0 |
| app-id | String | | 否 | 当 target="miniProgram"时有效,要打开的小程序 AppID | 2.0.7 |
| path | String | | 否 | 当 target="miniProgram"时有效,打开的页面路径,如果为空则打开首页 | 2.0.7 |
| extra-data | Object | | 否 | 当 target="miniProgram"时有效,需要传递给目标小程序的数据,目标小程序可在 App. onLaunch(), App. onShow() 中获取到这份数据 | 2.0.7 |
| version | String | release | 否 | 当 target="miniProgram"时有效,要打开的小程序版本 | 2.0.7 |
| hover-class | String | navigator-hover | 否 | 指定单击时的样式类,当 hover-class="none"时,没有单击态效果 | 1.0.0 |
| hover-stop-propagation | Boolean | false | 否 | 指定是否阻止本节点的祖先节点出现单击态 | 1.5.0 |
| hover-start-time | Number | 50 | 否 | 按住后多久出现单击态,单位:毫秒 | 1.0.0 |
| hover-stay-time | Number | 600 | 否 | 手指松开后单击态保留时间,单位:毫秒 | 1.0.0 |
| bindsuccess | String | | 否 | 当 target="miniProgram"时有效,跳转小程序成功 | 2.0.7 |
| bindfail | String | | 否 | 当 target="miniProgram"时有效,跳转小程序失败 | 2.0.7 |
| bindcomplete | String | | 否 | 当 target="miniProgram"时有效,跳转小程序完成 | 2.0.7 |

其中，open-type 属性的可选值见表 9-2。

**表 9-2　open-type 属性可选值**

| 值 | 说　　明 | 最低版本 |
|---|---|---|
| navigate | 保留当前页面，跳转到应用内的某个页面。但是不能跳到 tabBar 页面 | |
| redirect | 关闭当前页面，跳转到应用内的某个页面。但是不允许跳转到 tabBar 页面 | |
| switchTab | 跳转到 tabBar 页面，并关闭其他所有非 tabBar 页面 | |
| reLaunch | 关闭所有页面，打开到应用内的某个页面 | 1.1.0 |
| navigateBack | 关闭当前页面，返回上一页面或多级页面 | 1.1.0 |
| exit | 退出小程序，target="miniProgram"时生效 | 2.1.0 |

version 属性的可选值说明见表 9-3。

**表 9-3　version 属性可选值**

| 值 | 说　　明 |
|---|---|
| develop | 开发版 |
| trial | 体验版 |
| release | 正式版，仅在当前小程序为开发版或体验版时此参数有效；如果当前小程序是正式版，则打开的小程序必定是正式版 |

在跳转到其他小程序时，微信会弹出一个确认框，询问是否跳转，用户确认后才可以跳转其他小程序。如果用户单击取消，则回调 fail cancel。在开发者工具的模拟器上跳转到其他小程序，并不会真实地打开另外的小程序，但是开发者工具会校验本次调用跳转是否成功。

每个小程序可跳转的其他小程序数量限制为不超过 10 个。开发者提交新版小程序代码时，如使用了跳转其他小程序功能，则需要在代码配置中声明将要跳转的小程序名单，限定不超过 10 个，否则将无法通过审核。该名单可在发布新版时更新，不支持动态修改。使用跳转到其他小程序的功能时，所跳转的 appId 必须在配置列表中，否则回调 fail appId "${appId}" is not in navigateToMiniProgramAppIdList。

## 9.2　地图组件 map

**【任务要求】**

新建一个如图 9-2 所示的页面，页面上包含一个地图组件，默认显示腾讯微信总部的地址。实现每个按钮的功能。其中，绘制多边形的实现效果见图 9-3。

**【任务分析】**

小程序在 LBS(Location Based Service，基于位置的服务)方面有着非常广泛的应用场景，因此地图的显示是必不可少的。本次任务针对地图组件的一些基本功能做了练习，主要还是着重在其基本的显示效果上。如果需要更加有个性化的地图，可以访问由腾讯地图提供的微信小程序 LBS 解决方案 http://t.cn/E64jm7j，获取更多需要的信息。

图 9-2　map 组件任务示例

图 9-3　绘制多边形示例

**【任务操作】**

(1) 打开示例项目,在 app.json 文件的 pages 数组中新增一项"pages/Chapter_9/9_2_map/9_2_map ",保存文件,使用开发者工具生成页面所需的文件后,新增一个将页面 9_2_map 设置为启动页面的名为"9_2_map"的编译模式,并使用该模式编译项目。

(2) 打开该目录下的 9_2_map.wxml 文件,输入以下代码,构建页面结构。

```
<!-- pages/Chapter_9/9_2_map/9_2_map.wxml -->
<view class="container">
  <view class="page-head">
    <view class="page-head-title">map 组件</view>
    <view class="page-head-line"></view>
  </view>
```

```
  <view class="page-body">
    <view class="page-section page-section-gap">
      <map
        style="width: 100%; height: 300px;"
        latitude="{{latitude}}"
        longitude="{{longitude}}"
        scale="18"
        markers="{{markers}}"
        covers="{{covers}}"
        enable-3D="{{enable3d}}"
        show-compass="{{showCompass}}"
        enable-zoom="{{enableZoom}}"
        enable-rotate="{{enableRotate}}"
        enable-overlooking="{{enableOverlooking}}"
        enable-scroll="{{enableScroll}}"
        polygons="{{drawPolygon ? polygons : []}}"
      >
      </map>
    </view>
  </view>

  <view class="page-section">
    <view class="btn-area">
      <button bindtap="toggle3d">
        {{ !enable3d ? '启用' : '关闭'}}3D 效果
      </button>
      <button bindtap="toggleShowCompass">
        {{ !showCompass ? '显示' : '关闭' }}指南针
      </button>
      <button bindtap="toggleOverlooking">
        {{ !enableOverlooking ? '开启' : '关闭' }}俯视支持
      </button>
      <button bindtap="toggleRotate">
        {{ !enableRotate ? '开启' : '关闭' }}旋转支持
      </button>
      <button bindtap="togglePolygon">
        {{ !drawPolygon ? '绘制' : '清除' }}多边形
      </button>
      <button bindtap="toggleZoom">
        {{ !enableZoom ? '开启' : '关闭' }}缩放支持
      </button>
      <button bindtap="toggleScroll">
        {{ !enableScroll ? '开启' : '关闭' }}拖动支持
      </button>
    </view>
  </view>
</view>
```

(3) 打开该目录下的 9_2_map.js 文件,实现需要的相关的函数。

```
// pages/Chapter_9/9_2_map/9_2_map.js
Page({
  data: {
    latitude: 23.099994,
    longitude: 113.324520,
    markers: [{
      latitude: 23.099994,
      longitude: 113.324520,
      name: 'T.I.T 创意园'
    }],
    polygons: [{
      points: [
        {
          latitude: 23.099994,
          longitude: 113.324520,
        },
        {
          latitude: 23.098994,
          longitude: 113.323520,
        },
        {
          latitude: 23.098994,
          longitude: 113.325520,
        }
      ],
      strokeWidth: 3,
      strokeColor: '#f5641a',
    }],
    enable3d: false,
    showCompass: false,
    enableOverlooking: false,
    enableZoom: true,
    enableScroll: true,
    enableRotate: false,
    drawPolygon: false,
  },
  toggle3d() {
    this.setData({
      enable3d: !this.data.enable3d
    })
  },
  toggleShowCompass() {
    this.setData({
      showCompass: !this.data.showCompass
    })
  },
  toggleOverlooking() {
    this.setData({
      enableOverlooking: !this.data.enableOverlooking
```

```
      })
    },
    toggleZoom() {
      this.setData({
        enableZoom: !this.data.enableZoom
      })
    },
    toggleScroll() {
      this.setData({
        enableScroll: !this.data.enableScroll
      })
    },
    toggleRotate() {
      this.setData({
        enableRotate: !this.data.enableRotate
      })
    },
    togglePolygon() {
      this.setData({
        drawPolygon: !this.data.drawPolygon
      })
    }
  })
```

(4) 9_2_map.wxss 样式文件的内容请参考前文相同的样式类。

(5) 保存所有文件,编译项目,在手机上预览该页面的相关功能。

**【相关知识】**

个性化地图能力(详见 https://lbs.qq.com/product/miniapp/guide/)可在小程序后台"设置"→"开发者工具"→"腾讯位置服务"申请开通。组件属性的长度单位默认为 px,基础库 2.4.0 起支持传入单位(rpx/px)。其属性说明见表 9-4。

**表 9-4 map 组件属性说明**

| 属　性 | 类　型 | 默认值 | 必填 | 说　明 | 最低版本 |
|---|---|---|---|---|---|
| longitude | Number | | 是 | 中心经度 | 1.0.0 |
| latitude | Number | | 是 | 中心纬度 | 1.0.0 |
| scale | Number | 16 | 否 | 缩放级别,取值范围为 5～18 | 1.0.0 |
| markers | Array.<marker> | | 否 | 标记点 | 1.0.0 |
| polyline | Array.<polyline> | | 否 | 路线 | 1.0.0 |
| circles | Array.<circle> | | 否 | 圆 | 1.0.0 |
| include-points | Array.<point> | | 否 | 缩放视野以包含所有给定的坐标点 | 1.0.0 |
| show-location | Boolean | false | 否 | 显示带有方向的当前定位点 | 1.0.0 |
| polygons | Array.<polygon> | | 否 | 多边形 | 2.3.0 |
| subkey | String | | 否 | 个性化地图使用的 key,仅初始化地图时有效 | 2.3.0 |
| enable-3D | Boolean | false | 否 | 展示 3D 楼块(工具暂不支持) | 2.3.0 |
| show-compass | Boolean | false | 否 | 显示指南针 | 2.3.0 |

续表

| 属　性 | 类　型 | 默认值 | 必填 | 说　明 | 最低版本 |
| --- | --- | --- | --- | --- | --- |
| enable-overlooking | Boolean | false | 否 | 开启俯视 | 2.3.0 |
| enable-zoom | Boolean | true | 否 | 是否支持缩放 | 2.3.0 |
| enable-scroll | Boolean | true | 否 | 是否支持拖动 | 2.3.0 |
| enable-rotate | Boolean | false | 否 | 是否支持旋转 | 2.3.0 |
| bindtap | Eventhandle |  | 否 | 单击地图时触发 | 1.0.0 |
| bindmarkertap | Eventhandle |  | 否 | 单击标记点时触发，会返回 marker 的 id | 1.0.0 |
| bindcontroltap | Eventhandle |  | 否 | 单击控件时触发，会返回 control 的 id | 1.0.0 |
| bindcallouttap | Eventhandle |  | 否 | 单击标记点对应的气泡时触发，会返回 marker 的 id | 1.2.0 |
| bindupdated | Eventhandle |  | 否 | 在地图渲染更新完成时触发 | 1.6.0 |
| bindregionchange | Eventhandle |  | 否 | 视野发生变化时触发 | 2.3.0 |
| bindpoitap | Eventhandle |  | 否 | 单击地图 poi 点时触发 | 2.3.0 |

其中，marker 表示标记点，用于在地图上显示标记的位置。其属性说明见表 9-5。

**表 9-5　marker 属性说明**

| 属性 | 说　明 | 类　型 | 必填 | 备　注 | 最低版本 |
| --- | --- | --- | --- | --- | --- |
| id | 标记点 id | Number | 否 | marker 单击事件回调会返回此 id。建议为每个 marker 设置上 number 类型 id，保证更新 marker 时有更好的性能 |  |
| latitude | 纬度 | Number | 是 | 浮点数，范围为－90～90 |  |
| longitude | 经度 | Number | 是 | 浮点数，范围为－180～180 |  |
| title | 标注点名 | String | 否 |  |  |
| zIndex | 显示层级 | Number | 否 |  | 2.3.0 |
| iconPath | 显示的图标 | String | 是 | 项目目录下的图片路径，支持相对路径写法，以'/'开头则表示相对小程序根目录；也支持临时路径和网络图片(2.3.0) |  |
| rotate | 旋转角度 | Number | 否 | 顺时针旋转的角度，范围为 0°～360°，默认为 0° |  |
| alpha | 标注的透明度 | Number | 否 | 默认 1，无透明，范围为 0～1 |  |
| width | 标注图标宽度 | Number/String | 否 | 默认为图片实际宽度 |  |
| height | 标注图标高度 | Number/String | 否 | 默认为图片实际高度 |  |
| callout | 自定义标记点上方的气泡窗口 | Object | 否 | 支持的属性见表 9-6，可识别换行符 | 1.2.0 |
| label | 为标记点旁边增加标签 | Object | 否 | 支持的属性见表 9-7，可识别换行符 | 1.2.0 |

续表

| 属性 | 说　明 | 类　型 | 必填 | 备　注 | 最低版本 |
| --- | --- | --- | --- | --- | --- |
| anchor | 经纬度在标注图标的锚点,默认底边中点 | Object | 否 | {x, y},x 表示横向(0-1),y 表示竖向(0-1)。{x: .5, y: 1} 表示底边中点 | 1.2.0 |
| aria-label | 无障碍访问,(属性)元素的额外描述 | String | 否 |  | 2.5.0 |

**表 9-6　marker 上的气泡 callout 的属性说明**

| 属　性 | 说　明 | 类　型 | 最低版本 |
| --- | --- | --- | --- |
| content | 文本 | String | 1.2.0 |
| color | 文本颜色 | String | 1.2.0 |
| fontSize | 文字大小 | Number | 1.2.0 |
| borderRadius | 边框圆角 | Number | 1.2.0 |
| borderWidth | 边框宽度 | Number | 2.3.0 |
| borderColor | 边框颜色 | String | 2.3.0 |
| bgColor | 背景色 | String | 1.2.0 |
| padding | 文本边缘留白 | Number | 1.2.0 |
| display | 'BYCLICK':单击显示; 'ALWAYS':常显 | String | 1.2.0 |
| textAlign | 文本对齐方式。有效值: left, right, center | String | 1.6.0 |

**表 9-7　marker 上的气泡 label 属性说明**

| 属　性 | 说　明 | 类　型 | 最低版本 |
| --- | --- | --- | --- |
| content | 文本 | String | 1.2.0 |
| color | 文本颜色 | String | 1.2.0 |
| fontSize | 文字大小 | Number | 1.2.0 |
| anchorX | label 的坐标,原点是 marker 对应的经纬度 | Number | 2.1.0 |
| anchorY | label 的坐标,原点是 marker 对应的经纬度 | Number | 2.1.0 |
| borderWidth | 边框宽度 | Number | 1.6.0 |
| borderColor | 边框颜色 | String | 1.6.0 |
| borderRadius | 边框圆角 | Number | 1.6.0 |
| bgColor | 背景色 | String | 1.6.0 |
| padding | 文本边缘留白 | Number | 1.6.0 |
| textAlign | 文本对齐方式。有效值: left, right, center | String | 1.6.0 |

polyline 属性用于指定一系列坐标点,使得地图上可以绘制一条从数组第一项至最后一项的连线。其属性说明见表 9-8。

**表 9-8　polyline 属性说明**

| 属　性 | 说　明 | 类型 | 必填 | 备　注 | 最低版本 |
| --- | --- | --- | --- | --- | --- |
| points | 经纬度数组 | Array | 是 | [{latitude: 0, longitude: 0}] |  |
| color | 线的颜色 | String | 否 | 十六进制 |  |

续表

| 属性 | 说明 | 类型 | 必填 | 备注 | 最低版本 |
|---|---|---|---|---|---|
| width | 线的宽度 | Number | 否 | | |
| dottedLine | 是否虚线 | Boolean | 否 | 默认 false | |
| arrowLine | 带箭头的线 | Boolean | 否 | 默认 false,开发者工具暂不支持该属性 | 1.2.0 |
| arrowIconPath | 更换箭头图标 | String | 否 | 在 arrowLine 为 true 时生效 | 1.6.0 |
| borderColor | 线的边框颜色 | String | 否 | | 1.2.0 |
| borderWidth | 线的厚度 | Number | 否 | | 1.2.0 |

polygon 属性用于指定一系列坐标点,组件会根据 points 坐标数据在页面上绘制闭合多边形。其属性说明见表 9-9。

**表 9-9 polygon 属性说明**

| 属性 | 说明 | 类型 | 必填 | 备注 | 最低版本 |
|---|---|---|---|---|---|
| points | 经纬度数组 | Array | 是 | [{latitude: 0, longitude: 0}] | 2.3.0 |
| strokeWidth | 描边的宽度 | Number | 否 | | 2.3.0 |
| strokeColor | 描边的颜色 | String | 否 | 十六进制 | 2.3.0 |
| fillColor | 填充颜色 | String | 否 | 十六进制 | |
| zIndex | 设置多边形 Z 轴数值 | Number | 否 | | 2.3.0 |

circle 属性,用于在地图上显示圆。其属性说明见表 9-10。

**表 9-10 circle 属性说明**

| 属性 | 说明 | 类型 | 必填 | 备注 |
|---|---|---|---|---|
| latitude | 纬度 | Number | 是 | 浮点数,范围为-90~90 |
| longitude | 经度 | Number | 是 | 浮点数,范围为-180~180 |
| color | 描边的颜色 | String | 否 | 十六进制 |
| fillColor | 填充颜色 | String | 否 | 十六进制 |
| radius | 半径 | Number | 是 | |
| strokeWidth | 描边的宽度 | Number | 否 | |

position 属性,用于设定控件的位置。其属性说明见表 9-11。

**表 9-11 position 属性说明**

| 属性 | 说明 | 类型 | 必填 | 备注 |
|---|---|---|---|---|
| left | 距离地图的左边界多远 | Number | 否 | 默认为 0 |
| top | 距离地图的上边界多远 | Number | 否 | 默认为 0 |
| width | 控件宽度 | Number | 否 | 默认为图片宽度 |
| height | 控件高度 | Number | 否 | 默认为图片高度 |

bindregionchange 的返回值见表 9-12。

**表 9-12　bindregionchange 回调参数说明**

| 属　　性 | 说　　明 | 类型 | 备　　注 |
|---|---|---|---|
| type | 视野变化开始、结束时触发 | String | 视野变化开始为 begin,结束为 end |
| causedBy | 导致视野变化的原因 | String | 拖动地图导致(drag)、缩放导致(scale)、调用接口导致(update) |

使用 map 组件需要注意以下几点。

(1) map 组件为原生组件,尽量在手机客户端进行真机调试;

(2) 与 map 组件相关的 wx.createMapContext 接口请参考后文第 15 章的内容;

(3) 地图中的颜色值 color/borderColor/bgColor 等需使用 6 位(8 位)十六进制表示,8 位时后两位表示 alpha 值,如#000000AA;

(4) 地图组件的经纬度必填,如果不填经纬度则默认值是北京的经纬度;

(5) map 组件使用的经纬度是火星坐标系,调用 wx.getLocation 接口(参考 15.1 节)时,需要指定参数 type 为 gcj02。

# 9.3　开放数据组件 open-data

**【任务要求】**

新建一个如图 9-4 所示的页面,页面上使用 open-data 组件,实现显示当前登录小程序的微信用户的头像、昵称、性别、地区和语言信息的功能。

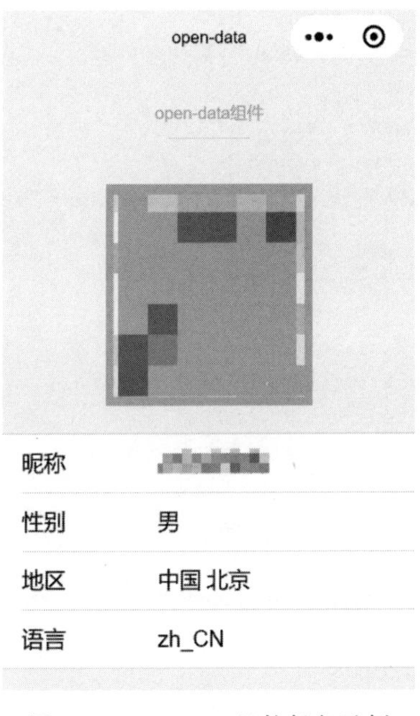


图 9-4　open-data 组件任务示例

**【任务分析】**

使用 open-data 组件,使得获取用户的头像和昵称信息等更加容易。借助微信强大的用户关系网,这些开放的数据在小程序中也是非常有用的,尤其是在分析和追踪用户行为的时候。本次任务练习的就是使用 open-data 组件,获取一些简单的用户基本信息。

**【任务操作】**

(1) 打开示例项目,在 app.json 文件的 pages 数组中新增一项"pages/Chapter_9/9_4_open-data/9_4_open-data ",保存文件,使用开发者工具生成页面所需的文件后,新增一个将页面 9_4_open-data 设置为启动页面的名为"9_4_open-data"的编译模式,并使用该模式编译项目。

(2) 打开该目录下的 9_4_open-data. wxml 文件,输入以下代码,构建页面结构。

```
<!-- pages/Chapter_9/9_4_open-data/9_4_open-data.wxml -->
<view class="container">
  <view class="page-head">
    <view class="page-head-title">open-data 组件</view>
    <view class="page-head-line"></view>
  </view>
  <view class="page-body">
    <view class="avatar">
      <open-data class="avatar-img" type="userAvatarUrl" lang="zh_CN"></open-data>
    </view>
    <form>
      <view class="page-section">
        <view class="weui-cells weui-cells_after-title">
          <view class="weui-cell weui-cell_input">
            <view class="weui-cell__hd">
              <view class="weui-label">昵称</view>
            </view>
            <view class="weui-cell__bd">
              <view class="weui-input">
                <open-data type="userNickName" lang="zh_CN"></open-data>
              </view>
            </view>
          </view>

          <view class="weui-cell weui-cell_input">
            <view class="weui-cell__hd">
              <view class="weui-label">性别</view>
            </view>
            <view class="weui-cell__bd">
              <view class="weui-input">
                <open-data type="userGender" lang="zh_CN"></open-data>
              </view>
            </view>
          </view>

          <view class="weui-cell weui-cell_input">
            <view class="weui-cell__hd">
```

```
                <view class="weui-label">地区</view>
              </view>
              <view class="weui-cell__bd">
                <view class="weui-input">
                  <open-data class="country" type="userCountry" lang="zh_CN"></open-data>
                  <open-data class="province" type="userProvince" lang="zh_CN"></open-data>
                  <open-data class="city" type="userCity" lang="zh_CN"></open-data>
                </view>
              </view>
            </view>

            <view class="weui-cell weui-cell_input">
              <view class="weui-cell__hd">
                <view class="weui-label">语言</view>
              </view>
              <view class="weui-cell__bd">
                <view class="weui-input">
                  <open-data type="userLanguage" lang="zh_CN"></open-data>
                </view>
              </view>
            </view>
          </view>
        </view>
      </form>
    </view>
</view>
```

(3) 打开该目录下的 9_4_open-data.wxss 文件,下面的代码是部分样式类的实现,其余的样式类请参考前文同样式类的实现方式。

```
/* pages/Chapter_9/9_4_open-data/9_4_open-data.wxss */
@import "../../../common/weui.wxss";
.avatar {
  display: flex;
  justify-content: center;
  margin-bottom: 50rpx;
}

.avatar-img {
  width: 50%;
  border-radius: 50%;
}

.country, .province, .city {
  padding-right: 10rpx;
}
```

(4) 保存所有文件,编译项目,在模拟器中查看页面的效果。

**【相关知识】**

open-data 组件用于展示微信开放的数据。其属性说明见表 9-13。

**表 9-13 open-data 组件属性**

| 属　　性 | 类　　型 | 默认值 | 必填 | 说　　明 | 最低版本 |
| --- | --- | --- | --- | --- | --- |
| type | String | | 否 | 开放数据类型 | 1.4.0 |
| open-gid | String | | 否 | 当 type="groupName" 时生效，群 id | 1.4.0 |
| lang | String | en | 否 | 当 type="user＊" 时生效，以哪种语言展示 userInfo。可选 en：英文；zh-CN：简体中文；zh-TW：繁体中文 | 1.4.0 |

type 的合法值见表 9-14。

**表 9-14 type 属性的合法值**

| 值 | 说　　明 | 最低版本 |
| --- | --- | --- |
| groupName | 拉取群名称，只有当前用户在此群内才能拉取到群名称 | 1.4.0 |
| userNickName | 用户昵称 | 1.9.90 |
| userAvatarUrl | 用户头像 | 1.9.90 |
| userGender | 用户性别 | 1.9.90 |
| userCity | 用户所在城市 | 1.9.90 |
| userProvince | 用户所在省份 | 1.9.90 |
| userCountry | 用户所在国家 | 1.9.90 |
| userLanguage | 用户的语言 | 1.9.90 |

## 9.4 公众号关注组件 official-account

**【任务要求】**

用当前的小程序的主体信息，注册一个微信公众号，或者是使用已有的和当前示例小程序主体一致的微信公众号，将其关联到当前的示例小程序上，并在如图 9-5 所示的页面上展示一个引导关注的 official-account 组件。

图 9-5 official-account 组件任务示例

【任务分析】

微信小程序和微信公众号之间可以相互导流，是保持用户增长和加快用户转换的一个好办法。official-account 组件本身并不复杂，要想实现图 9-5 的效果，需要微信公众号和小程序拥有相同的主体，同时在两边都完成设定才可以。

【任务操作】

(1) 访问 https://mp. weixin. qq. com，登录微信公众号，进入微信公众号后台，在左侧的选项中单击“小程序管理”按钮，然后单击页面上的“添加”按钮，用手机扫码完成身份验证之后，输入自己小程序的 AppID 或者使用名称搜索，选择自己的小程序确认添加。完成之后如图 9-6 所示。

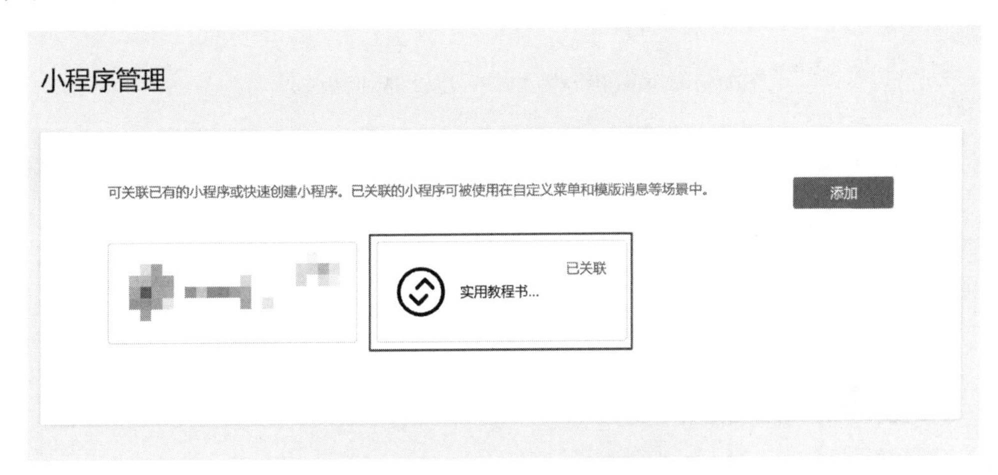


图 9-6　微信公众号后台关联小程序示例

(2) 访问 https://mp. weixin. qq. com，登录微信小程序，进入小程序管理后台，在“设置”→“关注公众号”中，开启“公众号关注组件”，完成验证后，即可关联相应的微信公众号。完成后如图 9-7 所示。

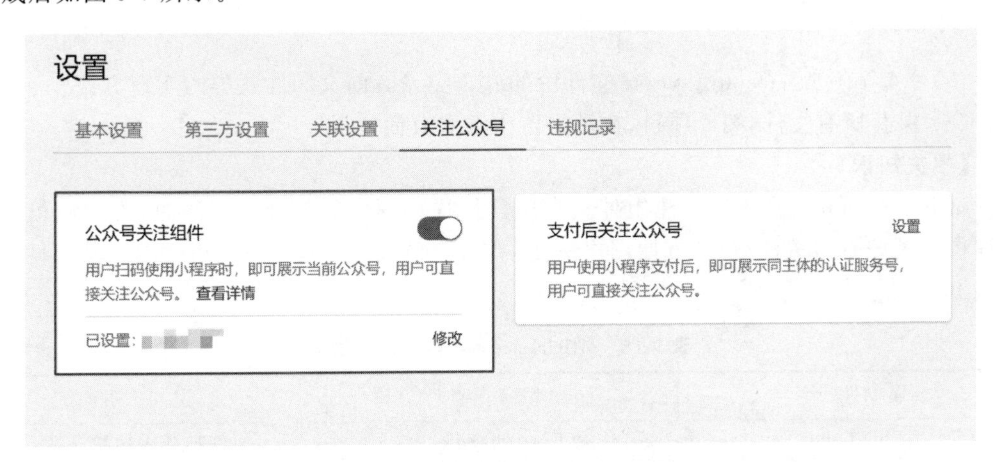


图 9-7　小程序关联微信公众号示例

(3) 打开示例小程序项目，在 app. json 文件的 pages 数组中新增一项"pages/Chapter_9/9_4_open-data/9_4_open-data "，保存文件，使用开发者工具生成页面所需的文件后，新增一个将页面 9_4_open-data 设置为名为“9_4_open-data”的启动页面，将场景设置为“1047：扫描小程序码”的编译模式(如图 9-8 所示)，并使用该模式编译项目。

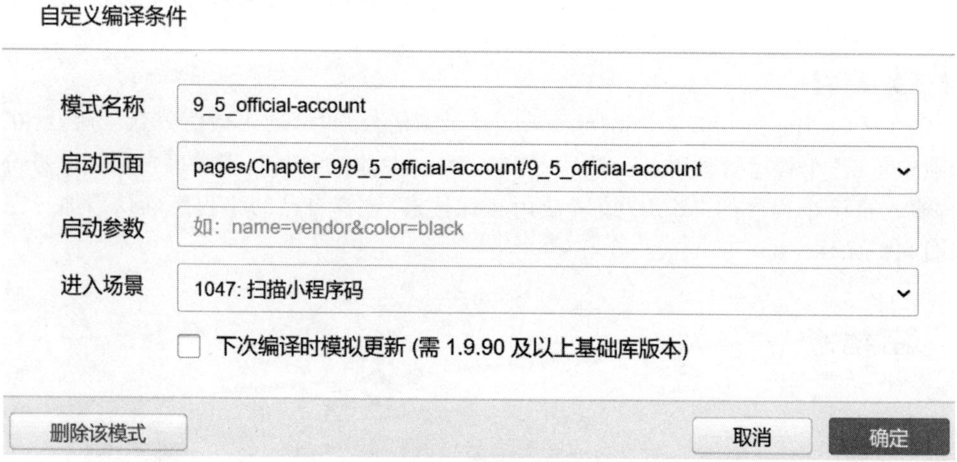

自定义编译条件

模式名称 9_5_official-account

启动页面 pages/Chapter_9/9_5_official-account/9_5_official-account

启动参数 如：name=vendor&color=black

进入场景 1047: 扫描小程序码

下次编译时模拟更新 (需 1.9.90 及以上基础库版本)

删除该模式 取消 确定

图 9-8 新增编译模式示例

(4) 打开 9_5_official-account. wxml 文件，输入如下代码，构建页面结构。

```
<!-- pages/Chapter_9/9_5_official-account/9_5_official-account.wxml -->
<view class="container">
  <view class="page-head">
    <view class="page-head-title">official-account 组件</view>
    <view class="page-head-line"></view>
  </view>
  <view class="page-body">
    <official-account></official-account>
  </view>
</view>
```

(5) 9_5_official-account. wxss 文件中的样式类参考前文同样式类的实现方法。

(6) 保存所有文件，编译项目，在模拟器中查看页面效果。

**【相关知识】**

official-account 公众号关注组件。当用户扫描小程序码打开小程序时，开发者可在小程序内配置公众号关注组件，方便用户快捷关注公众号，可嵌套在原生组件内。其属性说明见表 9-15。

**表 9-15 official-account 组件属性说明**

| 属 性 名 | 类 型 | 说 明 |
| --- | --- | --- |
| bindload | EventHandle | 组件加载成功时触发 |
| binderror | EventHandle | 组件加载失败时触发 |

binderror 会携带一个 detail 参数，其包含的属性说明见表 9-16。

**表 9-16　detail 参数说明**

| 属 性 名 | 类　型 | 说　明 |
| --- | --- | --- |
| status | Number | 状态码 |
| errMsg | String | 错误信息 |

其中，status 的有效值见表 9-17。

**表 9-17　status 有效值说明**

| 值 | 说　明 |
| --- | --- |
| −2 | 网络错误 |
| −1 | 数据解析错误 |
| 0 | 加载成功 |
| 1 | 小程序关注公众号功能被封禁 |
| 2 | 关联公众号被封禁 |
| 3 | 关联关系解除或未选中关联公众号 |
| 4 | 未开启关注公众号功能 |
| 5 | 场景值错误 |

使用 official-account 组件，需要注意以下几点。

(1) 设置的公众号需与小程序主体一致。

(2) 在一个小程序的生命周期内，只有从以下场景进入小程序，才具有展示引导关注公众号组件的能力。

① 当从扫描小程序码场景(场景值 1047)打开小程序时；

② 当从聊天顶部场景(场景值 1089)中的“最近使用”内打开小程序时，若小程序之前未被销毁，则该组件保持上一次打开小程序时的状态；

③ 当从其他小程序返回小程序(场景值 1038)时，若小程序之前未被销毁，则该组件保持上一次打开小程序时的状态。

(3) 组件限定最小宽度为 300px，高度为定值 84px。

(4) 每个页面只能配置一个该组件。

## 练　习　题

1. 如果从页面 A 跳转到页面 B 的过程中触发了页面 A 的生命周期函数中的 onUnload()函数，那么页面 A 可能是使用了什么样的方式跳转到了页面 B? 在不同的方式下，触发的页面 B 的生命周期函数的顺序是怎样的? 提示：注意分别考虑 A、B 页面是否为 tabBar 页面的情况。可以参考 3.2 节内容。

2. 尝试在自己的小程序中，添加跳转到其他同学或朋友小程序的功能。

3. 新建一个如图 9-9 所示包含地图组件的页面，地图中心位置为北京天安门，有一个标记点，同时配有文字说明。

4. 根据网页 https://lbs.qq.com/product/miniapp/guide/的指示，将上述地图使用个性化地图的方式展示。

图 9-9　map 组件练习示例

# 第10章 小程序网络通信接口

从本章开始，将进入小程序的接口学习部分。前面章节学习的组件功能，可以视作小程序视图层的功能，本章以及后续章节中接口的学习，将着重在逻辑层上。小程序官方提供的各类接口，赋予了小程序丰富的功能。有关接口的部分一些公用的说明请参考3.4.4节。

本章将介绍小程序的网络接口。网络通信可以说是作为小程序最需要的一个基本功能。小程序支持基本的HTTPS请求，上传和下载文件以及使用WebSocket进行通信。

在小程序中使用网络相关的API时，需要注意下列问题，请开发者提前了解。

**1. 服务器域名配置**

每个微信小程序需要事先设置一个通信域名，小程序只可以跟指定的域名进行网络通信，包括普通HTTPS请求(wx.request)、上传文件(wx.uploadFile)、下载文件(wx.downloadFile)和WebSocket通信(wx.connectSocket)。服务器域名请在小程序后台中进行配置，配置时需要注意以下几点。

(1) 域名只支持https(wx.request、wx.uploadFile、wx.downloadFile)和wss(wx.connectSocket)协议。

(2) 域名不能使用IP地址或localhost。

(3) 可以配置端口，如https://myserver.com:8080，但是配置后只能向https://myserver.com:8080发起请求。如果向https://myserver.com、https://myserver.com:9091等URL请求则会失败。

(4) 如果不配置端口，如https://myserver.com，那么请求的URL中也不能包含端口，甚至是默认的443端口也不可以。如果向https://myserver.com:443请求则会失败。

(5) 域名必须经过ICP备案。

(6) 出于安全考虑，api.weixin.qq.com不能被配置为服务器域名，相关API也不能在小程序内调用。开发者应将AppSecret保存到后台服务器中，通过服务器使用getAccessToken接口获取access_token，并调用相关API。

(7) 对于每个接口，分别可以配置最多20个域名。

**2. 网络请求**

(1) 默认超时时间和最大超时时间都是60s。

(2) 超时时间可以在app.json中通过networktimeout配置。

(3) 网络请求的referer header不可设置。其格式固定为https://servicewechat.com/{appid}/{version}/page-frame.html，其中，{appid}为小程序的appid，{version}为小程序的版本号，版本号为0表示为开发版、体验版以及审核版本，版本号为devtools表示为开发者工具，其余为正式版本。

(4) wx.request、wx.uploadFile、wx.downloadFile 的最大并发限制是 10 个。

(5) 小程序进入后台运行后(非置顶聊天),如果 5s 内网络请求没有结束,会回调错误信息 fail interrupted;在回到前台之前,网络请求接口调用都会无法调用。

(6) 建议服务器返回值使用 UTF-8 编码。对于非 UTF-8 编码,小程序会尝试进行转换,但是会有转换失败的可能。

(7) 小程序会自动对 BOM 头进行过滤(只过滤一个 BOM 头)。

(8) 只要成功接收到服务器返回,无论 statusCode 是多少,都会进入 success 回调。请开发者根据业务逻辑对返回值进行判断。

**3. 常见问题**

小程序必须使用 HTTPS/WSS 发起网络请求。请求时系统会对服务器域名使用的 HTTPS 证书进行校验,如果校验失败,则请求不能成功发起。由于系统限制,不同平台对于证书要求的严格程度不同。为了保证小程序的兼容性,建议开发者按照最高标准进行证书配置,并使用相关工具检查现有证书是否符合要求。

对证书要求如下。

(1) HTTPS 证书必须有效。

(2) 证书必须被系统信任,即根证书已被系统内置。

(3) 部署 SSL 证书的网站域名必须与证书颁发的域名一致。

(4) 证书必须在有效期内。

(5) 证书的信任链必须完整(需要服务器配置)。

(6) iOS 不支持自签名证书。

(7) iOS 下证书必须满足苹果 App Transport Security(ATS)的要求。

(8) TLS 必须支持 1.2 及以上版本。部分旧 Android 机型还未支持 TLS 1.2,请确保 HTTPS 服务器的 TLS 版本支持 1.2 及以下版本。

(9) 部分 CA 可能不被操作系统信任,请开发者在选择证书时注意小程序和各系统的相关通告。

证书有效性可以使用 openssl s_client -connect example.com:443 命令验证,也可以使用其他在线工具。

除了网络请求 API 外,小程序中其他 HTTPS 请求如果出现异常,也请按上述流程进行检查。如 HTTPS 的图片无法加载、音视频无法播放等。

在微信开发者工具中,可以临时开启开发环境不校验请求域名、TLS 版本及 HTTPS 证书选项,跳过服务器域名的校验。此时,在微信开发者工具中及手机开启调试模式时,不会进行服务器域名的校验。在服务器域名配置成功后,建议开发者关闭此选项进行开发,并在各平台下进行测试,以确认服务器域名配置正确。

如果手机上出现"打开调试模式可以发出请求,关闭调试模式无法发出请求"的现象,请确认是否跳过了域名校验,并确认服务器域名和证书配置是否正确。

本书服务器的后台,使用 ThinkPHP 5.1 进行搭建。ThinkPHP 是一个国内的 PHP 框架,有关其安装和使用说明,请访问其官方网站 http://thinkphp.cn 阅读教程文档。

**本章学习目标:**

➢ 熟悉小程序对于网络通信的要求;

➢ 了解 WebSocket 通信的原理；
➢ 掌握使用小程序发起 HTTPS 请求的方法；
➢ 掌握使用小程序上传和下载文件的方法；
➢ 掌握使用小程序进行 WebSocket 通信的方法。

## 10.1 发起网络请求

【任务要求】

新建一个如图 10-1 所示的页面，页面上包含一个按钮和文本组件。单击按钮后，小程序携带一个值为 001 的 id 参数向服务器发起一个请求，在发起网络请求期间，按钮需要有加载动画（如图 10-2 所示），服务器返回该 id 对应的姓名信息，小程序将信息显示在文本组件里（如图 10-3 所示）。不论请求成功还是失败，都需要在调试器的 Console 面板输出网络请求的结果。

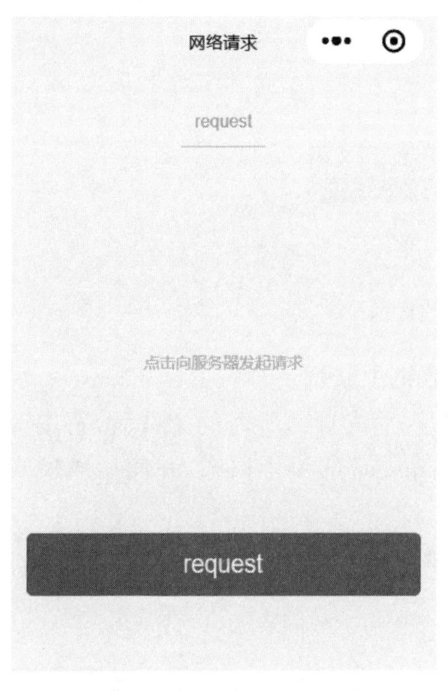


图 10-1 网络请求练习示例

图 10-2 发起网络请求中

【任务分析】

本次任务的实现，可以参考第 4 章的内容。在本次任务中，依然只是练习了基本的发起和处理 HTTPS 请求。为了符合小程序的要求和规范，本书启用了一个 https://mini.ecbc413.cn 的域名，用于响应小程序的所有网络请求。该域名已经按照要求完成了备案和 HTTPS 证书的配置，并且已经添加到小程序管理后台的服务器域名列表中。如果没有条件完成域名的申请和备案，依然可以使用 4.1 节的本地网络服务环境完成本次任务。

【任务操作】

(1) 配置好服务器的后端环境，准备处理小程序的请求。可参考第 4 章的介绍。

(2) 如果没有符合小程序要求的域名和服务器，需要在开发者工具里面打开“不校验合法域名、web-view(业务域名)、TLS版本以及HTTPS证书"的选项(如图4-9所示)。如果已经配置好了相关的域名和服务器,并且成功地在小程序的管理后台添加了对应的域名(如图4-12所示),则需要在开发者工具的"详情"里面,单击"域名信息"按钮,等待一小会儿,让开发者工具完成配置的同步。

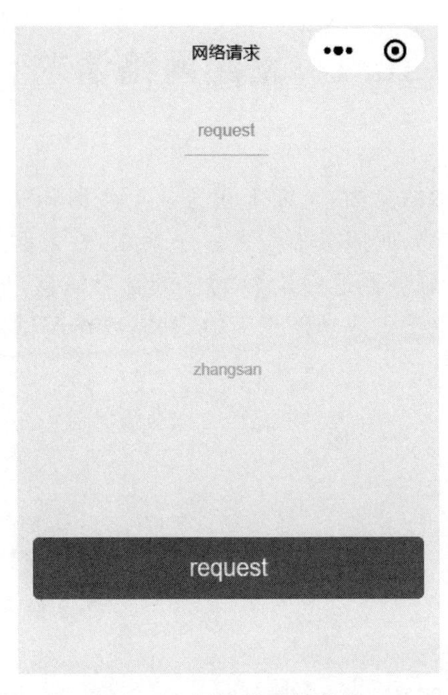


图10-3 显示获取的数据

(3) 打开示例项目,在app.json文件的pages数组中新增一项"pages/Chapter_10/10_1_request/10_1_request ",保存文件,使用开发者工具生成页面所需的文件后,新增一个将页面10_1_request设置为启动页面的名为"10_1_request"的编译模式,并使用该模式编译项目。

(4) 打开10_1_request.wxml文件,构建页面结构。

```
<!-- pages/Chapter_10/10_1_request/10_1_request.wxml -->
<view class="container">
  <view class="page-head">
    <view class="page-head-title">request</view>
    <view class="page-head-line"></view>
  </view>

  <view class="page-body">
    <view class="page-body-wording">
      <text class="page-body-text">
        {{data_from_server}}
      </text>
    </view>
    <view class="btn-area">
      <button bindtap="makeRequest" type="primary" disabled="{{buttonDisabled}}"
loading="{{loading}}">request</button>
```

```
    </view>
  </view>
</view>
```

（5）编辑 10_1_request.js 文件，实现相关功能。

```
// pages/Chapter_10/10_1_request/10_1_request.js
const duration = 2000
Page({
  data:{
    data_from_server:"点击向服务器发起请求",
    loading:false
  },
  makeRequest() {
    const self = this
    self.setData({
      loading: true
    })
    wx.request({
      url: "https://mini.ecbc413.cn",
      data: {
        id:"001"
      },
      success(result) {
        self.setData({
          loading: false,
          data_from_server:result.data.name
        })
        console.log('request success', result)
      },

      fail({ errMsg }) {
        console.log('request fail', errMsg)
        self.setData({
          loading: false
        })
      }
    })
  }
})
```

（6）在 10_1_request.wxss 文件里，添加样式类代码。其余的样式类请参考前文相同的样式类的实现方法。

```
.page-body-wording{
  text-align:center;
  padding:200rpx 100rpx;
}
.page-body-text{
  font-size:30rpx;
  line-height:26px;
```

```
    color:#ccc;
}
```



(7) 保存文件,编译项目,在模拟器中观察页面的效果。同时注意查看如图 10-4 所示的 Console 面板的输出信息。

```
request success
▼{data: {…}, header: {…}, statusCode: 200, cookies: Array(0), errMsg: "request:ok"}
  ▶cookies: []
  ▼data:
     id: 1
     name: "zhangsan"
    ▶__proto__: Object
   errMsg: "request:ok"
  ▶header: {Server: "nginx", Date: "                    ", Content-Type: "text/ht
   statusCode: 200
  ▶__proto__: Object
```

图 10-4　request 请求到的数据

【相关知识】

**1. wx.request(Object object)**

发起 HTTPS 网络请求。其参数 object 的说明见表 10-1。

**表 10-1　wx.request 参数说明**

| 属　性 | 类　型 | 默认值 | 必填 | 说　明 | 最低版本 |
|---|---|---|---|---|---|
| url | String | | 是 | 开发者服务器接口地址 | |
| data | String/Object/ArrayBuffer | | 否 | 请求的参数 | |
| header | Object | | 否 | 设置请求的 header,header 中不能设置 Referer | |
| content-type | | application/json | | | |
| method | String | GET | 否 | HTTP 请求方法 | |
| dataType | String | json | 否 | 返回的数据格式 | |
| responseType | String | text | 否 | 响应的数据类型 | 1.7.0 |
| success | Function | | 否 | 接口调用成功的回调函数 | |
| fail | Function | | 否 | 接口调用失败的回调函数 | |

其中,data 属性最终发送给服务器的数据是 String 类型,如果传入的 data 不是 String 类型,会被转换成 String。转换规则如下。

(1) 对于 GET()方法的数据,会将数据转换成 query string(encodeURIComponent(k)=encodeURIComponent(v)&encodeURIComponent(k)=encodeURIComponent(v)…);

(2) 对于 POST()方法且 header['content-type']为 application/json 的数据,会对数据进行 JSON 序列化;

(3) 对于 POST()方法且 header['content-type']为 application/x-www-form-urlencoded 的数据,会将数据转换成 query string(encodeURIComponent(k)=encodeURIComponent(v)&encodeURIComponent(k)=encodeURIComponent(v)…)。

object.method 的合法值说明见表 10-2。

表 10-2　object.method 合法值说明

| 值 | 说　明 |
|---|---|
| OPTIONS | HTTP 请求 OPTIONS |
| GET | HTTP 请求 GET |
| HEAD | HTTP 请求 HEAD |
| POST | HTTP 请求 POST |
| PUT | HTTP 请求 PUT |
| DELETE | HTTP 请求 DELETE |
| TRACE | HTTP 请求 TRACE |
| CONNECT | HTTP 请求 CONNECT |

object.dataType 的合法值说明见表 10-3。

表 10-3　object.dataType 合法值说明

| 值 | 说　明 |
|---|---|
| json | 返回的数据为 JSON,返回后会对返回的数据进行一次 JSON.parse |
| 其他 | 不对返回的内容进行 JSON.parse |

object.responseType 的合法值说明见表 10-4。

表 10-4　object.responseType 合法值说明

| 值 | 说　明 |
|---|---|
| text | 响应的数据为文本 |
| arraybuffer | 响应的数据为 ArrayBuffer |

object.success 回调函数的 res 参数包含的属性说明见表 10-5。

表 10-5　object.success 回调函数 res 属性说明

| 属　性 | 类　型 | 说　明 | 最低版本 |
|---|---|---|---|
| data | String/Object/Arraybuffer | 开发者服务器返回的数据 | |
| statusCode | Number | 开发者服务器返回的 HTTP 状态码 | |
| header | Object | 开发者服务器返回的 HTTP Response Header | 1.2.0 |

**2. RequestTask 对象**

wx.request 接口会返回一个 RequestTask 网络请求任务对象,该对象包含的方法说明见表 10-6。

表 10-6　RequestTask 对象包含的方法说明

| 方法名称 | 参　数 | 说　明 |
|---|---|---|
| abort | | 中断请求任务 |
| onHeadersReceived | function callback | 监听 HTTP Response Header 事件。会比请求完成事件更早 |
| offHeadersReceived | function callback | 取消监听 HTTP Response Header 事件 |

其中，RequestTask. onHeadersReceive(function callback)的回调函数包含一个参数res，其属性说明见表 10-7。

表 10-7 RequestTask. onHeadersReceived 方法回调函数参数说明

| 属 性 | 类 型 | 说 明 |
| --- | --- | --- |
| header | Object | 开发者服务器返回的 HTTP Response Header |

一个简单的使用示例如下。

```
const requestTask = wx.request({
  url: 'test.php', // 仅为示例，并非真实的接口地址
  data: {
    x: '',
    y: ''
  },
  header: {
    'content-type': 'application/json'
  },
  success(res) {
    console.log(res.data)
  }
})
requestTask.abort()                        //取消请求任务
```

## 10.2 上传和下载文件

**【任务要求】**

新建一个如图 10-5 所示的页面，在页面上包含两个部分，上面部分是一个图片选择的区域，单击后可以调用图片选择的接口(wx. chooseImage)，选择设备里的一张图片显示到页面上并上传至远程的服务器。同时需要在调试器的 Console 面板中输出服务器的响应信息。下面的部分是一个图片显示的区域以及一个下载的按钮，单击“下载”按钮后，小程序可以从远程服务器上下载一张图片，并显示在页面上。同时需要在调试器的 Console 面板里输出服务器的返回信息。

图 10-5 上传(左)和下载(右)图片示例

**【任务分析】**

本次任务练习的是使用小程序的上传和下载接口，虽然使用的是图片作为案例，但是其他文件类型也是支持的。本次练习仍然需要服务器后台作为支持。由于本次练习涉及后面会介绍的选择图片的接口 wx.chooseImage，读者可以自行翻阅 11.1 节的内容了解其使用方法。

**【任务操作】**

(1) 准备后端服务器的代码。本次任务以后端服务器使用的 ThinkPHP 5.1 框架为例，上传和下载这两个功能的实现如下。

```
<?php
namespace app\index\controller;
use Env;
class Index
{
    public function index(){
        //…
    }
    public function upload(){
        $file = request()->file('image');
        $info = $file->move(Env::get('ROOT_PATH').'uploads');
        if($info){
            echo json_encode(array('status'=>1,'fileName'=>$info->getFilename()));
        }else{
            echo json_encode(array('status'=>0,'errorInfo'=>$file->getError()));
        }
    }
    public function download(){
        return download(Env::get('ROOT_PATH').'public/images/black_hole.jpg','black_hole.jpg');
    }
}
```

(2) 打开示例小程序项目，在 pages/Chapter_10 目录下新增一个名为 10_2_upanddownfile 的页面，同时新增一个以该页面为启动页的编译模式。保存文件，以该模式编译项目，让开发者工具生成必要的文件。

(3) 打开 10_2_upanddownfile.wxml，构建页面结构。

```
<!-- pages/Chapter_10/10_2_upanddownfile/10_2_upanddownfile.wxml -->
<view class="container">
  <view class="page-head">
    <view class="page-head-title">上传和下载文件接口</view>
    <view class="page-head-line"></view>
  </view>
  <view class="page-body">
    <view class="page-section">
      <view class="page-body-info">
        <block wx:if="{{imageSrc}}">
          <image src="{{imageSrc}}" class="image" mode="aspectFit"></image>
```

```
          </block>
          <block wx:else>
            <view class="image-plus" bindtap="chooseImage">
              <view class="image-plus-horizontal"></view>
              <view class="image-plus-vertical"></view>
            </view>
            <view class="image-plus-text">选择图片</view>
          </block>
        </view>
      </view>
      <image wx:if="{{imageDownloadSrc}}" src="{{imageDownloadSrc}}" mode="center" />
      <block wx:else>
        <view class="page-body-wording">
          <text class="page-body-text">
            单击按钮下载服务端示例图片
          </text>
        </view>
        <view class="btn-area">
          <button bindtap="downloadImage" type="primary">下载</button>
        </view>
      </block>
    </view>
</view>
```

(4) 样式文件 10_2_upanddownfile.wxss 的内容略。

(5) 打开 10_2_upanddownfile.js,实现需要的功能。

```
// pages/Chapter_10/10_2_upanddownfile/10_2_upanddownfile.js
Page({
  chooseImage() {
    const self = this

    wx.chooseImage({
      count: 1,
      sizeType: ['compressed'],
      sourceType: ['album'],
      success(res) {
        console.log('chooseImage success, temp path is', res.tempFilePaths[0])

        const imageSrc = res.tempFilePaths[0]

        wx.uploadFile({
          url: "https://mini.ecbc413.cn/index.php/index/Index/upload",
          filePath: imageSrc,
          name: 'image',
          success(res) {
            console.log('uploadImage success, res is:', res)

            wx.showToast({
```

```
          title: '上传成功',
          icon: 'success',
          duration: 1000
        })

        self.setData({
          imageSrc
        })
      },
      fail({ errMsg }) {
        console.log('uploadImage fail, errMsg is', errMsg)
      }
    })
  },

  fail({ errMsg }) {
    console.log('chooseImage fail, err is', errMsg)
  }
 })
},
downloadImage() {
  const self = this

  wx.downloadFile({
    url: "https://mini.ecbc413.cn/index.php/index/Index/download",
    success(res) {
      console.log('downloadFile success, res is', res)
      self.setData({
        imageDownloadSrc: res.tempFilePath
      })
    },
    fail({ errMsg }) {
      console.log('downloadFile fail, err is:', errMsg)
    }
  })
 }
})
```

(6) 保存文件,编译项目,选择一张图片上传,观察在服务器上是否接收到该图片;单击"下载"按钮,观察是否如图 10-6 所示能成功下载到服务器上指定的图片。

**【相关知识】**

**1. wx.uploadFile(Object object)**

文件上传接口,用于将本地资源上传到服务器。客户端发起一个 HTTPS POST 请求,其中,content-type 为 multipart/form-data。参数 object 的说明见表 10-8。

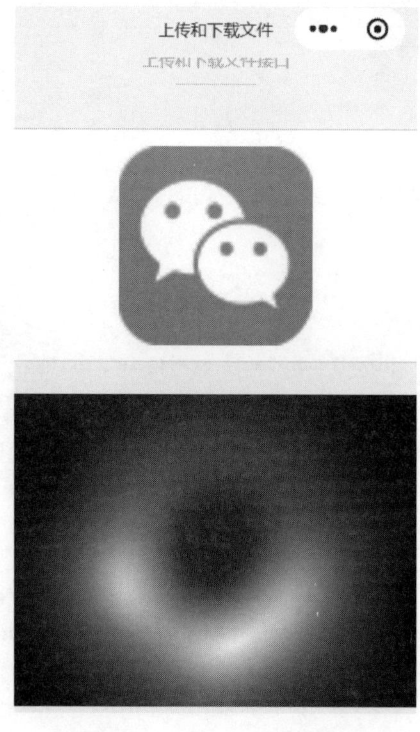


图 10-6　上传和下载图片效果

**表 10-8　wx. uploadFile 接口参数说明**

| 属　　性 | 类　　型 | 必填 | 说　　明 |
|---|---|---|---|
| url | String | 是 | 开发者服务器地址 |
| filePath | String | 是 | 要上传文件资源的路径 |
| name | String | 是 | 文件对应的 key,开发者在服务端可以通过这个 key 获取文件的二进制内容 |
| header | Object | 否 | HTTP 请求 Header,Header 中不能设置 Referer |
| formData | Object | 否 | HTTP 请求中其他额外的 form data |
| success | Function | 否 | 接口调用成功的回调函数 |
| fail | Function | 否 | 接口调用失败的回调函数 |
| complete | Function | 否 | 接口调用结束的回调函数(调用成功、失败都会执行) |

其中,success 回调函数包含一个名为 res 的参数,其说明见表 10-9。

**表 10-9　wx. uploadFile 接口 success 回调函数参数说明**

| 属　　性 | 类　　型 | 说　　明 |
|---|---|---|
| data | String | 开发者服务器返回的数据 |
| statusCode | Number | 开发者服务器返回的 HTTP 状态码 |

**2. UploadTask 对象**

wx. uploadFile 接口会返回一个 UploadTask 对象,可以用于监听上传进度变化事件,以及取消上传任务。该对象包含的方法见表 10-10。

表 10-10 UploadTask 对象包含的方法

| 方法名称 | 参　数 | 说　明 |
| --- | --- | --- |
| abort | | 中断上传任务 |
| onProgressUpdate | function callback | 监听上传进度变化事件 |
| offProgressUpdate | function callback | 取消监听上传进度变化事件 |
| onHeadersReceived | function callback | 监听 HTTP Response Header 事件。会比请求完成事件更早 |
| offHeadersReceived | function callback | 取消监听 HTTP Response Header 事件 |

其中,UploadTask. onHeadersReceived(function callback)方法的回调函数中,携带的参数说明见表 10-11。

表 10-11 UploadTask. onHeadersReceived(function callback)参数说明

| 属　性 | 类　型 | 说　明 |
| --- | --- | --- |
| header | Object | 开发者服务器返回的 HTTP Response Header |

UploadTask. onProgressUpdate(function callback) 方法的回调函数中,携带的参数说明见表 10-12。

表 10-12 UploadTask. onProgressUpdate(function callback)参数说明

| 属　性 | 类　型 | 说　明 |
| --- | --- | --- |
| progress | Number | 上传进度百分比 |
| totalBytesSent | Number | 已经上传的数据长度,单位: B |
| totalBytesExpectedToSend | Number | 预期需要上传的数据总长度,单位: B |

**3. wx. downloadFile(Object object)**

用于下载文件资源到本地。客户端直接发起一个 HTTPS GET 请求,返回文件的本地临时路径。需要在服务端响应的 header 中指定合理的 Content-Type 字段,以保证客户端正确处理文件类型。其参数说明见表 10-13。

表 10-13 wx. downloadFile 接口参数说明

| 属　性 | 类　型 | 必填 | 说　明 | 最低版本 |
| --- | --- | --- | --- | --- |
| url | String | 是 | 下载资源的 url | |
| header | Object | 否 | HTTP 请求的 Header,Header 中不能设置 Referer | |
| filePath | String | 否 | 指定文件下载后存储的路径 | 1.8.0 |
| success | Function | 否 | 接口调用成功的回调函数 | |
| fail | Function | 否 | 接口调用失败的回调函数 | |
| complete | Function | 否 | 接口调用结束的回调函数(调用成功、失败都会执行) | |

其中，success 回调函数包含一个名为 res 的参数，其说明见表 10-14。

**表 10-14　wx.downloadFile 接口 success 函数回调参数说明**

| 属　性 | 类　型 | 说　明 |
| --- | --- | --- |
| tempFilePath | String | 临时文件路径。如果没传入 filePath 指定文件存储路径，则下载后的文件会存储到一个临时文件 |
| statusCode | Number | 开发者服务器返回的 HTTP 状态码 |

**4. DownloadTask 对象**

wx.downloadFile 接口返回一个 DownloadTask 对象，可以用于监听下载进度变化事件和取消下载。其包含的方法说明见表 10-15。

**表 10-15　DownloadTask 对象包含的方法**

| 方法名称 | 参　数 | 说　明 |
| --- | --- | --- |
| abort | | 中断下载任务 |
| onProgressUpdate | function callback | 监听下载进度变化事件 |
| offProgressUpdate | function callback | 取消监听下载进度变化事件 |
| onHeadersReceived | function callback | 监听 HTTP Response Header 事件。会比请求完成事件更早 |
| offHeadersReceived | function callback | 取消监听 HTTP Response Header 事件 |

其中，DownloadTask.onHeadersReceived(function callback) 方法的回调函数中，携带的参数同表 10-11 的说明。

DownloadTask.onProgressUpdate(function callback)方法的回调函数中，携带的参数说明见表 10-16。

**表 10-16　DownloadTask.onProgressUpdate(function callback)回调函数参数说明**

| 属　性 | 类　型 | 说　明 |
| --- | --- | --- |
| progress | Number | 下载进度百分比 |
| totalBytesWritten | Number | 已经下载的数据长度，单位：B |
| totalBytesExpectedToWrite | Number | 预期需要下载的数据总长度，单位：B |

## 10.3　WebSocket 通信

**【任务要求】**

新建一个如图 10-7 所示的页面，通过 switch 组件，可以打开和关闭和服务器的 WebSocket 连接，“点我发送”按钮则必须在连接打开后才可以被单击。当单击“点我发送”按钮时，小程序向服务器发送一条信息，同时接收一个服务器的返回信息，并将信道返回的信息输出到调试器的 Console 面板中(如图 10-8 所示)。每次连接和关闭 WebSocket 连接，都需要在 Console 面板输出对应的提示。

**【任务分析】**

WebSocket 是一种在单个 TCP 连接上进行全双工通信的协议。WebSocket 使得客户端和服务器之间的数据交换变得更加简单，并且允许服务端主动向客户端推送数据。在小程序中，WebSocket 被广泛用于聊天室和在线游戏等场景。本次任务练习的是小程序在使用 WebSocket 中几个常用的接口，比如打开连接、关闭连接、发送数据和接收数据等。本次任务同样需要后端服务器的配合。本书使用了 ThinkPHP 5.1＋Workerman 的形式搭建了后端的 WSS 服务。Workerman 是一款开源高性能异步 PHP Socket 即时通信框架。支持高并发，超高稳定性，被广泛地用于手机 App、移动通信、微信小程序、手游服务端、网络游戏、PHP 聊天室、硬件通信、智能家居、车联网、物联网等领域的开发。本次任务中为了方便给出用户交互的提示，使用了小程序的对话提示框，具体的使用可以参考 14.1 节的内容。

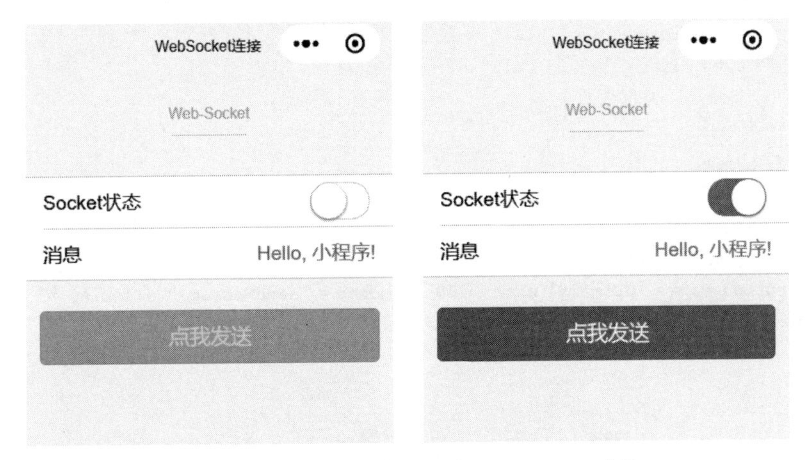


图 10-7　关闭(左)和开启(右)WebSocket 连接

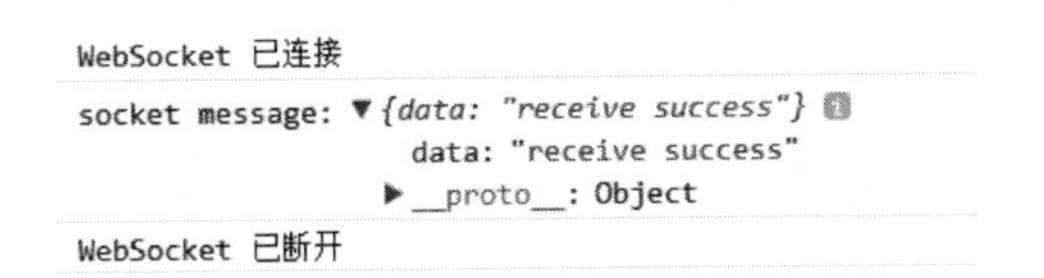


图 10-8　接收到服务器发送的消息

**【任务操作】**

(1) 准备符合条件的服务器端环境。小程序对 WebSocket 的连接同样是要求需要进行加密的，即 WSS。使用 ThinkPHP 5.1 搭建 WebSocket 服务的方式可以参考 ThinkPHP 5.1 的官方文档 http://t.cn/Ev7KyRx，使其支持 SSL 证书加密的方式可以参考 Workerman 的官方文档 http://t.cn/EXin8Ra。

(2) 打开示例小程序项目，在 pages/Chapter_10 目录下新增一个名为 10_3_websocket 的页面，同时新增一个以该页面为启动页的编译模式。保存文件，以该模式编译项目，让开发者工具生成必要的文件。

(3) 打开 10_3_websocket.wxml，构建页面结构。

```
<!-- pages/Chapter_10/10_3_websocket/10_3_websocket.wxml -->
<view class = "container">
  <view class = "page - head">
    <view class = "page - head - title"> Web - Socket </view>
    <view class = "page - head - line"></view>
```

```
  </view>
  <view class = "page - body">
    <view class = "page - section">
      <view class = "weui - cells weui - cells_after - title">
        <view class = "weui - cell weui - cell_switch">
          <view class = "weui - cell __ bd"> Socket 状态</view>
          <view class = "weui - cell __ ft">
            <switch bindchange = "toggleSocket" disabled = "{{!hasLogin}}"/>
          </view>
        </view>
        <view class = "weui - cell">
          <view class = "weui - cell __ bd">消息</view>
          <view class = "weui - cell __ ft">
            Hello, 小程序!
          </view>
        </view>
      </view>
    </view>
    <view class = "btn - area">
      <button type = "primary" size = "40" bindtap = "sendMessage" disabled = "{{socketStatus
!= 'connected'}}" loading = "{{loading}}">点我发送</button>
    </view>
  </view>
</view>
```

(4) 10_3_websocket.wxss 文件内容略。

(5) 打开 10_3_websocket.js,实现需要的功能。

```
// pages/Chapter_10/10_3_websocket/10_3_websocket.js
function showModal(title, content) {
  wx.showModal({
    title,
    content,
    showCancel: false
  })
}
function showSuccess(title) {
  wx.showToast({
    title,
    icon: 'success',
    duration: 1000
  })
}
Page({
  data: {
    socketStatus: 'closed'
  },
  onLoad() {
    const self = this
    self.setData({
      hasLogin: true
```

```
    })
  },

  onUnload() {
    this.closeSocket()
  },

  toggleSocket(e) {
    const turnedOn = e.detail.value

    if (turnedOn && this.data.socketStatus === 'closed') {
      this.openSocket()
    } else if (!turnedOn && this.data.socketStatus === 'connected') {
      const showSuccess = true
      this.closeSocket(showSuccess)
    }
  },

  openSocket() {
    wx.onSocketOpen(() => {
      console.log('WebSocket 已连接')
      showSuccess('Socket 已连接')
      this.setData({
        socketStatus: 'connected',
        waitingResponse: false
      })
    })

    wx.onSocketClose(() => {
      console.log('WebSocket 已断开')
      this.setData({ socketStatus: 'closed' })
    })

    wx.onSocketError(error => {
      showModal('发生错误', JSON.stringify(error))
      console.error('socket error:', error)
      this.setData({
        loading: false
      })
    })

    wx.onSocketMessage(message => {
      showSuccess('收到信道消息')
      console.log('socket message:', message)
      this.setData({
        loading: false
      })
    })
    wx.connectSocket({
      url: 'wss://mini.ecbc413.cn/wss',
    })
```

```
    },

    closeSocket() {
      if (this.data.socketStatus === 'connected') {
        wx.closeSocket({
          success: () => {
            showSuccess('Socket 已断开')
            this.setData({ socketStatus: 'closed' })
          }
        })
      }
    },

    sendMessage() {
      if (this.data.socketStatus === 'connected') {
        wx.sendSocketMessage({
          data: 'Hello, Miniprogram!'
        })
      }
    },
})
```

(6) 保存所有文件,编译项目,并在模拟器中查看页面效果,同时注意观察 Console 面板的输出。

**【相关知识】**

**1. SocketTask 对象**

WebSocket 任务,可通过 wx.connectSocket()接口创建返回。其包含的方法说明见表 10-17。

**表 10-17 SocketTask 对象方法说明**

| 方法名称 | 参数 | 说明 |
|---|---|---|
| send | Object object | 通过 WebSocket 连接发送数据 |
| close | Object object | 关闭 WebSocket 连接 |
| onOpen | function callback | 监听 WebSocket 连接打开事件 |
| onClose | function callback | 监听 WebSocket 连接关闭事件 |
| onError | function callback | 监听 WebSocket 错误事件 |
| onMessage | function callback | 监听 WebSocket 接收到服务器的消息事件 |

其中,SocketTask.send(Object object)包含的参数说明见表 10-18。

**表 10-18 SocketTask.send(Object object)参数说明**

| 属性 | 类型 | 必填 | 说明 |
|---|---|---|---|
| data | String/ArrayBuffer | 是 | 需要发送的内容 |
| success | Function | 否 | 接口调用成功的回调函数 |
| fail | Function | 否 | 接口调用失败的回调函数 |
| complete | Function | 否 | 接口调用结束的回调函数(调用成功、失败都会执行) |

SocketTask.close(Object object)包含的参数说明见表 10-19。

表 10-19　SocketTask.close(Object object)参数说明

| 属　　性 | 类　　型 | 默　认　值 | 必填 | 说　　明 |
| --- | --- | --- | --- | --- |
| code | Number | 1000(表示正常关闭连接) | 否 | 一个数字值表示关闭连接的状态号,表示连接被关闭的原因 |
| reason | String | | 否 | 一个可读的字符串,表示连接被关闭的原因。这个字符串必须是不长于 123B 的 UTF-8 文本(不是字符) |
| success | Function | | 否 | 接口调用成功的回调函数 |
| fail | Function | | 否 | 接口调用失败的回调函数 |
| complete | Function | | 否 | 接口调用结束的回调函数(调用成功、失败都会执行) |

SocketTask.onOpen(function callback)回调函数中包含的参数见表 10-20。

表 10-20　SocketTask.onOpen(function callback)回调函数包含的参数

| 属　　性 | 类　　型 | 说　　明 | 最 低 版 本 |
| --- | --- | --- | --- |
| header | Object | 连接成功的 HTTP 响应 Header | 2.0.0 |

SocketTask.onError(function callback)回调函数中包含的参数见表 10-21。

表 10-21　SocketTask.onError(function callback)回调函数包含的参数

| 属　　性 | 类　　型 | 说　　明 |
| --- | --- | --- |
| errMsg | String | 错误信息 |

SocketTask.onMessage(function callback) 回调函数中包含的参数见表 10-22。

表 10-22　SocketTask.onMessage(function callback)回调函数包含的参数

| 属　　性 | 类　　型 | 说　　明 |
| --- | --- | --- |
| data | String/ArrayBuffer | 服务器返回的消息 |

**2. wx.connectSocket(Object object)**

创建一个 WebSocket 连接。其参数说明见表 10-23。

表 10-23　wx.connectSocket 接口参数说明

| 属　　性 | 类　　型 | 默认值 | 必填 | 说　　明 | 最低版本 |
| --- | --- | --- | --- | --- | --- |
| url | String | | 是 | 开发者服务器 WSS 接口地址 | |
| header | Object | | 否 | HTTP Header,Header 中不能设置 Referer | |
| protocols | Array.<string> | | 否 | 子协议数组 | 1.4.0 |
| tcpNoDelay | Boolean | false | 否 | 建立 TCP 连接的时候的 TCP_NODELAY 设置 | 2.4.0 |

续表

| 属　性 | 类　型 | 默认值 | 必填 | 说　明 | 最低版本 |
|---|---|---|---|---|---|
| success | Function | | 否 | 接口调用成功的回调函数 | |
| fail | Function | | 否 | 接口调用失败的回调函数 | |
| complete | Function | | 否 | 接口调用结束的回调函数(调用成功、失败都会执行) | |

该接口在成功调用后,会返回一个 SocketTask 对象,用于处理 Socket 连接。

需要注意的是,1.7.0 及以上版本,最多可以同时存在 5 个 WebSocket 连接。1.7.0 以下版本,一个小程序同时只能有一个 WebSocket 连接,如果当前已存在一个 WebSocket 连接,会自动关闭该连接,并重新创建一个 WebSocket 连接。

**3. wx.onSocketOpen(function callback)**

监听 WebSocket 连接打开事件。其回调函数包含的参数说明见表 10-24。

**表 10-24　wx.onSocketOpen(function callback)回调函数包含的参数**

| 属　性 | 类　型 | 说　明 | 最低版本 |
|---|---|---|---|
| header | Object | 连接成功的 HTTP 响应 Header | 2.0.0 |

**4. wx.sendSocketMessage(Object object)**

通过 WebSocket 连接发送数据。需要先 wx.connectSocket,并在 wx.onSocketOpen 回调之后才能发送。其参数说明见表 10-25。

**表 10-25　wx.sendSocketMessage 接口参数说明**

| 属　性 | 类　型 | 必　填 | 说　明 |
|---|---|---|---|
| data | String/ArrayBuffer | 是 | 需要发送的内容 |
| success | Function | 否 | 接口调用成功的回调函数 |
| fail | Function | 否 | 接口调用失败的回调函数 |
| complete | Function | 否 | 接口调用结束的回调函数(调用成功、失败都会执行) |

**5. wx.onSocketMessage(function callback)**

监听 WebSocket 接收到服务器的消息事件。其回调函数包含的参数说明见表 10-26。

**表 10-26　wx.onSocketMessage(function callback)回调函数包含的参数**

| 属　性 | 类　型 | 说　明 |
|---|---|---|
| data | String/ArrayBuffer | 服务器返回的消息 |

**6. wx.closeSocket(Object object)**

关闭 WebSocket 连接,其参数说明见表 10-27。

表 10-27 wx.closeSocket 接口参数说明

| 属　性 | 类　型 | 默 认 值 | 必填 | 说　明 |
|---|---|---|---|---|
| code | Number | 1000(表示正常关闭连接) | 否 | 一个数字值表示关闭连接的状态号，表示连接被关闭的原因 |
| reason | String | | 否 | 一个可读的字符串，表示连接被关闭的原因。这个字符串必须是不长于 123B 的 UTF-8 文本(不是字符) |
| success | Function | | 否 | 接口调用成功的回调函数 |
| fail | Function | | 否 | 接口调用失败的回调函数 |
| complete | Function | | 否 | 接口调用结束的回调函数(调用成功、失败都会执行) |

需要注意的是，如果 wx.connectSocket 还没回调 wx.onSocketOpen，而先调用 wx.closeSocket，那么就达不到关闭 WebSocket 的目的。因此，必须在 WebSocket 打开期间调用 wx.closeSocket 才能关闭 Socket 连接。

**7. wx.onSocketClose(function callback)**

监听 WebSocket 连接关闭事件。

**8. wx.onSocketError(function callback)**

监听 WebSocket 错误事件。

# 练　习　题

1. 修改 10.2 节中的上传和下载文件示例，使其在上传的时候，能通过一个进度条显示上传文件进度百分比(默认不显示)。上传完成后即隐藏进度条。效果如图 10-9 所示。

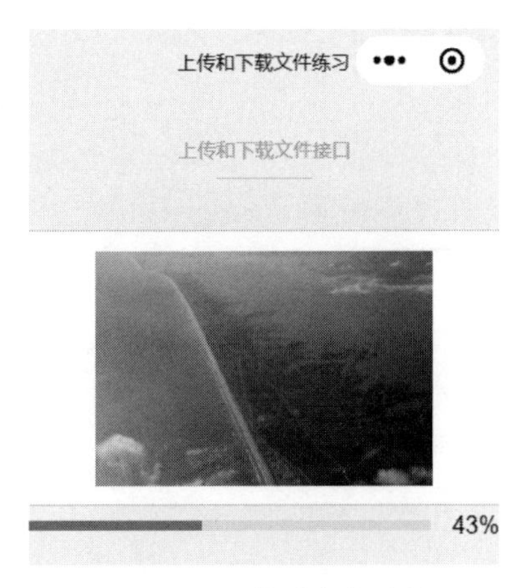


图 10-9　上传进度条示例

2. 修改 10.2 节中的上传和下载文件示例，使其在下载的时候，如图 10-10 所示在空白区域显示一个进度条和"取消下载"按钮，待下载完成后，隐藏进度条和"取消下载"按钮，然后显示下载的图片。在单击"取消下载"按钮后，取消下载任务，恢复到页面的初始状态。

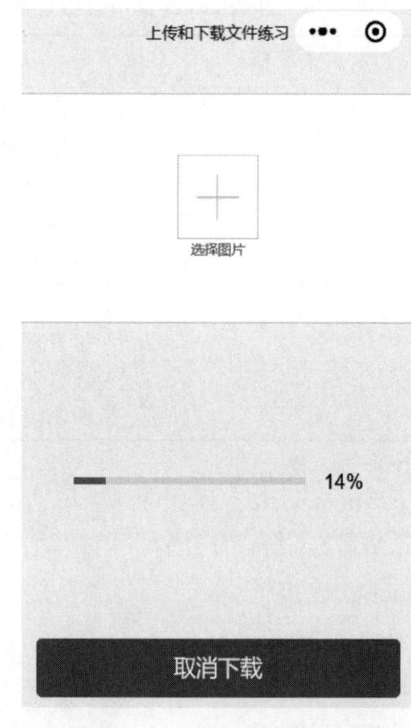


图 10-10 下载进度条示例

3. 自行阅读并尝试实现小程序官方 Demo 三木聊天室的实现。阅读资料可参考 http://t.cn/EXjOwib。

# 第 11 章 多媒体接口

在第 8 章中，介绍了小程序的多媒体组件。多媒体组件自带了一些控制属性，可以满足一些简单的需求。本章将介绍小程序的多媒体相关的接口。有了这些接口，就可以对多媒体的信息进行更加多样化的定制。除了多媒体组件当中已经接触过的图片、音频、视频和相机组件外，本章还会接触到录音以及字体的相关操作。

**本章学习目标：**

- 掌握对图片的选择，保存，预览等操作方法。
- 掌握对音频的播放，暂停，快进等操作方法。
- 掌握对背景音频的播放，暂停，快进等操作方法。
- 掌握对视频的播放，暂停，快进，发送弹幕，停止等操作方法。
- 掌握使用相机拍摄视频和图片以及保存文件的操作方法。
- 掌握录音功能的开始，停止和保存以及查看文件的操作方法。
- 了解动态字体的加载方法。

## 11.1 图片管理

**【任务要求】**

新建一个如图 11-1 所示页面，其中，“图片来源”为一个 picker 组件，可选值为“拍照”“相册”“拍照或相册”；“图片质量”为一个 picker 组件，可选值为“压缩”“原图”“压缩或原图”；“数量限制”为一个 picker 组件，可选值为 1～9。单击预览区域的“＋”图标，可以进行图片的选择，选择完后图片需要在预览区域显示，单击图片，可以进入预览模式，预览区域需要实时显示已选图片数量和限制数量。

**【任务分析】**

本次任务，通过 picker 组件的形式，对图片接口的几个功能进行了练习和展示，包括设定图片来源，图片质量以及可选数量限制。本次任务还包含预览图片相关功能的练习，通过本次任务，可以对图片的相关接口有一个比较全面的认识。

**【任务操作】**

(1) 打开示例项目，在 app. json 文件的 pages 数组中新增一项"pages/Chapter_11/11_1_image/11_1_image"，保存文件，使用开发者工具生成页面所需的文件后，新增一个将页面 11_1_image 设置为启动页面的名为“11_1_image”的编译模式，并使用该模式编译项目。

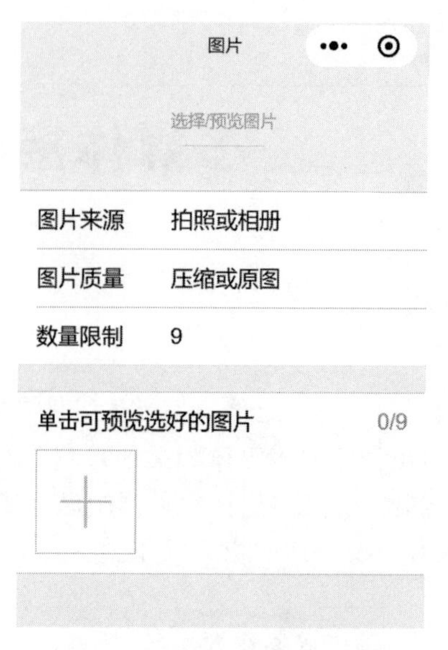


图 11-1　图片接口任务示例

（2）打开 11_1_image. wxml 文件，构建页面内容结构。

```
<! -- pages/Chapter_11/11_1_image/11_1_image.wxml -->
<view class = "container">
  <view class = "page - head">
    <view class = "page - head - title">选择/预览图片</view>
    <view class = "page - head - line"></view>
  </view>
  <view class = "page - body">
    <form>
      <view class = "page - section">

        <view class = "weui - cells weui - cells_after - title">
          <view class = "weui - cell weui - cell_input">
            <view class = "weui - cell __ hd">
              <view class = "weui - label">图片来源</view>
            </view>
            <view class = "weui - cell __ bd">
              <picker range = "{{sourceType}}" bindchange = "sourceTypeChange" value =
"{{sourceTypeIndex}}" mode = "selector">
                <view class = "weui - input">{{sourceType[sourceTypeIndex]}}</view>
              </picker>
            </view>
          </view>

          <view class = "weui - cell weui - cell_input">
            <view class = "weui - cell __ hd">
              <view class = "weui - label">图片质量</view>
            </view>
            <view class = "weui - cell __ bd">
              <picker range = "{{sizeType}}" bindchange = "sizeTypeChange" value =
```

```
"{{sizeTypeIndex}}" mode = "selector">
              < view class = "weui - input">{{sizeType[sizeTypeIndex]}}</view >
            </picker >
          </view >
        </view >
        < view class = "weui - cell weui - cell_input">
          < view class = "weui - cell __ hd">
            < view class = "weui - label">数量限制</view >
          </view >
          < view class = "weui - cell __ bd">
            < picker range = "{{count}}" bindchange = "countChange" value = "{{countIndex}}"
mode = "selector">
              < view class = "weui - input">{{count[countIndex]}}</view >
            </picker >
          </view >
        </view >
      </view >

      < view class = "weui - cells">
        < view class = "weui - cell">
          < view class = "weui - cell __ bd">
            < view class = "weui - uploader">
              < view class = "weui - uploader __ hd">
                < view class = "weui - uploader __ title">单击可预览选好的图片</view >
                  < view class = "weui - uploader __ info">{{imageList.length}}/{{count
[countIndex]}}</view >
              </view >
              < view class = "weui - uploader __ bd">
                < view class = "weui - uploader __ files">
                  < block wx:for = "{{imageList}}" wx:for - item = "image">
                    < view class = "weui - uploader __ file">
                      < image class = "weui - uploader __ img" src = "{{image}}" data - src =
"{{image}}" bindtap = "previewImage"></image >
                    </view >
                  </block >
                </view >
                < view class = "weui - uploader __ input - box">
                  < view class = "weui - uploader __ input" bindtap = "chooseImage"></view >
                </view >
              </view >
            </view >
          </view >
        </view >
      </view >
    </view >
  </form >
</view >
</view >
```

(3) 打开 11_1_image.js 文件,实现所需的功能。

```
// pages/Chapter_11/11_1_image/11_1_image.js
const sourceType = [['camera'], ['album'], ['camera', 'album']]
const sizeType = [['compressed'], ['original'], ['compressed', 'original']]

Page({
  data: {
    imageList: [],
    sourceTypeIndex: 2,
    sourceType: ['拍照', '相册', '拍照或相册'],

    sizeTypeIndex: 2,
    sizeType: ['压缩', '原图', '压缩或原图'],

    countIndex: 8,
    count: [1, 2, 3, 4, 5, 6, 7, 8, 9]
  },
  sourceTypeChange(e) {
    this.setData({
      sourceTypeIndex: e.detail.value
    })
  },
  sizeTypeChange(e) {
    this.setData({
      sizeTypeIndex: e.detail.value
    })
  },
  countChange(e) {
    this.setData({
      countIndex: e.detail.value
    })
  },
  chooseImage() {
    const that = this
    wx.chooseImage({
      sourceType: sourceType[this.data.sourceTypeIndex],
      sizeType: sizeType[this.data.sizeTypeIndex],
      count: this.data.count[this.data.countIndex],
      success(res) {
        console.log(res)
        that.setData({
          imageList: res.tempFilePaths
        })
      }
    })
```

```
  },
  previewImage(e) {
    const current = e.target.dataset.src
    wx.previewImage({
      current,
      urls: this.data.imageList
    })
  }
})
```

(4) 保存所有文件,编译项目,在真机上切换 picker 的不同选项,查看对应的功能效果。

**【相关知识】**

**1. wx.chooseImage(Object object)**

从本地相册选择图片或使用相机拍照。其参数说明见表 11-1。

**表 11-1　wx.chooseImage 接口参数说明**

| 属　性 | 类　型 | 默 认 值 | 必填 | 说　明 |
|---|---|---|---|---|
| count | Number | 9 | 否 | 最多可以选择的图片张数 |
| sizeType | Array.<string> | ['original', 'compressed'] | 否 | 所选的图片的尺寸,可选值为 original 或 compressed,分别表示原图或压缩图 |
| sourceType | Array.<string> | ['album', 'camera'] | 否 | 选择图片的来源,可选值为 album 或 camera,分别表示从相册选图或使用相机 |
| success | Function | | 否 | 接口调用成功的回调函数 |
| fail | Function | | 否 | 接口调用失败的回调函数 |
| complete | Function | | 否 | 接口调用结束的回调函数(调用成功、失败都会执行) |

object.success 回调函数参数 res 的属性说明见表 11-2。

**表 11-2　object.success 回调函数参数属性说明**

| 属　性 | 类　型 | 说　明 | 最 低 版 本 |
|---|---|---|---|
| tempFilePaths | Array.<String> | 图片的本地临时文件路径列表 | |
| tempFiles | Array.<Object> | 图片的本地临时文件列表 | 1.2.0 |

res.tempFiles 的结构说明见表 11-3。

**表 11-3　res.tempFiles 的结构**

| 属　性 | 类　型 | 说　明 |
|---|---|---|
| path | String | 本地临时文件路径 |
| size | Number | 本地临时文件大小,单位:B |

**2. wx.compressImage(Object object)**

压缩图片接口,可选压缩质量。其参数说明见表 11-4。

表 11-4　wx.compressImage 接口参数说明

| 属　　性 | 类　　型 | 默认值 | 必填 | 说　　明 |
|---|---|---|---|---|
| src | String | | 是 | 图片路径，可以是相对路径、临时文件路径、存储文件路径 |
| quality | Number | 80 | 否 | 压缩质量，范围为 0～100，数值越小，质量越低，压缩率越高(仅对 JPG 格式有效) |
| success | Function | | 否 | 接口调用成功的回调函数 |
| fail | Function | | 否 | 接口调用失败的回调函数 |
| complete | Function | | 否 | 接口调用结束的回调函数(调用成功、失败都会执行) |

object.success 回调函数参数 res 的属性说明见表 11-5。

表 11-5　object.success 回调函数参数属性说明

| 属　　性 | 类　　型 | 说　　明 |
|---|---|---|
| tempFilePath | String | 压缩后图片的临时文件路径 |

### 3. wx.previewImage(Object object)

在新页面中全屏预览图片。预览的过程中用户可以进行保存图片、发送给朋友等操作。其参数说明见表 11-6。

表 11-6　wx.previewImage 接口参数说明

| 属　　性 | 类　　型 | 默　认　值 | 必填 | 说　　明 |
|---|---|---|---|---|
| urls | Array.<string> | | 是 | 需要预览的图片链接列表 |
| current | String | urls 的第一张 | 否 | 当前显示图片的超链接 |
| success | Function | | 否 | 接口调用成功的回调函数 |
| fail | Function | | 否 | 接口调用失败的回调函数 |
| complete | Function | | 否 | 接口调用结束的回调函数(调用成功、失败都会执行) |

### 4. wx.getImageInfo(Object object)

获取图片信息。网络图片需先配置 download 域名才能生效。其参数说明见表 11-7。

表 11-7　wx.getImageInfo 接口参数说明

| 属　　性 | 类　　型 | 默认值 | 必填 | 说　　明 |
|---|---|---|---|---|
| src | String | | 是 | 图片的路径，可以是相对路径、临时文件路径、存储文件路径、网络图片路径 |
| success | Function | | 否 | 接口调用成功的回调函数 |
| fail | Function | | 否 | 接口调用失败的回调函数 |
| complete | Function | | 否 | 接口调用结束的回调函数(调用成功、失败都会执行) |

object. success 回调函数参数 res 的属性说明见表 11-8。

**表 11-8　object. success 回调函数参数属性说明**

| 属　　性 | 类　　型 | 说　　明 | 最低版本 |
|---|---|---|---|
| width | Number | 图片原始宽度，单位：px。不考虑旋转 | |
| height | Number | 图片原始高度，单位：px。不考虑旋转 | |
| path | String | 图片的本地路径 | |
| orientation | String | 拍照时设备方向 | 1.9.90 |
| type | String | 图片格式 | 1.9.90 |

其中，res. orientation 的合法值见表 11-9。

**表 11-9　res. orientation 的合法值**

| 值 | 说　　明 |
|---|---|
| up | 默认方向(手机横持拍照)，对应 EXIF 中的 1。或无 orientation 信息 |
| up-mirrored | 同 up，但镜像翻转，对应 EXIF 中的 2 |
| down | 旋转 180°，对应 EXIF 中的 3 |
| down-mirrored | 同 down，但镜像翻转，对应 EXIF 中的 4 |
| left-mirrored | 同 left，但镜像翻转，对应 EXIF 中的 5 |
| right | 顺时针旋转 90°，对应 EXIF 中的 6 |
| right-mirrored | 同 right，但镜像翻转，对应 EXIF 中的 7 |
| left | 逆时针旋转 90°，对应 EXIF 中的 8 |

### 5. wx. chooseMessageFile(Object object)

从客户端会话选择文件。其参数说明见表 11-10。

**表 11-10　wx. chooseMessageFile 接口参数说明**

| 属　　性 | 类　　型 | 默认值 | 必填 | 说　　明 | 最低版本 |
|---|---|---|---|---|---|
| count | Number | | 是 | 最多可以选择的图片张数，可以为 0～100 | |
| type | String | 'all' | 否 | 所选的文件的类型 | |
| extension | Array. < string > | | 否 | 根据文件扩展名过滤，仅 type==file 时有效。每一项都不能是空字符串。默认不过滤 | 2.6.0 |
| success | Function | | 否 | 接口调用成功的回调函数 | |
| fail | Function | | 否 | 接口调用失败的回调函数 | |
| complete | Function | | 否 | 接口调用结束的回调函数(调用成功、失败都会执行) | |

object. type 的合法值见表 11-11。

**表 11-11　object. type 的合法值**

| 值 | 说　　明 |
|---|---|
| all | 从所有文件选择 |
| video | 只能选择视频文件 |
| image | 只能选择图片文件 |
| file | 可以选择除了图片和视频之外的其他文件 |

object. success 回调函数参数 res 的属性说明见表 11-12。

**表 11-12　object. success 回调函数参数属性说明**

| 属　性 | 类　型 | 说　明 |
|---|---|---|
| tempFiles | Array. <Object> | 返回选择的文件的本地临时文件对象数组 |

res. tempFiles 的结构见表 11-13。

**表 11-13　res. tempFiles 的结构**

| 属　性 | 类　型 | 说　明 |
|---|---|---|
| path | String | 本地临时文件路径 |
| size | Number | 本地临时文件大小，单位：B |
| name | String | 选择的文件名称 |
| type | String | 选择的文件类型 |
| time | Number | 选择的文件的会话发送时间，UNIX 时间戳，工具暂不支持此属性 |

其中，type 的合法值见表 11-14。

**表 11-14　type 的合法值**

| 值 | 说　明 |
|---|---|
| video | 选择了视频文件 |
| image | 选择了图片文件 |
| file | 选择了除图片和视频的文件 |

**6. wx. saveImageToPhotosAlbum(Object object)**

保存图片到系统相册。其参数说明见表 11-15。

**表 11-15　wx. saveImageToPhotosAlbum 接口参数说明**

| 属　性 | 类　型 | 必填 | 说　明 |
|---|---|---|---|
| filePath | String | 是 | 图片文件路径，可以是临时文件路径或永久文件路径，不支持网络图片路径 |
| success | Function | 否 | 接口调用成功的回调函数 |
| fail | Function | 否 | 接口调用失败的回调函数 |
| complete | Function | 否 | 接口调用结束的回调函数(调用成功、失败都会执行) |

## 11.2　使用录音机

**【任务要求】**

新建一个如图 11-2 所示页面，单击话筒图标时，开始录音，并在调试器的 Console 面板中输出“开始录音”字样的提示。在录音过程中，显示一个“停止”按钮(如图 11-3 所示)，在单击“停止”按钮后，停止录音，并在 Console 面板中输出录音文件的临时保存路径，同时页面回到开始录音的样式。

图 11-2　录音接口任务示例

图 11-3　正在录音页面

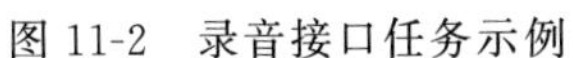

**【任务分析】**

本次任务练习的是使用小程序的录音功能，涉及对录音开始和结束的操作。获取到的录音文件临时路径，可以用于保存或者播放。

**【任务操作】**

(1) 打开示例项目，在 app.json 文件的 pages 数组中新增一项"pages/Chapter_11/11_2_record/11_2_record"，保存文件，待开发者工具生成页面所需的文件后，新增一个将页面 11_2_record 设置为启动页面的名为"11_2_record"的编译模式，并使用该模式编译项目。

(2) 打开 11_2_record.wxml 文件，构建页面样式结构。

```
<!-- pages/Chapter_11/11_2_record/11_2_record.wxml -->
<view class = "container">
  <view class = "page - head">
    <view class = "page - head - title">录音接口</view>
    <view class = "page - head - line"></view>
  </view>
  <view class = "page - body">
    <view class = "page - section">
      <block wx:if = "{{recording === false}}">
        <view class = "page - body - buttons">
          <view class = "page - body - button"></view>
          <view class = "page - body - button" bindtap = "startRecord">
            <image src = "/image/record.png"></image>
          </view>
          <view class = "page - body - button"></view>
        </view>
      </block>
      <block wx:if = "{{recording === true}}">
        <view class = "page - body - buttons">
          <view class = "page - body - button"></view>
          <view class = "page - body - button" bindtap = "stopRecord">
            <view class = "button - stop - record"></view>
```

```
            </view>
            <view class="page-body-button"></view>
          </view>
        </block>
      </view>
    </view>
  </view>
```

(3) 打开 11_2_record.js 文件,实现所需功能。

```
// pages/Chapter_11/11_2_record/11_2_record.js
const recorder = wx.getRecorderManager()
recorder.onStart(function () {
  console.log("开始录音");
})
recorder.onStop(function (res) {
  console.log(res.tempFilePath)
})
Page({
  data: {
    recording: false,
  },
  startRecord() {
    recorder.start();
    this.setData({
      recording: true
    })
  },
  stopRecord() {
    this.setData({recording:false})
    recorder.stop();
  }
})
```

(4) 保存所有文件,编译项目,在模拟器中查看页面效果。

**【相关知识】**

**1. RecorderManager wx.getRecorderManager()**

获取全局唯一的录音管理器 RecorderManager。返回值为一个 RecordManager 对象。

**2. RecorderManager**

全局唯一的录音管理器。其包含的方法见表 11-16。

**表 11-16 RecordManager 对象方法列表**

| 方法名称 | 参数 | 说明 |
| --- | --- | --- |
| start | Object object | 开始录音 |
| onStart | function callback | 监听录音开始事件 |
| pause | | 暂停录音 |
| onPause | function callback | 监听录音暂停事件 |
| resume | | 继续录音 |

| 方法名称 | 参　　数 | 说　　明 |
| --- | --- | --- |
| onResume | function callback | 监听录音继续事件 |
| stop | | 停止录音 |
| onStop | function callback | 监听录音结束事件。回调函数参数 res 包含一个 tempFilePath 属性，表示录音文件的临时路径 |
| onInterruptionBegin | function callback | 监听录音因为受到系统占用而被中断开始事件。以下场景会触发此事件：微信语音聊天、微信视频聊天。此事件触发后，录音会被暂停。pause 事件在此事件后触发 |
| onInterruptionEnd | function callback | 监听录音中断结束事件。在收到 interruptionBegin 事件之后，小程序内所有录音会暂停，收到此事件之后才可再次录音成功 |
| onFrameRecorded | function callback | 监听已录制完指定帧大小的文件事件。如果设置了 frameSize，则会回调此事件 |
| onError | function callback | 监听录音错误事件。其回调函数的参数 res 包含一个 errMsg 属性，表示错误信息 |

RecorderManager. start(Object object)方法参数说明见表 11-17。

**表 11-17　RecorderManager. start(Object object)参数说明**

| 属　　性 | 类型 | 默认值 | 必填 | 说　　明 | 最低版本 |
| --- | --- | --- | --- | --- | --- |
| duration | Number | 60 000 | 否 | 录音的时长，单位：ms，最大值 600 000(10 分钟) | |
| sampleRate | Number | 8000 | 否 | 采样率，其合法值说明见表 11-18 | |
| numberOfChannels | Number | 2 | 否 | 录音通道数，可选值为 1 或 2 | |
| encodeBitRate | Number | 48 000 | 否 | 编码码率 | |
| format | String | aac | 否 | 音频格式，可选值为 mp3 或 aac | |
| frameSize | Number | | 否 | 指定帧大小，单位：KB。传入 frameSize 后，每录制指定帧大小的内容后，会回调录制的文件内容，不指定则不会回调。暂仅支持 mp3 格式 | |
| audioSource | String | auto | 否 | 指定录音的音频输入源，可选值说明见表 11-19 | 2.1.0 |

表 11-18 和表 11-19 给出 object. sampleRate 的合法值及 object. audioSource 的合法值。

**表 11-18　object. sampleRate 的合法值**

| 值 | 说　　明 |
| --- | --- |
| 8000 | 8000 采样率 |
| 11 025 | 11 025 采样率 |
| 12 000 | 12 000 采样率 |
| 16 000 | 16 000 采样率 |
| 22 050 | 22 050 采样率 |
| 24 000 | 24 000 采样率 |
| 32 000 | 32 000 采样率 |
| 44 100 | 44 100 采样率 |
| 48 000 | 48 000 采样率 |

表 11-19 object.audioSource 的合法值

| 值 | 说明 |
|---|---|
| auto | 自动设置,默认使用手机话筒,插上耳机后自动切换使用耳机话筒,所有平台适用 |
| buildInMic | 手机话筒,仅限 iOS |
| headsetMic | 耳机话筒,仅限 iOS |
| mic | 话筒(没插耳机时是手机话筒,插耳麦时是耳机话筒),仅限 Android |
| camcorder | 同 mic,适用于录制音视频内容,仅限 Android |
| voice_communication | 同 mic,适用于实时沟通,仅限 Android |
| voice_recognition | 同 mic,适用于语音识别,仅限 Android |

每种采样率有对应的编码码率范围有效值,设置不合法的采样率或编码码率会导致录音失败,具体对应关系见表 11-20。

表 11-20 采样率与编码码率限制

| 采样率 | 编码码率 |
|---|---|
| 8000 | 16 000～48 000 |
| 11 025 | 16 000～48 000 |
| 12 000 | 24 000～64 000 |
| 16 000 | 24 000～96 000 |
| 22 050 | 32 000～128 000 |
| 24 000 | 32 000～128 000 |
| 32 000 | 48 000～192 000 |
| 44 100 | 64 000～320 000 |
| 48 000 | 64 000～320 000 |

RecorderManager.onFrameRecorded(function callback)回调函数的参数 res 的属性说明见表 11-21。

表 11-21 RecorderManager.onFrameRecorded(function callback)回调函数参数 res 属性说明

| 属性 | 类型 | 说明 |
|---|---|---|
| frameBuffer | ArrayBuffer | 录音分片数据 |
| isLastFrame | Boolean | 当前帧是否正常录音结束前的最后一帧 |

## 11.3 音频控制

**【任务要求】**

在 11.2 节录音机任务(如图 11-4 和图 11-5 所示)的基础上,新增在录音完成后,可以播放录音的功能(如图 11-6 所示)。同时在播放时,提供暂停和停止以及删除录音文件的功能按钮(如图 11-7 所示)。在暂停或停止播放后,回到如图 11-6 所示页面,使其可以继续或重新播放或者删除录音文件。

**【任务分析】**

本次任务是 11.2 节任务的一个延展。在录音机任务中已经获得了录音文件的临时路径的情况下，使用音频控制的相关接口，加上了播放音频文件和暂停、停止、继续播放的功能，使得录音机任务更加具有实用性。

图 11-4　初始页面

图 11-5　正在录音页面

图 11-6　录音完成等待播放页面

图 11-7　正在播放音频文件页面

**【任务操作】**

(1) 打开示例项目，在 app.json 文件的 pages 数组中新增一项"pages/Chapter_11/11_3_voice/11_3_voice"，保存文件，使用开发者工具生成页面所需的文件后，新增一个将页面 11_3_voice 设置为启动页面的名为"11_3_voice"的编译模式，并使用该模式编译项目。

(2) 打开 11_3_voice.wxml 文件，构建页面结构。

```
<!-- pages/Chapter_11/11_3_voice/11_3_voice.wxml -->
<view class="container">
  <view class="page-head">
    <view class="page-head-title">音频控制接口</view>
    <view class="page-head-line"></view>
  </view>
  <view class="page-body">
    <view class="page-section">
      <block wx:if="{{recording === false && playing === false && hasRecord ===
```

```
false}}">
        <view class = "page - body - buttons">
          <view class = "page - body - button"></view>
          <view class = "page - body - button" bindtap = "startRecord">
            <image src = "/image/record.png"></image>
          </view>
          <view class = "page - body - button"></view>
        </view>
      </block>

      <block wx:if = "{{recording === true}}">
        <view class = "page - body - buttons">
          <view class = "page - body - button"></view>
          <view class = "page - body - button" bindtap = "stopRecord">
            <view class = "button - stop - record"></view>
          </view>
          <view class = "page - body - button"></view>
        </view>
      </block>

      <block wx:if = "{{hasRecord === true && playing === false}}">
        <view class = "page - body - buttons">
          <view class = "page - body - button" bindtap = "playVoice">
            <image src = "/image/play.png"></image>
          </view>
          <view class = "page - body - button" bindtap = "clear">
            <image src = "/image/trash.png"></image>
          </view>
        </view>
      </block>

      <block wx:if = "{{hasRecord === true && playing === true}}">
        <view class = "page - body - buttons">
          <view class = "page - body - button" bindtap = "stopVoice">
            <image src = "/image/stop.png"></image>
          </view>
          <view class = "page - body - button" bindtap = "pauseVoice">
            <image src = "/image/pause.png"></image>
          </view>
        </view>
      </block>
    </view>
  </view>
</view>
```

(3) 打开 11_3_voice.js 文件,实现所需的功能。

```
// pages/Chapter_11/11_3_voice/11_3_voice.js
// pages/Chapter_11/11_3_voice/11_3_voice.js
const recorder = wx.getRecorderManager()
const voice = wx.createInnerAudioContext()
```

```
recorder.onStart(function () {
  console.log("开始录音");
})
Page({
  data: {
    recording: false,
    playing: false,
    hasRecord: false,
  },
  startRecord() {
    recorder.start();
    this.setData({
      recording: true
    })
  },
  stopRecord() {
    const self  = this;
    recorder.stop();
    recorder.onStop(function (res) {
      console.log(res.tempFilePath)
      self.setData({
        recording:false,
        hasRecord: true,
        tempFilePath: res.tempFilePath,
      })
    })
  },
  playVoice() {
    const self = this;
    voice.src = this.data.tempFilePath;
    voice.play();
    voice.onPlay(function(){
      console.log("开始播放");
      self.setData({ playing: true })
    })
  },
  pauseVoice() {
    const self = this;
    voice.pause();
    voice.onPause(function(){
      console.log("暂停播放");
      self.setData({
        playing: false
      })
    });
  },
  stopVoice() {
    const self = this;
    voice.stop();
    voice.onStop(function(){
      console.log("停止播放");
```

```
        self.setData({
          playing: false
        })
      });
    },
    clear() {
      voice.stop();
      this.setData({
        playing: false,
        hasRecord: false,
        tempFilePath: '',
      })
    }
})
```

(4) 保存所有文件,编译项目,在模拟器中查看页面的效果。

**【相关知识】**

小程序音频播放控制接口支持的音频文件格式见表 11-22。

**表 11-22 不同操作系统支持的音频格式**

| 格　式 | iOS | Android |
|---|---|---|
| flac | × | √ |
| m4a | √ | √ |
| ogg | × | √ |
| ape | × | √ |
| amr | × | √ |
| wma | × | √ |
| wav | √ | √ |
| mp3 | √ | √ |
| mp4 | × | √ |
| aac | √ | √ |
| aiff | √ | × |
| caf | √ | × |

**1. InnerAudioContext wx.createInnerAudioContext()**

创建内部 audio 上下文 InnerAudioContext 对象,返回值为一个 InnerAudioContext 对象。

**2. wx.setInnerAudioOption(Object object)**

设置 InnerAudioContext 的播放选项,设置之后对当前小程序全局生效。其参数说明见表 11-23。

**表 11-23 wx.setInnerAudioOption 接口参数说明**

| 属　性 | 类型 | 默认值 | 必填 | 说　明 |
|---|---|---|---|---|
| mixWithOther | Boolean | true | 否 | 是否与其他音频混播,设置为 true 之后,不会终止其他应用或微信内的音乐 |

续表

| 属　　性 | 类型 | 默认值 | 必填 | 说　　明 |
|---|---|---|---|---|
| obeyMuteSwitch | Boolean | true | 否 | (仅在 iOS 生效)是否遵循静音开关,设置为 false 之后,即使是在静音模式下,也能播放声音 |
| success | Function | | 否 | 接口调用成功的回调函数 |
| fail | Function | | 否 | 接口调用失败的回调函数 |
| complete | Function | | 否 | 接口调用结束的回调函数(调用成功、失败都会执行) |

### 3. wx.getAvailableAudioSources(Object object)

获取当前支持的音频输入源。其参数说明见表 11-24。

**表 11-24　wx.getAvailableAudioSources 接口参数说明**

| 属　　性 | 类　　型 | 必　　填 | 说　　明 |
|---|---|---|---|
| success | Function | 否 | 接口调用成功的回调函数 |
| fail | Function | 否 | 接口调用失败的回调函数 |
| complete | Function | 否 | 接口调用结束的回调函数(调用成功、失败都会执行) |

object.success 回调函数参数 res 属性说明见表 11-25。

**表 11-25　object.success 回调函数参数 res 属性说明**

| 属　　性 | 类　　型 | 说　　明 |
|---|---|---|
| audioSource | Array.<string> | 支持的音频输入源列表,可在 RecorderManager.start()接口中使用 |

res.audioSource 的合法值说明见表 11-19。

### 4. InnerAudioContext 对象

InnerAudioContext 实例可通过 wx.createInnerAudioContext 接口获取实例。其属性说明见表 11-26。

**表 11-26　InnerAudioContext 对象属性说明**

| 属性名 | 类　　型 | 说　　明 |
|---|---|---|
| src | String | 音频资源的地址,用于直接播放 |
| startTime | Number | 开始播放的位置(单位：s),默认为 0 |
| autoplay | Boolean | 是否自动开始播放,默认为 false |
| loop | Boolean | 是否循环播放,默认为 false |
| volume | Number | 音量。范围为 0～1,默认为 1 |
| duration | Number | 当前音频的长度(单位：s)。只有在当前有合法的 src 时返回(只读) |
| currentTime | Number | 当前音频的播放位置(单位：s)。只有在当前有合法的 src 时返回,时间保留小数点后 6 位(只读) |
| paused | Boolean | 当前是否暂停或停止状态(只读) |
| buffered | Number | 音频缓冲的时间点,仅保证当前播放时间点到此时间点内容已缓冲(只读) |

包含的方法说明见表11-27。

表 11-27 InnerAudioContext 对象方法说明

| 方法名称 | 参数 | 说明 |
| --- | --- | --- |
| play | | 播放 |
| pause | | 暂停。暂停后的音频再播放会从暂停处开始播放 |
| stop | | 停止。停止后的音频再播放会从头开始播放 |
| seek | number position | 跳转到指定位置。参数 position 指跳转的时间,单位：s。精确到小数点后3位,即支持ms级别精确度 |
| onCanplay | function callback | 监听音频进入可以播放状态的事件。但不保证后面可以流畅播放 |
| offCanplay | function callback | 取消监听音频进入可以播放状态的事件 |
| onPlay | function callback | 监听音频播放事件 |
| offPlay | function callback | 取消监听音频播放事件 |
| onPause | function callback | 监听音频暂停事件 |
| offPause | function callback | 取消监听音频暂停事件 |
| onStop | function callback | 监听音频停止事件 |
| offStop | function callback | 取消监听音频停止事件 |
| onEnded | function callback | 监听音频自然播放至结束的事件 |
| offEnded | function callback | 取消监听音频自然播放至结束的事件 |
| onTimeUpdate | function callback | 监听音频播放进度更新事件 |
| offTimeUpdate | function callback | 取消监听音频播放进度更新事件 |
| onError | function callback | 监听音频播放错误事件,其回调函数参数 res 包含一个 Number 类型的 errCode 属性,errCode 的合法值见表 11-28 |
| offError | function callback | 取消监听音频播放错误事件 |
| onWaiting | function callback | 监听音频加载中事件。当音频因为数据不足,需要停下来加载时会触发 |
| offWaiting | function callback | 取消监听音频加载中事件 |
| onSeeking | function callback | 监听音频进行跳转操作的事件 |
| offSeeking | function callback | 取消监听音频进行跳转操作的事件 |
| onSeeked | function callback | 监听音频完成跳转操作的事件 |
| offSeeked | function callback | 取消监听音频完成跳转操作的事件 |
| destroy | function callback | 销毁当前实例 |

表 11-28 errCode 合法值

| 值 | 说明 |
| --- | --- |
| 10001 | 系统错误 |
| 10002 | 网络错误 |
| 10003 | 文件错误 |
| 10004 | 格式错误 |
| −1 | 未知错误 |

# 11.4 背景音频控制

【任务要求】

新建一个如图 11-8 所示的页面，单击“播放”按钮，小程序开始播放指定的歌曲。同时在进度条右边需要显示音频的总长度(单位：s)，在进度条上方显示当前播放的时间(单位：s)，进度条也需要能实时反映播放进度的变化(如图 11-9 所示)。拖动进度条，可以使音乐跳转到对应时间开始播放。在开始播放后，页面上显示一个“停止”和“暂停”按钮，分别负责停止音乐播放和暂停音乐播放的功能。在暂停音乐播放后，页面上显示“播放”按钮，进度条和播放时间不归零(如图 11-10 所示)。在停止音乐播放后，页面上显示“播放”按钮，同时进度条和播放时间归零(如图 11-11 所示)。当音乐被模拟器暂停时，页面变化同单击页面上的“暂停”按钮。当小程序从后台被唤醒时，如果音乐还在继续播放，则显示如图 11-9 所示页面，如果音乐已经被系统停止，则显示如图 11-11 所示页面。

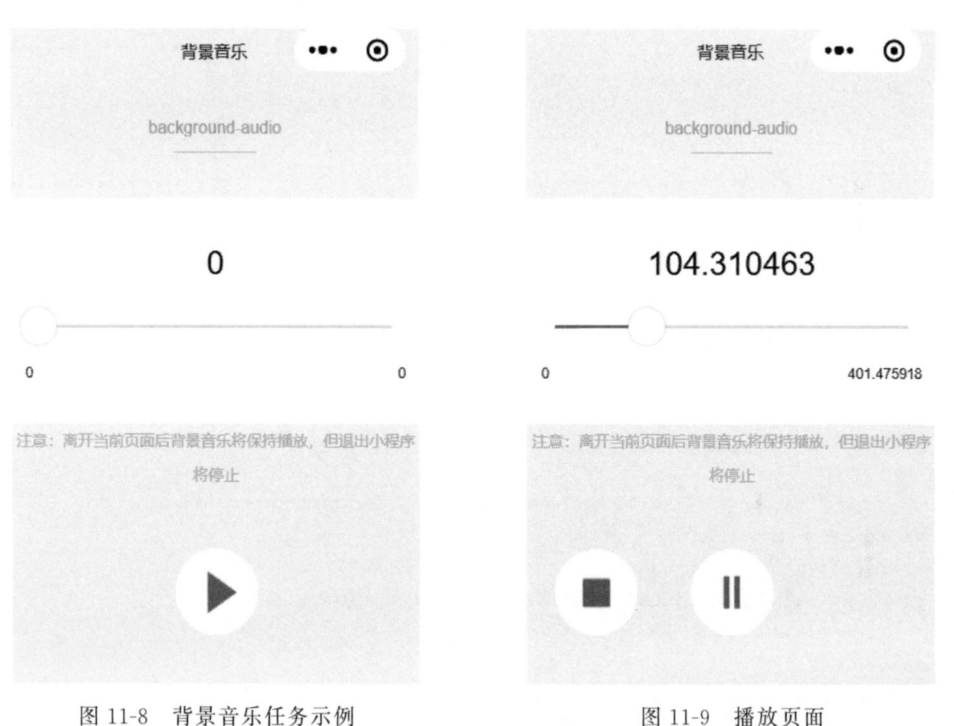


图 11-8　背景音乐任务示例　　　　图 11-9　播放页面

【任务分析】

本次任务主要练习的是背景音频的控制。和普通音频不一样的是，背景音频允许小程序在后台被隐藏时继续播放，同时还会在手机的通知区域或者控制中心显示控件来控制后台音乐的播放和暂停。因此我们的小程序也需要能够检测到音乐被手机系统暂停和播放的操作并做出合理的响应。

【任务操作】

(1) 打开示例项目，在 app.json 文件的 pages 数组中新增一项"pages/Chapter_11/11_4_background-audio/11_4_background-audio"，保存文件，使用开发者工具生成页面所需的

文件后，新增一个将页面 11_4_background-audio 设置为启动页面的名为“11_4_background-audio”的编译模式，并使用该模式编译项目。

图 11-10　暂停播放后页面

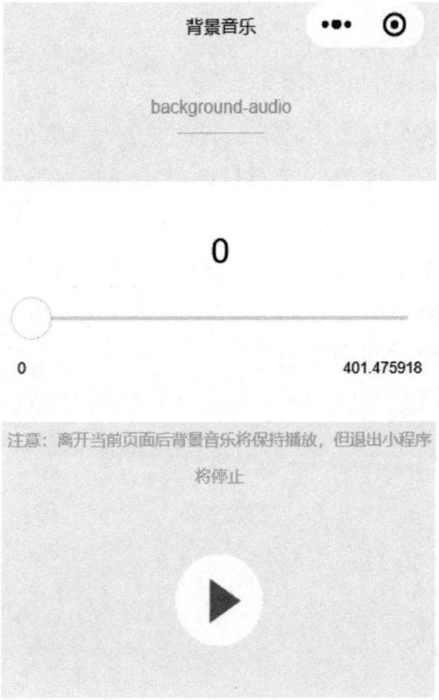

图 11-11　停止播放后页面

(2) 在 app.json 文件中，新增如下配置项，使其允许音频的后台播放。

```
"requiredBackgroundModes": ["audio"]
```

(3) 打开 11_4_background-audio.wxml 文件，构建页面结构。

```
<!-- pages/Chapter_11/11_4_background-audio/11_4_background-audio.wxml -->
<view class="container">
  <view class="page-head">
    <view class="page-head-title">background-audio</view>
    <view class="page-head-line"></view>
  </view>
  <view class="page-section">
    <view class="page-body-info">
      <text class="time-big">{{playTime}}</text>
      <slider class="slider" min="0" max="{{length}}" step="1" value="{{playTime}}"
bindchange="seek"></slider>
      <view class="play-time">
        <text>0</text>
        <text>{{length}}</text>
      </view>
    </view>
    <view class="page-body-text tc">注意：离开当前页面后背景音乐将保持播放，但退出小程
序将停止</view>
    <view class="page-body-buttons">
```

```
        <block wx:if="{{playing === true}}">
          <view class="page-body-button" bindtap="stop">
            <image src="/image/stop.png"></image>
          </view>
          <view class="page-body-button" bindtap="pause">
            <image src="/image/pause.png"></image>
          </view>
        </block>
        <block wx:if="{{playing === false}}">
          <view class="page-body-button"></view>
          <view class="page-body-button" bindtap="play">
            <image src="/image/play.png"></image>
          </view>
        </block>
        <view class="page-body-button"></view>
      </view>
    </view>
</view>
```

(4) 打开 11_4_background-audio.js 文件,实现所需的功能。

```
// pages/Chapter_11/11_4_background-audio/11_4_background-audio.js
const audio = wx.getBackgroundAudioManager()
audio.onError((res) => {
  console.log(res.errCode)
})
Page({
  onReady() {
    const self = this;
    if(audio.paused){
      this.setData({
        playing:true
      })
    }else{
      this.setData({
        playing:false
      })
    }
    audio.onTimeUpdate(() => {
      self.setData({
        playTime: audio.currentTime
      })
    }),
    audio.onStop(() => {
      console.log("音乐停止")
      self.setData({
        playing: false,
        playTime: 0,
      })
    }),
    audio.onPause(() => {
```

```
        console.log("音乐暂停")
        self.setData({
          playing: false
        })
      }),
      audio.onPlay(() => {
        console.log("音乐播放")
        self.setData({
          playing: true,
        })
      }),
      audio.onCanplay(() => {
        self.setData({
          length: audio.duration
        })
      })
    },
    data: {
      playing: false,
      playTime:0,
      length: 0,
    },
    play() {
      console.log("单击了开始播放按钮")
      audio.title = '此时此刻'
      audio.epname = '此时此刻'
      audio.singer = '许巍'
      audio.coverImgUrl = 'http://y.gtimg.cn/music/photo_new/T002R300x300M000003rsKF44Gya
Sk.jpg?max_age=2592000'
      audio.src = 'http://ws.stream.qqmusic.qq.com/M500001VfvsJ21xFqb.mp3?guid=ffffffff82
def4af4b12b3cd9337d5e7&uin=346897220&vkey=6292F51E1E384E061FF02C31F716658E5C81F5594D56
1F2E88B854E81CAAB7806D5E4F103E55D33C16F3FAC506D1AB172DE8600B37E43FAD&fromtag=46'
      audio.play();
    },
    seek(e) {
      audio.seek(e.detail.value)
    },
    pause() {
      audio.pause();
    },
    stop() {
      audio.stop()
    },
  })
```

(5) 保存文件,编译项目,在模拟器中查看页面效果。同时在模拟器中如图 11-12 所示的区域对音频进行控制,观察页面能否正常响应。

**【相关知识】**

从微信客户端 6.7.2 版本开始,若需要在小程序切后台后继续播放音频,需要在 app.json 中配置 requiredBackgroundModes 属性。开发版和体验版上可以直接生效,正式版还需通过审核。

**1. BackgroundAudioManager wx. getBackgroundAudioManager()**

获取全局唯一的背景音频管理器。小程序切入后台,如果音频处于播放状态,可以继续播放。但是后台状态不能通过调用 API 操作音频的播放状态。返回值为 BackgroundAudioManager 对象。

图 11-12　模拟器的音频控件

**2. BackgroundAudioManager**

BackgroundAudioManager 实例,可通过 wx. getBackgroundAudioManager 获取。其属性说明见表 11-29。

**表 11-29　BackgroundAudioManager 对象属性说明**

| 属性名 | 类型 | 说　　明 |
|---|---|---|
| src | string | 音频的数据源。默认为空字符串,当设置了新的 src 时,会自动开始播放,目前支持的格式有 m4a, aac, mp3, wav |
| startTime | number | 音频开始播放的位置(单位: s) |
| title | string | 音频标题,用于原生音频播放器音频标题(必填)。原生音频播放器中的分享功能,分享出去的卡片标题,也将使用该值 |
| epname | string | 专辑名,原生音频播放器中的分享功能,分享出去的卡片简介,也将使用该值 |

续表

| 属性名 | 类型 | 说　　明 |
| --- | --- | --- |
| singer | string | 歌手名，原生音频播放器中的分享功能，分享出去的卡片简介，也将使用该值 |
| coverImgUrl | string | 封面图 URL，用作原生音频播放器背景图。原生音频播放器中的分享功能，分享出去的卡片配图及背景也将使用该图 |
| webUrl | string | 页面链接，原生音频播放器中的分享功能，分享出去的卡片简介，也将使用该值 |
| protocol | string | 音频协议。默认值为 http，设置 hls 可以支持播放 HLS 协议的直播音频 |
| duration | number | 当前音频的长度(单位：s)，只有在有合法 src 时返回(只读) |
| currentTime | number | 当前音频的播放位置(单位：s)，只有在有合法 src 时返回(只读) |
| paused | boolean | 当前是否暂停或停止(只读) |
| buffered | number | 音频已缓冲的时间，仅保证当前播放时间点到此时间点内容已缓冲(只读) |

BackgroundAudioManager 对象包含的方法说明见表 11-30。

**表 11-30　BackgroundAudioManager 对象方法说明**

| 方法名称 | 参　　数 | 说　　明 |
| --- | --- | --- |
| play | | 播放音乐 |
| pause | | 暂停音乐 |
| seek | number currentTime | 跳转到指定位置，单位：s。精确到小数点后 3 位 |
| stop | | 停止音乐 |
| onCanplay | function callback | 监听背景音频进入可播放状态事件。但不保证后面可以流畅播放 |
| onWaiting | function callback | 监听音频加载中事件。当音频因为数据不足，需要停下来加载时会触发 |
| onError | function callback | 监听背景音频播放错误事件 |
| onPlay | function callback | 监听背景音频播放事件 |
| onPause | function callback | 监听背景音频暂停事件 |
| onSeeking | function callback | 监听背景音频开始跳转操作事件 |
| onSeeked | function callback | 监听背景音频完成跳转操作事件 |
| onEnded | function callback | 监听背景音频自然播放结束事件 |
| onStop | function callback | 监听背景音频停止事件 |
| onTimeUpdate | function callback | 监听背景音频播放进度更新事件 |
| onNext | function callback | 监听用户在系统音乐播放面板单击下一曲事件(仅 iOS) |
| onPrev | function callback | 监听用户在系统音乐播放面板单击上一曲事件(仅 iOS) |

在调用相关接口出错时，错误信息含义见表 11-31。

**表 11-31　错误信息**

| 错　误　码 | 说　　明 |
| --- | --- |
| 10001 | 系统错误 |
| 10002 | 网络错误 |
| 10003 | 文件错误 |
| 10004 | 格式错误 |
| −1 | 未知错误 |

# 11.5 视频管理

【任务要求】

新建一个如图11-13所示的页面，“视频来源”可以在“拍摄”“相册”“拍摄或相册”之间选择，“摄像头”可以在“前置”“后置”“前置或后置”之前选择，“拍摄长度”在0～60s中选择。在选择好视频后，需要能在页面上播放视频(如图11-14所示)。

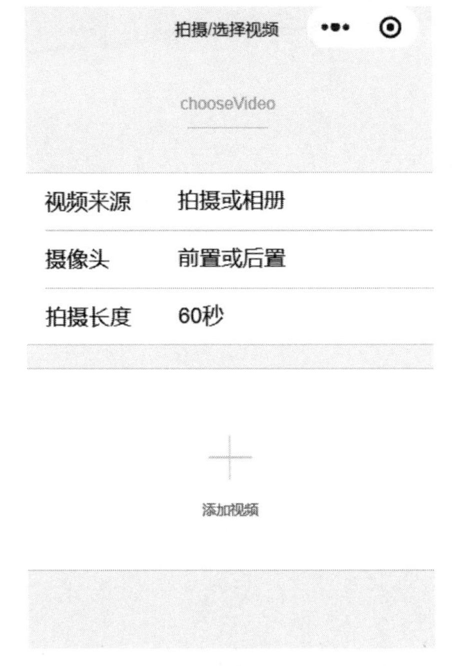


图11-13 视频接口任务示例

图11-14 选择视频后可播放

【任务分析】

本次任务同11.1节图片管理的任务较为类似，只不过是将图片选择替换为视频选择。本次任务主要练习的是从设备里选择视频的操作，有关视频的控制，可以参考8.3节视频组件的任务示例。

【任务操作】

(1) 打开示例项目，在app.json文件的pages数组中新增一项"pages/Chapter_11/11_5_video/11_5_video"，保存文件，使用开发者工具生成页面所需的文件后，新增一个将页面11_5_video设置为启动页面的名为“11_5_video”的编译模式，并使用该模式编译项目。

(2) 打开11_5_video.wxml文件，构建页面结构。

```
<!-- pages/Chapter_11/11_5_video/11_5_video.wxml -->
<view class="container">
  <view class="page-head">
    <view class="page-head-title">chooseVideo</view>
    <view class="page-head-line"></view>
  </view>
```

```
<view class="page-body">
  <view class="page-section">
    <view class="weui-cells weui-cells_after-title">
      <view class="weui-cell weui-cell_input">
        <view class="weui-cell__hd">
          <view class="weui-label">视频来源</view>
        </view>
        <view class="weui-cell__bd">
            <picker range="{{sourceType}}" bindchange="sourceTypeChange" value=
"{{sourceTypeIndex}}">
            <view class="weui-input">{{sourceType[sourceTypeIndex]}}</view>
          </picker>
        </view>
      </view>
      <view class="weui-cell weui-cell_input">
        <view class="weui-cell__hd">
          <view class="weui-label">摄像头</view>
        </view>
        <view class="weui-cell__bd">
            <picker range="{{camera}}" bindchange="cameraChange" value=
"{{cameraIndex}}">
            <view class="weui-input">{{camera[cameraIndex]}}</view>
          </picker>
        </view>
      </view>
      <view class="weui-cell weui-cell_input">
        <view class="weui-cell__hd">
          <view class="weui-label">拍摄长度</view>
        </view>
        <view class="weui-cell__bd">
          <picker range="{{duration}}" bindchange="durationChange" value=
"{{durationIndex}}">
            <view class="weui-input">{{duration[durationIndex]}}</view>
          </picker>
        </view>
      </view>
    </view>

    <view class="page-body-info">
      <block wx:if="{{src === ''}}">
        <view class="image-plus image-plus-nb" bindtap="chooseVideo">
          <view class="image-plus-horizontal"></view>
          <view class="image-plus-vertical"></view>
        </view>
        <view class="image-plus-text">添加视频</view>
      </block>
      <block wx:if="{{src != ''}}">
        <video src="{{src}}" class="video"></video>
      </block>
    </view>
  </view>
```

```
  </view>
</view>
```

(3) 打开 11_5_video.js 文件,实现所需功能。

```
// pages/Chapter_11/11_5_video/11_5_video.js
const sourceType = [['camera'], ['album'], ['camera', 'album']]
const camera = [['front'], ['back'], ['front', 'back']]
const duration = Array.apply(null, { length: 60 }).map(function (n, i) {
  return i + 1
})

Page({
  data: {
    sourceTypeIndex: 2,
    sourceType: ['拍摄', '相册', '拍摄或相册'],
    cameraIndex: 2,
    camera: ['前置', '后置', '前置或后置'],
    durationIndex: 59,
    duration: duration.map(function (t) { return t + '秒' }),
    src: ''
  },
  sourceTypeChange(e) {
    this.setData({
      sourceTypeIndex: e.detail.value
    })
  },
  cameraChange(e) {
    this.setData({
      cameraIndex: e.detail.value
    })
  },
  durationChange(e) {
    this.setData({
      durationIndex: e.detail.value
    })
  },
  chooseVideo() {
    const that = this
    wx.chooseVideo({
      sourceType: sourceType[this.data.sourceTypeIndex],
      camera: camera[this.data.cameraIndex],
      maxDuration: duration[this.data.durationIndex],
      success(res) {
        that.setData({
          src: res.tempFilePath
        })
      }
    })
  }
})
```

(4) 保存所有文件,编译项目,在模拟器或手机设备上查看页面效果。

【相关知识】

**1. wx.chooseVideo(Object object)**

拍摄视频或从手机相册中选视频。其参数说明见表 11-32。

**表 11-32 wx.chooseVideo 接口参数说明**

| 属性 | 类型 | 默认值 | 必填 | 说明 | 最低版本 |
|---|---|---|---|---|---|
| sourceType | Array.<string> | ['album', 'camera'] | 否 | 视频选择的来源,album 表示从相册选择视频,camera 表示使用相机拍摄视频 | |
| compressed | Boolean | true | 否 | 是否压缩所选择的视频文件 | 1.6.0 |
| maxDuration | Number | 60 | 否 | 拍摄视频最长拍摄时间,单位:秒 | |
| camera | String | 'back' | 否 | 设置默认调用前置(front)或者后置(back)摄像头。部分 Android 手机下由于系统 ROM 不支持无法生效 | |
| success | Function | | 否 | 接口调用成功的回调函数 | |
| fail | Function | | 否 | 接口调用失败的回调函数 | |
| complete | Function | | 否 | 接口调用结束的回调函数(调用成功、失败都会执行) | |

object.success 回调函数参数 res 的属性说明见表 11-33。

**表 11-33 object.success 回调函数参数 res 属性说明**

| 属性 | 类型 | 说明 |
|---|---|---|
| tempFilePath | String | 选定视频的临时文件路径 |
| duration | Number | 选定视频的时间长度 |
| size | Number | 选定视频的数据量大小 |
| height | Number | 返回选定视频的高度 |
| width | Number | 返回选定视频的宽度 |

**2. wx.saveVideoToPhotosAlbum(Object object)**

保存视频到系统相册。支持 mp4 视频格式。调用前会需要用户授权 scope.writePhotosAlbum。其参数说明见表 11-34。

**表 11-34 wx.saveVideoToPhotosAlbum 接口参数说明**

| 属性 | 类型 | 必填 | 说明 |
|---|---|---|---|
| filePath | String | 是 | 视频文件路径,可以是临时文件路径也可以是永久文件路径 |
| success | Function | 否 | 接口调用成功的回调函数 |
| fail | Function | 否 | 接口调用失败的回调函数 |
| complete | Function | 否 | 接口调用结束的回调函数(调用成功、失败都会执行) |

**3. VideoContext wx.createVideoContext(string id, Object this)**

创建 video 上下文 VideoContext 对象。参数 string id 表示 video 组件的 id,参数

Object this 表示在自定义组件下，当前组件实例的 this，用于操作组件内的 video 组件。返回值为一个 VideoContext 对象。

**4. VideoContext 对象**

VideoContext 实例可通过 wx. createVideoContext 获取。VideoContext 通过 id 跟一个 video 组件绑定，操作对应的 video 组件。其包含的方法说明见表 11-35。VideoContext. sendDanmu 参数说明和 VideoContext. requestFullScreen 参数说明见表 11-36 和表 11-37。

**表 11-35　VideoContext 对象包含的方法说明**

| 方法名称 | 参数 | 说明 |
| --- | --- | --- |
| play | | 播放视频 |
| pause | | 暂停视频 |
| stop | | 停止视频 |
| seek | number position | 跳转到指定位置，position 表示跳转到的位置，单位：s |
| sendDanmu | Object data | 发送弹幕，其参数说明见表 11-36 |
| playbackRate | number rate | 设置倍数播放，rate 的值可以设置为 0.5/0.8/1.0/1.25/1.5/2 |
| requestFullScreen | Object object | 进入全屏，参数说明见表 11-37 |
| exitFullScreen | | 退出全屏 |
| showStatusBar | | 显示状态栏，仅在 iOS 全屏下有效 |
| hideStatusBar | | 隐藏状态栏，仅在 iOS 全屏下有效 |

**表 11-36　VideoContext. sendDanmu 参数说明**

| 属性 | 类型 | 必填 | 说明 |
| --- | --- | --- | --- |
| text | String | 是 | 弹幕文字 |
| color | String | 否 | 弹幕颜色 |

**表 11-37　VideoContext. requestFullScreen 参数说明**

| 属性 | 类型 | 必填 | 说明 | 最低版本 |
| --- | --- | --- | --- | --- |
| direction | Number | 否 | 设置全屏时视频的方向，不指定则根据宽高比自动判断。合法值为 0(表示正常竖向)、90(表示屏幕逆时针 90°)、-90(表示屏幕顺时针 90°) | 1.7.0 |

# 11.6　使用相机

**【任务要求】**

同 8.4 节相机组件任务要求。

**【任务分析】**

本次任务，要求同 8.4 节。前文练习的是 camera 组件的使用，本次任务主要讲解控制 camera 组件的 wx. createCameraContext 接口和 CameraContext 对象。

**【任务操作】**

同 8.4 节相机组件任务操作。

【相关知识】

**1. CameraContext wx.createCameraContext()**

创建 camera 上下文 CameraContext 对象。返回一个 CameraContext 对象。

**2. CameraContext 对象**

CameraContext 实例,可通过 wx.createCameraContext 获取。CameraContext 与页面内唯一的 camera 组件绑定,操作对应的 camera 组件。其包含的方法说明见表 11-38。

**表 11-38　CameraContext 对象方法说明**

| 方法名称 | 参　数 | 说　明 |
|---|---|---|
| takePhoto | Object object | 拍摄照片。其参数说明见表 11-39 |
| startRecord | Object object | 开始录像。其参数说明见表 11-40 |
| stopRecord | | 结束录像 |

**表 11-39　CameraContext.takePhoto 参数说明**

| 属　性 | 类　型 | 默认值 | 必填 | 说　明 |
|---|---|---|---|---|
| quality | String | normal | 否 | 成像质量,可选值为 high(高质量)、normal(普通质量)、low(低质量) |
| success | Function | | 否 | 接口调用成功的回调函数 |
| fail | Function | | 否 | 接口调用失败的回调函数 |
| complete | Function | | 否 | 接口调用结束的回调函数(调用成功、失败都会执行) |

**表 11-40　CameraContext.startRecord 参数说明**

| 属　性 | 类　型 | 默认值 | 必　填 | 说　明 |
|---|---|---|---|---|
| timeoutCallback | Function | | 否 | 超过 30s 或页面 onHide 时会结束录像 |
| success | Function | | 否 | 接口调用成功的回调函数 |
| fail | Function | | 否 | 接口调用失败的回调函数 |
| complete | Function | | 否 | 接口调用结束的回调函数(调用成功、失败都会执行) |

其中,object.success 回调函数参数 res 包含的属性说明见表 11-41。

**表 11-41　object.success 回调函数参数 res 属性说明**

| 属　性 | 类　型 | 说　明 |
|---|---|---|
| tempImagePath | String | 照片文件的临时路径,Android 是 jpg 图片格式,iOS 是 png |

其中,object.timeoutCallback 回调函数参数 res 的属性说明见表 11-42。

**表 11-42　object.timeoutCallback 回调函数参数 res 包含的属性说明**

| 属　性 | 类　型 | 说　明 |
|---|---|---|
| tempThumbPath | String | 封面图片文件的临时路径 |
| tempVideoPath | String | 视频文件的临时路径 |

# 11.7 动态加载字体

**【任务要求】**

新建一个如图 11-15 所示的页面，在没有加载第三方字体之前，显示“Load Bitstream Vera Serif Bold”，在单击“加载字体”之后，显示“*Bitstream Vera Serif Bold is loaded*”，单击“清除”按钮，可以清除第三方字体效果。

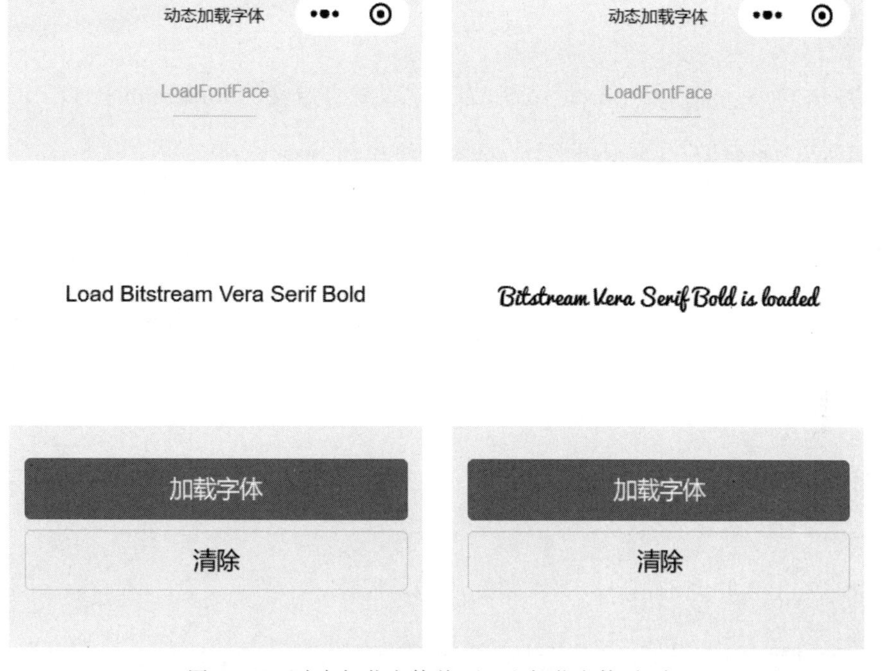


图 11-15 动态加载字体前(左)和加载字体后(右)

**【任务分析】**

小程序支持动态加载第三方字体，这无疑对提升小程序界面的美观性有很大的帮助。本次练习的是对字体加载特定的网络字体，总体而言比较简单。

**【任务操作】**

(1) 打开示例项目，在 app.json 文件的 pages 数组中新增一项"pages/Chapter_11/11_8_load-font/11_8_load-font"，保存文件，使用开发者工具生成页面所需的文件后，新增一个将页面 11_8_load-font 设置为启动页面的名为“11_8_load-font”的编译模式，并使用该模式编译项目。

(2) 打开 11_8_load-font.wxml 文件，构建页面样式。

```
<view class = "container">
  <view class = "page - head">
    <view class = "page - head - title"> LoadFontFace </view>
    <view class = "page - head - line"></view>
  </view>
  <view class = "page - body">
```

```
    <view class = "page - section">
      <view class = "page - body - info display - area {{ loaded ? 'font - loaded' : '' }}">
        <text wx:if = "{{! loaded}}"> Load {{ fontFamily }}</text>
        <text wx:else>{{ fontFamily }} is loaded </text>
      </view>
      <view class = "btn - area">
        <button type = "primary" bindtap = "loadFontFace">加载字体</button>
        <button type = "default" bindtap = "clear">清除</button>
      </view>
    </view>
  </view>
</view>
```

(3) 打开 11_8_load-font.wxss 文件,为文本设置自定义的 font-family。

```
/* pages/Chapter_11/11_8_load - font/11_8_load - font.wxss */
.page - body - info {
  align - items: center;
  padding: 200rpx 0;
}

.font - loaded {
  font - family: "Bitstream Vera Serif Bold";
}

.display - area {
  font - size: 40rpx;
}
```

(4) 打开 11_8_load-font.js 文件,实现所需功能。

```
// pages/Chapter_11/11_8_load - font/11_8_load - font.js
Page({
  data: {
    fontFamily: 'Bitstream Vera Serif Bold',
    loaded: false,
  },
  onLoad() {
    this.setData({
      loaded: false
    })
  },
  loadFontFace() {
    const self = this
    wx.loadFontFace({
      family: this.data.fontFamily,
      source: 'url("https://mini.ecbc413.cn/Pacifico.ttf")',
      success(res) {
        console.log(res.status)
        self.setData({ loaded: true })
      },
      fail(res) {
```

```
        console.log(res.status)
      },
      complete(res) {
        console.log(res.status)
      }
    })
  },
  clear() {
    this.setData({ loaded: false })
  }
})
```

(5) 保存文件，编译项目，在模拟器中查看页面效果。

**【相关知识】**

wx.loadFontFace(Object object)，动态加载网络字体。文件地址需为下载类型。iOS 仅支持 HTTPS 格式文件地址。在引入中文字体且体积过大时会发生错误，建议抽离出部分中文，减少体积，或者用图片替代。Canvas 等原生组件不支持使用接口添加的字体。在使用该接口时，调试器的 Console 面板里可能会提示错误信息"Failed to load font"，该错误提示信息可以忽略。该接口的参数说明见表 11-43。

**表 11-43 wx.loadFontFace 接口参数说明**

| 属 性 | 类 型 | 必 填 | 说 明 |
|---|---|---|---|
| family | String | 是 | 定义的字体名称 |
| source | String | 是 | 字体资源的地址。建议格式为 TTF 和 WOFF，WOFF2 在低版本的 iOS 上会不兼容 |
| desc | Object | 否 | 可选的字体描述符 |
| success | Function | 否 | 接口调用成功的回调函数 |
| fail | Function | 否 | 接口调用失败的回调函数 |
| complete | Function | 否 | 接口调用结束的回调函数(调用成功、失败都会执行) |

其中，object.desc 的结构说明见表 11-44。

**表 11-44 object.desc 的结构说明**

| 属 性 | 类 型 | 默认值 | 必 填 | 说 明 |
|---|---|---|---|---|
| style | String | 'normal' | 否 | 字体样式，可选值为 normal / italic / oblique |
| weight | String | 'normal' | 否 | 字体粗细，可选值为 normal / bold / 100 / 200/ …/900 |
| variant | String | 'normal' | 否 | 设置小型大写字母的字体显示文本，可选值为 normal / small-caps / inherit |

## 练 习 题

1. 结合第 10 章的练习 2，在图片下载完成后，不仅需要在页面上显示图片，还需要在图片下方以表单的形式显示表 11-8 中列出的图片信息。并在页面底部显示一个保存到本地的按钮，成功保存后，在 Console 面板中输出一条提示信息。

2. 在 11.2 节任务的基础上，新增完成录音后，播放录音和删除录音文件的功能按钮(如图 11-16 所示)，在播放录音时，需要停止播放录音的按钮(如图 11-17 所示)。实现每个按钮对应的功能。

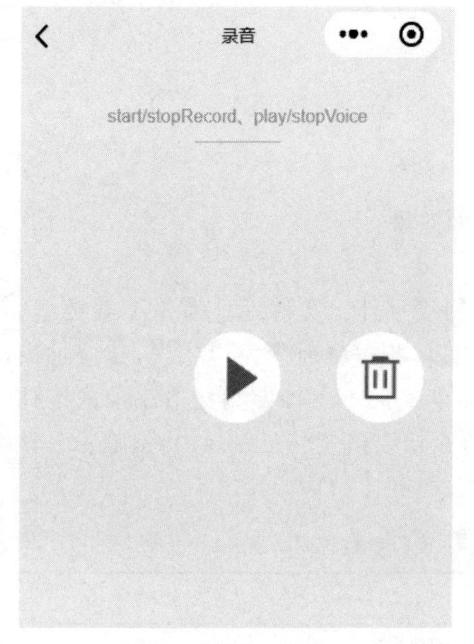


图 11-16　完成录音后新增"播放"按钮和"删除"按钮

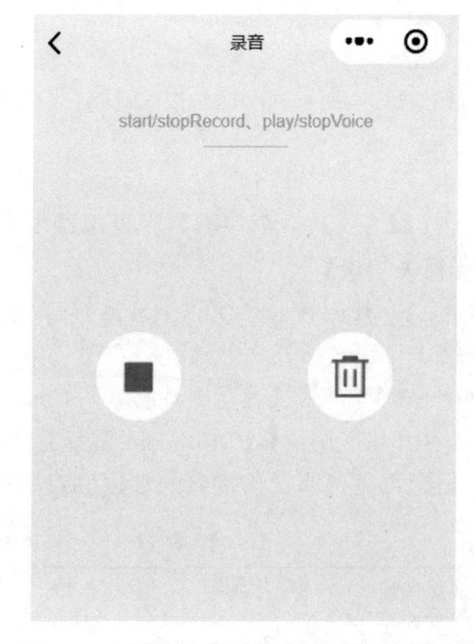


图 11-17　播放录音时显示"停止播放"按钮

3. 在 11.5 节任务的基础上，选择视频后，在视频播放区前面增加一个表单用于显示如表 11-33 所示的视频文件的详细信息，同时在视频播放区后面增加一个设置倍速播放的 slider 滑动组件，范围从 1 倍至 2 倍，步长为 0.5。

# 第 12 章　文件和数据缓存接口

本章将介绍小程序的本地存储能力。在某些情况下，将部分数据存储在本地，可以减少网络通信带来的时间开销，给用户提供更好的使用体验。小程序可以在本地存储文件，供用户在退出小程序后下次进入时继续使用；也可以以缓存的形式存储少量的数据，比如用于维持用户登录状态的信息等。

**本章学习目标：**

➢ 掌握使用小程序对文件进行存储，查询，删除等操作的方法。

➢ 掌握使用小程序对数据缓存的存储，设置，查询和清除等操作的方法。

➢ 了解使用小程序打开文件的方法。

➢ 了解小程序对于缓存大小的限制。

## 12.1　文件操作

**【任务要求】**

新建一个如图 12-1 所示的页面，用户能从本地选择一张图片保存到小程序中，在保存成功后，用户在下一次打开小程序或者重新编译该小程序时，能直接在页面上查看上次保存的文件。实现“保存文件”和“删除文件”这两个按钮的功能。

图 12-1　文件接口任务示例

**【任务分析】**

本次任务主要练习的是文件的保存，查询和删除操作，总体而言比较简单。为了实现用户再次打开或者重新编译小程序后依然能够看到自己上次保存的文件，需要在页面的 onLoad()函数中进行已存储文件的查询操作。保存和删除文件，使用对应的接口即可。本次任务依然使用了选择图片的接口作为示例，为了方便给出用户交互的提示，本次任务还使用了小程序的对话提示框，具体的使用方法可以参考 14.1 节的内容。

**【任务操作】**

(1) 打开示例小程序项目，在 pages 目录下新增一个 Chapter_12 文件夹，在该文件夹下新增一个名为 12_1_file 的页面，同时新增一个以该页面为启动页的编译模式。保存文件,以该模式编译项目,使用开发者工具生成必要的文件。

(2) 打开 12_1_file.wxml 文件,构建页面结构。

```
<!-- pages/Chapter_12/12_1_file/12_1_file.wxml -->
<view class="container">
  <view class="page-head">
    <view class="page-head-title">file 文件接口</view>
    <view class="page-head-line"></view>
  </view>
  <view class="page-body">
    <view class="page-section">
      <view class="page-body-info">
        <block wx:if="{{tempFilePath != ''}}">
          <image src="{{tempFilePath}}" class="image" mode="aspectFit"></image>
        </block>
        <block wx:if="{{tempFilePath === '' && savedFilePath != ''}}">
          <image src="{{savedFilePath}}" class="image" mode="aspectFit"></image>
        </block>
        <block wx:if="{{tempFilePath === '' && savedFilePath === ''}}">
          <view class="image-plus image-plus-nb" bindtap="chooseImage">
            <view class="image-plus-horizontal"></view>
            <view class="image-plus-vertical"></view>
          </view>
          <view class="image-plus-text">请选择文件</view>
        </block>
      </view>
      <view class="btn-area">
        <button type="primary" bindtap="saveFile">保存文件</button>
        <button bindtap="clear">删除文件</button>
      </view>
    </view>
  </view>

  <modal title="{{dialog.title}}" hidden="{{dialog.hidden}}" no-cancel bindconfirm=
"confirm">{{dialog.content}}</modal>
</view>
```

(3) 打开 12_1_file.js 文件,实现相关的功能。

```
// pages/Chapter_12/12_1_file/12_1_file.js
Page({
  onLoad() {
    const self = this
    wx.getSavedFileList({
      success(res) {
        console.log(res.fileList)
        if (res.fileList.length > 0){
          self.setData({
            savedFilePath: res.fileList[0].filePath
          })
        }
```

```
      }
    })
  },
  data: {
    tempFilePath: '',
    savedFilePath: '',
    dialog: {
      hidden: true
    }
  },
  chooseImage() {
    const that = this
    wx.chooseImage({
      count: 1,
      success(res) {
        that.setData({
          tempFilePath: res.tempFilePaths[0]
        })
      }
    })
  },
  saveFile() {
    if (this.data.tempFilePath.length > 0) {
      const that = this
      wx.saveFile({
        tempFilePath: this.data.tempFilePath,
        success(res) {
          that.setData({
            savedFilePath: res.savedFilePath
          })
          that.setData({
            dialog: {
              title: '保存成功',
              content: '下次进入应用时,此文件仍可用',
              hidden: false
            }
          })
        },
        fail() {
          that.setData({
            dialog: {
              title: '保存失败',
              content: '出错了',
              hidden: false
            }
          })
        }
      })
    }
  },
  clear() {
```

```
      wx.getSavedFileList({
        success(res) {
          if (res.fileList.length > 0) {
            wx.removeSavedFile({
              filePath: res.fileList[0].filePath,
              complete(res) {
                console.log(res)
              }
            })
          }
        }
      })
      this.setData({
        tempFilePath: '',
        savedFilePath: ''
      })
    },
    confirm() {
      this.setData({
        'dialog.hidden': true
      })
    }
  })
```

(4) 保存文件,编译项目,在模拟器中体验页面的效果。

(5) 如果需要清除文件,也可以在如图 12-2 所示的开发者工具的工具栏中执行“清除文件缓存”的命令。

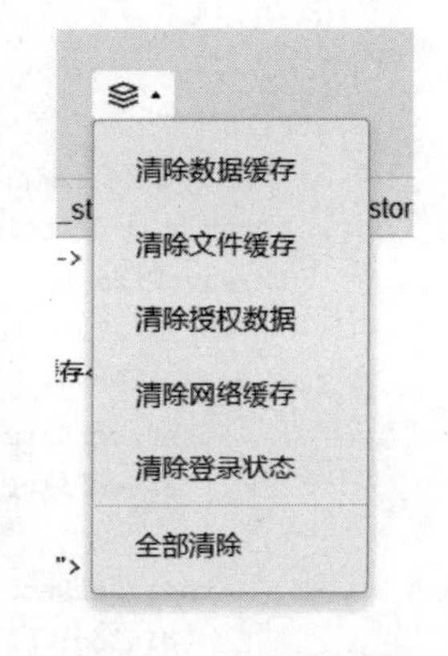


图 12-2　清除文件缓存

【相关知识】

**1. wx.saveFile(Object object)**

保存文件到本地。注意:saveFile 会把临时文件移动,因此调用成功后传入的 tempFilePath 将不可用。其参数说明见表 12-1。

**表 12-1　wx.saveFile 接口参数说明**

| 属　　性 | 类　　型 | 必　　填 | 说　　明 |
| --- | --- | --- | --- |
| tempFilePath | String | 是 | 需要保存的文件的临时路径 |
| success | Function | 否 | 接口调用成功的回调函数 |
| fail | Function | 否 | 接口调用失败的回调函数 |
| complete | Function | 否 | 接口调用结束的回调函数(调用成功、失败都会执行) |

object.success 回调函数中包含的 res 参数的属性说明见表 12-2。

**表 12-2　object.success 回调函数参数 res 的属性说明**

| 属　　性 | 类　　型 | 说　　明 |
| --- | --- | --- |
| savedFilePath | Number | 存储后的文件路径 |

需要注意的是，小程序允许的本地存储限制为10MB，而且这10MB是该小程序所有页面共用的。

**2．wx. getFileInfo(Object object)**

获取文件信息。其参数说明见表12-3。

**表12-3　wx. getFileInfo 接口参数说明**

| 属　　性 | 类型 | 默认值 | 必填 | 说　　明 |
| --- | --- | --- | --- | --- |
| filePath | String | | 是 | 本地文件路径 |
| digestAlgorithm | String | 'md5' | 否 | 计算文件摘要的算法，可选值为md5或者sha1 |
| success | Function | | 否 | 接口调用成功的回调函数 |
| fail | Function | | 否 | 接口调用失败的回调函数 |
| complete | Function | | 否 | 接口调用结束的回调函数(调用成功、失败都会执行) |

object. success 回调函数的参数 res 包含的属性说明见表12-4。

**表12-4　object. success 回调函数参数 res 的属性说明**

| 属　　性 | 类　　型 | 说　　明 |
| --- | --- | --- |
| size | Number | 文件大小，以B为单位 |
| digest | String | 按照传入的digestAlgorithm计算得出的文件摘要 |

**3．wx. removeSavedFile(Object object)**

删除本地缓存文件，其参数说明见表12-5。

**表12-5　wx. removeSavedFile 接口参数说明**

| 属　　性 | 类　　型 | 必　　填 | 说　　明 |
| --- | --- | --- | --- |
| filePath | String | 是 | 需要删除的文件路径 |
| success | Function | 否 | 接口调用成功的回调函数 |
| fail | Function | 否 | 接口调用失败的回调函数 |
| complete | Function | 否 | 接口调用结束的回调函数(调用成功、失败都会执行) |

**4．wx. getSavedFileList(Object object)**

获取该小程序下已保存的本地缓存文件列表。其参数说明见表12-6。

**表12-6　wx. getSavedFileList 接口参数说明**

| 属　　性 | 类　　型 | 必　　填 | 说　　明 |
| --- | --- | --- | --- |
| success | Function | 否 | 接口调用成功的回调函数 |
| fail | Function | 否 | 接口调用失败的回调函数 |
| complete | Function | 否 | 接口调用结束的回调函数(调用成功、失败都会执行) |

object. success 回调函数参数 res 包含的属性说明见表12-7。

**表12-7　object. success 回调函数参数 res 属性说明**

| 属　　性 | 类　　型 | 说　　明 |
| --- | --- | --- |
| fileList | Array. < Object > | 文件数组，每一项都是一个FileItem |

res. fileList 的结构见表 12-8。

表 12-8　res. fileList 结构

| 属　　性 | 类　　型 | 说　　明 |
|---|---|---|
| filePath | String | 本地路径 |
| size | Number | 本地文件大小，以 B 为单位 |
| createTime | Number | 文件保存时的时间戳，从 1970/01/01 08:00:00 到当前时间的秒数 |

**5. wx. getSavedFileInfo(Object object)**

获取本地文件的文件信息。此接口只能用于获取已保存到本地的文件，若需要获取临时文件信息，请使用 wx. getFileInfo 接口。其参数说明见表 12-9。

表 12-9　wx. getSavedFileInfo 接口属性说明

| 属　　性 | 类　　型 | 必　　填 | 说　　明 |
|---|---|---|---|
| filePath | String | 是 | 文件路径 |
| success | Function | 否 | 接口调用成功的回调函数 |
| fail | Function | 否 | 接口调用失败的回调函数 |
| complete | Function | 否 | 接口调用结束的回调函数（调用成功、失败都会执行） |

object. success 回调函数参数 res 包含的属性见表 12-10。

表 12-10　object. success 回调函数 res 参数属性说明

| 属　　性 | 类　　型 | 说　　明 |
|---|---|---|
| size | Number | 文件大小，单位：B |
| createTime | Number | 文件保存时的时间戳，从 1970/01/01 08:00:00 到该时刻的秒数 |

**6. wx. openDocument(Object object)**

使用小程序在新开页面打开文档。其参数说明见表 12-11。

表 12-11　wx. openDocument 接口说明

| 属　　性 | 类　　型 | 必填 | 说　　明 | 最低版本 |
|---|---|---|---|---|
| filePath | String | 是 | 文件路径，可通过 downloadFile 获得 | |
| fileType | String | 否 | 文件类型，指定文件类型打开文件 | 1.4.0 |
| success | Function | 否 | 接口调用成功的回调函数 | |
| fail | Function | 否 | 接口调用失败的回调函数 | |
| complete | Function | 否 | 接口调用结束的回调函数（调用成功、失败都会执行） | |

其中，object. fileType 的合法值说明见表 12-12。

表 12-12　object. fileType 的合法值

| 值 | 说　　明 |
|---|---|
| doc | doc 格式 |
| docx | docx 格式 |
| xls | xls 格式 |

续表

| 值 | 说　　明 |
|---|---|
| xlsx | xlsx 格式 |
| ppt | ppt 格式 |
| pptx | pptx 格式 |
| pdf | pdf 格式 |

## 12.2　数据缓存操作

**【任务要求】**

新建一个如图 12-3 所示的页面，单击“存储数据”按钮，小程序能将 key 和 value 两个输入框里面输入的数据以{key:value}键值对的形式进行存储。单击“读取数据”按钮，小程序能根据 key 输入框里面的值，查找对应的 value 并显示在 value 输入框中。单击“清理数据”按钮，清除掉所有缓存的数据。在读取数据时，如果根据输入的 key 没有查找到对应的 value，需要给出错误提示信息。

图 12-3　数据存储任务示例

**【任务分析】**

小程序的数据缓存功能给小程序提供了在本地存储少量数据的能力。将一些合适的数据存储在本地，可以在一定程度上减少小程序的网络开销。本次任务练习了小程序数据的存储，查询和删除这几个基本的功能。本次任务中错误信息通过小程序的对话提示框实现，其具体的使用可以参考后文 14.1 节的内容。

**【任务操作】**

(1) 打开示例小程序项目，在 pages/Chapter_12 目录下新增一个名为 12_2_storage 的页面，同时新增一个以该页面为启动页的编译模式。保存文件，以该模式编译项目，使用开发者工具生成必要的文件。

(2) 打开 12_2_storage.wxml，构建页面结构。

```
<! -- pages/Chapter_12/12_2_storage/12_2_storage.wxml -- >
< view class = "container">
  < view class = "page - head">
    < view class = "page - head - title">设置/获取/清除数据缓存</view >
    < view class = "page - head - line"></view >
  </view >
  < view class = "page - body">
    < view class = "page - section">
      < view class = "weui - cells weui - cells_after - title">
        < view class = "weui - cell weui - cell_input">
          < view class = "weui - cell __ hd">
            < view class = "weui - label"> key </view >
```

```
            </view>
            <view class="weui-cell__bd">
              <input class="weui-input" type="text" placeholder="请输入 key" name="key"
value="{{key}}" bindinput="keyChange"></input>
            </view>
          </view>
          <view class="weui-cell weui-cell_input">
            <view class="weui-cell__hd">
              <view class="weui-label">value</view>
            </view>
            <view class="weui-cell__bd">
              <input class="weui-input" type="text" placeholder="请输入 value" name=
"data" value="{{data}}" bindinput="dataChange"></input>
            </view>
          </view>
        </view>
        <view class="btn-area">
          <button type="primary" bindtap="setStorage">存储数据</button>
          <button bindtap="getStorage">读取数据</button>
          <button bindtap="clearStorage">清理数据</button>
        </view>
      </view>
    </view>
    <modal title="{{dialog.title}}" hidden="{{dialog.hidden}}" no-cancel bindconfirm=
"confirm">{{dialog.content}}</modal>
</view>
```

(3) 打开 12_2_storage.js,实现按钮的相关功能。

```
// pages/Chapter_12/12_2_storage/12_2_storage.js
Page({
  data: {
    key: '',
    data: '',
    dialog: {
      title: '',
      content: '',
      hidden: true
    }
  },

  keyChange(e) {
    this.data.key = e.detail.value
  },

  dataChange(e) {
    this.data.data = e.detail.value
  },

  getStorage() {
    const { key, data } = this.data
```

```
  let storageData

  if (key.length === 0) {
    this.setData({
      key,
      data,
      'dialog.hidden': false,
      'dialog.title': '读取数据失败',
      'dialog.content': 'key 不能为空'
    })
  } else {
    storageData = wx.getStorageSync(key)
    if (storageData === '') {
      this.setData({
        key,
        data,
        'dialog.hidden': false,
        'dialog.title': '读取数据失败',
        'dialog.content': '找不到 key 对应的数据'
      })
    } else {
      this.setData({
        key,
        data: storageData,
        'dialog.hidden': false,
        'dialog.title': '读取数据成功',
        // 'dialog.content': "data: '" + storageData + "'"
      })
    }
  }
},

setStorage() {
  const { key, data } = this.data
  if (key.length === 0) {
    this.setData({
      key,
      data,
      'dialog.hidden': false,
      'dialog.title': '保存数据失败',
      'dialog.content': 'key 不能为空'
    })
  } else {
    wx.setStorageSync(key, data)
    this.setData({
      key,
      data,
      'dialog.hidden': false,
      'dialog.title': '存储数据成功'
    })
  }
```

```
    },

    clearStorage() {
      wx.clearStorageSync()
      this.setData({
        key: '',
        data: '',
        'dialog.hidden': false,
        'dialog.title': '清除数据成功',
        'dialog.content': ''
      })
    },

    confirm() {
      this.setData({
        'dialog.hidden': true,
        'dialog.title': '',
        'dialog.content': ''
      })
    }
  })
```

(4) 保存所有文件,编译项目,在模拟器中查看页面效果。

(5) 如果需要清除所有的数据缓存,也可以在如图 12-2 所示的开发者工具的工具栏中执行“清除数据缓存”命令。

**【相关知识】**

**1. wx.setStorage(Object object)**

将数据以{key:value}的形式存储在本地缓存中。如果 key 相同,新的 key 对应的值会覆盖掉原来该 key 对应的内容。数据存储生命周期跟小程序本身一致,即除用户主动删除或超过一定时间被自动清理,否则数据都一直可用。单个 key 允许存储的最大数据长度为 1MB,所有数据存储上限为 10MB。其参数说明见表 12-13。

表 12-13　wx.setStorage 接口参数说明

| 属　性 | 类　型 | 必　填 | 说　明 |
| --- | --- | --- | --- |
| key | String | 是 | 本地缓存中指定的 key |
| data | Any | 是 | 需要存储的内容。只支持原生类型、date 及能够通过 JSON.stringify 序列化的对象 |
| success | Function | 否 | 接口调用成功的回调函数 |
| fail | Function | 否 | 接口调用失败的回调函数 |
| complete | Function | 否 | 接口调用结束的回调函数(调用成功、失败都会执行) |

一个简单的使用示例如下。

```
wx.setStorage({
  key: 'key',
  data: 'value'
})
```

**2. wx.setStorageSync(string key, any data)**

wx.setStorage 的同步版本。参数 string key 指本地缓存中指定的 key,any data 指需要存储的内容。只支持原生类型、date 及能够通过 JSON.stringify 序列化的对象。

一个简单的使用示例如下。

```
wx.setStorageSync('key', 'value')
```

**3. wx.getStorage(Object object)**

从本地缓存中异步获取指定 key 的内容,其参数说明见表 12-14。

表 12-14 wx.getStorage 接口参数说明

| 属 性 | 类 型 | 必 填 | 说 明 |
|---|---|---|---|
| key | String | 是 | 本地缓存中指定的 key |
| success | Function | 否 | 接口调用成功的回调函数 |
| fail | Function | 否 | 接口调用失败的回调函数 |
| complete | Function | 否 | 接口调用结束的回调函数(调用成功、失败都会执行) |

object.success 回调函数中参数 res 包含的属性说明见表 12-15。

表 12-15 object.success 回调函数参数 res 属性说明

| 属 性 | 类 型 | 说 明 |
|---|---|---|
| data | any | key 对应的内容 |

一个简单的使用示例如下。

```
wx.getStorage({
  key: 'key',
  success(res) {
    console.log(res.data)
  }
})
```

**4. wx.getStorageSync(string key)**

wx.getStorage 的同步版本。参数 string key 表示本地缓存中指定的 key,返回值为 key 对应的内容。一个简单的使用示例如下。

```
const value = wx.getStorageSync('key')
if (value) {
    // Do something with return value
}
```

**5. wx.getStorageInfo(Object object)**

异步获取当前 storage 的相关信息。其参数说明见表 12-16。

表 12-16 wx.getStorageInfo 接口参数说明

| 属 性 | 类 型 | 必 填 | 说 明 |
|---|---|---|---|
| success | Function | 否 | 接口调用成功的回调函数 |

续表

| 属　性 | 类　型 | 必　填 | 说　明 |
| --- | --- | --- | --- |
| fail | Function | 否 | 接口调用失败的回调函数 |
| complete | Function | 否 | 接口调用结束的回调函数(调用成功、失败都会执行) |

object.success 回调函数参数 res 包含的属性说明见表 12-17。

**表 12-17　object.success 回调函数参数包含的属性说明**

| 属　性 | 类　型 | 说　明 |
| --- | --- | --- |
| keys | Array.<string> | 当前 storage 中所有的 key |
| currentSize | Number | 当前占用的空间大小,单位:KB |
| limitSize | Number | 限制的空间大小,单位:KB |

一个简单的使用示例如下。

```
wx.getStorageInfo({
  success(res) {
    console.log(res.keys)
    console.log(res.currentSize)
    console.log(res.limitSize)
  }
})
```

**6. wx.getStorageInfoSync()**

wx.getStorageInfo 的同步版本。返回一个 Object 对象,其属性同表 12-17。一个简单的使用示例如下。

```
const res = wx.getStorageInfoSync()
console.log(res.keys)
console.log(res.currentSize)
console.log(res.limitSize)
```

**7. wx.removeStorage(Object object)**

从本地缓存中移除指定 key 的缓存数据。其参数说明见表 12-18。

**表 12-18　wx.removeStorage 接口参数说明**

| 属　性 | 类　型 | 必　填 | 说　明 |
| --- | --- | --- | --- |
| key | String | 是 | 本地缓存中指定的 key |
| success | Function | 否 | 接口调用成功的回调函数 |
| fail | Function | 否 | 接口调用失败的回调函数 |
| complete | Function | 否 | 接口调用结束的回调函数(调用成功、失败都会执行) |

一个简单的使用示例如下。

```
wx.removeStorage({
  key: 'key',
```

```
  success(res) {
    console.log(res.data)
  }
})
```

**8. wx.removeStorageSync(string key)**

wx.removeStorage 的同步版本。参数 string key 指本地缓存中指定的 key。一个简单的使用示例如下。

```
wx.removeStorageSync('key')
```

**9. wx.clearStorage(Object object)**

清理本地数据缓存。其参数说明见表 12-19。

**表 12-19　wx.clearStorage 接口参数说明**

| 属　性 | 类　型 | 必　填 | 说　明 |
|---|---|---|---|
| success | Function | 否 | 接口调用成功的回调函数 |
| fail | Function | 否 | 接口调用失败的回调函数 |
| complete | Function | 否 | 接口调用结束的回调函数(调用成功、失败都会执行) |

一个简单的使用示例如下。

```
wx.clearStorage()
```

**10. wx.clearStorageSync()**

wx.clearStorage 的同步版本。一个简单的使用示例如下。

```
wx.clearStorageSync()
```

## 练　习　题

1. 在第 10 章的练习题 2 基础上,将下载图片改为下载服务器上的一个示例 PDF 格式的文件(如图 12-4 所示),下载时依然需要显示进度条。在下载完成后,将文件保存到本地,在页面上显示文件的大小(单位：KB),同时提供一个“打开文件”按钮(如图 12-5 所示),将文件在新的页面打开。

2. 在 12.2 节数据缓存操作的示例任务的基础上,新增查询当前所有缓存数据和清理对应 key 的数据的功能(如图 12-6 所示)。所有的 key 通过 modal 提示框给出,需要包含 key 的个数和 key 的名称(如图 12-7 所示)。在清除某个指定 key 对应的缓存数据时,如果该 key 已不存在,需要给出对应的错误提示。

3. 本章涉及很多异步接口的同步版本,请查阅相关资料,用自己的话解释什么是异步,什么是同步以及它们各自有什么优缺点。

图 12-4　文件操作练习示例

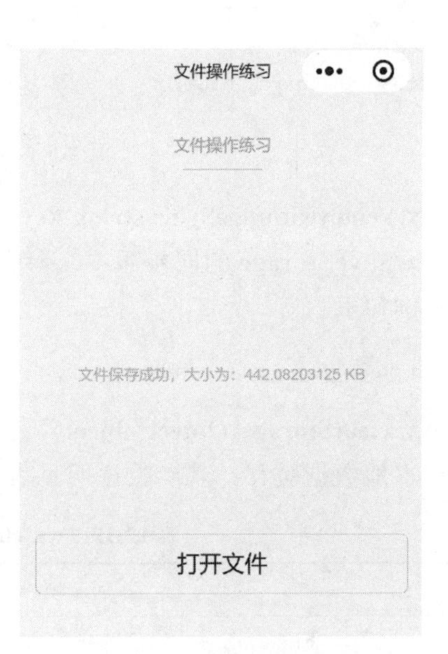


图 12-5　文件下载保存成功后示例

图 12-6　数据存储练习示例

图 12-7　查询所有的 key 示例

# 第13章 获取手机设备信息接口

本章将介绍使用小程序的各类接口，获取手机的硬件设备信息的功能。小程序依托于微信的能力，能借助微信这样一个系统原生软件，获取手机的系统或硬件设备信息。而这也正是小程序与传统的使用微信内嵌浏览器的网页应用所不同的地方。借助这些信息，小程序可以拥有更多接近系统原生软件的功能，开发者通过使用这些接口，可以开发出功能更加强大、满足用户更多需求的小程序。

**本章学习目标：**

➢ 掌握各类获取手机设备信息的接口。

➢ 能熟练使用各类接口开发出符合需求的小程序。

## 13.1 手机系统信息

**【任务要求】**

新建如图13-1所示页面，在单击“获取手机系统信息”按钮后，能在屏幕上显示对应的信息。图13-1所示内容为模拟器效果，在完成后，请在自己的手机设备上再次运行并检验获取到的信息是否符合设备的实际情况。

图13-1 获取手机系统信息任务示例

**【任务分析】**

本次任务练习的是获取手机系统的基本信息，包括手机品牌、型号、微信版本的信息等。在开发者工具中，可以通过不同的模拟设备，来检查输出的信息是否符合实际情况。手机系统的基本信息对于小程序各类接口和功能的兼容性判断以及适配有着较为重要的作用。

**【任务操作】**

(1) 打开示例小程序项目，在app.json文件的pages数组里面新增一项“pages/Chapter_13/13_1_get-system-info/13_1_get-system-info”，保存文件，编译项目。使用开发者工具生成所需的文件后，新增一个以该页面为启动页面名为“13_1_get-system-info”的编译模式，以该模式编译项目。

(2) 打开13_1_get-system-info.wxml文件，构建前端页面代码。

```
<! -- pages/Chapter_13/13_1_get - system - info/13_1_get - system - info.wxml -- >
< view class = "container">
  < view class = "page - head">
    < view class = "page - head - title"> getSystemInfo </view >
    < view class = "page - head - line"></view >
  </view >
  < view class = "page - body">
    < view class = "page - section">
      < view class = "weui - cells weui - cells_after - title">
        < view class = "weui - cell weui - cell_input">
          < view class = "weui - cell __ hd">
            < view class = "weui - label">手机品牌</view >
          </view >
          < view class = "weui - cell __ bd">
            < input class = "weui - input" type = "text" disabled = "{{true}}" placeholder = "未
获取" value = "{{systemInfo.brand}}"></input >
          </view >
        </view >
        < view class = "weui - cell weui - cell_input">
          < view class = "weui - cell __ hd">
            < view class = "weui - label">手机型号</view >
          </view >
          < view class = "weui - cell __ bd">
            < input class = "weui - input" type = "text" disabled = "{{true}}" placeholder = "未
获取" value = "{{systemInfo.model}}"></input >
          </view >
        </view >
        < view class = "weui - cell weui - cell_input">
          < view class = "weui - cell __ hd">
            < view class = "weui - label">微信语言</view >
          </view >
          < view class = "weui - cell __ bd">
            < input class = "weui - input" type = "text" disabled = "{{true}}" placeholder = "未
获取" value = "{{systemInfo.language}}"></input >
          </view >
        </view >
        < view class = "weui - cell weui - cell_input">
          < view class = "weui - cell __ hd">
            < view class = "weui - label">微信版本</view >
          </view >
          < view class = "weui - cell __ bd">
            < input class = "weui - input" type = "text" disabled = "{{true}}" placeholder = "未
获取" value = "{{systemInfo.version}}"></input >
          </view >
        </view >
        < view class = "weui - cell weui - cell_input">
          < view class = "weui - cell __ hd">
            < view class = "weui - label">屏幕宽度</view >
          </view >
          < view class = "weui - cell __ bd">
            < input class = "weui - input" type = "text" disabled = "{{true}}" placeholder = "未
```

```
获取" value = "{{systemInfo.windowWidth}}"></input>
          </view>
        </view>
        <view class = "weui - cell weui - cell_input">
          <view class = "weui - cell __ hd">
            <view class = "weui - label">屏幕高度</view>
          </view>
          <view class = "weui - cell __ bd">
            <input class = "weui - input" type = "text" disabled = "{{true}}" placeholder = "未
获取" value = "{{systemInfo.windowHeight}}"></input>
          </view>
        </view>
        <view class = "weui - cell weui - cell_input">
          <view class = "weui - cell __ hd">
            <view class = "weui - label">DPR</view>
          </view>
          <view class = "weui - cell __ bd">
            <input class = "weui - input" type = "text" disabled = "{{true}}" placeholder = "未
获取" value = "{{systemInfo.pixelRatio}}"></input>
          </view>
        </view>
      </view>
      <view class = "btn - area">
        <button type = "primary" bindtap = "getSystemInfo">获取手机系统信息</button>
      </view>
    </view>
  </view>
</view>
```

(3) 打开 13_1_get-system-info.js 文件，实现所需的功能。

```
// pages/Chapter_13/13_1_get - system - info/13_1_get - system - info.js
Page({
  data: {
    systemInfo: {}
  },
  getSystemInfo() {
    const that = this
    wx.getSystemInfo({
      success(res) {
        that.setData({
          systemInfo: res
        })
      }
    })
  }
})
```

(4) 保存文件，编译项目，分别在模拟器和真机中预览页面，检查输出的页面信息。

【相关知识】

**1. wx. getSystemInfo(Object object)**

获取系统信息。其参数说明见表 13-1。

**表 13-1 wx. getSystemInfo 接口参数**

| 属 性 | 类 型 | 必 填 | 说 明 |
|---|---|---|---|
| success | Function | 否 | 接口调用成功的回调函数 |
| fail | Function | 否 | 接口调用失败的回调函数 |
| complete | Function | 否 | 接口调用结束的回调函数(调用成功、失败都会执行) |

其中,object. success 回调函数的参数 res 包含的属性说明见表 13-2。

**表 13-2 object. success 回调函数参数属性**

| 属 性 | 类型 | 说 明 | 最低版本 |
|---|---|---|---|
| brand | String | 设备品牌 | 1.5.0 |
| model | String | 设备型号 | |
| pixelRatio | Number | 设备像素比 | |
| screenWidth | Number | 屏幕宽度,单位: px | 1.1.0 |
| screenHeight | Number | 屏幕高度,单位: px | 1.1.0 |
| windowWidth | Number | 可使用窗口宽度,单位: px | |
| windowHeight | Number | 可使用窗口高度,单位: px | |
| statusBarHeight | Number | 状态栏的高度,单位: px | 1.9.0 |
| language | String | 微信设置的语言 | |
| version | String | 微信版本号 | |
| system | String | 操作系统及版本 | |
| platform | String | 客户端平台 | |
| fontSizeSetting | Number | 用户字体大小(单位: px)。以微信客户端“我”→“设置”→“通用”→“字体大小”中的设置为准 | 1.5.0 |
| SDKVersion | String | 客户端基础库版本 | 1.1.0 |
| benchmarkLevel | Number | 设备性能等级(仅 Android 系统小游戏)。取值为: -2 或 0(该设备无法运行小游戏), -1(性能未知), ≥1(设备性能值,该值越高,设备性能越好,目前最高不到 50) | 1.8.0 |
| albumAuthorized | Boolean | 允许微信使用相册的开关(仅 iOS 有效) | 2.6.0 |
| cameraAuthorized | Boolean | 允许微信使用摄像头的开关 | 2.6.0 |
| locationAuthorized | Boolean | 允许微信使用定位的开关 | 2.6.0 |
| microphoneAuthorized | Boolean | 允许微信使用话筒的开关 | 2.6.0 |
| notificationAuthorized | Boolean | 允许微信通知的开关 | 2.6.0 |
| notificationAlertAuthorized | Boolean | 允许微信通知带有提醒的开关(仅 iOS 有效) | 2.6.0 |
| notificationBadgeAuthorized | Boolean | 允许微信通知带有标记的开关(仅 iOS 有效) | 2.6.0 |
| notificationSoundAuthorized | Boolean | 允许微信通知带有声音的开关(仅 iOS 有效) | 2.6.0 |
| bluetoothEnabled | Boolean | 蓝牙的系统开关 | 2.6.0 |
| locationEnabled | Boolean | 地理位置的系统开关 | 2.6.0 |
| wifiEnabled | Boolean | WiFi 的系统开关 | 2.6.0 |
| safeArea | Object | 在竖屏正方向下的安全区域 | 2.7.0 |

其中,res. safeArea 的结构见表 13-3。

**表 13-3 res. safeArea 结构说明**

| 属　　性 | 类　　型 | 说　　明 |
|---|---|---|
| left | Number | 安全区域左上角横坐标 |
| right | Number | 安全区域右下角横坐标 |
| top | Number | 安全区域左上角纵坐标 |
| bottom | Number | 安全区域右下角纵坐标 |
| width | Number | 安全区域的宽度,单位:逻辑像素 |
| height | Number | 安全区域的高度,单位:逻辑像素 |

**2. Object wx. getSystemInfoSync()**

wx. getSystemInfo 的同步版本。返回一个 Object。返回值的属性说明同表 13-1。

## 13.2 兼容性判断

**【任务要求】**

新建一个如图 13-2 所示的页面。页面上的按钮分别可以用来判断当前环境下,getSystemInfo 接口的 success 回调函数参数是否包含 screenWidth 属性;request 接口的 method 参数的值可否设置为 GET;showToast 接口是否具有 url 参数;text 组件是否具有 selectable 属性;button 组件的 open-type 属性值可否设置为 share。每个判断的结果直接输出在 Console 面板即可。

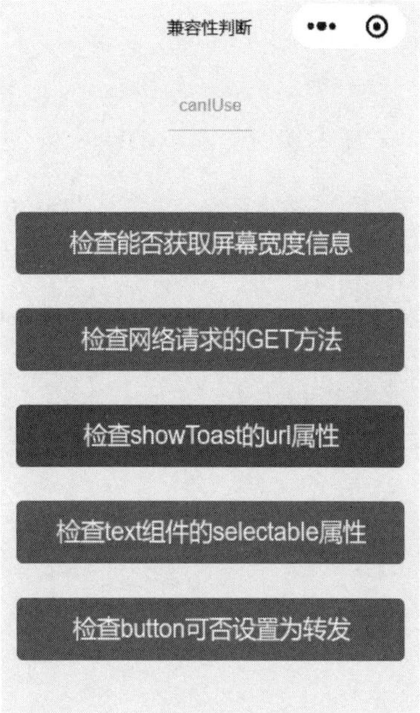

**【任务分析】**

小程序目前处于不断的更新当中,随着更新,有不少的新功能可能会被加上,一些被淘汰的功能也可能被遗弃。同时,小程序的具体表现也和用户的微信版本有着紧密的联系,部分功能可能必须在某个版本以上的微信客户端上才能使用。为了确保开发者在开发小程序的过程中能够尽量照顾到更多的用户群体,或者在检测到某些接口不可用时,能及时提醒用户更新客户端,小程序接口或组件的兼容性判断就很重要。本次任务主要是针对接口参数、回调函数参数和组件属性进行了判断练习。

图 13-2 兼容性判断任务示例

**【任务操作】**

(1) 打开示例小程序项目,在 app. json 文件的 pages 数组里面新增一项“pages/Chapter_13/13_2_canIUse/13_2_canIUse”,保存文件,编译项目。使用开发者工具生成所需的文件后,新增一个以该页面为启动页面名为“13_2_canIUse”的编译模式,以该模式编译项目。

(2) 打开 13_2_canIUse. wxml 文件,设计前端页面。

```
<!-- pages/Chapter_13/13_2_canIUse/13_2_canIUse.wxml -->
<view class="container">
  <view class="page-head">
    <view class="page-head-title">canIUse</view>
    <view class="page-head-line"></view>
  </view>
  <view class="page-body">
    <view class="page-section">
      <view class="btn-area">
        <button type="primary" bindtap="tap1">检查能否获取屏幕宽度信息</button>
      </view>
      <view class="btn-area">
        <button type="primary" bindtap="tap2">检查网络请求的 GET 方法</button>
      </view>
      <view class="btn-area">
        <button type="warn" bindtap="tap3">检查 showToast 的 url 属性</button>
      </view>
      <view class="btn-area">
        <button type="primary" bindtap="tap4">检查 text 组件的 selectable 属性</button>
      </view>
      <view class="btn-area">
        <button type="primary" bindtap="tap5">检查 button 可否设置为转发</button>
      </view>
    </view>
  </view>
</view>
```

(3) 打开 13_2_canIUse.js 文件，实现所需的功能。

```
// pages/Chapter_13/13_2_canIUse/13_2_canIUse.js
Page({
  tap1() {
    console.log(wx.canIUse('getSystemInfo.success.screenWidth'))
  },
  tap2() {
    console.log(wx.canIUse('request.object.method.GET'))
  },
  tap3() {
    console.log(wx.canIUse('showToast.object.url'))
  },
  tap4() {
    console.log(wx.canIUse('text.selectable'))
  },
  tap5() {
    console.log(wx.canIUse('button.open-type.share'))
  }
})
```

(4) 保存文件，编译项目，在模拟器中查看页面的效果，同时观察 Console 面板的输出信息。

【相关知识】

Boolean wx.canIUse(string schema)，判断小程序的 API、回调、参数、组件等是否在当前版本可用。返回值为 Boolean，代表查询的内容在当前版本是否可用。参数格式为 \${API}.\${method}.\${param}.\${options} 或者 \${component}.\${attribute}.\${option}。参数的具体说明见表 13-4。

表 13-4 wx.canIUse 接口参数说明

| 参数项 | 说明 |
|---|---|
| \${API} | 代表 API 名字 |
| \${method} | 代表调用方式，有效值为 return，success，object，callback |
| \${param} | 代表参数或者返回值 |
| \${options} | 代表参数的可选值 |
| \${component} | 代表组件名字 |
| \${attribute} | 代表组件属性 |
| \${option} | 代表组件属性的可选值 |

## 13.3 网络状态

【任务要求】

新建一个如图 13-3 所示的页面，单击“获取手机网络状态”按钮后，能在页面的中间区域显示当前的网络状态(如图 13-4 所示)。在模拟器中，切换网络状态后，页面中间显示的网络状态信息也要同步切换显示新的网络状态(如图 13-5 所示)。

【任务分析】

小程序为我们提供了获取网络状态的接口以及监听网络状态改变的接口，这些接口能够监控手机的网络状态。在视频播放或是大图浏览时，往往需要根据网络状态来提醒用户注意流量消耗。本次任务练习了主动获取网络状态和监听网络状态改变事件这两个主要功能。

图 13-3 获取手机网络状态任务示例

【任务操作】

(1) 打开示例小程序项目，在 app.json 文件的 pages 数组里面新增一项“pages/Chapter_13/13_3_network/13_3_network”，保存文件，编译项目。使用开发者工具生成所需的文件后，新增一个以该页面为启动页面名为“13_3_network”的编译模式，以该模式编译项目。

(2) 打开 13_3_network.wxml 文件，设计前端页面。

```
<!-- pages/Chapter_13/13_3_network/13_3_network.wxml -->
<view class = "container">
  <view class = "page - head">
```

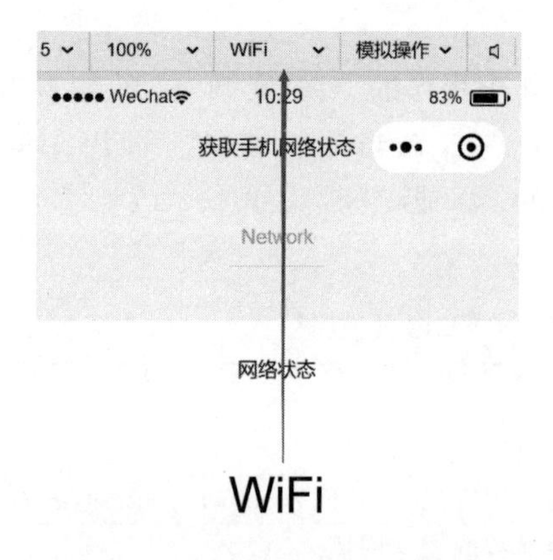

图 13-4 WiFi 状态

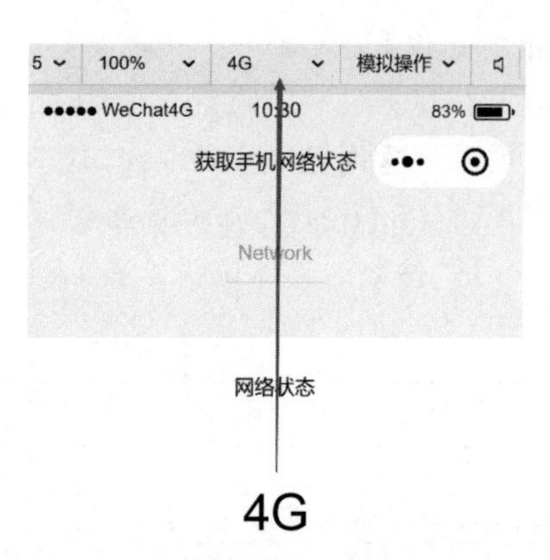

图 13-5 切换到 4G 状态

```
    <view class = "page - head - title"> Network </view>
    <view class = "page - head - line"></view>
  </view>
  <view class = "page - body">
    <view class = "page - section">
      <view class = "page - body - info">
        <view class = "page - body - title">网络状态</view>
        <block wx:if = "{{hasNetworkType === false}}">
          <text class = "page - body - text">未获取</text>
          <text class = "page - body - text">单击绿色按钮可获取网络状态</text>
        </block>
        <block wx:if = "{{hasNetworkType === true}}">
          <text class = "page - body - text - network - type">{{networkType}}</text>
        </block>
      </view>
      <view class = "btn - area">
        <button type = "primary" bindtap = "getNetworkType">获取手机网络状态</button>
        <button bindtap = "clear">清空</button>
      </view>
    </view>
  </view>
</view>
```

(3) 打开 13_3_network.js 文件，实现所需的功能。

```
// pages/Chapter_13/13_3_network/13_3_network.js
Page({
  onLoad() {
    const that = this
```

```
      wx.onNetworkStatusChange(function (res) {
        that.setData({
          networkType: res.networkType
        })
      })
    },
    data: {
      hasNetworkType: false
    },
    getNetworkType() {
      const that = this
      wx.getNetworkType({
        success(res) {
          console.log(res)
          that.setData({
            hasNetworkType: true,
            networkType: res.subtype || res.networkType
          })
        }
      })
    },
    clear() {
      this.setData({
        hasNetworkType: false,
        networkType: ''
      })
    }
  })
```

(4) 保存文件,编译项目,在模拟器中查看页面的效果。切换模拟器的网络状态,观察页面的变化。

**【相关知识】**

**1. wx.getNetworkType(Object object)**

获取网络类型。其参数说明见表 13-5。

**表 13-5　wx.getNetworkType 接口参数说明**

| 属　性 | 类　型 | 必　填 | 说　明 |
|---|---|---|---|
| success | Function | 否 | 接口调用成功的回调函数 |
| fail | Function | 否 | 接口调用失败的回调函数 |
| complete | Function | 否 | 接口调用结束的回调函数(调用成功、失败都会执行) |

object.success 回调函数的参数 res 包含一个代表网络类型的 networkType 属性。其合法值说明见表 13-6。

**表 13-6　res.networkType 合法值说明**

| 值 | 说　明 |
|---|---|
| wifi | WiFi 网络 |
| 2g | 2G 网络 |
| 3g | 3G 网络 |

续表

| 值 | 说　明 |
|---|---|
| 4g | 4G 网络 |
| unknown | Android 系统下不常见的网络类型 |
| none | 无网络 |

**2. wx. onNetworkStatusChange(function callback)**

监听网络状态变化事件。回调函数的参数 res 的属性说明见表 13-7。

**表 13-7　onNetworkStatusChange 回调函数参数说明**

| 属　性 | 类　型 | 说　明 |
|---|---|---|
| isConnected | Boolean | 当前是否有网络连接 |
| networkType | String | 网络类型，合法值说明见表 13-6 |

# 13.4 电　量

**【任务要求】**

新建一个如图 13-6 所示的页面，在页面打开后，能在页面上显示当前设备的充电状态和电量。

**【任务分析】**

小程序的获取设备信息电量的接口，可以获取设备的充电状态以及当前电量。在某些情况下，可能需要根据设备的电量情况来减少小程序的资源消耗。

**【任务操作】**

(1) 打开示例小程序项目，在 app. json 文件的 pages 数组里面新增一项"pages/Chapter_13/13_4_getBatteryInfo/13_4_getBatteryInfo"，保存文件，编译项目。使用开发者工具生成所需的文件后，新增一个以该页面为启动页面名为"13_4_getBatteryInfo"的编译模式，以该模式编译项目。

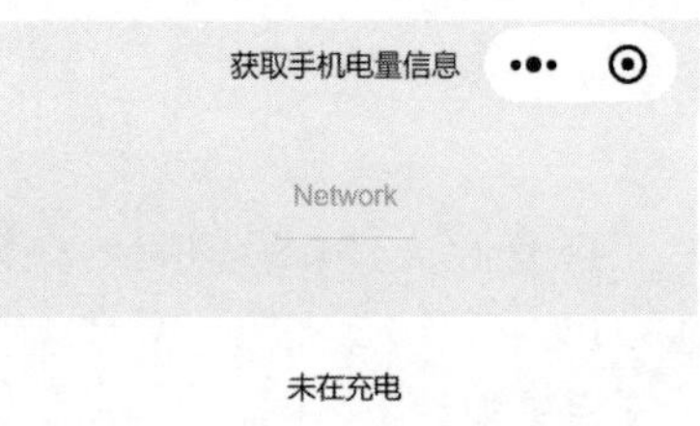


图 13-6　获取设备电量任务示例

(2) 打开 13_4_getBatteryInfo. wxml 文件，设计前端页面。

```
<! -- pages/Chapter_13/13_4_getBatteryInfo/13_4_getBatteryInfo.wxml -- >
< view class = "container">
  < view class = "page - head">
    < view class = "page - head - title"> Network </view >
    < view class = "page - head - line"></view >
  </view >
  < view class = "page - body">
    < view class = "page - section">
      < view class = "page - body - info">
```

```
        <block wx:if = "{{isCharging === false}}">
          <view class = "page - body - title">未在充电</view>
        </block>
        <block wx:if = "{{isCharging === true}}">
          <view class = "page - body - title">正在充电</view>
        </block>
        <text class = "page - body - text - battery">{{level}} % </text>
      </view>
    </view>
  </view>
</view>
```

(3) 打开 13_4_getBatteryInfo.js 文件,实现所需的功能。

```
// pages/Chapter_13/13_4_getBatteryInfo/13_4_getBatteryInfo.js
Page({
  onLoad() {
    const that = this
    wx.getBatteryInfo({
      success(res){
        that.setData({
          isCharging:res.isCharging,
          level:res.level
        })
      }
    })
  },
})
```

(4) 保存文件,编译项目,在模拟器中查看页面的效果。

**【相关知识】**

**1. wx.getBatteryInfo(Object object)**

获取设备电量。其参数说明见表 13-8。

**表 13-8 wx.getBatteryInfo 接口参数说明**

| 属　性 | 类　型 | 必　填 | 说　明 |
|---|---|---|---|
| success | Function | 否 | 接口调用成功的回调函数 |
| fail | Function | 否 | 接口调用失败的回调函数 |
| complete | Function | 否 | 接口调用结束的回调函数(调用成功、失败都会执行) |

object.success 回调函数参数 res 包含的属性说明见表 13-9。

**表 13-9 object.success 回调函数参数说明**

| 属　性 | 类　型 | 说　明 |
|---|---|---|
| level | String | 设备电量,范围为 1～100 |
| isCharging | Boolean | 是否正在充电中 |

**2. Object wx.getBatteryInfoSync()**

wx.getBatteryInfo 的同步版本,iOS 不可用。返回值 Object 包含的属性说明同表 13-9。

# 13.5 加速度计

**【任务要求】**

新建一个如图 13-7 所示的页面，默认情况下，加速度计数据的监听处于打开状态，$X$、$Y$、$Z$ 三个方向上的数据能随着设备的位置变化而变化。在单击"停止监听"后，页面上 $X$、$Y$、$Z$ 三个方向上的数据不再改变。$X$、$Y$、$Z$ 三个方向上的数据均保留两位小数。在模拟器中，可以通过调试器的 Sensor 面板，模拟设备的旋转情况。

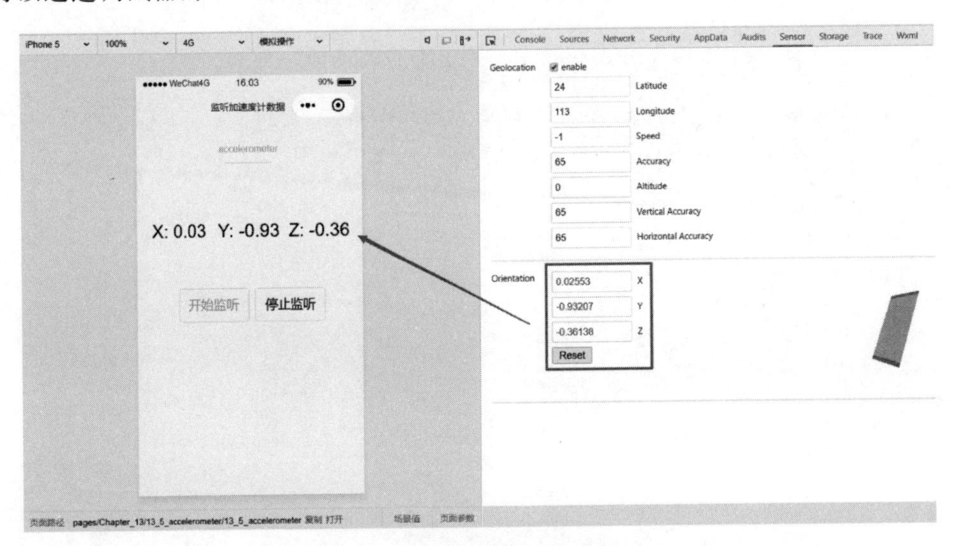


图 13-7 监听加速度计任务示例

**【任务分析】**

小程序加速度计的相关接口，可以用来获取手机在各个方向上的加速度信息。通过加速度计返回的信息，可以判断手机的状态，利用手机的旋转，触发某些事件。在某些 3D 或游戏场景下，加速计的信息是十分重要的。

**【任务操作】**

(1) 打开示例小程序项目，在 app.json 文件的 pages 数组里面新增一项"pages/Chapter_13/13_5_accelerometer/13_5_accelerometer"，保存文件，编译项目。使用开发者工具生成所需的文件后，新增一个以该页面为启动页面名为"13_5_accelerometer"的编译模式，以该模式编译项目。

(2) 打开 13_5_accelerometer.wxml 文件，设计前端页面。

```
<!-- pages/Chapter_13/13_5_accelerometer/13_5_accelerometer.wxml -->
<view class="container">
  <view class="page-head">
    <view class="page-head-title">accelerometer</view>
    <view class="page-head-line"></view>
  </view>
  <view class="page-body">
    <view class="page-section page-section_center">
      <view class="page-body-xyz">
```

```
        <text class = "page - body - title"> X: {{x}}</text>
        <text class = "page - body - title"> Y: {{y}}</text>
        <text class = "page - body - title"> Z: {{z}}</text>
      </view>
      <view class = "page - body - controls">
        <button bindtap = "startAccelerometer" disabled = "{{enabled}}">开始监听</button>
        <button bindtap = "stopAccelerometer" disabled = "{{!enabled}}">停止监听</button>
      </view>
    </view>
  </view>
</view>
```

(3) 打开 13_5_accelerometer.js 文件，实现所需的功能。

(4) 保存文件，编译项目，在模拟器中查看页面的效果。

**【相关知识】**

**1. wx.startAccelerometer(Object object)**

开始监听加速度数据。其参数说明见表 13-10。

**表 13-10 wx.startAccelerometer 接口参数说明**

| 属　性 | 类　型 | 默认值 | 必填 | 说　明 | 最低版本 |
|---|---|---|---|---|---|
| interval | String | normal | 否 | 监听加速度数据回调函数的执行频率 | 2.1.0 |
| success | Function | | 否 | 接口调用成功的回调函数 | |
| fail | Function | | 否 | 接口调用失败的回调函数 | |
| complete | Function | | 否 | 接口调用结束的回调函数(调用成功、失败都会执行) | |

其中，object.interval 的合法值说明见表 13-11。

**表 13-11 object.interval 合法值说明**

| 值 | 说　明 |
|---|---|
| game | 适用于更新游戏的回调频率，在 20 毫秒/次左右 |
| ui | 适用于更新 UI 的回调频率，在 60 毫秒/次左右 |
| normal | 普通的回调频率，在 200 毫秒/次左右 |

需要注意的是，根据机型性能、当前 CPU 与内存的占用情况的不同，interval 的设置值与实际回调函数的执行频率会有一些出入。

**2. wx.onAccelerometerChange(function callback)**

监听加速度数据事件。回调函数的执行频率由 wx.startAccelerometer()的 interval 参数决定。其回调函数的参数 res 的属性值见表 13-12。

**表 13-12 wx.onAccelerometerChange 接口回调函数参数说明**

| 属　性 | 类　型 | 说　明 |
|---|---|---|
| $x$ | Number | $X$ 轴加速度值 |
| $y$ | Number | $Y$ 轴加速度值 |
| $z$ | Number | $Z$ 轴加速度值 |

**3. wx.stopAccelerometer(Object object)**

停止监听加速度数据。其参数说明见表13-13。

**表13-13 wx.stopAccelerometer接口参数说明**

| 属 性 | 类 型 | 必 填 | 说 明 |
|---|---|---|---|
| success | Function | 否 | 接口调用成功的回调函数 |
| fail | Function | 否 | 接口调用失败的回调函数 |
| complete | Function | 否 | 接口调用结束的回调函数(调用成功、失败都会执行) |

## 13.6 罗 盘

**【任务要求】**

新建一个如图13-8所示的页面,旋转手机,页面上能实时显示当前的方位(0°～359°)。单击"停止监听"按钮后,数据不再变化。度数只保留整数部分。

图13-8 监听罗盘数据任务示例

**【任务分析】**

在生活中,罗盘数据常见的场景是指南针的使用。小程序的接口能监听手机方位的变化,以正北方向为0°～359°。一些AR场景或者是游戏场景,往往需要依赖罗盘的数据。

**【任务操作】**

(1) 打开示例小程序项目,在app.json文件的pages数组里面新增一项"pages/Chapter_13/13_6_compass/13_6_compass",保存文件,编译项目。使用开发者工具生成所需的文件后,新增一个以该页面为启动页面名为"13_6_compass"的编译模式,以该模式编译项目。

(2) 打开13_6_compass.wxml文件,设计前端页面。

```
<!-- pages/Chapter_13/13_6_compass/13_6_compass.wxml -->
```

```
<view class="page-body">
  <view class="page-section page-section_center">
    <view class="direction">
      <view class="direction-value">
        <text>{{direction}}</text>
        <text class="direction-degree">o</text>
      </view>
    </view>
    <view class="controls">
      <button bindtap="startCompass" disabled="{{enabled}}">开始监听</button>
      <button bindtap="stopCompass" disabled="{{!enabled}}">停止监听</button>
    </view>
  </view>
</view>
```

(3) 打开 13_6_compass.js 文件，实现所需的功能。

```
// pages/Chapter_13/13_6_compass/13_6_compass.js
Page({
  data: {
    enabled: true,
    direction: 0
  },
  onReady() {
    const that = this
    wx.onCompassChange(function (res) {
      that.setData({
        direction: parseInt(res.direction, 10)
      })
    })
  },
  startCompass() {
    if (this.data.enabled) {
      return
    }
    const that = this
    wx.startCompass({
      success() {
        that.setData({
          enabled: true
        })
      }
    })
  },
  stopCompass() {
    if (!this.data.enabled) {
      return
    }
    const that = this
    wx.stopCompass({
      success() {
```

```
            that.setData({
              enabled: false
            })
          }
        })
      }
})
```

(4) 保存文件,编译项目,在模拟器或者真机上查看页面的效果。

【相关知识】

**1. wx.startCompass(Object object)**

开始监听罗盘数据。其参数说明见表 13-14。

表 13-14 wx.startCompass 接口参数说明

| 属　性 | 类　型 | 必　填 | 说　明 |
|---|---|---|---|
| success | Function | 否 | 接口调用成功的回调函数 |
| fail | Function | 否 | 接口调用失败的回调函数 |
| complete | Function | 否 | 接口调用结束的回调函数(调用成功、失败都会执行) |

**2. wx.onCompassChange(function callback)**

监听罗盘数据变化事件,频率:5 次/秒。接口调用后会自动开始监听。其回调函数参数 res 的属性说明见表 13-15。

表 13-15 wx.onCompassChange 回调函数参数说明

| 属　性 | 类　型 | 说　明 | 最低版本 |
|---|---|---|---|
| direction | Number | 面对的方向度数 | |
| accuracy | Number/string | 精度 | 2.4.0 |

由于平台差异,accuracy 在 iOS 和 Android 中的值不同。

在 iOS 中,accuracy 是一个 Number 类型的值,表示相对于磁北极的偏差。0 表示设备指向磁北,90 表示指向东,180 表示指向南,以此类推。

在 Android 中,accuracy 是一个 String 类型的枚举值,具体的值说明见表 13-16。

表 13-16 Android 系统中 accuracy 枚举值说明

| 值 | 说　明 |
|---|---|
| high | 高精度 |
| medium | 中等精度 |
| low | 低精度 |
| no-contact | 不可信,传感器失去连接 |
| unreliable | 不可信,原因未知 |
| unknow ${value} | 未知的精度枚举值,即该 Android 系统此时返回的表示精度的 value 不是一个标准的精度枚举值 |

**3. wx.stopCompass(Object object)**

停止监听罗盘数据,其参数说明同表 13-14。

## 13.7 陀　螺　仪

**【任务要求】**

参考 13.5 节加速度计任务要求。在本任务中，如图 13-7 所示的 $X$、$Y$、$Z$ 数值分别表示各个方向上的角速度。

**【任务分析】**

陀螺仪可以用来表示设备在各个方向上的角速度，从而判断设备的运动状态。结合前文的加速度计、罗盘数据，我们可以在需要时，使小程序响应各种用户设备运动的情况。

**【任务操作】**

参考 13.5 节任务操作。其中，需要将使用到的 wx. startAccelerometer 接口替换为 wx. startGyroscope，wx. stopAccelerometer 替换为 wx. stopGyroscope，wx. onAccelerometerChange 替换为 wx. onGyroscopeChange。

**【相关知识】**

**1. wx. startGyroscope(Object object)**

开始监听陀螺仪数据。其参数同表 13-10 和表 13-11。

**2. wx. onGyroscopeChange(function callback)**

监听陀螺仪数据变化事件。其回调函数的调用频率由 wx. startGyroscope 的 interval 参数决定。回调函数包含的参数 res 的属性说明见表 13-17。

表 13-17　wx. onGyroscopeChange 回调函数参数说明

| 属　性 | 类　型 | 说　明 |
|---|---|---|
| x | Number | $X$ 轴的角速度 |
| y | Number | $Y$ 轴的角速度 |
| z | Number | $Z$ 轴的角速度 |

**3. wx. stopGyroscope(Object object)**

停止监听陀螺仪数据。其参数说明同表 13-14。

## 13.8 WiFi

**【任务要求】**

新建一个如图 13-9 所示的页面，单击"搜索 WiFi"按钮后，页面上方的空白区域能显示出当前搜索到的 WiFi 列表，并根据信号的强度和安全性在右侧显示对应的图标。

**【任务分析】**

在物联网环境或者需要提醒用户连接 WiFi 时，使用小程序提供的与 WiFi 有关的接口可以让用户在小程序内就完成设置，而不中断使用的体验。本次任务练习的是简单地搜索 WiFi 列表并展示获取到的 WiFi 信息的功能。需要注意的是，WiFi 的相关接口在 Android 和 iOS 系统上有不少区别，而且该接口仅支持使用真机调试。

图 13-9　WiFi 任务示例

**【任务操作】**

(1) 打开示例小程序项目，在 app.json 文件的 pages 数组里面新增一项“pages/Chapter_13/13_8_wifi/13_8_wifi”，保存文件，编译项目。使用开发者工具生成所需的文件后，新增一个以该页面为启动页面名为“13_8_wifi”的编译模式，以该模式编译项目。

(2) 打开 13_8_wifi.wxml 文件，设计前端页面。

```
<!-- pages/Chapter_13/13_8_wifi/13_8_wifi.wxml -->
<view class="container">
  <view class="page-head">
    <view class="page-head-title">WiFi</view>
    <view class="page-head-line"></view>
  </view>
  <view class="page-body">
    <view class="page-body-info">
      <scroll-view class="device-list" scroll-y>
        <view class="item" wx:for="{{wifiList}}" wx:key="{{index}}">
          <view class="list">
            <text>{{ item.SSID }}</text>
            <span class="wifi-icon">
              <span class="wifi-1"></span>
              <span class="wifi-2 {{item.strength < 2 ? 'off' : ''}}"></span>
              <span class="wifi-3 {{item.strength < 3 ? 'off' : ''}}"></span>
              <span class="wifi-4 {{item.strength < 4 ? 'off' : ''}}"></span>
              <span class="lock" wx:if="{{item.secure}}"></span>
            </span>
          </view>
        </view>
      </scroll-view>
    </view>
    <view class="btn-area">
      <button type="primary" bindtap="startSearch">搜索 WiFi</button>
```

```
        <button bindtap = "stopSearch">停止搜索</button>
      </view>
    </view>
  </view>
```

(3) 打开 13_8_wifi.wxss,添加一些必要的样式文件。

```
/* pages/Chapter_13/13_8_wifi/13_8_wifi.wxss */
.page - body - info {
  padding: 30rpx 60rpx;
  width: auto;
}

.device - list {
  height: 300rpx;
  text - align: center;
}

.item {
  width: 100 % ;
  margin - bottom: 10px;
}

.list {
  width: 100 % ;
  text - align: left;
  display:flex;
  flex - direction:row;
  align - items:center;
  justify - content:space - between;
  font - size: 30rpx;
}

.list text {
  display: inline - block;
  max - width: 80 % ;
  overflow: hidden;
  text - overflow: ellipsis;
  white - space: nowrap;
}

.strength - ready { color: #26a69a; }
.strength - no { color: #37474f; }
.wifi - icon{
  width: 20px;
  height:20px;
  display: inline - block;
  position: relative;
  overflow: hidden;
  margin: 0 10px;
  float: right;
```

```
}
.wifi - icon span{
  display: block;
  position: absolute;
  border - radius: 50 % ;
}
.wifi - icon .wifi - 1{
  width: 4px;
  height: 4px;
  left: 8px;
  bottom: 3px;
  background: currentcolor;
}
.wifi - icon .wifi - 2,.wifi - icon .wifi - 3,.wifi - icon .wifi - 4{
  border: 2px solid;
  border - color: currentcolor transparent transparent;
}
.wifi - icon .wifi - 2{
  width: 12px;
  height: 12px;
  left: 2px;
  bottom: - 4px;
}
.wifi - icon .wifi - 3{
  width: 20px;
  height: 20px;
  left: - 2px;
  bottom: - 8px;
  }
.wifi - icon .wifi - 4{
  width: 28px;
  height: 28px;
  left: - 6px;
  bottom: - 12px;
}
.wifi - icon span:after{
  content: "";
  display: block;
  position: absolute;
}
.wifi - icon .lock{
  width: 6px;
  height: 5px;
  background: currentcolor;
  display: block;
  right: 1px;
  bottom: 2px;
  border - radius: 0;
}
.wifi - icon .lock:after{
  width: 4px;
```

```
  height: 3px;
  border: 1px solid;
  border-radius: 100px 100px 0 0;
  border-bottom: none;
  left: 0px;
  bottom: 100%;
}
.off {
  border-color: #b0bec5 transparent transparent !important;
}
```

(4) 打开 13_8_wifi.js 文件,实现所需的功能。

```
// pages/Chapter_13/13_8_wifi/13_8_wifi.js
Page({
  data: {
    wifiList: []
  },

  onUnload() {
    this.stopSearch()
  },

  startSearch() {
    const getWifiList = () => {
      wx.getWifiList({
        success: () => {
          wx.onGetWifiList((res) => {
            const wifiList = res.wifiList
              .sort((a, b) => b.signalStrength - a.signalStrength)
              .map(wifi => {
                const strength = Math.ceil(wifi.signalStrength * 4)
                return Object.assign(wifi, { strength })
              })
            this.setData({
              wifiList
            })
          })
        },
        fail(err) {
          console.error(err)
        }
      })
    }

    const startWifi = () => {
      wx.startWifi({
        success: getWifiList,
        fail(err) {
          console.error(err)
        }
```

```
          })
        }

        wx.getSystemInfo({
          success(res) {
            const isIOS = res.platform === 'ios'
            if (isIOS) {
              wx.showModal({
                title: '提示',
                content: '由于系统限制,iOS 用户请手动进入系统 WiFi 页面,然后返回小程序。',
                showCancel: false,
                success() {
                  startWifi()
                }
              })
              return
            }
            startWifi()
          }
        })
      },

      stopSearch() {
        wx.stopWifi({
          success(res) {
            console.log(res)
          },
          fail(err) {
            console.error(err)
          }
        })
      }
    })
```

(5) 保存文件,编译项目,在手机上查看页面效果。

**【相关知识】**

### 1. WifiInfo 对象

WiFi 信息。其属性说明见表 13-18。

**表 13-18 WifInfo 对象属性说明**

| 属　性 | 类　型 | 说　明 |
| --- | --- | --- |
| SSID | String | WiFi 的 SSID |
| BSSID | String | WiFi 的 BSSID |
| secure | Boolean | WiFi 是否安全 |
| signalStrength | Number | WiFi 信号强度 |

### 2. wx.startWifi(Object object)

初始化 WiFi 模块。其参数说明见表 13-19。

表 13-19　wx.startWiFi 接口参数说明

| 属　性 | 类　型 | 必　填 | 说　明 |
|---|---|---|---|
| success | Function | 否 | 接口调用成功的回调函数 |
| fail | Function | 否 | 接口调用失败的回调函数 |
| complete | Function | 否 | 接口调用结束的回调函数(调用成功、失败都会执行) |

如果开启 WiFi 模块失败,则错误码说明见表 13-20。

表 13-20　wx.startWiFi 接口错误码说明

| 错误码 | 错误信息 | 说　明 |
|---|---|---|
| 0 | ok | 正常 |
| 12000 | not init | 未先调用 startWiFi 接口 |
| 12001 | system not support | 当前系统不支持相关能力 |
| 12002 | password error WiFi | 密码错误 |
| 12003 | connection timeout | 连接超时 |
| 12004 | duplicate request | 重复连接 WiFi |
| 12005 | wifi not turned on | Android 系统特有,未打开 WiFi 开关 |
| 12006 | gps not turned on | Android 系统特有,未打开 GPS 定位开关 |
| 12007 | user denied | 用户拒绝授权连接 WiFi |
| 12008 | invalid SSID | 无效 SSID |
| 12009 | system config err | 系统运营商配置拒绝连接 WiFi |
| 12010 | system internal error | 系统其他错误,需要在 errmsg 打印具体的错误原因 |
| 12011 | weapp in background | 应用在后台无法配置 WiFi |
| 12013 | wifi config may be expired | 系统保存的 WiFi 配置过期,建议忘记 WiFi 后重试 |

**3. wx.getWifiList(Object object)**

请求获取 WiFi 列表。在 wx.onGetWiFiList 注册的回调中返回 WiFiList 数据。iOS 将跳转到系统的 WiFi 界面,Android 系统不会跳转。其参数说明同表 13-19。错误码说明同表 13-20。

**4. wx.onGetWiFiList(function callback)**

监听获取到 WiFi 列表数据事件。回调函数参数 res 的属性 WiFiList 为一个 WiFiInfo 对象的数组。

**5. wx.connectWiFi(Object object)**

连接 WiFi。若已知 WiFi 信息,可以直接利用该接口连接。仅 Android 与 iOS 11 以上版本支持。其参数说明见表 13-21。

表 13-21　wx.connectWiFi 接口参数说明

| 属　性 | 类　型 | 必　填 | 说　明 |
|---|---|---|---|
| SSID | String | 是 | WiFi 设备的 SSID |
| BSSID | String | 否 | WiFi 设备的 BSSID |
| password | String | 是 | WiFi 设备的密码 |
| success | Function | 否 | 接口调用成功的回调函数 |

续表

| 属　　性 | 类　　型 | 必　　填 | 说　　明 |
|---|---|---|---|
| fail | Function | 否 | 接口调用失败的回调函数 |
| complete | Function | 否 | 接口调用结束的回调函数(调用成功、失败都会执行) |

错误信息说明同表 13-20。

**6. wx.onWiFiConnected(function callback)**

监听连接上 WiFi 的事件。其回调函数参数 res 包含一个 WiFi 属性,为 WifiInfo 对象,表示 WiFi 的信息。

**7. wx.getConnectedWiFi(Object object)**

获取已连接的 WiFi 信息。其参数说明同表 13-19。

其中,object.success 回调函数包含一个具有一个 WiFi 属性的参数 res,res.wifi 为一个 WiFiInfo 对象,表示连接上的 WiFi 信息。错误码说明同表 13-20。

**8. wx.setWifiList(Object object)**

设置 wifiList 中 App 的相关信息。在 wx.onGetWiFiList 回调后调用。该接口为 iOS 系统特有的接口,其参数说明见表 13-22。

**表 13-22　wx.setWiFiList 接口参数说明**

| 属　　性 | 类　　型 | 必填 | 说　　明 |
|---|---|---|---|
| wifiList | Array.<Object> | 是 | 提供预设的 WiFi 信息列表 |
| success | Function | 否 | 接口调用成功的回调函数 |
| fail | Function | 否 | 接口调用失败的回调函数 |
| complete | Function | 否 | 接口调用结束的回调函数(调用成功、失败都会执行) |

object.wifiList 的结构说明见表 13-23。

**表 13-23　object.wifiList 结构说明**

| 属　　性 | 类　　型 | 必　　填 | 说　　明 |
|---|---|---|---|
| SSID | String | 否 | WiFi 的 SSID |
| BSSID | String | 否 | WiFi 的 BSSID |
| password | String | 否 | WiFi 设备密码 |

错误码说明同表 13-20。

使用该接口需注意以下几点。

(1) 该接口只能在 wx.onGetWiFiList 回调之后才能调用;

(2) 此时客户端会挂起,等待小程序设置 WiFi 信息,请务必尽快调用该接口,若无数据请传入一个空数组;

(3) 有可能随着周边 WiFi 列表的刷新,单个流程内收到多次带有存在重复的 WiFi 列表的回调。

**9. wx.stopWiFi(Object object)**

关闭 WiFi 模块。其参数说明同表 13-19,错误码说明同表 13-20。

# 13.9 联系人和电话

【任务要求】

新建一个如图 13-10 所示的页面。在表单里输入联系人的信息后，单击“创建联系人”按钮，可以将输入的联系人信息存入手机通讯录；单击“拨打电话”按钮，可以拨出“手机号”字段里面输入的手机号码。

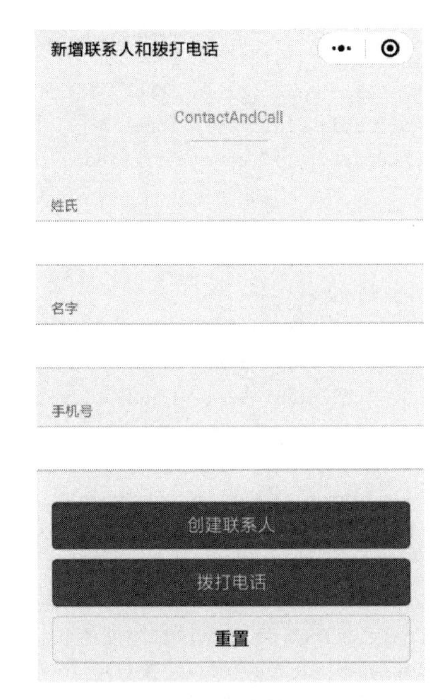


图 13-10 新增联系人和拨打电话任务示例

【任务分析】

本次任务练习的是小程序对通讯录的访问以及拨打电话的功能。小程序对联系人的访问能力，使得使用小程序分享电话号码更为方便快捷。

【任务操作】

(1) 打开示例小程序项目，在 app.json 文件的 pages 数组里面新增一项“pages/Chapter_13/13_9_contactAndCall/13_9_contactAndCall”，保存文件，编译项目。使用开发者工具生成所需的文件后，新增一个以该页面为启动页面名为“13_9_contactAndCall”的编译模式，以该模式编译项目。

(2) 打开 13_9_contactAndCall.wxml 文件，设计前端页面。

```
<!-- pages/Chapter_13/13_9_contactAndCall/13_9_contactAndCall.wxml -->
<view class = "container">
  <view class = "page - head">
    <view class = "page - head - title"> ContactAndCall </view>
    <view class = "page - head - line"></view>
  </view>
  <view class = "page - body">
```

```
    <form bindsubmit="submit">
      <view class="page-section">
        <view class="weui-cells__title">姓氏</view>
        <view class="weui-cells weui-cells_after-title">
          <view class="weui-cell weui-cell_input">
            <input class="weui-input" name="lastName" />
          </view>
        </view>
      </view>
      <view class="page-section">
        <view class="weui-cells__title">名字</view>
        <view class="weui-cells weui-cells_after-title">
          <view class="weui-cell weui-cell_input">
            <input class="weui-input" name="firstName" />
          </view>
        </view>
      </view>
      <view class="page-section">
        <view class="weui-cells__title">手机号</view>
        <view class="weui-cells weui-cells_after-title">
          <view class="weui-cell weui-cell_input">
            <input class="weui-input" name="mobilePhoneNumber" type='number' bindblur=
"getPhoneNum"/>
          </view>
        </view>
      </view>
      <view class="btn-area">
        <button type="primary" formType="submit">创建联系人</button>
        <button type="primary" bindtap="call">拨打电话</button>
        <button type="defualt" formType="reset">重置</button>
      </view>
    </form>
  </view>
</view>
```

(3) 打开 13_9_contactAndCall.js 文件，实现所需的功能。

```
// pages/Chapter_13/13_9_contactAndCall/13_9_contactAndCall.js
Page({
  data:{
    phoneNum:null
  },
  getPhoneNum(e){
    console.log(e.detail.value)
    this.setData({
      phoneNum:e.detail.value
    })
  },
  submit(e) {
    const formData = e.detail.value
    wx.addPhoneContact({
```

```
        ...formData,
        success() {
          console.log("创建联系人成功")
        },
        fail() {
          console.log("创建联系人失败")
        }
      })
    },
    call(){
      const that = this
      wx.makePhoneCall({
        phoneNumber:that.data.phoneNum,
        success(){
          console.log("拨打电话成功")
        },
        fail(){
          console.log("拨打电话失败")
        }
      })
    }
  })
```

(4) 保存文件,编译项目,在手机上查看页面的效果。

**【相关知识】**

### 1. wx.addPhoneContact(Object object)

添加手机通讯录联系人。用户可以选择将该表单以"新增联系人"或"添加到已有联系人"的方式,写入手机系统通讯录。其参数说明见表13-24。

**表13-24 wx.addPhoneContact接口参数说明**

| 属　性 | 类型 | 必填 | 说　明 |
|---|---|---|---|
| firstName | String | 是 | 名字 |
| photoFilePath | String | 否 | 头像本地文件路径 |
| nickName | String | 否 | 昵称 |
| lastName | String | 否 | 姓氏 |
| middleName | String | 否 | 中间名 |
| remark | String | 否 | 备注 |
| mobilePhoneNumber | String | 否 | 手机号 |
| weChatNumber | String | 否 | 微信号 |
| addressCountry | String | 否 | 联系地址国家 |
| addressState | String | 否 | 联系地址省份 |
| addressCity | String | 否 | 联系地址城市 |
| addressStreet | String | 否 | 联系地址街道 |
| addressPostalCode | String | 否 | 联系地址邮政编码 |
| organization | String | 否 | 公司 |
| title | String | 否 | 职位 |
| workFaxNumber | String | 否 | 工作传真 |

续表

| 属　性 | 类型 | 必填 | 说　明 |
| --- | --- | --- | --- |
| workPhoneNumber | String | 否 | 工作电话 |
| hostNumber | String | 否 | 公司电话 |
| email | String | 否 | 电子邮件 |
| url | String | 否 | 网站 |
| workAddressCountry | String | 否 | 工作地址国家 |
| workAddressState | String | 否 | 工作地址省份 |
| workAddressCity | String | 否 | 工作地址城市 |
| workAddressStreet | String | 否 | 工作地址街道 |
| workAddressPostalCode | String | 否 | 工作地址邮政编码 |
| homeFaxNumber | String | 否 | 住宅传真 |
| homePhoneNumber | String | 否 | 住宅电话 |
| homeAddressCountry | String | 否 | 住宅地址国家 |
| homeAddressState | String | 否 | 住宅地址省份 |
| homeAddressCity | String | 否 | 住宅地址城市 |
| homeAddressStreet | String | 否 | 住宅地址街道 |
| homeAddressPostalCode | String | 否 | 住宅地址邮政编码 |
| success | Function | 否 | 接口调用成功的回调函数 |
| fail | Function | 否 | 接口调用失败的回调函数 |
| complete | Function | 否 | 接口调用结束的回调函数(调用成功、失败都会执行) |

**2. wx.makePhoneCall(Object object)**

拨打电话。其参数说明见表 13-25。

**表 13-25　wx.makePhoneCall 接口参数说明**

| 属　性 | 类　型 | 必　填 | 说　明 |
| --- | --- | --- | --- |
| phoneNumber | String | 是 | 需要拨打的电话号码 |
| success | Function | 否 | 接口调用成功的回调函数 |
| fail | Function | 否 | 接口调用失败的回调函数 |
| complete | Function | 否 | 接口调用结束的回调函数(调用成功、失败都会执行) |

## 13.10　剪　贴　板

**【任务要求】**

新建一个如图 13-11 所示的页面,在"复制"input 组件中,提供一段默认的可编辑的文字,单击"复制"按钮,能将该段文字复制到系统剪贴板中;单击"粘贴"按钮,能将复制的文字粘贴到"粘贴"input 组件中(如图 13-12 所示)。

**【任务分析】**

小程序具有设置和获取系统剪贴板内容的功能。在手机设备上,仅限于文字内容。该项功能,在使用小程序分享某些信息时,比让用户手动长按文字再选择复制有更加方便的体验。

图 13-11　剪贴板任务示例

图 13-12　粘贴复制的文字到 input 组件中

**【任务操作】**

(1) 打开示例小程序项目，在 app.json 文件的 pages 数组里面新增一项“pages/Chapter_13/13_10_clipboard/13_10_clipboard”，保存文件，编译项目。使用开发者工具生成所需的文件后，新增一个以该页面为启动页面名为“13_10_clipboard”的编译模式，以该模式编译项目。

(2) 打开 13_10_clipboard.wxml 文件，设计前端页面。

```
<!-- pages/Chapter_13/13_10_clipboard/13_10_clipboard.wxml -->
<view class="container">
  <view class="page-head">
    <view class="page-head-title">get/set/ClipboardData</view>
    <view class="page-head-line"></view>
  </view>
  <view class="page-body">
    <view class="weui-cells weui-cells_after-title">
      <view class="weui-cell weui-cell_input">
        <view class="weui-cell__hd">
          <view class="weui-label">复制</view>
        </view>
        <view class="weui-cell__bd">
          <input class="weui-input" type="text" name="key" value="{{value}}"
bindinput="valueChanged"></input>
        </view>
      </view>
      <view class="weui-cell weui-cell_input">
        <view class="weui-cell__hd">
          <view class="weui-label">粘贴</view>
        </view>
        <view class="weui-cell__bd">
          <input class="weui-input" type="text" value="{{pasted}}"></input>
        </view>
```

```
      </view>
    </view>

    <view class = "btn - area">
      <button type = "primary" bindtap = "copy">复制</button>
      <button bindtap = "paste">粘贴</button>
    </view>
  </view>
</view>
```

（3）打开 13_10_clipboard.js 文件，实现所需的功能。

```
// pages/Chapter_13/13_10_clipboard/13_10_clipboard.js
Page({
  data: {
    value: 'edit and copy me',
    pasted: '',
  },

  valueChanged(e) {
    this.setData({
      value: e.detail.value
    })
  },

  copy() {
    wx.setClipboardData({
      data: this.data.value,
      success() {
        console.log("复制成功")
      }
    })
  },

  paste() {
    const self = this
    wx.getClipboardData({
      success(res) {
        self.setData({
          pasted: res.data
        })
        console.log("粘贴成功")
      }
    })
  }
})
```

（4）保存文件，编译项目，在模拟器中查看页面的效果，同时观察 Console 面板的输出信息。也可以将从小程序中复制的文字粘贴到手机的其他应用中，例如记事本、便签等；或者在手机的其他应用程序中复制文字，再粘贴到小程序中，观察是否成功地设置和获取了系统剪贴板的数据。

【相关知识】

**1. wx.setClipboardData(Object object)**

设置系统剪贴板的内容。其参数说明见表 13-26。

表 13-26　wx.setClipboardData 接口参数说明

| 属　　性 | 类　　型 | 必　　填 | 说　　明 |
|---|---|---|---|
| data | String | 是 | 剪贴板的内容 |
| success | Function | 否 | 接口调用成功的回调函数 |
| fail | Function | 否 | 接口调用失败的回调函数 |
| complete | Function | 否 | 接口调用结束的回调函数(调用成功、失败都会执行) |

**2. wx.getClipboardData(Object object)**

获取系统剪贴板的内容。其参数说明见表 13-27。

表 13-27　wx.getClipboardData 接口参数说明

| 属　　性 | 类　　型 | 必　　填 | 说　　明 |
|---|---|---|---|
| success | Function | 否 | 接口调用成功的回调函数 |
| fail | Function | 否 | 接口调用失败的回调函数 |
| complete | Function | 否 | 接口调用结束的回调函数(调用成功、失败都会执行) |

object.success 回调函数参数包含一个 String 类型的 data 属性,表示剪贴板的内容。

## 13.11　屏　　幕

【任务要求】

新建一个如图 13-13 所示的页面。页面上能显示当前的屏幕亮度,下面的滑动组件能以 0.1 为刻度,在 0～1 调整屏幕亮度。调整后的屏幕亮度要实时地显示在页面上。同时该页面需要能监听用户的截屏操作,在用户截屏后,需要在 Console 面板中输出一条"用户已截屏"的信息。

图 13-13　设置屏幕亮度和监听用户截屏任务示例

【任务分析】

本次任务练习的是小程序对屏幕亮度信息的获取、对屏幕亮度进行设置以及监听用户截屏操作的功能。其中,监听用户截屏操作的功能是一个比较重要也比较常用的功能。如果在某些页面用户触发了截屏操作,可以认为用户保存了某些必要的信息可能用于分享,或者是猜测用户是否对该页面有问题需要反馈,进而可以给出不同的处理反馈。

【任务操作】

(1) 打开示例小程序项目,在 app.json 文件的 pages 数组里面新增一项"pages/Chapter_13/13_11_

screen/13_11_screen”,保存文件,编译项目。使用开发者工具生成所需的文件后,新增一个以该页面为启动页面名为“13_11_screen”的编译模式,以该模式编译项目。

(2)打开 13_11_screen.wxml 文件,设计前端页面。

```
<!-- pages/Chapter_13/13_11_screen/13_11_screen.wxml -->
<view class="container">
  <view class="page-head">
    <view class="page-head-title">get/set/ScreenBrightness</view>
    <view class="page-head-line"></view>
  </view>
  <view class="page-body">
    <view class="page-body-info">
      <view class="page-body-title">当前屏幕亮度</view>
      <text class="page-body-text-screen-brightness">{{screenBrightness}}</text>
    </view>
    <view class="page-section page-section-gap">
      <view class="page-section-title">设置屏幕亮度</view>
      <view class="body-view">
        <slider bindchange="changeBrightness" value="{{screenBrightness}}" min="0" max="1"
step="0.1"/>
      </view>
    </view>
  </view>
</view>
```

(3)打开 13_11_screen.js 文件,实现所需的功能。

```
// pages/Chapter_13/13_11_screen/13_11_screen.js
Page({
  data: {
    screenBrightness: 0
  },

  onLoad() {
    this._updateScreenBrightness()
    wx.onUserCaptureScreen(() => {
      console.log("用户已截屏")
    })
  },

  changeBrightness(e) {
    const value = Number.parseFloat(
      (e.detail.value).toFixed(1)
    )
    wx.setScreenBrightness({
      value,
      success: () => {
        this._updateScreenBrightness()
      }
    })
  },
```

```
  _updateScreenBrightness() {
    wx.getScreenBrightness({
      success: (res) => {
        this.setData({
          screenBrightness: Number.parseFloat(
            res.value.toFixed(1)
          )
        })
      },
      fail(err) {
        console.error(err)
      }
    })
  }
})
```

(4) 保存文件，编译项目，在手机上调试页面，同时观察 Console 面板的输出信息。

**【相关知识】**

**1. wx.getScreenBrightness(Object object)**

获取屏幕亮度。其参数说明见表 13-28。

**表 13-28　wx.getScreenBrightness 接口参数说明**

| 属　性 | 类　型 | 必　填 | 说　明 |
|---|---|---|---|
| success | Function | 否 | 接口调用成功的回调函数 |
| fail | Function | 否 | 接口调用失败的回调函数 |
| complete | Function | 否 | 接口调用结束的回调函数(调用成功、失败都会执行) |

其中，object.success 回调函数包含的参数 res 属性说明见表 13-29。

**表 13-29　object.success 回调函数参数 res 属性说明**

| 属　性 | 类　型 | 说　明 |
|---|---|---|
| value | Number | 屏幕亮度值，范围为 0～1，0 表示最暗，1 表示最亮 |

若 Android 系统设置中开启了自动调节亮度功能，则屏幕亮度会根据光线自动调整，该接口仅能获取自动调节亮度之前的值，而非实时的亮度值。

**2. wx.setScreenBrightness(Object object)**

设置屏幕亮度。其参数说明见表 13-30。

**表 13-30　wx.setScreenBrightness 接口参数说明**

| 属　性 | 类　型 | 必　填 | 说　明 |
|---|---|---|---|
| value | Number | 是 | 屏幕亮度值，范围为 0～1，0 为最暗，1 为最亮 |
| success | Function | 否 | 接口调用成功的回调函数 |
| fail | Function | 否 | 接口调用失败的回调函数 |
| complete | Function | 否 | 接口调用结束的回调函数(调用成功、失败都会执行) |

**3. wx.setKeepScreenOn(Object object)**

设置是否保持常亮状态。仅在当前小程序生效,离开小程序后设置失效。其参数说明见表 13-31。

表 13-31　wx.setKeepScreenOn 接口参数说明

| 属　　性 | 类　　型 | 必　　填 | 说　　明 |
|---|---|---|---|
| keepScreenOn | Boolean | 是 | 是否保持屏幕常亮 |
| success | Function | 否 | 接口调用成功的回调函数 |
| fail | Function | 否 | 接口调用失败的回调函数 |
| complete | Function | 否 | 接口调用结束的回调函数(调用成功、失败都会执行) |

**4. wx.onUserCaptureScreen(function callback)**

监听用户主动截屏事件,用户使用系统截屏按键截屏时触发。回调函数参数不包含任何属性。

## 13.12　振　　动

**【任务要求】**

新建一个如图 13-14 所示的页面,两个按钮能分别实现让设备长时间振动和短时间振动的功能。同时要在 Console 面板输出接口调用成功和完成的信息。

图 13-14　振动任务示例

**【任务分析】**

振动反馈可以说是最为有力的一种提醒用户的措施。在用户输入了错误的数据或者进行危险的操作(比如删除数据等)需要强提醒的场合,不同时间长短的振动提醒,可以很好地用于各种情况。

【任务操作】

(1) 打开示例小程序项目，在 app.json 文件的 pages 数组里面新增一项“pages/Chapter_13/13_12_vibrate/13_12_vibrate”，保存文件，编译项目。使用开发者工具生成所需的文件后，新增一个以该页面为启动页面名为“13_12_vibrate”的编译模式，以该模式编译项目。

(2) 打开 13_12_vibrate.wxml 文件，设计前端页面。

```
<!-- pages/Chapter_13/13_12_vibrate/13_12_vibrate.wxml -->
<view class="container">
  <view class="page-head">
    <view class="page-head-title">vibrate/Long/Short</view>
    <view class="page-head-line"></view>
  </view>
  <view class="page-body">
    <view class="page-section">
      <view class="btn-area">
        <button type="primary" bindtap="vibrateLong">长振动</button>
        <button type="default" bindtap="vibrateShort">短振动</button>
      </view>
    </view>
  </view>
</view>
```

(3) 打开 13_12_vibrate.js 文件，实现所需的功能。

```
// pages/Chapter_13/13_12_vibrate/13_12_vibrate.js
Page({
  vibrateShort() {
    wx.vibrateShort({
      success(res) {
        console.log(res)
      },
      fail(err) {
        console.error(err)
      },
      complete() {
        console.log('completed')
      }
    })
  },

  vibrateLong() {
    wx.vibrateLong({
      success(res) {
        console.log(res)
      },
      fail(err) {
        console.error(err)
      },
      complete() {
```

```
            console.log('completed')
          }
        })
      }
    })
```

(4) 保存文件，编译项目，在手机上调试页面，同时观察 Console 面板的输出信息。

【相关知识】

**1. wx.vibrateShort(Object object)**

使手机发生较短时间的振动(15ms)。仅在 iPhone 7/7 Plus 以上及 Android 机型生效。其参数说明见表 13-32。

表 13-32　wx.vibrateShort 接口参数说明

| 属　性 | 类　型 | 必　填 | 说　明 |
| --- | --- | --- | --- |
| success | Function | 否 | 接口调用成功的回调函数 |
| fail | Function | 否 | 接口调用失败的回调函数 |
| complete | Function | 否 | 接口调用结束的回调函数(调用成功、失败都会执行) |

**2. wx.vibrateLong(Object object)**

使手机发生较长时间的振动(400ms)。其参数说明同表 13-32。

## 13.13　扫　　码

【任务要求】

新建一个如图 13-15 所示的页面，在单击“扫一扫”按钮后，能调用微信客户端的扫码功能，完成扫码后，将所获得的扫码结果如图 13-16 所示显示在页面上。图 13-17 用于示例，验证扫码功能。

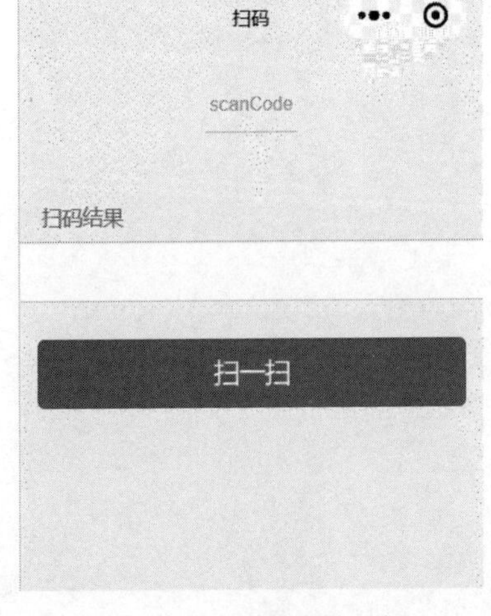


图 13-15　扫码任务示例

图 13-16　获取到的扫描结果

图 13-17　二维码示例

【任务分析】

二维码可以说是微信一个必不可少的信息分享渠道。由于二维码可以方便、准确地传递信息，因此小程序的扫码功能是十分重要的。小程序不仅可以扫描二维码，还可以扫描条形码。小程序使用扫码功能，可以在获取信息的时候，更加方便快捷。

【任务操作】

(1) 打开示例小程序项目，在 app.json 文件的 pages 数组中新增一项"pages/Chapter_13/13_13_scanCode/13_13_scanCode"，保存文件，编译项目。使用开发者工具生成所需的文件后，新增一个以该页面为启动页面名为"13_13_scanCode"的编译模式，以该模式编译项目。

(2) 打开 13_13_scanCode.wxml 文件，设计前端页面。

```
<!-- pages/Chapter_13/13_13_scanCode/13_13_scanCode.wxml -->
<view class="container">
  <view class="page-head">
    <view class="page-head-title">scanCode</view>
    <view class="page-head-line"></view>
  </view>

  <view class="page-body">
    <view class="weui-cells__title">扫码结果</view>
    <view class="weui-cells weui-cells_after-title">
      <view class="weui-cell">
        <view class="weui-cell__bd">{{result}}</view>
      </view>
    </view>
    <view class="btn-area">
      <button type="primary" bindtap="scanCode">扫一扫</button>
    </view>
  </view>
</view>
```

(3) 打开 13_13_scanCode.js 文件，实现所需的功能。

```
// pages/Chapter_13/13_13_scanCode/13_13_scanCode.js
Page({
  data: {
    result: ''
  },

  scanCode() {
    const that = this
    wx.scanCode({
      success(res) {
        that.setData({
          result: res.result
        })
      },
      fail() { }
    })
```

```
    }
})
```

(4) 保存文件，编译项目，在手机上查看页面的效果。

【相关知识】

wx. scanCode(Object object)，调出客户端扫码界面进行扫码。其参数说明见表 13-33。

表 13-33 wx. scanCode 接口参数说明

| 属　　性 | 类　　型 | 默 认 值 | 必填 | 说　　明 |
|---|---|---|---|---|
| onlyFromCamera | Boolean | false | 否 | 是否只能从相机扫码，不允许从相册选择图片 |
| scanType | Array. < string > | ['barCode', 'qrCode'] | 否 | 扫码类型 |
| success | Function | | 否 | 接口调用成功的回调函数 |
| fail | Function | | 否 | 接口调用失败的回调函数 |
| complete | Function | | 否 | 接口调用结束的回调函数(调用成功、失败都会执行) |

object. scanType 的合法值说明见表 13-34。

表 13-34 object. scanType 的合法值说明

| 值 | 说　　明 |
|---|---|
| barCode | 条形码 |
| qrCode | 二维码 |
| datamatrix | Data Matrix 码 |
| pdf417 | PDF417 条码 |

其中，object. success 回调函数参数 res 的属性说明见表 13-35。

表 13-35 object. success 回调函数参数属性说明

| 属性 | 类型 | 说　　明 |
|---|---|---|
| result | String | 所扫码的内容 |
| scanType | String | 所扫码的类型 |
| charSet | String | 所扫码的字符集 |
| path | String | 当所扫的码为当前小程序二维码时，会返回此字段，内容为二维码携带的 path |
| rawData | String | 原始数据，base64 编码 |

其中，res. scanType 的合法值说明见表 13-36。

表 13-36 res. scanType 合法值说明

| 值 | 说　　明 |
|---|---|
| QR_CODE | 二维码 |
| AZTEC | 条形码 |
| CODABAR | 条形码 |
| CODE_39 | 条形码 |
| CODE_93 | 条形码 |

续表

| 值 | 说　明 |
| --- | --- |
| CODE_128 | 条形码 |
| DATA_MATRIX | 二维码 |
| EAN_8 | 条形码 |
| EAN_13 | 条形码 |
| ITF | 条形码 |
| MAXICODE | 条形码 |
| PDF_417 | 二维码 |
| RSS_14 | 条形码 |
| RSS_EXPANDED | 条形码 |
| UPC_A | 条形码 |
| UPC_E | 条形码 |
| UPC_EAN_EXTENSION | 条形码 |
| WX_CODE | 二维码 |
| CODE_25 | 条形码 |

# 练　习　题

1. 使用如图 13-1 所示的样式，通过获取系统信息的接口，输出表 13-2 中所有的系统信息。

2. 在 8.3 节任务示例的基础上，新增通过网络状态判断是否要自动播放视频的功能。如果用户在打开该页面时，处于 WiFi 网络环境下，则自动开始播放视频，否则不自动播放视频。同时，如果监听到用户从 WiFi 网络切换到了其余网络，则自动暂停视频的播放。

3. 在 13.6 节任务的基础上，结合加速度计的数据，判断手机的状态。如果手机处于竖直状态，则将图 13-8 中的度数显示更改为"东""东南""南""西南""西""西北""北""东北"8 种方位的文字提示。

4. 在 13.8 节任务的基础上，为图 13-9 中显示出来的 WiFi 列表的每一项增加一个单击事件的处理函数。单击列表里面的某一项之后，跳转到一个新的页面(页面跳转请参考 14.7 节相关内容)。如果该 WiFi 为非加密的，则在页面上显示一个"连接"按钮；如果该 WiFi 为加密的，则在页面上显示一个密码输入框和一个"连接"按钮。单击"连接"按钮，可以尝试连接该 WiFi，如果连接成功，请在页面上空白区域以表单形式显示已连接上的 WiFi 的信息。

5. 修改如图 13-10 所示的任务，将"拨打电话"按钮更改为"分享"按钮。在单击"分享"按钮后，将页面上输入的姓氏、名字和手机号的信息，转换成 JSON 字符串的形式，例如{"姓氏":"张","名字":"三","手机号":"13010025555"}，并将该段文字信息生成转换为二维码显示在页面的下方。文字转换为二维码的方式可以使用网络接口 http://qr.topscan.com/api.php 实现。网址后跟一个 text 参数，参数内容即为需要转换的文字内容。一个简单的使用示例如下。

在 Page 函数的 data 属性中，设置 text 数据值：

```
Page({
  data:{
    text: '{"姓氏":"张","名字":"三","手机号":"13010025555"}'
  },
})
```

在前端页面的 image 组件中，生成图片：

```
< image src = "http://qr.topscan.com/api.php?text = {{text}}"/>
```

6. 修改 13.13 节任务，在扫码成功后，手机进行一次短时的振动以提醒用户。结合练习 5，如果扫码的结果包含“手机号”字段，则跳转到如图 13-10 所示的页面(页面跳转请参考 14.7 节相关内容)，将扫码获取到的联系人信息输入输入框中。JSON. parse(string)可以将一个 JSON 格式的字符串转换成一个 JSON 对象，JSON. stringify(obj)可以将一个 JSON 对象转换为一个 JSON 格式的字符串。

# 第 14 章 小程序界面交互接口

为了给用户带来更好的体验，在很多时候，需要对用户的操作给予足够的、及时的视觉上的反馈。这不仅能使某些重要的提示消息更加显眼，也能在某些时候缓解用户的等待焦虑。小程序可以通过提示框、菜单抽屉等形式提供交互，也可以通过改变界面的显示样式，例如背景、导航栏、tabBar、跳转等来提供交互。

**本章学习目标：**

- 掌握消息提示框，加载提示框，模态弹窗和操作菜单的使用方法。
- 掌握调用和监听下拉刷新操作的方法。
- 掌握控制页面跳转的方法。
- 熟悉导航栏、tabBar 和置顶信息的设置。
- 了解动画的效果和设置。

## 14.1 交互反馈

### 14.1.1 消息提示框

**【任务要求】**

新建一个如图 14-1 所示的页面，页面上包含 4 个按钮，单击按钮能分别显示默认的提示框(如图 14-2 所示)，显示一段时间后能自动消失的提示框(如图 14-3 所示)，带加载动画的提示框(如图 14-4 所示)以及单击后能隐藏提示框。

**【任务分析】**

本次任务练习的是使用微信的提示框交互接口 wx.showToast。该交互方式可以设定显示时间以及提供设置提示文字和提示图标的功能，常用在用户完成某些操作后给出及时的回应，是一个比较简单也十分常用的交互接口。

**【任务操作】**

(1) 打开示例小程序项目，在 app.json 文件的 pages 数组中新增一项“pages/Chapter_14/14_1/1_toast”，保存文件，编译项目。使用开发者工具生成所需的文件后，新增一个以该页面为启动页面名为“14_1_1_toast”的编译模式，以该模式编译项目。

(2) 打开 1_toast.wxml 文件，在页面上添加所需的按钮。

```
<! -- pages/Chapter_14/14_1/1_toast.wxml -- >
< view class = "container">
  < view class = "page - head">
```

图 14-1　消息提示框任务示例

图 14-2　默认消息提示框

图 14-3　3s 后会自动隐藏的提示框

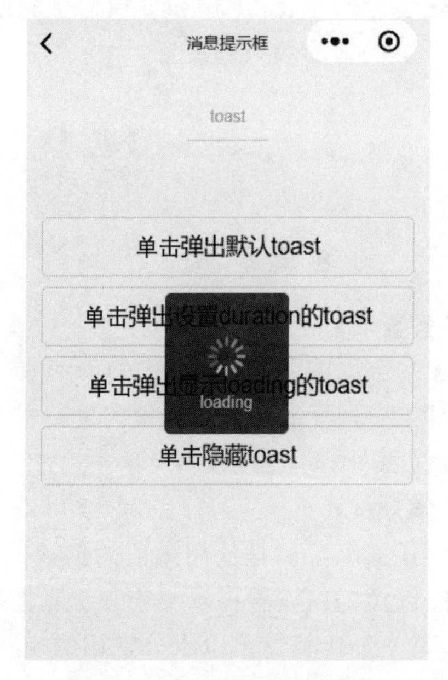


图 14-4　带加载动画的提示框

```
  <view class="page-head-title">toast</view>
  <view class="page-head-line"></view>
</view>
<view class="page-body">
  <view class="btn-area">
    <view class="body-view">
      <button type="default" bindtap="toast1Tap">单击弹出默认 toast</button>
```

```
        </view>
        <view class="body-view">
            <button type="default" bindtap="toast2Tap">单击弹出设置 duration 的 toast
</button>
        </view>
        <view class="body-view">
            <button type="default" bindtap="toast3Tap">单击弹出显示 loading 的 toast
</button>
        </view>
        <view class="body-view">
           <button type="default" bindtap="hideToast">单击隐藏 toast</button>
        </view>
      </view>
   </view>
</view>
```

(3) 打开 1_toast.js 文件,实现每个按钮的功能。

```
// pages/Chapter_14/14_1/1_toast.js
Page({
  toast1Tap() {
    wx.showToast({
      title: '默认'
    })
  },

  toast2Tap() {
    wx.showToast({
      title: 'duration 3000',
      duration: 3000
    })
  },

  toast3Tap() {
    wx.showToast({
      title: 'loading',
      icon: 'loading',
      duration: 5000
    })
  },

  hideToast() {
    wx.hideToast()
  }
})
```

(4) 保存文件,编译项目,在模拟器中查看页面效果。

【相关知识】

**1. wx.showToast(Object object)**

显示消息提示框。其参数说明见表 14-1。

表 14-1　wx. showToast 接口参数说明

| 属性 | 类型 | 默认值 | 必填 | 说　明 | 最低版本 |
|---|---|---|---|---|---|
| title | String | | 是 | 提示的内容 | |
| icon | String | 'success' | 否 | 图标 | |
| image | String | | 否 | 自定义图标的本地路径，image 的优先级高于 icon | 1.1.0 |
| duration | Number | 1500 | 否 | 提示的延迟时间 | |
| mask | Boolean | false | 否 | 是否显示透明蒙层，防止触摸穿透 | |
| success | Function | | 否 | 接口调用成功的回调函数 | |
| fail | Function | | 否 | 接口调用失败的回调函数 | |
| complete | Function | | 否 | 接口调用结束的回调函数（调用成功、失败都会执行） | |

其中，object. icon 的合法值见表 14-2。

表 14-2　object. icon 的合法值

| 值 | 说　明 |
|---|---|
| success | 显示成功图标，此时 title 文本最多显示 7 个汉字长度 |
| loading | 显示加载图标，此时 title 文本最多显示 7 个汉字长度 |
| none | 不显示图标，此时 title 文本最多可显示两行，1.9.0 及以上版本支持 |

**2．wx. hideToast（Object object）**

隐藏消息提示框。其参数说明见表 14-3。

表 14-3　wx. hideToast 接口参数说明

| 属　性 | 类　型 | 必　填 | 说　明 |
|---|---|---|---|
| success | Function | 否 | 接口调用成功的回调函数 |
| fail | Function | 否 | 接口调用失败的回调函数 |
| complete | Function | 否 | 接口调用结束的回调函数（调用成功、失败都会执行） |

## 14.1.2　模态对话框

**【任务要求】**

新建一个如图 14-5 所示的页面，页面上包含“有标题的 modal”和“无标题的 modal”两个按钮。单击“有标题的 modal”按钮，显示如图 14-6 所示的弹窗；单击“无标题的 modal”按钮，显示如图 14-7 所示的弹窗。注意，图 14-6 不带有“取消”按钮，而图 14-7 带有“取消”按钮。

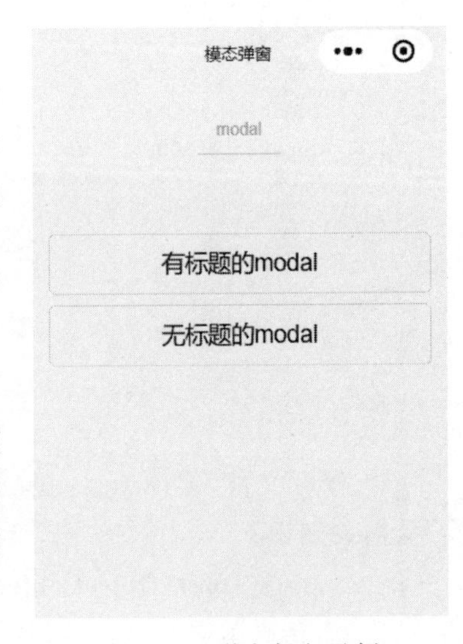

图 14-5　弹窗任务示例

**【任务分析】**

本次任务练习的是 wx. showModal 接口的使用。该接口可以弹出一个对话框，显示更多的文字提示消息，同时配有“取消”和“确定”两个按钮，通过在对应的回调函数中执行不同的代码，可以响应用户不同的操作。

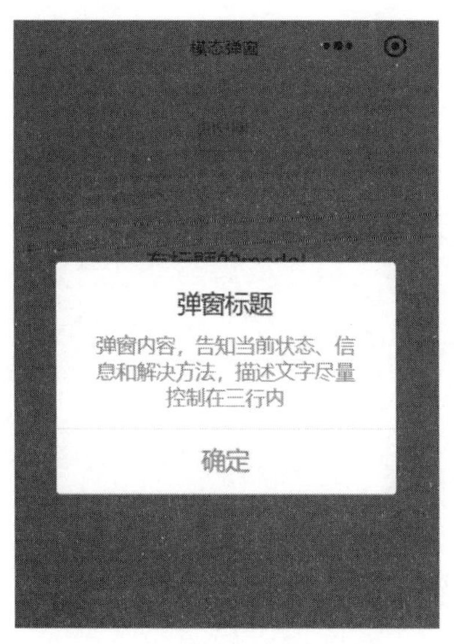


图 14-6　有标题的弹窗示例

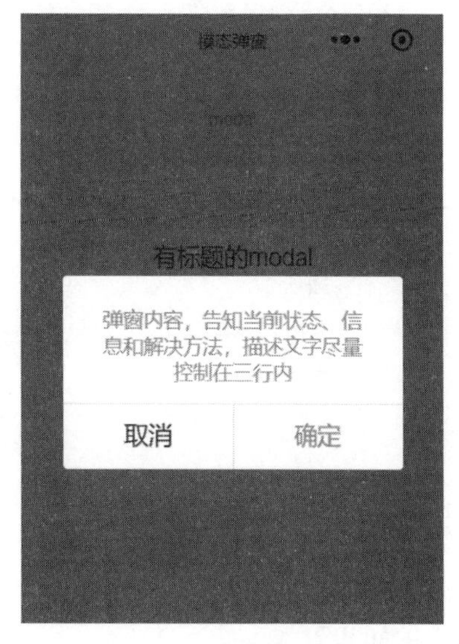


图 14-7　无标题的弹窗示例

**【任务操作】**

(1) 打开示例小程序项目，在 app.json 文件的 pages 数组中新增一项“pages/Chapter_14/14_1/2_modal”，保存文件，编译项目。使用开发者工具生成所需的文件后，新增一个以该页面为启动页面名为“14_1_2_modal”的编译模式，以该模式编译项目。

(2) 打开 2_modal.wxml 文件，设计前端样式。

```
<!-- pages/Chapter_14/14_1/2_modal.wxml -->
<view class="container">
  <view class="page-head">
    <view class="page-head-title">modal</view>
    <view class="page-head-line"></view>
  </view>
  <view class="page-body">
    <view class="btn-area">
      <button type="default" bindtap="modalTap">有标题的 modal</button>
      <button type="default" bindtap="noTitlemodalTap">无标题的 modal</button>
    </view>
  </view>
</view>
```

(3) 打开 2_modal.js 文件，实现所需的功能。

```
// pages/Chapter_14/14_1/2_modal.js
Page({
  data: {
    modalHidden: true,
    modalHidden2: true
  },
  modalTap() {
    wx.showModal({
```

```
        title: '弹窗标题',
        content: '弹窗内容,告知当前状态、信息和解决方法,描述文字尽量控制在三行内',
        showCancel: false,
        confirmText: '确定'
      })
    },
    noTitlemodalTap() {
      wx.showModal({
        content: '弹窗内容,告知当前状态、信息和解决方法,描述文字尽量控制在三行内',
        confirmText: '确定',
        cancelText: '取消'
      })
    }
  })
```

(4) 保存文件,编译项目,在模拟器中查看页面的效果。

**【相关知识】**

wx.showModal(Object object),显示模态对话框。其参数说明见表 14-4。

**表 14-4　wx.showModal 接口参数说明**

| 属　　性 | 类　　型 | 默认值 | 必填 | 说　　明 |
|---|---|---|---|---|
| title | String | | 是 | 提示的标题 |
| content | String | | 是 | 提示的内容 |
| showCancel | Boolean | true | 否 | 是否显示取消按钮 |
| cancelText | String | '取消' | 否 | “取消”按钮的文字,最多 4 个字符 |
| cancelColor | String | #000000 | 否 | “取消”按钮的文字颜色,必须是十六进制格式的颜色字符串 |
| confirmText | String | '确定' | 否 | “确认”按钮的文字,最多 4 个字符 |
| confirmColor | String | #576B95 | 否 | “确认”按钮的文字颜色,必须是十六进制格式的颜色字符串 |
| success | Function | | 否 | 接口调用成功的回调函数 |
| fail | Function | | 否 | 接口调用失败的回调函数 |
| complete | Function | | 否 | 接口调用结束的回调函数(调用成功、失败都会执行) |

其中,object.success 回调函数包含的参数 res 的属性说明见表 14-5。

**表 14-5　object.success 回调函数参数属性说明**

| 属　　性 | 类　　型 | 说　　明 | 最低版本 |
|---|---|---|---|
| confirm | Boolean | 为 true 时,表示用户单击了“确定”按钮 | |
| cancel | Boolean | 为 true 时,表示用户单击了“取消”按钮(用于 Android 系统区分单击蒙层关闭还是单击“取消”按钮关闭) | 1.1.0 |

需要注意的是,Android 6.7.2 以下版本,单击“取消”按钮或蒙层时,如果回调失败,其 errMsg 的值为“fail cancel”。而在 Android 6.7.2 及以上版本和 iOS 中,单击蒙层不会关闭模态弹窗,所以应尽量避免在“取消”分支中实现业务逻辑。

## 14.1.3 加载提示框

**【任务要求】**

新建一个如图 14-8 所示的页面,在单击按钮后,出现一个如图 14-9 所示的加载动画页面,该动画 3s 后自动消失。

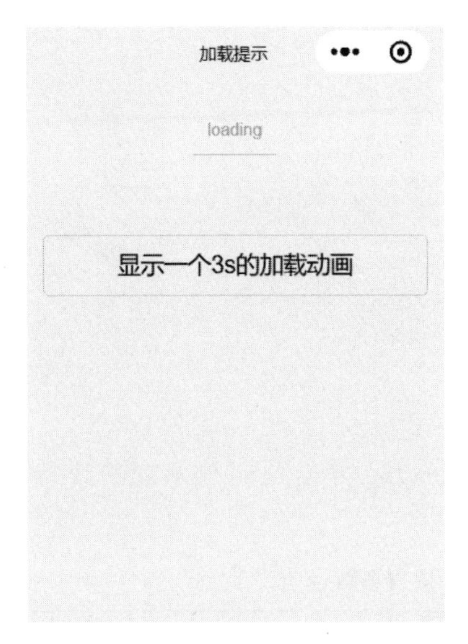


图 14-8　加载提示任务示例

图 14-9　显示加载动画

**【任务分析】**

loading 的加载动画,常常用在数据加载的过程中给予用户提示,以减少用户的等待焦虑。本次任务设定的是 3s 后动画自动消失,在实际的应用中,通常是在数据加载完毕后,调用取消显示的接口来提示用户数据已经加载完成。

**【任务操作】**

(1) 打开示例小程序项目,在 app.json 文件的 pages 数组中新增一项"pages/Chapter_14/14_1/3_loading",保存文件,编译项目。使用开发者工具生成所需的文件后,新增一个以该页面为启动页面名为"14_1_3_loading"的编译模式,以该模式编译项目。

(2) 打开 3_loading.wxml 文件,在页面上添加一个按钮。

```
<!-- pages/Chapter_14/14_1/3_loading.wxml -->
<view class = "container">
  <view class = "page - head">
    <view class = "page - head - title"> loading </view>
    <view class = "page - head - line"></view>
  </view>

  <view class = "page - body">
    <view class = "btn - area">
      <button type = "default" bindtap = "showloading">显示一个 3s 的加载动画</button>
    </view>
  </view>
```

```
</view>
```

(3) 打开 3_loading.js 文件,实现所需的功能。

```
// pages/Chapter_14/14_1/3_loading.js
Page({
  showloading() {
    wx.showLoading({
      title: '加载中',
    })
    setTimeout(function () {
      wx.hideLoading()
    }, 3000)
  },
})
```

(4) 保存文件,编译项目,在模拟器中查看页面效果。

**【相关知识】**

**1. wx.showLoading(Object object)**

显示 loading 提示框。需主动调用 wx.hideLoading 才能关闭提示框。其参数说明见表 14-6。

**表 14-6 wx.showLoading 接口参数说明**

| 属　性 | 类　型 | 默认值 | 必填 | 说　明 |
|---|---|---|---|---|
| title | String | | 是 | 提示的内容 |
| mask | Boolean | false | 否 | 是否显示透明蒙层,防止触摸穿透 |
| success | Function | | 否 | 接口调用成功的回调函数 |
| fail | Function | | 否 | 接口调用失败的回调函数 |
| complete | Function | | 否 | 接口调用结束的回调函数(调用成功、失败都会执行) |

**2. wx.hideLoading(Object object)**

隐藏 loading 提示框。其参数说明见表 14-7。

**表 14-7 wx.hideLoading 接口参数说明**

| 属　性 | 类　型 | 必　填 | 说　明 |
|---|---|---|---|
| success | Function | 否 | 接口调用成功的回调函数 |
| fail | Function | 否 | 接口调用失败的回调函数 |
| complete | Function | 否 | 接口调用结束的回调函数(调用成功、失败都会执行) |

需要注意的是,在一个页面上,wx.showLoading 和 wx.showToast 同时只能显示一个。

### 14.1.4 显示操作菜单

**【任务要求】**

新建一个如图 14-10 所示的页面,在单击"弹出 action sheet"按钮后,页面底部能升起一个包含 4 个选项的菜单。在单击每个菜单之后,需要在 Console 面板输出当前被单击选项的序号，从上至下分别是 0，1，2，3。

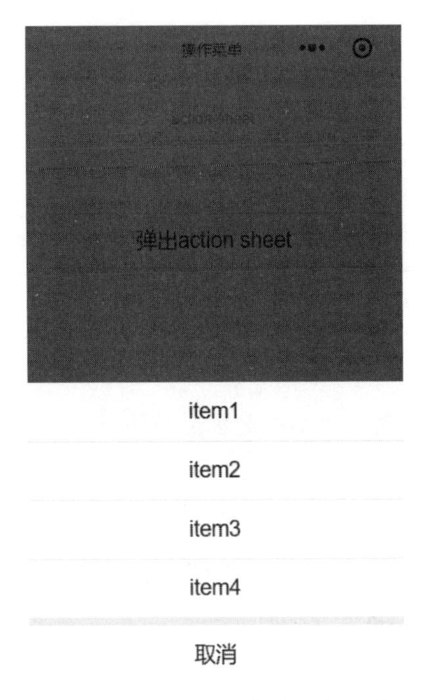


图 14-10　显示操作菜单任务示例

【任务分析】

本次任务练习的是 wx. showActionSheet 接口的使用。在单击每个菜单的操作后，对应的回调函数会返回被单击的菜单的序号。根据序号，就可以判断用户具体单击的操作，并给出一个对应的反馈。页面底部弹起的操作菜单，可以让用户的选择更加直观、便利。

【任务操作】

(1) 打开示例小程序项目，在 app. json 文件的 pages 数组中新增一项“pages/Chapter_14/14_1/4_action-sheet”，保存文件，编译项目。使用开发者工具生成所需的文件后，新增一个以该页面为启动页面名为“14_1_4_action-sheet”的编译模式，以该模式编译项目。

(2) 打开 4_action-sheet. wxml 文件，在页面上添加一个按钮。

```
<! -- pages/Chapter_14/14_1/4_action - sheet.wxml -- >
<view class = "container">
  <view class = "page - head">
    <view class = "page - head - title"> action - sheet </view>
    <view class = "page - head - line"></view>
  </view>
  <view class = "page - body">
    <view class = "btn - area">
      <button type = "default" bindtap = "actionSheetTap">弹出 action sheet </button>
    </view>
  </view>
</view>
```

(3) 打开 4_action-sheet.js 文件,实现所需的功能。

```
// pages/Chapter_14/14_1/4_action - sheet.js
Page({
  actionSheetTap() {
    wx.showActionSheet({
      itemList: ['item1', 'item2', 'item3', 'item4'],
      success(e) {
        console.log(e.tapIndex)
      }
    })
  }
})
```

(4) 保存文件,编译项目,在模拟器中查看页面效果。

**【相关知识】**

wx.showActionSheet(Object object),显示操作菜单。其参数说明见表 14-8。

**表 14-8 wx.showActionSheet 接口参数说明**

| 属 性 | 类 型 | 默认值 | 必填 | 说 明 |
| --- | --- | --- | --- | --- |
| itemList | Array.<string> | | 是 | 按钮的文字数组,数组长度最大为 6 |
| itemColor | String | #000000 | 否 | 按钮的文字颜色 |
| success | Function | | 否 | 接口调用成功的回调函数 |
| fail | Function | | 否 | 接口调用失败的回调函数 |
| complete | Function | | 否 | 接口调用结束的回调函数(调用成功、失败都会执行) |

object.success 回调函数参数 res 包含的属性说明见表 14-9。

**表 14-9 object.success 回调函数参数属性说明**

| 属 性 | 类 型 | 说 明 |
| --- | --- | --- |
| tapIndex | Number | 用户单击的按钮序号,从上到下的顺序,从 0 开始 |

## 14.2 下拉刷新

**【任务要求】**

新建一个如图 14-11 所示的页面,在页面上下拉刷新后,能显示一个如图 14-12 所示的加载消息提示框。在刷新过程中,如果单击了“停止刷新”按钮,则停止刷新动画,同时关闭加载消息提示框。

**【任务分析】**

下拉刷新常用于用户需要获取更新的数据。因此在检测到用户进行了下拉刷新的操作后,一般就需要开始新一次的数据获取和渲染的过程。在数据加载完成后,需要及时主动停止页面的下拉刷新。一般这个时候会配有加载的提示框,用于减轻用户的等待焦虑。

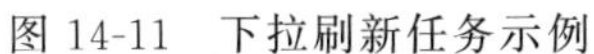

图 14-11　下拉刷新任务示例

图 14-12　下拉刷新动画

**【任务操作】**

(1) 打开示例小程序项目，在 app.json 文件的 pages 数组中新增一项“pages/Chapter_14/14_2_pull-down-refresh/14_2_pull-down-refresh”，保存文件，编译项目。使用开发者工具生成所需的文件后，新增一个以该页面为启动页面名为“14_2_pull-down-refresh”的编译模式，以该模式编译项目。

(2) 打开 14_2_pull-down-refresh.json 文件，在页面配置中开启允许当前页面进行下拉刷新的操作。

```
{
  "navigationBarTitleText": "下拉刷新",
  "enablePullDownRefresh": true
}
```

(3) 打开 14_2_pull-down-refresh.wxml 文件，设计前端页面。

```
<!-- pages/Chapter_14/14_2_pull-down-refresh/14_2_pull-down-refresh.wxml -->
<view class="container">
  <view class="page-head">
    <view class="page-head-title">on/stopPullDownRefresh</view>
    <view class="page-head-line"></view>
  </view>
  <view class="page-body">
    <view class="page-section">
      <view class="page-body-info">
        <text class="page-body-text">下滑页面即可刷新</text>
      </view>
      <view class="btn-area">
        <button bindtap="stopPullDownRefresh">停止刷新</button>
      </view>
    </view>
```

```
  </view>
</view>
```

(4) 打开 14_2_pull-down-refresh.js 文件,实现所需的功能。

```
// pages/Chapter_14/14_2_pull - down - refresh/14_2_pull - down - refresh.js
Page({
  onPullDownRefresh() {
    wx.showToast({
      title: 'loading...',
      icon: 'loading'
    })
    console.log('onPullDownRefresh')
  },

  stopPullDownRefresh() {
    wx.stopPullDownRefresh({
      complete(res) {
        wx.hideToast()
        console.log(res)
      }
    })
  }
})
```

(5) 保存所有文件,编译项目,在模拟器中查看页面效果。

**【相关知识】**

要启用下拉刷新的功能,首先需要在 app.json 的 window 选项中或页面的配置文件中设置 enablePullDownRefresh 的值为 true。

**1. onPullDownRefresh**

该函数为页面的注册函数 Page()的一个参数,用于监听用户的下拉事件。

**2. wx.startPullDownRefresh(Object object)**

开始下拉刷新。调用后触发下拉刷新动画,效果与用户手动下拉刷新一致。其参数说明见表 14-10。

**表 14-10 wx.startPullDownRefresh 接口参数说明**

| 属　性 | 类　型 | 必　填 | 说　明 |
|---|---|---|---|
| success | Function | 否 | 接口调用成功的回调函数 |
| fail | Function | 否 | 接口调用失败的回调函数 |
| complete | Function | 否 | 接口调用结束的回调函数(调用成功、失败都会执行) |

**3. wx.stopPullDownRefresh(Object object)**

停止当前页面的下拉刷新。其参数说明同表 14-10。

## 14.3 动画控制

**【任务要求】**

新建一个如图 14-13 所示的页面,页面上半部分动画区域包含一个方形的色块,下面区域是控制按钮，实现所有按钮对应的功能。

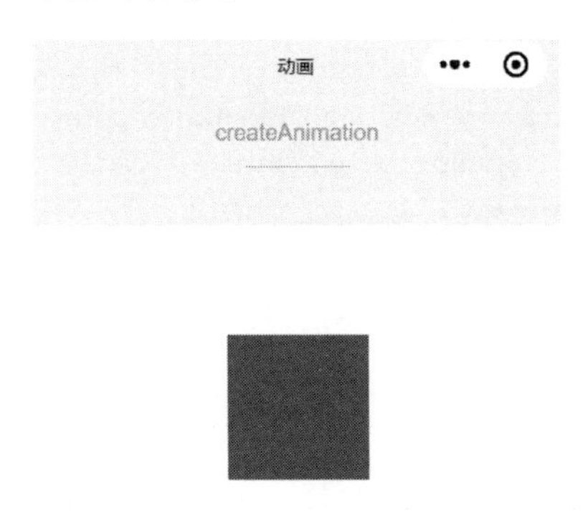


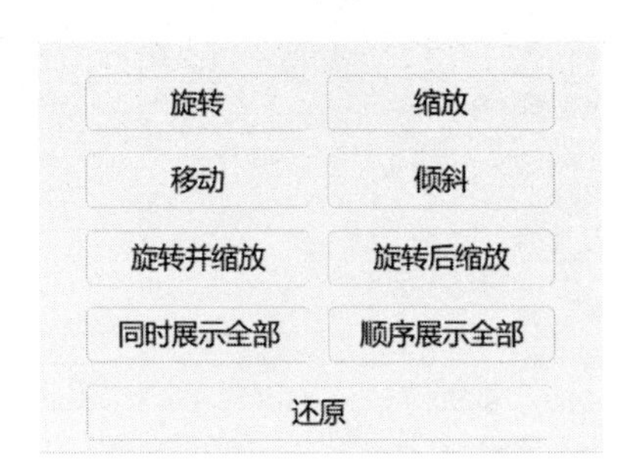


图 14-13　动画任务示例

**【任务分析】**

小程序的动画包含旋转、缩放、移动等功能。本次任务练习了其中的部分动画。通过这些动画，可以为小程序的前端页面设计更多、更丰富的视觉效果。

**【任务操作】**

(1) 打开示例小程序项目，在 app.json 文件的 pages 数组中新增一项"pages/Chapter_14/14_3_animation/14_3_animation"，保存文件，编译项目。使用开发者工具生成所需的文件后，新增一个以该页面为启动页面名为"14_3_animation"的编译模式，以该模式编译项目。

(2) 打开 14_3_animation.wxml 文件，设计前端页面。

```
<!-- pages/Chapter_14/14_3_animation/14_3_animation.wxml -->
<view class = "container">
  <view class = "page-head">
    <view class = "page-head-title">createAnimation</view>
    <view class = "page-head-line"></view>
  </view>
  <view class = "page-body">
    <view class = "page-section">
      <view class = "animation-element-wrapper">
        <view class = "animation-element" animation = "{{animation}}"></view>
      </view>
      <view class = "animation-buttons">
        <button class = "animation-button" bindtap = "rotate">旋转</button>
        <button class = "animation-button" bindtap = "scale">缩放</button>
```

```
            <button class = "animation - button" bindtap = "translate">移动</button>
            <button class = "animation - button" bindtap = "skew">倾斜</button>
            <button class = "animation - button" bindtap = "rotateAndScale">旋转并缩放</button>
            <button class = "animation - button" bindtap = "rotateThenScale">旋转后缩放</button>
            <button class = "animation - button" bindtap = "all">同时展示全部</button>
            <button class = "animation - button" bindtap = "allInQueue">顺序展示全部</button>
            <button class = "animation - button animation - button - reset" bindtap = "reset">还原
</button>
        </view>
      </view>
  </view>
</view>
```

(3) 打开 14_3_animation.js 文件,实现所有所需的功能。

```
//pages / Chapter_14 /14_3_animation /14_3_animation.js
Page({
  onReady() {
    this.animation = wx.createAnimation()
  },
  rotate() {
    this.animation.rotate(Math.random() * 720 - 360).step()
    this.setData({ animation: this.animation.export() })
  },
  scale() {
    this.animation.scale(Math.random() * 2).step()
    this.setData({ animation: this.animation.export() })
  },
  translate() {
    this.animation.translate(Math.random() * 100 - 50, Math.random() * 100 - 50).step()
    this.setData({ animation: this.animation.export() })
  },
  skew() {
    this.animation.skew(Math.random() * 90, Math.random() * 90).step()
    this.setData({ animation: this.animation.export() })
  },
  rotateAndScale() {
    this.animation.rotate(Math.random() * 720 - 360)
      .scale(Math.random() * 2)
      .step()
    this.setData({ animation: this.animation.export() })
  },
  rotateThenScale() {
    this.animation.rotate(Math.random() * 720 - 360).step()
      .scale(Math.random() * 2).step()
    this.setData({ animation: this.animation.export() })
  },
  all() {
    this.animation.rotate(Math.random() * 720 - 360)
      .scale(Math.random() * 2)
      .translate(Math.random() * 100 - 50, Math.random() * 100 - 50)
```

```
      .skew(Math.random() * 90, Math.random() * 90)
      .step()
    this.setData({ animation: this.animation.export() })
  },
  allInQueue() {
    this.animation.rotate(Math.random() * 720 - 360).step()
      .scalc(Math.random() * 2).step()
      .translate(Math.random() * 100 - 50, Math.random() * 100 - 50)
      .step()
      .skew(Math.random() * 90, Math.random() * 90)
      .step()
    this.setData({ animation: this.animation.export() })
  },
  reset() {
    this.animation.rotate(0, 0)
      .scale(1)
      .translate(0, 0)
      .skew(0, 0)
      .step({ duration: 0 })
    this.setData({ animation: this.animation.export() })
  }
})
```

(4) 保存文件,编译项目,在模拟器中查看页面效果。

**【相关知识】**

**1. Animation wx.createAnimation(Object object)**

返回值为一个 Animation 对象,即创建一个动画实例;然后通过调用实例的方法来描述动画;最后通过动画实例的 export 方法导出动画数据传递给组件的 animation 属性。其参数说明见表 14-11。

**表 14-11 wx.createAnimation 接口参数说明**

| 属　性 | 类　型 | 默 认 值 | 必　填 | 说　明 |
|---|---|---|---|---|
| duration | Number | 400 | 否 | 动画持续时间,单位:ms |
| timingFunction | String | 'linear' | 否 | 动画的效果 |
| delay | Number | 0 | 否 | 动画延迟时间,单位:ms |
| transformOrigin | String | '50% 50% 0' | 否 | |

timingFunction 的合法值说明见表 14-12。

**表 14-12 timingFunction 的合法值说明**

| 值 | 说　明 |
|---|---|
| 'linear' | 动画从头到尾的速度是相同的 |
| 'ease' | 动画以低速开始,然后加快,在结束前变慢 |
| 'ease-in' | 动画以低速开始 |
| 'ease-in-out' | 动画以低速开始和结束 |
| 'ease-out' | 动画以低速结束 |

续表

| 值 | 说　明 |
|---|---|
| 'step-start' | 动画第一帧就跳至结束状态直到结束 |
| 'step-end' | 动画一直保持开始状态，最后一帧跳到结束状态 |

### 2. Animation 对象

动画对象。其包含的方法说明见表 14-13。除了 export()方法的返回值为 Array <Object>，表示动画队列外，其余方法的返回值均为 Animation 对象。

表 14-13　Animation 对象包含的方法

| 方法名称 | 参　数 | 说　明 |
|---|---|---|
| export() | | 导出动画队列。export()方法每次调用后会清掉之前的动画操作 |
| step() | Object object，其参数同表 14-11 | 表示一组动画完成。可以在一组动画中调用任意多个动画方法，一组动画中的所有动画会同时开始，一组动画完成后才会进行下一组动画 |
| matrix() | 同 CSS 的 matrix 方法 | 同 CSS 的 matrix()方法 |
| matrix3d() | 同 CSS 的 matrix3d 方法 | 同 CSS 的 matrix3d()方法 |
| rotate() | number angle：旋转的角度。范围为[－180，180] | 从原点顺时针旋转一个角度 |
| rotate3d() | number x：旋转轴的 X 坐标<br>number y：旋转轴的 Y 坐标<br>number z：旋转轴的 Z 坐标<br>number angle：旋转的角度。范围为[－180，180] | 从 X 轴顺时针旋转一个角度 |
| rotateX() | number angle：旋转的角度。范围为[－180，180] | 从 X 轴顺时针旋转一个角度 |
| rotateY() | number angle：旋转的角度。范围为[－180，180] | 从 Y 轴顺时针旋转一个角度 |
| rotateZ() | number angle：旋转的角度。范围为[－180，180] | 从 Z 轴顺时针旋转一个角度 |
| scale() | number sx：在 X 轴缩放 sx 倍数<br>number sy：在 Y 轴缩放 sy 倍数<br>当仅有 sx 参数时，表示在 X 轴、Y 轴同时缩放 sx 倍数 | 缩放 |
| scale3d() | number sx：X 轴的缩放倍数<br>number sy：Y 轴的缩放倍数<br>number sz：Z 轴的缩放倍数 | 缩放 |
| scaleX() | number scale：X 轴的缩放倍数 | 缩放 X 轴 |
| scaleY() | number scale：Y 轴的缩放倍数 | 缩放 Y 轴 |
| scaleZ() | number scale：Z 轴的缩放倍数 | 缩放 Z 轴 |

续表

| 方法名称 | 参数 | 说明 |
| --- | --- | --- |
| skew() | number ax：对 $X$ 轴坐标倾斜的角度，范围为[−180, 180]<br>number ay：对 $Y$ 轴坐标倾斜的角度，范围为[−180, 180] | 对 $X$、$Y$ 轴坐标进行倾斜 |
| skewX() | number angle：倾斜的角度，范围为[−180, 180] | 对 $X$ 轴坐标进行倾斜 |
| skewY() | number angle：倾斜的角度，范围为[−180, 180] | 对 Y 轴坐标进行倾斜 |
| translate() | number tx：当仅有该参数时表示在 X 轴偏移 tx。单位：px<br>number ty：在 $Y$ 轴平移的距离。单位：px | 平移变换 |
| translate3d() | number tx：在 $X$ 轴平移的距离，单位为 px<br>number ty：在 $Y$ 轴平移的距离，单位为 px<br>number tz：在 $Z$ 轴平移的距离，单位为 px | 对 $X$、$Y$、$Z$ 坐标进行平移变换 |
| translateX() | number translation：在 $X$ 轴平移的距离，单位为 px | 对 $X$ 轴平移 |
| translateY() | number translation：在 $Y$ 轴平移的距离，单位为 px | 对 $Y$ 轴平移 |
| translateZ() | number translation：在 $Z$ 轴平移的距离，单位为 px | 对 $Z$ 轴平移 |
| opacity() | number value：透明度，范围为 0～1 | 设置透明度 |
| backgroundColor() | string value：颜色值 | 设置背景色 |
| width() | number \| string value：长度值，如果传入 number 则默认使用 px，可传入其他自定义单位的长度值 | 设置宽度 |
| height() | number \| string value：长度值，如果传入 number 则默认使用 px，可传入其他自定义单位的长度值 | 设置高度 |
| left() | number \| string value：长度值，如果传入 number 则默认使用 px，可传入其他自定义单位的长度值 | 设置 left 值 |
| right() | number \| string value：长度值，如果传入 number 则默认使用 px，可传入其他自定义单位的长度值 | 设置 right 值 |
| top() | number \| string value：长度值，如果传入 number 则默认使用 px，可传入其他自定义单位的长度值 | 设置 top 值 |
| bottom() | number \| string value：长度值，如果传入 number 则默认使用 px，可传入其他自定义单位的长度值 | 设置 bottom 值 |

# 14.4 导航栏设置

## 14.4.1 设置导航栏样式

**【任务要求】**

新建一个如图 14-14 所示的页面，在单击“设置”按钮之后，页面标题更改为输入的新标题，导航栏字体切换成对应的颜色，导航栏背景也更换为输入的颜色，修改后的效果如图 14-15 所示。

图 14-14　设置导航栏任务示例

图 14-15　设置后的导航栏示例

**【任务分析】**

本次任务练习的是对导航栏进行样式的修改。在很多情况下，需要根据业务的实际需要，动态更改页面的标题，或者是更改导航栏背景的颜色，用于提醒用户当前的操作信息。而导航栏上字体的颜色需要根据背景的颜色更改，确保导航栏字体清晰可见。

**【任务操作】**

(1) 打开示例小程序项目，在 app.json 文件的 pages 数组中新增一项“pages/Chapter_14/14_4/1_set-navigation-bar”，保存文件，编译项目。使用开发者工具生成所需的文件后，新增一个以该页面为启动页面名为“14_4_1_set-navigation-bar”的编译模式，以该模式编译项目。

(2) 打开 1_set-navigation-bar.wxml 文件，设计前端页面。

```
<! -- pages/Chapter_14/14_4/1_set - navigation - bar.wxml -- >
< view class = "container">
  < view class = "page - head">
    < view class = "page - head - title"> setNaivgationBarTitle </view >
    < view class = "page - head - line"></view >
```

```
  </view>
  <form class="page-body" bindsubmit="setNaivgationBarTitle">
    <view class="weui-cells__title">页面标题</view>
    <view class="weui-cells weui-cells_after-title">
      <view class="weui-cell weui-cell_input">
        <view class="weui-cell__bd">
          <input class="weui-input" type="text" placeholder="请输入页面标题并单击设
置即可" name="title"></input>
        </view>
      </view>
    </view>
    <view class="weui-cells__title">前景颜色</view>
    <view class="weui-cells weui-cells_after-title">
        <radio-group name="gender" bindchange="radioChange" name="front_color">
          <label class="weui-cell weui-check__label" wx:for="{{radioItems}}" wx:key=
"{{item.value}}">
              <radio class="weui-check" value="{{item.value}}" checked="{{item.
checked}}" />
            <view class="weui-cell__bd">{{item.name}}</view>
             <view class="weui-cell__ft weui-cell__ft_in-radio" wx:if="{{item.
checked}}">
              <icon class="weui-icon-radio" type="success_no_circle" size="16">
</icon>
            </view>
          </label>
        </radio-group>
      </view>
    <view class="weui-cells__title">背景颜色</view>
    <view class="weui-cells weui-cells_after-title">
      <view class="weui-cell weui-cell_input">
        <view class="weui-cell__bd">
          <input class="weui-input" type="text" placeholder="请输入颜色的十六进制代
码" name="background_color"></input>
        </view>
      </view>
    </view>
    <view class="btn-area">
      <button type="primary" formType="submit">设置</button>
    </view>
  </form>
</view>
```

(3) 打开 1_set-navigation-bar.js 文件,实现要求的功能。

```
// pages/Chapter_14/14_4/1_set-navigation-bar.js
Page({
  data: {
    radioItems: [{
        name: '黑色: #000000',value: '#000000',checked: true
      },
      {
```

```
        name: '白色: #ffffff',value: '#ffffff'
      }
    ],
  },
  radioChange: function(e) {
    var radioItems = this.data.radioItems;
    for (var i = 0, len = radioItems.length; i < len; ++i) {
      radioItems[i].checked = radioItems[i].value == e.detail.value;
    }
    this.setData({
      radioItems: radioItems
    });
  },
  setNaivgationBarTitle(e) {
    const title = e.detail.value.title
    const front_color = e.detail.value.front_color
    const background_color = e.detail.value.background_color
    console.log(title, front_color, background_color)
    wx.setNavigationBarTitle({
      title,
      success() {
        console.log('setNavigationBarTitle success')
      },
      fail(err) {
        console.log('setNavigationBarTitle fail, err is', err)
      }
    })
    wx.setNavigationBarColor({
      frontColor: front_color,
      backgroundColor: background_color,
      animation: {
        duration: 400,
        timingFunc: 'easeIn'
      },
      success() {
        console.log('setNavigationBarColor success')
      },
      fail(err) {
        console.log('setNavigationBarColor fail, err is', err)
      }
    })
  }
})
```

(4) 打开 1_set-navigation-bar.json 文件,设定页面的默认标题。

```
{
  "navigationBarTitleText": "设置页面标题"
}
```

(5) 保存文件,编译项目,在模拟器中查看页面效果。

【相关知识】

**1. wx. setNavigationBarTitle(Object object)**

动态设置当前页面的标题。其参数说明见表14-14。

表14-14 wx. setNavigationBarTitle接口参数说明

| 属 性 | 类 型 | 必 填 | 说 明 |
|---|---|---|---|
| title | String | 是 | 页面标题 |
| success | Function | 否 | 接口调用成功的回调函数 |
| fail | Function | 否 | 接口调用失败的回调函数 |
| complete | Function | 否 | 接口调用结束的回调函数(调用成功、失败都会执行) |

**2. wx. setNavigationBarColor(Object object)**

设置页面导航条颜色。其参数说明见表14-15。

表14-15 wx. setNavigationBarColor接口参数说明

| 属 性 | 类 型 | 必 填 | 说 明 |
|---|---|---|---|
| frontColor | String | 是 | 前景颜色值,包括按钮、标题、状态栏的颜色,仅支持#ffffff和#000000 |
| backgroundColor | String | 是 | 背景颜色值,有效值为十六进制颜色 |
| animation | Object | 是 | 动画效果 |
| success | Function | 否 | 接口调用成功的回调函数 |
| fail | Function | 否 | 接口调用失败的回调函数 |
| complete | Function | 否 | 接口调用结束的回调函数(调用成功、失败都会执行) |

其中,object. animation的结构说明见表14-16。

表14-16 object. animation的结构说明

| 属 性 | 类 型 | 默 认 值 | 必 填 | 说 明 |
|---|---|---|---|---|
| duration | Number | 0 | 否 | 动画变化时间,单位:ms |
| timingFunc | String | 'linear' | 否 | 动画变化方式 |

object. animation. timingFunc的合法值说明见表14-17。

表14-17 object. animation. timingFunc的合法值说明

| 值 | 说 明 |
|---|---|
| 'linear' | 动画从头到尾的速度是相同的 |
| 'easeIn' | 动画以低速开始 |
| 'easeOut' | 动画以低速结束 |
| 'easeInOut' | 动画以低速开始和结束 |

## 14.4.2 设置导航栏加载动画

【任务要求】

新建一个如图14-16所示的页面,在单击“显示加载动画”按钮后,能在标题部分显示一个转圈的动画效果。在单击“隐藏加载动画”按钮后，可以取消该效果。

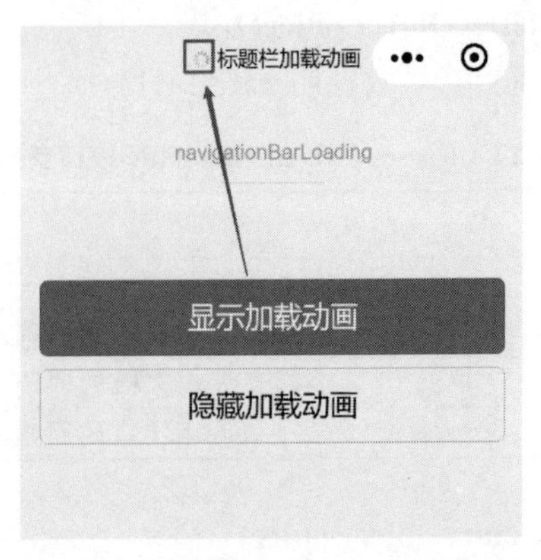


图 14-16 导航栏加载动画任务示例

**【任务分析】**

本次任务练习的是导航栏加载动画的使用，配合前面提到的 wx.showLoading 接口，可以在加载数据的时候，给用户更加明确和统一的提示。

**【任务操作】**

(1) 打开示例小程序项目，在 app.json 文件的 pages 数组中新增一项“pages/Chapter_14/14_4/2_navigation-bar-loading”，保存文件，编译项目。使用开发者工具生成所需的文件后，新增一个以该页面为启动页面名为“14_4_2_navigation-bar-loading”的编译模式，以该模式编译项目。

(2) 打开 2_navigation-bar-loading.wxml 文件，设计好前端页面结构。

```
<!-- pages/Chapter_14/14_4/2_navigation-bar-loading.wxml -->
<view class="container">
  <view class="page-head">
    <view class="page-head-title">navigationBarLoading</view>
    <view class="page-head-line"></view>
  </view>
  <view class="page-body">
    <view class="btn-area">
      <button type="primary" bindtap="showNavigationBarLoading">显示加载动画</button>
      <button bindtap="hideNavigationBarLoading">隐藏加载动画</button>
    </view>
  </view>
</view>
```

(3) 打开 2_navigation-bar-loading.js 文件，实现所需的要求。

```
// pages/Chapter_14/14_4/2_navigation-bar-loading.js
Page({
  showNavigationBarLoading() {
    wx.showNavigationBarLoading()
  },
  hideNavigationBarLoading() {
    wx.hideNavigationBarLoading()
```

```
    }
})
```

(4) 保存文件，编译项目，在模拟器中查看页面效果。

**【相关知识】**

**1. wx.showNavigationBarLoading(Object object)**

在当前页面显示导航条加载动画。其参数说明见表 14-18。

**表 14-18 wx.showNavigationBarLoading 接口参数说明**

| 属　性 | 类　型 | 必　填 | 说　明 |
|---|---|---|---|
| success | Function | 否 | 接口调用成功的回调函数 |
| fail | Function | 否 | 接口调用失败的回调函数 |
| complete | Function | 否 | 接口调用结束的回调函数(调用成功、失败都会执行) |

**2. wx.hideNavigationBarLoading(Object object)**

在当前页面隐藏导航条加载动画。其参数说明同表 14-18。

## 14.5 tabBar 设置

**【任务要求】**

新建一个如图 14-17 所示的页面，同时配置页面的 tabBar 显示。其中，tabBar 的第一项指向页面“pages/index/index”，第二项指向本页面。页面上的按钮分别可以实现如图 14-18 所示为 tabBar 的图标添加徽标，如图 14-19 所示为图标添加小红点，如图 14-20 所示更改 tabBar 样式和如图 14-21 所示更改 tabBar 信息的功能。最后一个“隐藏 tabBar”按钮能实现取消 tabBar 显示的功能。

图 14-17 设置 tabBar 任务示例

**【任务分析】**

本次任务练习的是对 tabBar 栏进行修改。其中，设置徽标和添加小红点的功能，是比较常见的用于提醒用户有新消息的方式。而更改样式和显示文字的功能，则能结合不同的使用场景，给用户更加直接和醒目的提示。总体而言，该任务所涉及的接口使用频率较高。

**【任务操作】**

(1) 打开示例小程序项目，在 app.json 文件的 pages 数组里面新增一项“pages/Chapter_14/14_5_set-tabbar/14_5_set-tabbar”，保存文件，编译项目。使用开发者工具生成所需的文件后，新增一个以该页面为启动页面名为“14_5_set-tabbar”的编译模式，以该模式编译项目。

图 14-18　添加徽标

图 14-19　添加红点

图 14-20　更改显示样式

图 14-21　更改 tab 文字

(2) 为页面配置默认的 tabBar 样式。打开示例小程序项目的 app.json 文件，添加如下的 tabBar 配置。

```
"tabBar": {
```

```
    "color": "#7A7E83",
    "selectedColor": "#3cc51f",
    "borderStyle": "black",
    "backgroundColor": "#ffffff",
    "list": [
      {
        "pagePath": "pages/index/index",
        "iconPath": "image/icon_component.png",
        "selectedIconPath": "image/icon_component_HL.png",
        "text": "主页"
      },
      {
        "pagePath": "pages/Chapter_14/14_5_set-tabbar/14_5_set-tabbar",
        "iconPath": "image/icon_API.png",
        "selectedIconPath": "image/icon_API_HL.png",
        "text": "设置 tabBar"
      }
    ]
  }
```

(3) 打开 14_5_set-tabbar.wxml 文件，设计前端页面。

```
<!-- pages/Chapter_14/14_5_set-tabbar/14_5_set-tabbar.wxml -->
<view class="container">
  <view class="page-head">
    <view class="page-head-title">tabbar</view>
    <view class="page-head-line"></view>
  </view>
  <view class="page-body">
    <view class="btn-area">
      <button bindtap="setTabBarBadge">
        {{ !hasSetTabBarBadge ? '设置 tab 徽标' : '移除 tab 徽标' }}
      </button>
      <button bindtap="showTabBarRedDot">
        {{ !hasShownTabBarRedDot ?  '显示红点' : '移除红点'}}
      </button>
      <button bindtap="customStyle">
        {{ !hasCustomedStyle ? '自定义 tab 样式' : '移除自定义样式'}}
      </button>
      <button bindtap="customItem">
        {{ !hasCustomedItem ? '自定义 tab 信息' : '移除自定义信息' }}
      </button>
      <button bindtap="hideTabBar">
        {{ !hasHiddenTabBar ? '隐藏 tabBar' : '显示 tabBar' }}
      </button>
    </view>
  </view>
</view>
```

(4) 打开 14_5_set-tabbar.js 文件，实现所需的功能。

```
// pages/Chapter_14/14_5_set-tabbar/14_5_set-tabbar.js
```

```
const defaultTabBarStyle = {
  color: '#7A7E83',
  selectedColor: '#3cc51f',
  backgroundColor: '#ffffff',
}

const defaultItemName = '设置 tabBar'

Page({
  data: {
    hasSetTabBarBadge: false,
    hasShownTabBarRedDot: false,
    hasCustomedStyle: false,
    hasCustomedItem: false,
    hasHiddenTabBar: false,
  },
  setTabBarBadge() {
    if (this.data.hasSetTabBarBadge) {
      this.removeTabBarBadge()
      return
    }
    this.setData({
      hasSetTabBarBadge: true
    })
    wx.setTabBarBadge({
      index: 1,
      text: '1',
    })
  },

  removeTabBarBadge() {
    this.setData({
      hasSetTabBarBadge: false
    })
    wx.removeTabBarBadge({
      index: 1,
    })
  },

  showTabBarRedDot() {
    if (this.data.hasShownTabBarRedDot) {
      this.hideTabBarRedDot()
      return
    }
    this.setData({
      hasShownTabBarRedDot: true
    })
    wx.showTabBarRedDot({
      index: 1
    })
  },
```

```
hideTabBarRedDot() {
  this.setData({
    hasShownTabBarRedDot: false
  })
  wx.hideTabBarRedDot({
    index: 1
  })
},

showTabBar() {
  this.setData({ hasHiddenTabBar: false })
  wx.showTabBar()
},

hideTabBar() {
  if (this.data.hasHiddenTabBar) {
    this.showTabBar()
    return
  }
  this.setData({ hasHiddenTabBar: true })
  wx.hideTabBar()
},

customStyle() {
  if (this.data.hasCustomedStyle) {
    this.removeCustomStyle()
    return
  }
  this.setData({ hasCustomedStyle: true })
  wx.setTabBarStyle({
    color: '#FFF',
    selectedColor: '#1AAD19',
    backgroundColor: '#000000',
  })
},

removeCustomStyle() {
  this.setData({ hasCustomedStyle: false })
  wx.setTabBarStyle(defaultTabBarStyle)
},

customItem() {
  if (this.data.hasCustomedItem) {
    this.removeCustomItem()
    return
  }
  this.setData({ hasCustomedItem: true })
  wx.setTabBarItem({
    index: 1,
    text: 'new text'
```

```
    })
  },

  removeCustomItem() {
    this.setData({ hasCustomedItem: false })
    wx.setTabBarItem({
      index: 1,
      text: defaultItemName
    })
  }
})
```

(5) 保存文件,编译项目,在模拟器中查看页面效果。

**【相关知识】**

**1. wx.showTabBarRedDot(Object object)**

显示 tabBar 某一项的右上角的红点。其参数说明见表 14-19。

**表 14-19 wx.showTabBarRedDot 接口参数说明**

| 属性 | 类型 | 必填 | 说明 |
|---|---|---|---|
| index | Number | 是 | tabBar 的哪一项,从左边算起 |
| success | Function | 否 | 接口调用成功的回调函数 |
| fail | Function | 否 | 接口调用失败的回调函数 |
| complete | Function | 否 | 接口调用结束的回调函数(调用成功、失败都会执行) |

**2. wx.hideTabBarRedDot(Object object)**

隐藏 tabBar 某一项的右上角的红点。其参数说明同表 14-19。

**3. wx.setTabBarBadge(Object object)**

为 tabBar 某一项的右上角添加文本。其参数说明见表 14-20。

**表 14-20 wx.setTabBarBadge 接口参数说明**

| 属性 | 类型 | 必填 | 说明 |
|---|---|---|---|
| index | Number | 是 | tabBar 的哪一项,从左边算起 |
| text | String | 是 | 显示的文本,超过 4 个字符则显示成省略号(...) |
| success | Function | 否 | 接口调用成功的回调函数 |
| fail | Function | 否 | 接口调用失败的回调函数 |
| complete | Function | 否 | 接口调用结束的回调函数(调用成功、失败都会执行) |

**4. wx.removeTabBarBadge(Object object)**

移除 tabBar 某一项右上角的文本。其参数说明同表 14-19。

**5. wx.showTabBar(Object object)**

显示 tabBar。其参数说明见表 14-21。

**表 14-21 wx.showTabBar 接口参数说明**

| 属性 | 类型 | 默认值 | 必填 | 说明 |
|---|---|---|---|---|
| animation | Boolean | false | 否 | 是否需要动画效果 |

续表

| 属　　性 | 类　　型 | 默认值 | 必填 | 说　　明 |
| --- | --- | --- | --- | --- |
| success | Function | | 否 | 接口调用成功的回调函数 |
| fail | Function | | 否 | 接口调用失败的回调函数 |
| complete | Function | | 否 | 接口调用结束的回调函数(调用成功、失败都会执行) |

**6. wx. hideTabBar(Object object)**

隐藏 tabBar。其参数说明同表 14-21。

**7. wx. setTabBarStyle(Object object)**

动态设置 tabBar 的整体样式。其参数说明见表 14-22。

**表 14-22　wx. setTabBarStyle 接口参数说明**

| 属　　性 | 类　　型 | 必　　填 | 说　　明 |
| --- | --- | --- | --- |
| color | String | 是 | tab 上的文字默认颜色,十六进制表示 |
| selectedColor | String | 是 | tab 上的文字选中时的颜色,十六进制表示 |
| backgroundColor | String | 是 | tab 的背景色,十六进制表示 |
| borderStyle | String | 是 | tabBar 上边框的颜色,仅支持 black/white |
| success | Function | 否 | 接口调用成功的回调函数 |
| fail | Function | 否 | 接口调用失败的回调函数 |
| complete | Function | 否 | 接口调用结束的回调函数(调用成功、失败都会执行) |

**8. wx. setTabBarItem(Object object)**

动态设置 tabBar 某一项的内容。其参数说明见表 14-23。

**表 14-23　wx. setTabBarItem 接口参数说明**

| 属　　性 | 类　　型 | 必　　填 | 说　　明 |
| --- | --- | --- | --- |
| index | Number | 是 | tabBar 的哪一项,从左边算起 |
| text | String | 否 | tab 上的按钮文字 |
| iconPath | String | 否 | 图片路径,icon 大小限制为 40KB,建议尺寸为 81px×81px,当 position 为 top 时,此参数无效 |
| selectedIconPath | String | 否 | 选中时的图片路径,icon 大小限制为 40KB,建议尺寸为 81px×81px,当 position 为 top 时,此参数无效 |
| success | Function | 否 | 接口调用成功的回调函数 |
| fail | Function | 否 | 接口调用失败的回调函数 |
| complete | Function | 否 | 接口调用结束的回调函数(调用成功、失败都会执行) |

## 14.6　控制页面位置

**【任务要求】**

新建一个页面,页面顶部有一个如图 14-22 所示的“滚动到页面底部”按钮,单击后可以滚动到页面底部。页面底部有一个如图 14-23 所示的“返回顶部”按钮,单击后页面可以滚回到顶部。两个按钮的纵向距离需要超过一个屏幕的显示范围。

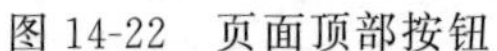

图 14-22　页面顶部按钮

图 14-23　页面底部按钮

**【任务分析】**

页面滚动常用来指引用户关注页面某一部分的内容。通过主动滚动到页面的某一部分,可以让用户更加明确需要查看的区域或需要进行的操作。一般在用户第一次使用小程序,对用户进行编程练习的时候使用。本次任务练习的是简单的滚动到页面底部和顶部的功能。

**【任务操作】**

(1) 打开示例小程序项目,在 app. json 文件的 pages 数组中新增一项"pages/Chapter_14/14_6_page-scroll/14_6_page-scroll",保存文件,编译项目。使用开发者工具生成所需的文件后,新增一个以该页面为启动页面名为"14_6_page-scroll"的编译模式,以该模式编译项目。

(2) 打开 14_6_page-scroll. wxml 文件,设计前端页面样式。

```
<! -- pages/Chapter_14/14_6_page - scroll/14_6_page - scroll.wxml -->
<view class = "container">
  <view class = "page - head">
    <view class = "page - head - title"> pageScrollTo </view>
    <view class = "page - head - line"></view>
  </view>
  <view class = "page - body">
    <view class = "page - section">
      <view class = "btn - area">
        <button type = "primary" bindtap = "scrollToBottom">滚动到页面底部</button>
      </view>
      <view class = "filling - area"></view>
      <view class = "btn - area">
        <button type = "primary" bindtap = "scrollToTop">返回顶部</button>
      </view>
    </view>
  </view>
</view>
```

(3) 打开 14_6_page-scroll. wxss 文件，编辑 filling-area 样式类，让两个按钮的距离超过一个屏幕的显示长度。

```
.filling - area {
  height: 1500rpx;
}
```

(4) 打开 14_6_page-scroll. js 文件，实现所需的功能。

```
// pages/Chapter_14/14_6_page - scroll/14_6_page - scroll.js
Page({
  scrollToTop() {
    wx.pageScrollTo({
      scrollTop: 0,
      duration: 300
    })
  },

  scrollToBottom() {
    wx.pageScrollTo({
      scrollTop: 3000,
      duration: 300
    })
  }
})
```

(5) 保存文件，编译项目，在模拟器中查看页面效果。

**【相关知识】**

wx. pageScrollTo(Object object)，将页面滚动到目标位置。其参数说明见表 14-24。

**表 14-24　wx. pageScollTo 接口参数说明**

| 属　　性 | 类　　型 | 默认值 | 必填 | 说　　明 |
|---|---|---|---|---|
| scrollTop | Number | | 是 | 滚动到页面的目标位置，单位：px |
| duration | Number | 300 | 否 | 滚动动画的时长，单位：ms |
| success | Function | | 否 | 接口调用成功的回调函数 |
| fail | Function | | 否 | 接口调用失败的回调函数 |
| complete | Function | | 否 | 接口调用结束的回调函数(调用成功、失败都会执行) |

## 14.7　控制页面跳转

**【任务要求】**

新建一个如图 14-24 所示的页面，注册该页面所有的生命周期函数，并在对应生命周期函数执行时，在 Console 面板输出执行的信息。单击“跳转新页面”按钮，能将当前页面作为一个新的页面压入页面栈；单击“返回上一页”按钮，能将新打开的页面出栈(页面栈)，并返回当前页面；单击“在当前页面打开”按钮，能将当前页面出栈，并在当前页面栈载入该页面；单击“跳转到组件 tab 页”按钮，能跳转到 index 页面；单击“关闭所有页面并跳转”按钮,能先将当前所有的页面出栈,并再将该页面压入页面栈。可以通过观察当前页面的生命周期函数运行情况,判断页面栈的情况。

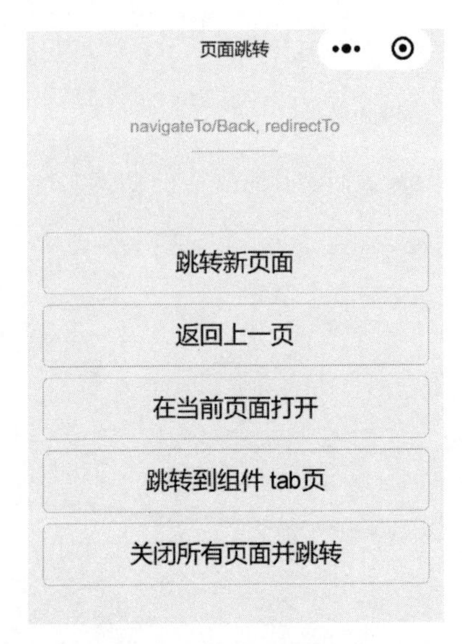


图 14-24　控制页面跳转任务示例

**【任务分析】**

本次任务练习的是使用接口来控制小程序页面的跳转。这部分也可以结合 3.2 节以及 9.1 节来学习。本次任务涉及的接口,其效果和 9.1 节提到的控制导航的各个组件效果相同。因为一直都是在跳转到同一个页面,因此对页面生命周期函数的观察可以很好地帮助用户理解和分辨不同导航方式的差异和内在实现的逻辑。

**【任务操作】**

(1) 打开示例小程序项目,在 app.json 文件的 pages 数组中新增一项"pages/Chapter_14/14_7_navigator/14_7_navigator",保存文件,编译项目。使用开发者工具生成所需的文件后,新增一个以该页面为启动页面名为"14_7_navigator"的编译模式,以该模式编译项目。

(2) 打开 14_7_navigator.wxml 文件,添加页面按钮。

```
<!-- pages/Chapter_14/14_7_navigator/14_7_navigator.wxml -->
<view class="container">
  <view class="page-head">
    <view class="page-head-title">navigateTo/Back, redirectTo</view>
    <view class="page-head-line"></view>
  </view>
  <view class="page-body">
    <view class="btn-area">
      <button bindtap="navigateTo">跳转新页面</button>
      <button bindtap="navigateBack">返回上一页</button>
      <button bindtap="redirectTo">在当前页面打开</button>
      <button bindtap="switchTab">跳转到组件 tab 页</button>
      <button bindtap="reLaunch">关闭所有页面并跳转</button>
```

```
      </view>
    </view>
  </view>
```

(3) 打开 14_7_navigator.js 文件,实现所需要的功能。

```
// pages/Chapter_14/14_7_navigator/14_7_navigator.js
Page({
  onLoad: function (options) {
    console.log("onLoad: 页面加载")
  },
  onReady: function () {
    console.log("onReady: 页面初次渲染完成")
  },
  onShow: function () {
    console.log("onShow: 页面显示")
  },
  onHide: function () {
    console.log("onHide: 页面隐藏")
  },
  onUnload: function () {
    console.log("onUnload: 页面卸载")
  },
  navigateTo() {
    wx.navigateTo({ url: './14_7_navigator' })
  },
  navigateBack() {
    wx.navigateBack()
  },
  redirectTo() {
    wx.redirectTo({ url: './14_7_navigator' })
  },
  switchTab() {
    wx.switchTab({ url: '/pages/index/index' })
  },
  reLaunch() {
    wx.reLaunch({ url: '/pages/index/index' })
  }
})
```

(4) 保存文件,编译项目,在模拟器中查看页面效果,同时注意观察 Console 面板的输出结果。

**【相关知识】**

**1. wx.navigateTo(Object object)**

保留当前页面,跳转到应用内的某个页面,但是不能跳转到 tabBar 页面。使用 wx.navigateBack 可以返回到原页面。小程序中页面栈最多十层。其参数说明见表 14-25。

表 14-25　wx.navigateTo 接口参数说明

| 属　　性 | 类　　型 | 必填 | 说　　明 |
|---|---|---|---|
| url | String | 是 | 需要跳转的应用内非 tabBar 的页面的路径，路径后可以带参数。参数与路径之间使用 ? 分隔，参数键与参数值用 = 相连，不同参数用 & 分隔；如 'path?key=value&key2=value2' |
| success | Function | 否 | 接口调用成功的回调函数 |
| fail | Function | 否 | 接口调用失败的回调函数 |
| complete | Function | 否 | 接口调用结束的回调函数（调用成功、失败都会执行） |

**2．wx.navigateBack(Object object)**

关闭当前页面，返回上一页面或多级页面。其参数说明见表 14-26。

表 14-26　wx.navigateBack 接口参数说明

| 属　　性 | 类　　型 | 必　　填 | 说　　明 |
|---|---|---|---|
| delta | Number | 是 | 返回的页面数，如果 delta 大于现有页面数，则返回到首页 |
| success | Function | 否 | 接口调用成功的回调函数 |
| fail | Function | 否 | 接口调用失败的回调函数 |
| complete | Function | 否 | 接口调用结束的回调函数（调用成功、失败都会执行） |

例如，假设 A，B，C 三个页面均由前一个页面依次通过 wx.navigateTo 的方式打开，那么在 C 页面使用 wx.navigateBack 接口返回时，如果 delta 值设为 2，则会直接返回 A 页面。

**3．wx.redirectTo(Object object)**

关闭当前页面，跳转到应用内的某个页面，但是不允许跳转到 tabBar 页面。其参数说明同表 14-25。

**4．wx.switchTab(Object object)**

跳转到 tabBar 页面，并关闭其他所有非 tabBar 页面。其参数说明见表 14-27。

表 14-27　wx.switchTab 接口参数说明

| 属　　性 | 类　　型 | 必　　填 | 说　　明 |
|---|---|---|---|
| url | String | 是 | 需要跳转的 tabBar 页面的路径（需在 app.json 的 tabBar 字段定义的页面），路径后不能带参数 |
| success | Function | 否 | 接口调用成功的回调函数 |
| fail | Function | 否 | 接口调用失败的回调函数 |
| complete | Function | 否 | 接口调用结束的回调函数（调用成功、失败都会执行） |

**5．wx.reLaunch(Object object)**

关闭所有页面，打开到应用内的某个页面。其参数说明同表 14-25。

**6．wx.navigateToMiniProgram(Object object)**

打开另一个小程序。其参数说明见表 14-28。

表 14-28　wx. navigateToMiniProgram 接口参数说明

| 属　　性 | 类　　型 | 默认值 | 必填 | 说　　明 |
| --- | --- | --- | --- | --- |
| appId | String | | 是 | 要打开的小程序 appId |
| path | String | | 否 | 打开的页面路径，如果为空则打开首页。path 中"?"后面的部分会成为 query，在小程序的 App. onLaunch、App. onShow 和 Page. onLoad 的回调函数或小游戏的 wx. onShow 回调函数、wx. getLaunchOptionsSync 中可以获取到 query 数据。对于小游戏，可以只传入 query 部分，来实现传参效果，如传入 "?foo=bar" |
| extraData | Object | | 否 | 需要传递给目标小程序的数据，目标小程序可在 App. onLaunch、App. onShow 中获取到这份数据。如果跳转的是小游戏，可以在 wx. onShow、wx. getLaunchOptionsSync 中获取这份数据 |
| envVersion | String | release | 否 | 要打开的小程序版本。仅在当前小程序为开发版或体验版时此参数有效。如果当前小程序是正式版，则打开的小程序必定是正式版。可选值为 develop（开发板）、trial（体验版）、release（正式版） |
| success | Function | | 否 | 接口调用成功的回调函数 |
| fail | Function | | 否 | 接口调用失败的回调函数 |
| complete | Function | | 否 | 接口调用结束的回调函数（调用成功、失败都会执行） |

使用该接口需要注意以下几点。

（1）该接口需要用户触发跳转，若用户未单击小程序页面任意位置，则开发者将无法调用此接口自动跳转至其他小程序。

（2）在跳转至其他小程序前，小程序会使用弹窗询问用户是否跳转，用户确认后才可以跳转至其他小程序。如果用户单击"取消"按钮，则回调 fail cancel。

（3）从 2.4.0 版本以及指定日期（具体待定）开始，开发者提交新版小程序代码时，如使用了跳转至其他小程序功能，则需要在代码配置中声明将要跳转的小程序名单，限定不超过 10 个，否则将无法通过审核。该名单可在发布新版时更新，不支持动态修改。调用此接口时，所跳转的 appId 必须在配置列表中，否则回调 fail appId " ${appId}" is not in navigateToMiniProgramAppIdList。

（4）在开发者工具上调用此 API 并不会真实地跳转到另外的小程序，但是开发者工具会校验本次调用跳转是否成功。

（5）开发者工具上支持被跳转的小程序处理接收参数的调试。

**7. wx. navigateBackMiniProgram（Object object）**

返回到上一个小程序。只有在当前小程序是被其他小程序打开时可以调用成功。其参数说明见表 14-29。

表 14-29　wx. navigateBackMiniProgram 接口参数说明

| 属　　性 | 类　　型 | 必　　填 | 说　　明 |
| --- | --- | --- | --- |
| extraData | Object | 否 | 需要返回给上一个小程序的数据，上一个小程序可在 App. onShow 中获取到这份数据 |

续表

| 属　性 | 类　型 | 必　填 | 说　明 |
|---|---|---|---|
| success | Function | 否 | 接口调用成功的回调函数 |
| fail | Function | 否 | 接口调用失败的回调函数 |
| complete | Function | 否 | 接口调用结束的回调函数(调用成功、失败都会执行) |

# 练　习　题

1. 修改10.1节示例任务。在单击request按钮后,显示一个loading的加载动画。在成功获取到数据后,显示一个时长为3s的带有“成功”图标的消息提示框,提示文字为“请求完成”。

2. 在第13章练习2的基础上,如果用户在从WiFi切换到其余网络触发了视频自动暂停后,单击了页面上的播放按钮,则弹出一个模态对话框,询问用户是否确定要在当前非WiFi网络环境下继续播放视频。如果用户单击了“是”,则视频继续播放;如果用户单击了“否”,则视频保持暂停。

3. 修改10.2节示例任务,为该页面添加一个下拉刷新的功能。在用户触发了下拉刷新后,页面访问下载图片的网络地址,将图片重新下载一次。在图片下载完成前,需要在页面上显示loading的加载动画提示框。

4. 在第13章练习4的基础上,新增输入WiFi密码和连接WiFi页面的导航栏标题能动态显示为当前WiFi的SSID信息的功能。如果连接失败,还需将该页面的导航栏背景设置为红色;如果连接成功,则设置为蓝色。

5. 在14.5节示例任务的基础上,设置第二个tab页面的tabBar图标默认显示一个小红点,在访问了该tab页面后,即取消显示。

6. 设计A、B、C三个页面,依次以wx.navigateTo的方式跳转。其中,在C页面使用wx.navigateBack接口的delta属性直接跳转回A页面。

# 第15章 地理位置信息接口

获取地理位置信息功能赋予了小程序 LBS(Location Based Services,基于位置服务)的能力。在9.2节学习了 map 地图组件的使用。本章将介绍地理位置信息的相关接口。结合 map 组件,小程序可以发挥更大的作用。

**本章学习目标:**

➢ 掌握如何获取地理位置信息的方法。

➢ 掌握如何在地图上显示指定的位置信息的方法。

➢ 掌握如何获取用户在地图上选取的位置的方法。

➢ 熟悉使用接口控制地图组件的方法。

## 15.1 获取位置信息

**【任务要求】**

新建如图15-1所示页面,单击"获取位置"按钮后,能在页面上显示当前位置的经纬度。获取经纬度后,在调试器的 Console 面板中输出接口回调函数的返回值并观察。

(a) 获取经纬度之前　　(b) 获取经纬度之后

图15-1　获取经纬度

【任务分析】

本次任务练习使用的是小程序获取位置的 wx. getLocation 接口,在该接口的成功回调函数里,即可获取到经纬度信息。总体而言,比较简单。

【任务操作】

(1) 打开示例小程序项目,在 pages 目录下新增一个 Chapter_15 文件夹,在该文件夹下新增一个名为 15_1_get-location 的页面,同时新增一个以该页面为启动页的编译模式。保存文件,以该模式编译项目,使用开发者工具生成必要的文件。

(2) 打开 15_1_get-location. wxml,构建页面的样式。

```
<! -- pages/Chapter_15/15_1_get - location/15_1_get - location.wxml -- >
< view class = "container">
  < view class = "page - head">
    < view class = "page - head - title"> getLocation </view >
    < view class = "page - head - line"></view >
  </view >
  < view class = "page - body">
    < view class = "page - section">
      < view class = "page - body - info">
        < text class = "page - body - text - small">当前位置经纬度</text >
        < block wx:if = "{{hasLocation === false}}">
          < text class = "page - body - text">未获取</text >
        </block >
        < block wx:if = "{{hasLocation === true}}">
          < view class = "page - body - text - location">
            < text >经度: {{longitude}}</text >
            < text >纬度: {{latitude}}</text >
          </view >
        </block >
      </view >
      < view class = "btn - area">
        < button type = "primary" bindtap = "getLocation">获取位置</button >
        < button bindtap = "clear">清空</button >
      </view >
    </view >
  </view >
</view >
```

(3) 打开 15_1_get-location. js,完成所需的功能。

```
// pages/Chapter_15/15_1_get - location/15_1_get - location.js
Page({
  data: {
    hasLocation: false,
  },
  getLocation() {
    const that = this
    wx.getLocation({
      success(res) {
        console.log(res)
```

```
        that.setData({
          hasLocation: true,
          latitude:res.latitude,
          longitude:res.longitude
        })
      }
    })
  },
  clear() {
    this.setData({
      hasLocation: false
    })
  }
})
```

(4) 保存文件,编译项目,在模拟器中查看页面效果并观察如图 15-2 所示的 Console 面板输出信息。

```
▼{latitude: 24, longitude: 113, speed: -1, accuracy: 65, verticalAccuracy: 65, …}
   accuracy: 65
   errMsg: "getLocation:ok"
   horizontalAccuracy: 65
   latitude: 24
   longitude: 113
   speed: -1
   verticalAccuracy: 65
 ▶ __proto__: Object
```

图 15-2　success 回调函数输出的参数信息

**【相关知识】**

wx.getLocation(Object object),获取当前的地理位置、速度。当用户离开小程序后,此接口无法调用。调用前需要用户授权 scope.userLocation。其参数说明见表 15-1。

**表 15-1　wx.getLocation 接口参数说明**

| 属　　性 | 类　　型 | 默认值 | 必填 | 说　　明 | 最低版本 |
|---|---|---|---|---|---|
| type | String | wgs84 | 否 | wgs84 返回 GPS 坐标,gcj02 返回可用于 wx.openLocation 的坐标 | |
| altitude | String | false | 否 | 传入 true 会返回高度信息,由于获取高度需要较高精确度,因此会减慢接口返回速度 | 1.6.0 |
| success | Function | | 否 | 接口调用成功的回调函数 | |
| fail | Function | | 否 | 接口调用失败的回调函数 | |
| complete | Function | | 否 | 接口调用结束的回调函数(调用成功、失败都会执行) | |

object.success 回调函数参数 res 的属性说明见表 15-2。

**表 15-2　object.success 回调函数参数属性说明**

| 属　　性 | 类　　型 | 说　　明 | 最 低 版 本 |
|---|---|---|---|
| latitude | Number | 纬度,范围为－90～90,负数表示南纬 | |
| longitude | Number | 经度,范围为－180～180,负数表示西经 | |

续表

| 属　　性 | 类　　型 | 说　　明 | 最低版本 |
|---|---|---|---|
| speed | Number | 速度，单位：m/s | |
| accuracy | Number | 位置的精确度 | |
| altitude | Number | 高度，单位：m | 1.2.0 |
| verticalAccuracy | Number | 垂直精度，单位：m(Android 无法获取，返回 0) | 1.2.0 |
| horizontalAccuracy | Number | 水平精度，单位：m | 1.2.0 |

在开发者工具中使用该接口时，需要注意其使用的是 IP 定位，故可能会有一定误差，而且该工具目前仅支持 GCJ-02 坐标。在使用第三方服务进行逆地址解析时，请确认第三方服务默认的坐标系，正确进行坐标转换。

## 15.2　在地图上查看位置信息

**【任务要求】**

新建一个如图 15-3 所示的页面，在单击“查看位置”按钮后，能打开如图 15-4 所示的地图，查看指定位置。

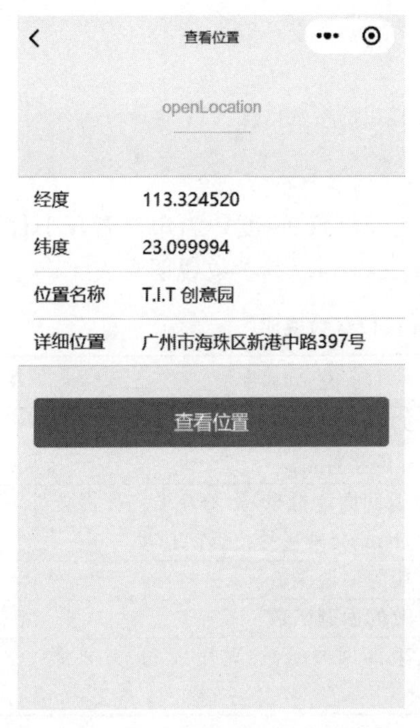


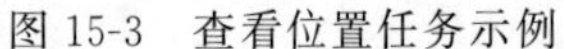
图 15-3　查看位置任务示例

图 15-4　打开地图查看位置

**【任务分析】**

本次任务练习的是使用微信内置的地图查看指定位置的功能。在输入经纬度后，即可使用 wx.openLocation 接口调用地图显示指定的位置。该接口可以用于向用户展示地理位置，并使用导航功能。

【任务操作】

(1) 打开示例小程序项目，在 pages/Chapter_15 目录下新增一个名为 15_2_open-location 的页面，同时新增一个以该页面为启动页的编译模式。保存文件，以该模式编译项目，使用开发者工具生成必要的文件。

(2) 打开 15_2_open-location. wxml，设计前端样式。

```
<!-- pages/Chapter_15/15_2_open-location/15_2_open-location.wxml -->
<view class="container">
  <view class="page-head">
    <view class="page-head-title">openLocation</view>
    <view class="page-head-line"></view>
  </view>
  <view class="page-body">
    <view class="page-section">
      <form bindsubmit="openLocation">
        <view class="weui-cells weui-cells_after-title">
          <view class="weui-cell weui-cell_input">
            <view class="weui-cell__hd">
              <view class="weui-label">经度</view>
            </view>
            <view class="weui-cell__bd">
              <input class="weui-input" type="text" disabled="{{true}}"  value="113.
324520" name="longitude"></input>
            </view>
          </view>
          <view class="weui-cell weui-cell_input">
            <view class="weui-cell__hd">
              <view class="weui-label">纬度</view>
            </view>
            <view class="weui-cell__bd">
              <input class="weui-input" type="text" disabled="{{true}}"  value="23.
099994" name="latitude"></input>
            </view>
          </view>
          <view class="weui-cell weui-cell_input">
            <view class="weui-cell__hd">
              <view class="weui-label">位置名称</view>
            </view>
            <view class="weui-cell__bd">
              <input class="weui-input" type="text" disabled="{{true}}"  value="T.I.
T 创意园" name="name"></input>
            </view>
          </view>
          <view class="weui-cell weui-cell_input">
            <view class="weui-cell__hd">
              <view class="weui-label">详细位置</view>
            </view>
            <view class="weui-cell__bd">
              <input class="weui-input" type="text" disabled="{{true}}"  value="广州
市海珠区新港中路 397 号" name="address"></input>
            </view>
          </view>
        </view>
```

```
            <view class = "btn - area">
              <button type = "primary" formType = "submit">查看位置</button>
            </view>
          </form>
        </view>
      </view>
    </view>
```

(3) 打开 15_2_open-location.js,实现所需功能。

```
// pages/Chapter_15/15_2_open - location/15_2_open - location.js
Page({
  openLocation(e) {
    console.log(e)
    const value = e.detail.value
    console.log(value)
    wx.openLocation({
      longitude: Number(value.longitude),
      latitude: Number(value.latitude),
      name: value.name,
      address: value.address
    })
  }
})
```

(4) 保存文件,编译项目,在模拟器中查看页面效果。

**【相关知识】**

wx.openLocation(Object object),使用微信内置地图查看位置。其参数说明见表 15-3。

**表 15-3 wx.openLocation 接口参数说明**

| 属　性 | 类　型 | 默认值 | 必填 | 说　明 |
|---|---|---|---|---|
| latitude | Number | | 是 | 纬度,范围为－90～90,负数表示南纬。使用 gcj02 国测局坐标系 |
| longitude | Number | | 是 | 经度,范围为－180～180,负数表示西经。使用 gcj02 国测局坐标系 |
| scale | Number | 18 | 否 | 缩放比例,范围为 5～18 |
| name | String | | 否 | 位置名 |
| address | String | | 否 | 地址的详细说明 |
| success | Function | | 否 | 接口调用成功的回调函数 |
| fail | Function | | 否 | 接口调用失败的回调函数 |
| complete | Function | | 否 | 接口调用结束的回调函数(调用成功、失败都会执行) |

## 15.3 在地图上选择位置

**【任务要求】**

新建一个如图 15-5 所示的页面,在单击“选择位置”按钮后,能打开如图 15-6 所示的地图，在地图上选好点后，需要在如图 15-7 所示的页面上显示所选择地点的经纬度信息及地名信息。

图 15-5　选择地点任务示例

图 15-6　在地图中选择地点

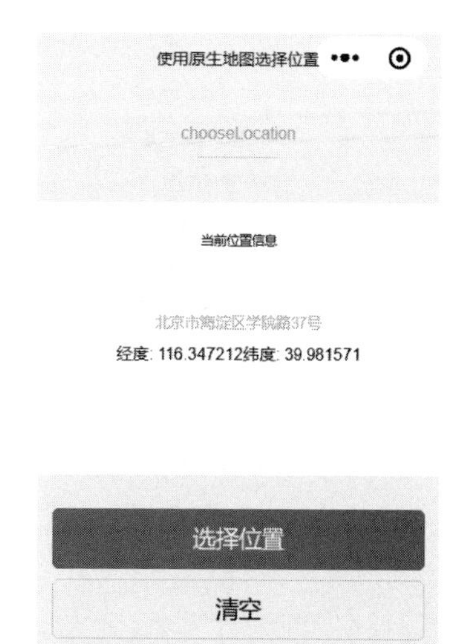


图 15-7　显示所选择地点的信息

**【任务分析】**

本次任务练习的是 wx.chooseLocation 接口，即通过地图选点并获取所选点位置信息的功能。该接口的使用，可以使用户在输入地点信息时，更加方便、准确，在提供一些例如选择活动地点等功能的时候，较为常用。

**【任务操作】**

(1) 打开示例小程序项目，在 pages/Chapter_15 目录下新增一个名为 15_3_choose-location 的页面，同时新增一个以该页面为启动页的编译模式。保存文件，以该模式编译项目，使用开发者工具生成必要的文件。

(2) 打开 15_3_choose-location.wxml 文件，构建页面样式。

```
<!-- pages/Chapter_15/15_3_choose-location/15_3_choose-location.wxml -->
<view class="container">
  <view class="page-head">
    <view class="page-head-title">chooseLocation</view>
    <view class="page-head-line"></view>
  </view>
  <view class="page-body">
    <view class="page-section">
      <view class="page-body-info">
        <text class="page-body-text-small">当前位置信息</text>
        <block wx:if="{{hasLocation === false}}">
          <text class="page-body-text">未选择位置</text>
        </block>
        <block wx:if="{{hasLocation === true}}">
```

```
            <text class = "page - body - text">{{locationAddress}}</text>
            <view class = "page - body - text - location">
              <text>经度: {{longitude}}</text>
              <text>纬度: {{latitude}}</text>
            </view>
          </block>
        </view>
        <view class = "btn - area">
          <button type = "primary" bindtap = "chooseLocation">选择位置</button>
          <button bindtap = "clear">清空</button>
        </view>
      </view>
    </view>
  </view>
```

(3) 打开 15_3_choose-location.js 文件,实现所需功能。

```
// pages/Chapter_15/15_3_choose - location/15_3_choose - location.js
Page({
  data: {
    hasLocation: false,
  },
  chooseLocation() {
    const that = this
    wx.chooseLocation({
      success(res) {
        console.log(res)
        that.setData({
          hasLocation: true,
          longitude:res.longitude,
          latitude:res.latitude,
          locationAddress: res.address
        })
      }
    })
  },
  clear() {
    this.setData({
      hasLocation: false
    })
  }
})
```

(4) 保存文件,编译项目,在模拟器中查看页面的效果。

**【相关知识】**

wx.chooseLocation(Object object),打开地图选择位置。调用前需要用户授权 scope.userLocation。其参数说明见表 15-4。

表 15-4　wx.chooseLocation 接口参数说明

| 属　　性 | 类　　型 | 必　　填 | 说　　明 |
|---|---|---|---|
| success | Function | 否 | 接口调用成功的回调函数 |
| fail | Function | 否 | 接口调用失败的回调函数 |
| complete | Function | 否 | 接口调用结束的回调函数(调用成功、失败都会执行) |

其中,object.success 回调函数的参数 res 包含的属性说明见表 15-5。

表 15-5　object.success 回调函数参数属性说明

| 属　　性 | 类　　型 | 说　　明 |
|---|---|---|
| name | String | 位置名称 |
| address | String | 详细地址 |
| latitude | String | 纬度,浮点数,范围为−90～90,负数表示南纬。使用 gcj02 国测局坐标系 |
| longitude | String | 经度,浮点数,范围为−180～180,负数表示西经。使用 gcj02 国测局坐标系 |

## 15.4　地图控制

**【任务要求】**

新建一个如图 15-8 所示的页面,实现上面的按钮所需的功能。其中,"获取当前地图中心的经纬度""获取当前地图的视野范围""获取当前地图的缩放级别"三个按钮,只需将相关信息输出至 Console 面板即可;"缩放视野展示所有标记点"按钮需要能够通过缩放地图,展示出页面上所有 3 个标记点(在图中有两个标记点在视野范围外不可见);"平移 marker"按钮可以将目前地图中心的标记点向右平移一小段距离。

图 15-8　地图控制任务示例

**【任务分析】**

本次任务练习的是地图组件的控制,主要是需要熟悉地图组件上下文这个对象所包含的各个方法。其中,有关地图组件的部分功能,请参考 9.2 节内容。

**【任务操作】**

(1) 打开示例小程序项目,在 pages/Chapter_15 目录下新增一个名为 15_4_map-control 的页面,同时新增一个以该页面为启动页的编译模式。保存文件,以该模式编译项目,使用开发者工具生成必要的文件。

(2) 打开 15_4_map-control.wxml 文件,构建页面的样式。

```
<!--pages/Chapter_15/15_4_map-control/15_4_map-control.wxml-->
```

```
<view class = "container">
  <view class = "page - head">
    <view class = "page - head - title"> MapContext </view>
    <view class = "page - head - line"></view>
  </view>

  <view class = "page - body">
    <view class = "page - section page - section - gap">
      <map
        id = "map"
        style = "width: 100 % ; height: 300px;"
        latitude = "{{latitude}}"
        longitude = "{{longitude}}"
        scale = "18"
        markers = "{{markers}}"
        show - location
      >
      </map>
    </view>
  </view>

  <view class = "page - section">
    <view class = "btn - area">
      <button bindtap = "getCenterLocation">
        获取当前地图中心的经纬度
      </button>
      <button bindtap = "getRegion">
        获取当前地图的视野范围
      </button>
      <button bindtap = "getScale">
        获取当前地图的缩放级别
      </button>
      <button bindtap = "includePoints">
        缩放视野展示所有标记点
      </button>
      <button bindtap = "moveToLocation">
        将地图中心移动到当前定位点
      </button>
      <button bindtap = "translateMarker">
        平移 marker
      </button>
    </view>
  </view>
</view>
```

(3) 打开 15_4_map-control. js 文件,实现按钮的功能。

```
// pages/Chapter_15/15_4_map - control/15_4_map - control. js
Page({
  onReady(e) {
    this. mapCtx = wx. createMapContext('map')
```

```
  },
  data: {
    latitude: 23.099994,
    longitude: 113.324520,
    markers: [{
      id:1,
      latitude: 23.099994,
      longitude: 113.324520,
    },{
      id:2,
      latitude:23.10229,
      longitude:113.3345211,
    },{
      id:3,
      latitude: 23.00229,
      longitude: 113.3345211
    }],
  },
  getCenterLocation(){
    this.mapCtx.getCenterLocation({
      success(res) {
        console.log("当前地图中心地点的经度是：", res.longitude, "纬度是：", res.latitude)
      }
    })
  },
  getRegion(){
    this.mapCtx.getRegion({
      success(res){
        console.log("当前视野范围西南角的经纬度是：", res.southwest, "东北角的经纬度是：",
res.northeast)
      }
    })
  },
  getScale(){
    this.mapCtx.getScale({
      success(res){
        console.log("当前地图的缩放值为：", res.scale)
      }
    })
  },
  includePoints(){
    this.mapCtx.includePoints({
      padding:[10],
      points: [{
        latitude: 23.10229,
        longitude: 113.3345211,
      }, {
        latitude: 23.00229,
```

```
          longitude: 113.3345211,
        },{
          latitude: 23.099994,
          longitude: 113.324520,
        }]
      })
    },
    moveToLocation(){
      this.mapCtx.moveToLocation()
    },
    translateMarker(){
      this.mapCtx.translateMarker({
        markerId:1,
        destination: { longitude: 113.325420, latitude: 23.099994},
        autoRotate:true,
      })
    }
  })
```

(4) 保存文件,编译项目,在模拟器中查看页面的效果,同时在 Console 面板中观察如图 15-9 所示的输出。

```
当前地图中心地点的经度是： 113.32452 纬度是： 23.099994
当前视野范围西南角的经纬度是： ▼{longitude: 113.32293213226316, latitude: 23.0985136996703}  东北角的经纬度是： ▶{longitude: 113.3261078677368, latitude: 23.10147428401692}
                               latitude: 23.0985136996703
                               longitude: 113.32293213226316
                             ▶ __proto__: Object
当前地图的缩放值为： 18
```

图 15-9　地图控制任务 Console 面板输出示例

**【相关知识】**

**1. MapContext wx.createMapContext(string mapId, Object this)**

创建 map 上下文 MapContext 对象。参数 mapId 表示 map 组件 id 属性的值,Object this 表示在自定义组件下,当前组件实例的 this,用于操作组件内的<map>组件。返回值为一个 MapContext 对象。

**2. MapContext**

MapContext 实例,可通过 wx.createMapContext 获取。mapContext 通过 id 跟一个<map>组件绑定,操作对应的<map>组件。其方法说明见表 15-6。

**表 15-6　MapContext 对象包含的方法**

| 方法名称 | 参　数 | 说　明 |
| --- | --- | --- |
| getCenterLocation | Object object | 获取当前地图中心的经纬度。返回的是 gcj02 坐标系,可以用于 wx.openLocation() |
| moveToLocation | | 将地图中心移动到当前定位点。需要配合 map 组件的 show-location 属性使用 |
| translateMarker | Object object | 平移 marker,带动画 |
| includePoints | Object object | 缩放视野展示所有经纬度 |
| getRegion | Object object | 获取当前地图的视野范围 |
| getScale | Object object | 获取当前地图的缩放级别 |

MapContext. getCenterLocation(Object object)方法的参数说明见表 15-7。

**表 15-7　MapContext. getCenterLocation(Object object)方法参数说明**

| 属　性 | 类　型 | 必　填 | 说　明 |
|---|---|---|---|
| success | Function | 否 | 接口调用成功的回调函数 |
| fail | Function | 否 | 接口调用失败的回调函数 |
| complete | Function | 否 | 接口调用结束的回调函数(调用成功、失败都会执行) |

object. success 回调函数参数 res 包含的属性说明见表 15-8。

**表 15-8　object. success 回调函数参数属性说明**

| 属　性 | 类　型 | 说　明 |
|---|---|---|
| longitude | Number | 经度 |
| latitude | Number | 纬度 |

MapContext. translateMarker(Object object)方法的参数说明见表 15-9。

**表 15-9　MapContext. translateMarker(Object object)方法参数说明**

| 属　性 | 类型 | 默认值 | 必填 | 说　明 | 属　性 |
|---|---|---|---|---|---|
| markerId | Number | | 是 | 指定 marker | markerId |
| destination | Object | | 是 | 指定 marker 移动到的目标点 | destination |
| autoRotate | Boolean | | 是 | 移动过程中是否自动旋转 marker | autoRotate |
| rotate | Number | | 是 | marker 的旋转角度 | rotate |
| duration | Number | 1000 | 否 | 动画持续时长,平移与旋转分别计算 | duration |
| animationEnd | Function | | 否 | 动画结束回调函数 | animationEnd |
| success | Function | | 否 | 接口调用成功的回调函数 | success |
| fail | Function | | 否 | 接口调用失败的回调函数 | fail |
| complete | Function | | 否 | 接口调用结束的回调函数(调用成功、失败都会执行) | complete |

其中,object. destination 的结构见表 15-10。

**表 15-10　object. destination 结构说明**

| 属　性 | 类　型 | 必　填 | 说　明 |
|---|---|---|---|
| longitude | Number | 是 | 经度 |
| latitude | Number | 是 | 纬度 |

MapContext. includePoints(Object object)方法的参数说明见表 15-11。

**表 15-11　MapContext. includePoints(Object object)方法参数说明**

| 属　性 | 类　型 | 必填 | 说　明 |
|---|---|---|---|
| points | Array. < Object > | 是 | 要显示在可视区域内的坐标点列表 |
| padding | Array. < number > | 否 | 坐标点形成的矩形边缘到地图边缘的距离,单位:像素。格式为[上,右,下,左],Android 系统上只能识别数组第一项,上下左右的 padding 一致。开发者工具暂不支持 padding 参数 |

续表

| 属　　性 | 类　　型 | 必填 | 说　　明 |
|---|---|---|---|
| success | Function | 否 | 接口调用成功的回调函数 |
| fail | Function | 否 | 接口调用失败的回调函数 |
| complete | Function | 否 | 接口调用结束的回调函数(调用成功、失败都会执行) |

其中,object. points 的结构见表 15-12。

**表 15-12　object. points 的结构说明**

| 属　　性 | 类　　型 | 必　　填 | 说　　明 |
|---|---|---|---|
| longitude | Number | 是 | 经度 |
| latitude | Number | 是 | 纬度 |

MapContext. getRegion(Object object)方法的参数同表 15-7。其中,object. success 回调函数包含的参数 res 的属性说明见表 15-13。

**表 15-13　object. success 回调函数参数属性说明**

| 属　　性 | 类　　型 | 说　　明 |
|---|---|---|
| southwest | Number | 西南角经纬度 |
| northeast | Number | 东北角经纬度 |

MapContext. getScale(Object object)方法的参数同表 15-7。其中,object. success 回调函数包含的参数 res 的属性说明见表 15-14。

**表 15-14　object. success 回调函数参数属性说明**

| 属　　性 | 类　　型 | 说　　明 |
|---|---|---|
| scale | Number | 缩放值 |

## 练　习　题

1. 请自行查阅相关资料,简要介绍一下 gcj-02 坐标系统和 WGS84 坐标系统,以及它们之间的区别和联系。

2. 新建一个页面,包含一个 input 输入框,单击该输入框,即可调用原生地图选择位置,在选择完位置后,input 里面显示选择的地点名称,同时显示"查看该位置"和"清除位置"两个按钮。单击"查看该位置"按钮,可以通过原生地图打开所选位置;单击"清除位置"按钮,清除 input 组件的内容,页面回到最开始的状态。

3. 在练习 2 的基础上,修改选择完位置后的效果。在单击 input 组件通过原生地图选择完位置后,页面上显示一个 map 组件,地图的中心点为所选位置,还需要标记一个 marker 在中心点上。再显示一个"更换为我当前位置"按钮,单击该按钮后,地图的中心点移动到当前定位的位置,marker 同时平滑移动。同时 input 组件的值也更改为当前定位点的地点名称。

# 第16章 实战案例

学习完前面的所有章节后，读者就已经具备了使用小程序开发属于自己的应用的能力。小程序作为轻量级应用，非常适合一些低频但高需求的使用场景。小程序的随开随用的特性，可以在解决用户燃眉之急的同时，避免用户会担心给手机带来额外的负担。

本章介绍几个实际的小程序的应用案例，每个案例都包含完整的需求分析，设计思路和关键代码讲解。相信通过这几个案例的学习，读者能够更加深刻地体会到小程序在各个不同场景下应用的广泛性和便捷性，为读者进一步开发自己的小程序提供一定的参考。

请注意，本章所有的案例均不涉及服务器端的实现。为了安全性考虑，案例小程序代码中所使用到的服务器网址不保证能继续提供服务，也不提供服务器后端代码。

## 16.1 “微活动报名助手”活动管理和报名小程序

活动报名助手小程序是一个用来帮助管理活动的小程序，包含发起活动、活动报名、报名人管理等功能，涉及微信登录、小程序分享、图片上传和下载、地图定位等接口的使用。该小程序需要满足以下几点需求。

(1) 任何人可以发起活动：时间、地点、参与人数、活动内容简介、报名人需要提供的信息、报名截止时间和付费(可选)。

(2) 任何人都可以加入活动，或者取消加入活动。

(3) 单击地点，可以查看地图。

(4) 发起人可以删除某个报名人。

(5) 用户能填写自己的个人信息。

本节将以此小程序为例，讲解功能类小程序的开发思路。

### 16.1.1 前端页面设计

作为一个简单的功能性小程序，页面设计应该着重考虑将主要功能放在最显眼的地方。在本例中，小程序的首页即是用户参加的活动列表(如图16-1所示)，一个显眼的“+”号按钮，也可以让用户第一时间找到发布活动的入口。tab栏则是“活动”和“我的”两个页面。在“我的”页面(如图16-2所示)中，可以跳转到个人信息(如图16-3所示)“我发布的活动”和“我参加的活动”页面。

在“我发布的活动”页面(如图16-4所示)，可以查看自己发布的活动，并且可以重新编辑(如图16-5所示)以及查看报名情况(如图16-6所示)，选择一位报名人，还可以查看其报名信息以及对其进行删除操作(如图16-7所示)。

图 16-1 “我参加的活动”页面

图 16-2 “我的”页面

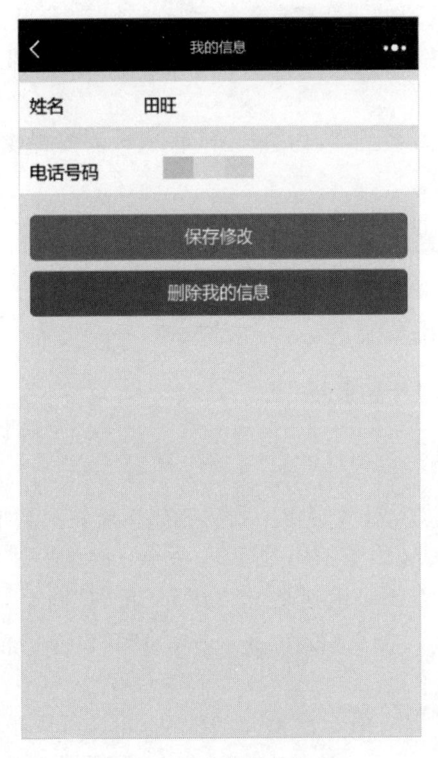


图 16-3 “我的信息”页面

图 16-4 “我发布的活动”页面

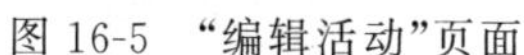
图 16-5 “编辑活动”页面

图 16-6 “报名人列表”页面

“发起新活动”页面同“编辑活动”页面(如图 16-5 所示)。

在发布活动后,即可跳转到“活动详情”页面(如图 16-8 所示),分享此页面给好友或微信群,好友即可参与报名。报名之后,也可以通过“我参加的活动”页面,查看自己的报名信息(如图 16-9 所示)或取消报名(如图 16-10 所示)。

整体来说,本小程序页面比较简单,表单样式居多,可复用性较强。UI 设计上,尽量也是靠拢微信原生的感觉,包括按钮样式等。

### 16.1.2 后端服务器架构

后端逻辑主要是使用 PHP 和 MySQL 的架构完成。使用腾讯云的小程序解决方案,可以一次性配置好后端服务器,还能直接使用相关的 SDK,使得微信登录、会话、信道控制变得更加简单。

本小程序后端采用了腾讯云的解决方案。通过购买,可以获得一台业务服务器(负责主要业务流程逻辑)、一台会话服务器(负责管理维护用户的登录信息)、一台 MySQL 数据库(两台服务器共用)、一个带有 HTTPS 证书的域名还有负载均衡。业务服务器上已经配置好了 PHP 版本的 SDK,不需要做太多的设置就可以开始进行开发了。

配套的,腾讯也提供了对应的小程序客户端 SDK,小程序客户端和服务器后端的 SDK 为用户封装好了一些常用的接口,在此基础上进行开发,将变得更加简单。

最终,本小程序前后端架构如图 16-11 所示。

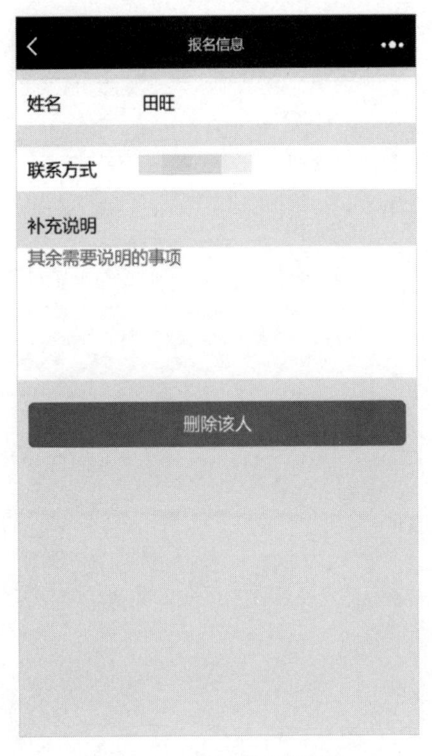


图 16-7 “报名信息”页面

图 16-8 “活动详情”页面

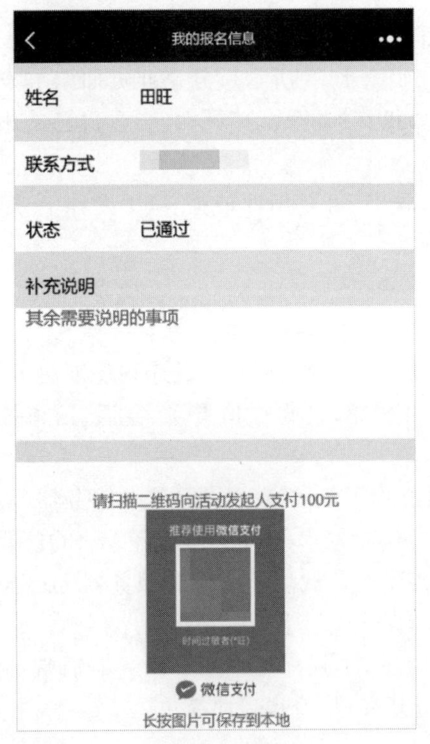


图 16-9 “我的报名信息”页面(一)

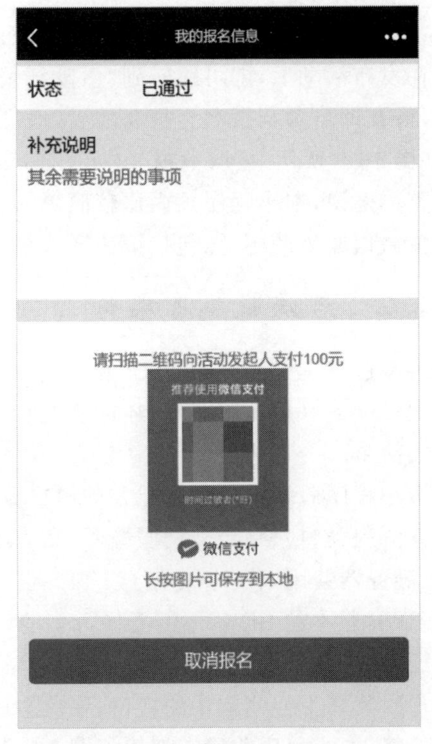


图 16-10 “我的报名信息”页面(二)

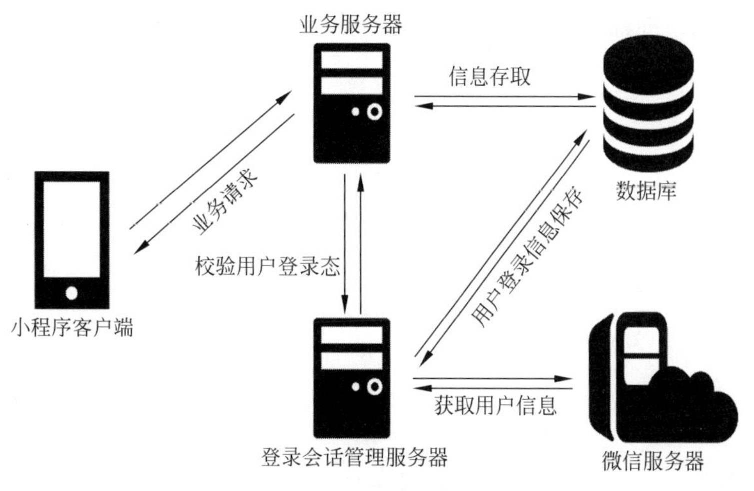

图 16-11　小程序整体架构

附：

微信小程序客户端腾讯云增强 SDK 说明文档：https://github.com/tencentyun/wafer-client-sdk。

服务器端 PHP SDK 说明文档：https://github.com/tencentyun/wafer-php-server-sdk。

服务器端 PHP Demo：https://github.com/tencentyun/wafer-php-server-demo。

会话管理服务器说明：https://github.com/tencentyun/wafer-session-server。

### 16.1.3 发起活动表单设计

本小程序中十分重要的一个基础功能即为发起活动。在这个页面(如图 16-12 所示)上，主要有时间合法性检测，从地图上选取地点，以及上传微信收款二维码等功能。

**1. 时间合法性检测**

页面加载时，会默认显示当前时间，以活动开始时间为例，页面的 onLoad()函数如下。

```
//newactivity.js
onLoad () {
    this.setData({
        acStartDate:util.formatDate(),
        acStartTime: util.formatTime(),
        acEndDate:util.formatDate(),
        acEndTime: util.formatTime(),
        signEndDate: util.formatDate(),
        signEndTime: util.formatTime(),
    });
},
```

其中，util.formatDate()，util.formatTime()来自自定义的公共函数。主要功能是将 UNIX 的时间戳格式化成标准的年月日时分秒的格式。

图 16-12　"发起新活动"页面

在前端以开始时间部分为例,代码如下。

```
<!-- newactivity.wxml -->
<view>
<view>
<text>开始时间</text>
</view>
    <picker name="acStartDate" mode="date" start="2000-01-01" end="2100-12-31"
value="{{acStartDate}}" bindchange="acStartDateChange">
        <view>
            {{acStartDate}}
        </view>
     </picker>
     <picker name="acStartTime" mode="time" start="00:00" end="23:59" value=
"{{acStartTime}}" bindchange="acStartTimeChange">
         <view>
             {{acStartTime}}
         </view>
       </picker>
</view>
```

日期和时间分别是两个带有默认值的 picker 组件,每个 picker 组件还绑定了对应的 change 事件,用于获取设定的值。以 acStartDateChange()函数为例,函数内容如下。

```
acStartDateChange:function(e){
    console.log('开始日期',e.detail.value);
    this.setData({
      acStartDate:e.detail.value,
      signEndDate:e.detail.value,
      acEndDate:e.detail.value,
    });
},
```

改变开始日期的同时,也会改变活动结束日期和报名截止日期,减少用户的调节次数。

为了确保时间的合法性,在修改活动结束时间以及报名截止时间时,均会在响应 change 事件的函数中执行检测时间的函数,如果不合法,就会重设当前值。在用户最后单击"确认发起活动"按钮时,也会在 form 表单组件绑定响应 submit 事件的函数中执行相应的检测。

检测时间的函数如下。

```
checkDateTime:function(){
      var result = new Object();
      var acStartDateTimeString = this.data.acStartDate + '' + this.data.acStartTime;
      var acStartDateTime = new Date(acStartDateTimeString);
      var acEndDateTimeString = this.data.acEndDate + '' + this.data.acEndTime;
      var acEndDateTime = new Date(acEndDateTimeString);
      var signEndDateTimeString = this.data.signEndDate + '' + this.data.signEndTime;
      var signEndDateTime = new Date(signEndDateTimeString);
      var nowDateTimeString = util.formatDate() + '' + util.formatTime();
      var nowDateTime = new Date(nowDateTimeString);
```

```
        if (acEndDateTime <= acStartDateTime) {
            result.status = false;
            result.data = "活动的结束时间必须晚于活动的开始时间!";
        } else if (signEndDateTime > acEndDateTime) {
            result.status = false;
            result.data = "报名的截止时间不能晚于活动的结束时间!"
        } else if(signEndDateTime < nowDateTime){
            result.status = false;
            result.data = "报名的截止时间不能早于当前时间!"
        }else {
            result.status = true;
        }
        if(!result.status){
            wx.showModal({
                title: '时间填写错误',
                content: result.data,
                showCancel:false,
                confirmText:'返回修改'
            })
        }
        console.log('判断结果是',result);
        return result;
    },
```

**2. 从地图中选地点获取地理位置信息**

在单击"地点"的输入框时,小程序会调用地图组件,根据用户定位或者在地图上选地点,获取地理位置信息。为此,需要为 input 组件绑定 focus 事件。示例如下。

```
<!-- newactivity.wxml -->
<view>
    <text>地点</text>
</view>
<view>
    <input bindfocus="chooseLocation" name="placeName" placeholder="单击在地图上选择位
置" type="text" value="{{placeName}}"/>
</view>
```

在 chooseLocation()函数中,再调用微信的 wx.chooseLocation 接口,打开地图选地点,将获取到的经纬度等地理位置信息赋值给页面的 data 属性。示例如下。

```
//newactivity.js
chooseLocation:function(e){
    var self = this;
    wx.chooseLocation({
      success: function(res) {
        self.setData({
          placeName: res.name,
          longitude:res.longitude,
          latitude:res.latitude
        })
      },
```

```
    })
},
```

### 3. 上传微信收款二维码



在页面上输入活动费用信息时，会根据当前输入值的大小，判断是否应该出现上传图片的组件，如图16-13所示。

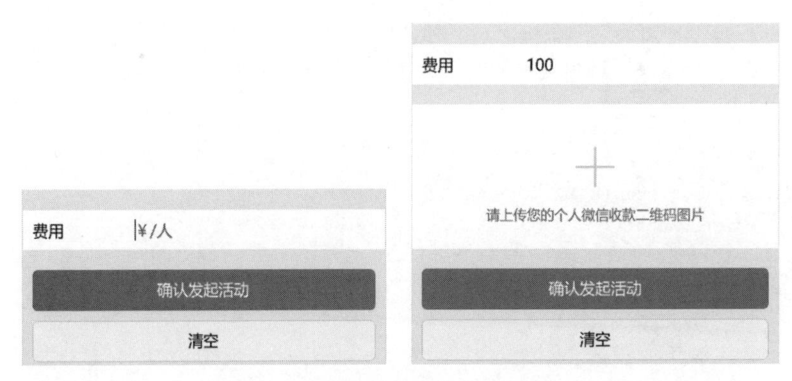


图16-13　没有费用（左）和有费用（右）

实现过程主要是通过监听费用input组件的input事件，判断输入值的大小，依据值与0的大小关系，改变一个用来标识上传图片组件显示状态的变量的值，动态显示/隐藏上传图片组件。

示例如下。

```
<!-- newactivity.wxml -->
<input name = "fee" placeholder = "¥/人" bindinput = "showUpload" type = "digit"/>

<view hidden = "{{show > 0? false:true}}" >
    <view>
        <block wx:if = "{{imageSrc}}">
            <image src = "{{imageSrc}}" class = "image" bindtap = "chooseImage" mode = "aspectFit">
</image>
            <view>单击图片可重新上传</view>
        </block>
        <block wx:else>
            <view bindtap = "chooseImage">
                <view></view>
                <view></view>
            </view>
            <view>请上传您的个人微信收款二维码图片</view>
        </block>
    </view>
</view>

//newactivity.js
showUpload:function(e){
      this.setData({
          show:e.detail.value
      })
```

```
        console.log("费用输入的数字是: ",this.data.show);
    },
```

showUpload()函数将会通过判断输入的值,来改变变量 show 的值,进而改变前端中的 hidden 属性,从而实现了上传图片组件的动态显示/隐藏。

在上传图片后,该区域需要显示出上传的图片内容,如图 16-14 所示。

图 16-14　成功上传图片

该功能主要是通过绑定的 tap 事件函数 chooseImage()实现的。chooseImage()函数还实现了上传文件到服务器的功能。内容如下。

```
//newactivity.js
chooseImage: function() {
    var self = this
    wx.chooseImage({
      count: 1,
      sizeType: ['original '],
      sourceType: ['album'],
      success: function(res) {
        console.log('chooseImage success, temp path is', res.tempFilePaths[0])
        var imageSrc = res.tempFilePaths[0]
        wx.showLoading({
            title: '正在上传',
        })
        wx.uploadFile({
          url: self.data.uploadFileUrl,
          filePath: imageSrc,
          name: 'feePic',
          success: function(res) {
              console.log('uploadImage success, res is:', res.data)
              var obj = JSON.parse(res.data);
              console.log('转换后的 json 对象为: ',obj);
              if (obj.status == true){
                wx.hideLoading();
                wx.showToast({
                    title: '上传成功',
                    icon: 'success',
```

```
                    duration: 1000
                })
                self.setData({
                    imageSrc,
                    feePicId:obj.data
                })
            }else{
                wx.hideToast();
                wx.showModal({
                    title: '上传文件失败',
                    content: obj.data,
                })
            }
        },
        fail: function({errMsg}) {
          console.log('uploadImage fail, errMsg is', errMsg)
        }
      })

    },
    fail: function({errMsg}) {
      console.log('chooseImage fail, err is', errMsg)
    }
  })
 },
}
```

**4. 提交表单**

提交表单是通过 form 组件的 submit 事件绑定的 addNewActivity()函数实现的。在 addNewActivity()函数中，会通过 checkLegal()函数对所有表单项进行合法性校验，并访问设定的后端服务器超链接，得到服务器返回的结果后，带着活动 id 参数跳转到分享活动页面。内容如下。

```
//newactivity.js
addNewActivity:function(e){
      var result = this.checkLegal(e);      //检查表单项
      if(!result.status){
          wx.showModal({
              title: '填写信息错误',
              content: result.data,
              showCancel:false,
              confirmText:'返回修改',
              success: function (res) {
                  if (res.confirm) {
                      console.log('用户单击确定')
                  } else if (res.cancel) {
                      console.log('用户单击取消')
                  }
              }
          })
```

```
        }else{
            console.log(result.data);
            wx.showLoading({
              title: '请稍等',
            })
            qcloud.request({//小程序 SDK 的带有登录请求的网络请求接口
                login:true,//携带用户登录信息
                url: this.data.requestUrl,//访问服务器地址
                data:result.data,
                success:function(res){
                    if(res.data.code == 1){
                      wx.hideLoading();
                        wx.showToast({
                            title: '创建活动成功',
                            icon:'success',
                            duration:1500
                        })
                        console.log("创建的活动 ID 为: ",res.data.id);
                        setTimeout(function () {
                            wx.redirectTo({
                                url: '../shareactivity/shareactivity?id=' + res.data.id,
                                      //带新建活动 id 跳转
                            })
                        }, 1500)
                    }
                }
            })
        }
    },
```

### 16.1.4 活动分享与报名

新建活动成功后，就会跳转到活动分享与报名页面(如图 16-8 所示)，在这个页面上，首先要获取前面一个页面传递过来的活动 id 参数值。onLoad()函数如下。

```
//shareactivity.js
onLoad:function(param) {
    this.setData({
        id: param.id
    })
},
```

然后查询活动信息，并将获取到的活动信息显示到页面上。onShow()函数如下。

```
//shareactivity.js
onShow () {
    const self = this;
    wx.request({//向服务器查询活动信息
        url: 'https://' + config.service.host + '/activity/getActivityInfoById',
        data: {
            acId: self.data.id
```

```
            },
            success: function (e) {
                console.log("获取到的活动信息为: ", e)
                self.setData({
                    id: e.data.id,
                    avatarUrl: e.data.avatarUrl,
                    name: e.data.name,
                    nickName: e.data.nickName,
                    acStartDateTime: e.data.acStartDateTime,
                    acEndDateTime: e.data.acEndDateTime,
                    signEndDateTime: e.data.signEndDateTime,
                    longitude: e.data.longitude,
                    latitude: e.data.latitude,
                    placeName: e.data.placeName,
                    introduction: e.data.introduction,
                    signUpNum: e.data.signUpNum,
                    maxMembers: e.data.maxMembers,
                    fee: e.data.fee,
                    feePicId:e.data.feePicId,
                    creatorName:e.data.creatorName,
                    phoneNum:e.data.phoneNum
                })
            },
            fail: function (err) {
                console.log("获取活动信息失败: ", err)
            }
        })
    },
```

将转发按钮的 open-type 属性值设为 share,单击时就会触发 onShareAppMessage()函数,将页面分享出去。示例代码如下。

```
<!--shareactivity.wxml -->
<button open-type="share">
    <image mode="scaleToFill" src="../../resources/share_4.png" style="background-size: contain; background-position: center center; background-repeat: no-repeat; background-image: url(../../resources/share_4.png); "/>
</button>

//shareactivity.js
onShareAppMessage:function(res){
    if (res.from === 'button') {
        // 来自页面内转发按钮
        console.log(res.target)
    }
    return {
        title: this.data.name,
        path: '/page/shareactivity/shareactivity?id=' + this.data.id,
        success: function (res) {
            console.log("转发成功",res)
        },
```

```
            fail: function (res) {
                console.log("转发失败", res)
            }
        }
    },
```

用户单击报名时，会检测当前活动的状态(时间、报名人数等)以及用户报名的状态(是否已报过名等)，来判断用户可否报名，并访问服务器的报名链接。

```
<!--shareactivity.wxml-->
<view catchtap="signUp">
单击报名
</view>

//shareactivity.js
signUp(){
      const self = this;
      var response = new Object();
      wx.showLoading({
        title: '请稍等',
      })
      qcloud.request({
          login: true,
          data: {
              acId: self.data.id
          },
          url: 'https://' + config.service.host + '/sign/getSignUpStatus',
          success: function (res) {
            wx.hideLoading();
              console.log("请求到的数据为: res.data.status:", res.data.status, "res.data.data.status:", res.data.data.status)
              if (res.data.status && res.data.data.status == 0) {
                  console.log("无法报名,已被剔除!");
                  wx.showModal({
                      title: '无法报名',
                      content: '您已被活动发起人取消了报名!',
                  })
              } else if (res.data.status && res.data.data.status == 1) {
                  console.log("已经报名过,正在跳转");
                  wx.navigateTo({
                      url: '../showmysignupinfo/showmysignupinfo?acId=' + self.data.id + '&openId=' + res.data.data.openId + '&fee=' + self.data.fee + '&feePicId=' + self.data.feePicId + '&creatorName=' + self.data.creatorName + '&phoneNum=' + self.data.phoneNum,
                  });
              } else {
                  console.log("没有报过名,判断报名条件是否满足。");
                  var result = self.checkSignUpCondition();
                  if (!result.status) {
                      console.log("无法报名",result.data);
                      wx.showModal({
                          title: '无法报名',
```

```
                        content: result.data,
                        success: function (res) {
                            if (res.confirm) {
                                console.log('用户单击确定')
                            } else if (res.cancel) {
                                console.log('用户单击取消')
                            }
                        }
                    })
                } else {
                    wx.navigateTo({
                        url: '../signup/signup?fee = ' + self.data.fee + '&id = ' + self.
data.id + '&openId = ' + res.data.data + '&feePicId = ' + self.data.feePicId,
                    })
                }
            }
        },
        fail: function (err) {
            console.log("请求失败", err)
        }
    });
},
```

### 16.1.5 查看我发布的活动

查看我发布的活动(如图16-4所示),涉及对多个活动进行循环输出,以及在组件绑定的事件中自定义数据,用于标识不同的活动。

首先是在onLoad()函数中获得用户的活动信息数组。

```
//myactivity.js
onLoad () {
    const self = this;
    qcloud.setLoginUrl(config.service.loginUrl);
    wx.showLoading({
      title: '加载中',
      mask:true,
    })
qcloud.request({
//带着用户的登录身份信息访问服务器端链接,获得用户的活动列表。
        login: true,
        url: config.service.headUrl + '/activity/getMyActivityList',
        success: function (res) {
            var result = res.data;
            var jsonLength = 0;
            console.log("请求成功,获取到的数据为: ", result);
            var array = new Array();
            for (var key in result) {
                array[key] = result[key]
            }
            console.log('转换后的数组为: ', array);
```

```
                console.log('当前登录的用户是: ', array['nowUser']);
                self.setData({
                    acList: array,
                    nowUser: array['nowUser']
                });
                wx.hideLoading();
                wx.showToast({
                  title: '加载完成',
                  icon:'success',
                  duration:1000,
                })
            },
            fail: function (err) {
                console.log("请求失败: ", err);
            }
        })
    },
```

在 myactivity.wxml 文件中,需要使用 wx:for 标签,对 acList 数组进行循环输出,同时还需要为部分按钮加上 data-acid 属性,用于传递活动 id 信息。示例如下。

```
<!—myactivity.wxml -->
<block wx:for="{{acList}}" wx:for-item="i">
<view>
<!-- 活动详情 -->
    </view>
<view catchtap="editActivity" data-acid="{{i.id}}">
编辑
    </view>
    <view catchtap="showSignUpList" data-acid="{{i.id}}">
        查看报名情况
    </view>
</block>
```

以 editActivity()函数为例,editActivity()函数需要根据 data-acid 的值判断在多个活动中具体要编辑的活动是哪一个。editActivity()内容如下。

```
//myactivity.js
editActivity:function(event){
      wx.navigateTo({
          url: '../editactivity/editactivity?acId=' + event.currentTarget.dataset.acid,
      })
},
```

其中,event.currentTarget.dataset.acid 的值即为前面 myactivity.wxml 文件中的 data-acid 属性的值。

### 16.1.6 管理报名人员

管理报名人员,主要是查看报名人列表(如图 16-6 所示)、报名人信息(如图 16-7 所示)以及对报名人进行取消报名操作。

与查看我发起的活动一样，在查看报名人列表时，也涉及对数组进行循环输出，以及在组件中自定义 dataset 数据，来判断具体是哪一位报名者的信息。示例如下。

```
//showsignuplist.js
onLoad:function(param) {
    this.setData({
        acId: param.acId//获取其他页面传递过来的活动 ID 信息
    })
    const self = this;
    wx.showLoading({
      title: '加载中',
    })
wx.request({
        url: config.service.headUrl + '/sign/getSignUpList',//依据活动 id 查询报名情况
        data:{
            acId:self.data.acId
        },
        success: function (res) {
            var result = res.data;
            var jsonLength = 0;
            console.log("请求成功,获取到的数据为: ", result);
            var array = new Array();
            for (var key in result) {
                array[key] = result[key]
            }
            console.log('转换后的数组为: ', array);
            self.setData({
                signUpList: array,//将查询到的报名列表数组赋值给前端
            });
            wx.hideLoading();
            wx.showToast({
              title: '加载完成',
              icon:'success',
              duration:1000,
            })
        },
        fail: function (err) {
            console.log("请求失败: ", err);
        }
    })
},
```

在前端使用 wx:for 标签循环输出报名人列表，并为显示报名人的组件添加报名者的 openid 信息。示例如下。

```
<! -- showsignuplist.wxml -- >
< block wx:for = "{{signUpList}}" wx:for - item = "i">
< view catchtap = "showSignUpInfo" data - openid = "{{i.openId}}">
        < view >
            <! -- 显示报名人头像和微信昵称 -- >
        </view >
```

```
</view>
</block>
```

在 signUpList()函数中,就可以接收 openid 的值,判断需要查看哪位报名人的报名信息。signUpList 函数内容如下。

```
//showsignuplist.js
showSignUpInfo:function(event){
      wx.navigateTo({
         url: '../showsignupinfo/showsignupinfo?acId = ' + this.data.acId + '&openId = ' +
event.currentTarget.dataset.openid,
      })
},
```

在显示报名人报名信息的页面,首先需要根据其他页面传递过来的 openId(用户标识)和 acId(活动 id)去查询报名信息。onLoad()函数如下。

```
//showsignupinfo.js
onLoad:function (param) {
    this.setData({//获取用户身份和活动信息
        openId:param.openId,
        acId:param.acId
    });
    const self = this;
    wx.request({
        url: config.service.headUrl + '/sign/getUserSignUpInfo',
        data: {
            openId: self.data.openId,
            acId: self.data.acId
        },
        success: function (res) {
            self.setData({//将服务器返回的值赋给前端
                name: res.data.data[0]['content'],
                phoneNum: res.data.data[1]['content'],
                others: res.data.data[2]['content'],
            });
        },
        fail: function (err) {
            console.log("请求错误", err);
        }
    })
},
```

在单击"删除该人"按钮时,触发 delSignUpInfo()函数,根据存储的 openId 和 acId 信息,向服务器发起删除的请求。delSignUpInfo()函数内容如下。

```
//showsignupinfo.js
delSignUpInfo(){
      const self = this;
      wx.showModal({
         title: '您确定要删除该用户的报名信息吗?',
```

```
                content: '该用户被删除后将不可再报名此活动。',
                success:function(res){
                    if(res.confirm){
                        wx.request({
                            url: config.service.headUrl + '/sign/delSignUpInfoByCreator',
                            data:{
                                openId:self.data.openId,
                                acId:self.data.acId
                            },
                            success:function(res){
                                if(res.data > 0){
                                    wx.showToast({
                                        title: '删除成功',
                                        icon:'success',
                                        duration:1500
                                    });
                                    setTimeout(function(){
                                        wx.navigateBack({
                                            delta:1
                                        })
                                    },1500)
                                }
                            }
                        })
                    }
                }
            })
        },
```

### 16.1.7 查看我的报名信息与取消报名

从“我参加的活动”页面(如图 16-1 所示)单击一个活动,即可进入查看自己在当前活动的报名信息页面(如图 16-9 所示)。在这个页面上,可以保存活动发起人的二维码,以便进行转账,也可以取消报名。

首先,需要根据用户的 openId、活动的 id、活动的费用等信息查询用户的报名信息以及是否要显示活动发起人的收款二维码。onLoad()函数如下。

```
//showmysignupinfo.js
onLoad:function(param) {
    this.setData({//从其他页面的跳转链接中获得活动 id、用户 openId、活动费用信息
        acId:param.acId,
        openId:param.openId,
        fee: param.fee,
    });
    if (param.fee > 0) {//如果活动费用大于零,则向服务器请求下载收款二维码图片
        this.setData({
            feePicId: param.feePicId
        })
        wx.downloadFile({
```

```
                url: config.service.headUrl + '/file/downloadFile?id=' + param.feePicId,
                success: function (res) {
                    self.setData({
                        imageSrc: res.tempFilePath,
                    })
                }
            })
        }
        console.log(this.data.acId,this.data.openId);
        const self = this;
        wx.request({
            url: config.service.headUrl + '/sign/getUserSignUpInfo',
            data:{
                openId:self.data.openId,
                acId:self.data.acId
            },
            success:function(res){
                self.setData({
                    name: res.data.data[0]['content'],
                    phoneNum: res.data.data[1]['content'],
                    others: res.data.data[2]['content'],
                    status:res.data.status
                });
                console.log("当前活动的报名状态",res.data.status);
            },
            fail:function(err){
                console.log("请求错误",err);
            }
        })
    },
```

在前端，还需要为显示图片的组件注册监听长按事件，用于实现长按保存图片功能。示例代码如下。

```
<!-- showmysignupinfo.wxml -->
<view>
<block wx:if="{{imageSrc}}">
<view>请扫描二维码向活动发起人支付{{fee}}元</view>
        <image src="{{imageSrc}}" bindlongtap="saveImage" mode="aspectFit"></image>
        <view>长按图片可保存到本地</view>
</block>
</view>
```

将图片保存到本地，使用到了微信的 wx.saveImageToPhotosAlbum 接口。saveImage()函数如下。

```
//showmysignupinfo.js
saveImage() {
      wx.saveImageToPhotosAlbum({
          filePath: this.data.imageSrc,
          success: function (res) {
```

```
                wx.showToast({
                    title: '保存成功',
                })
            }
        })
    },
```

长按图片后,即会弹出保存请求,如图 16-15 所示。

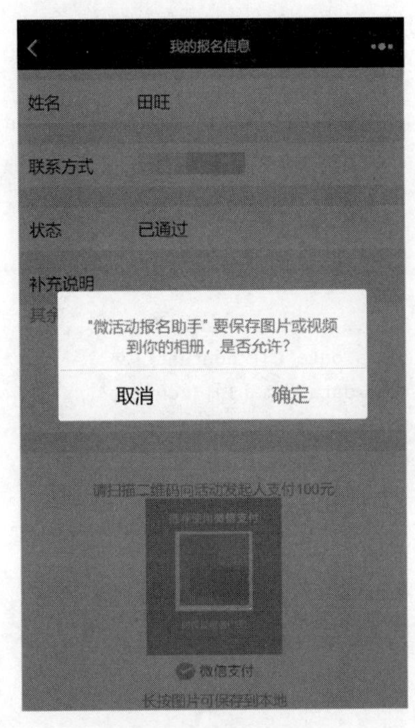


图 16-15　保存图片

取消报名,只需要为“取消报名”按钮绑定监听 tap 事件的函数,再在函数中,携带参数 openId 和 acId 访问后端服务器对应链接即可。

### 16.1.8　个人信息填写管理

个人信息填写(如图 16-3 所示)部分,只要求用户填写个人姓名及手机号码,目的是为了方便活动组织人联系报名者。

整个页面主要就是一个 form 表单,按照常规处理即可。此处需要注意的是,需要对用户的手机号码进行格式合法性检测,避免用户输入不合法的手机号码。因此需要为输入手机号的 input 组件绑定监听输入的函数。示例如下。

```
<!--myinfo.wxml-->
<input id="phoneNum" name="phoneNum" placeholder="请填写有效手机号码" type="number"
value="{{phoneNum}}" maxlength="11" bindconfirm="checkPhoneNum"/>
```

在用户输入完成后,会触发 confirm 事件,然后会执行 checkPhoneNum()函数,用于校验用户的手机号码格式。checkPhoneNum()函数内容如下。

```
//myinfo.js
checkPhoneNum:function(e){
      var self = this;
      var mobile = e.detail.value;
      console.log("输入的手机号是：",mobile);
      if (mobile.length != 11) {
          wx.showModal({
              title: '手机号码输入错误',
              content: '号码长度必须为 11 位',
              showCancel:false,
              confirmText:"返回修改",
              success:function(res){
                  if(res.confirm){
                      self.setData({
                          phoneNum:""
                      })
                  }
              }
          })
      }else{
          var myreg = /^(((13[0-9]{1})|(15[0-9]{1})|(18[0-9]{1})|(17[0-9]{1}))+\d{8})$/;
          if (!myreg.test(mobile)) {
              wx.showModal({
                  title: '手机号码输入错误',
                  content: '号码格式不正确',
                  showCancel: false,
                  confirmText: "返回修改",
                  success: function (res) {
                      if (res.confirm) {
                          self.setData({
                              phoneNum: ""
                          })
                      }
                  }
              })
          }
      }
}
```

## 16.2 MeetingUUU 会议室管理小程序

本节以 MeetingUUU 微信小程序为例，进行微信小程序实际开发的介绍。MeetingUUU 微信小程序依托于微信小程序平台，为纷繁杂乱的会议安排提供了清晰明了的管理办法。主要功能如下。

(1) 申请者可以申请空闲的会议场所，填写会议主题、参与人数以及其他说明等。

(2) 管理员可以审核申请，返回通过/不通过。

(3) 如果通过，通知申请者，同时生成一个标识此次申请的二维码。

(4) 活动开始时,申请者需要将此二维码出示给会议场所管理人员,管理人员扫描查看信息后,准许使用会议场所。

### 16.2.1 前端页面设计

根据需求,本小程序设计的页面有:登录页面(login)、注册页面(register)、主页(index)、会议室预约(reserveroom)、管理会议室(roomdetail)、申请企业管理员(information)、加入企业团队(alterInfo)、用户状态查询(wantmyroom)、添加会议室(myroom)、审核会议室订单(altermyroom)、租用会议室订单(list)。

对于登录页面(如图 16-16 所示),页面主体为一个表单,需要用户输入相应的登录信息。页面下方为“提交”按钮和“立即注册”按钮。单击“登录”按钮,登录成功会跳转到主页标签。单击“立即注册”按钮,会跳转到注册页。

主页(如图 16-17 所示)是成功登录后展示的第一个页面,在这里可以通过单击“显示身份”按钮查看目前的团队编号,主页的一大部分内容是展示给用户的可预约租借的会议室列表。图 16-17 中的企业名称仅为示例参考,不代表和实际企业有任何关联。

图 16-16　登录页面

图 16-17　主页

会议室预约页面(如图 16-18 所示)由一个表单和“提交信息”按钮组成。用户输入主题、人数和用途即可提交申请,然后等待管理员审核。

个人中心标签页(如图 16-19 所示),会在用户允许本小程序获取其微信账号信息后,显示出所有可以进入的功能页面,通过单击相应按钮即可跳转到对应的功能页面进行相关操作。部分功能仅限管理员使用,若普通用户尝试使用则会给出拒绝的提示。普通用户也可以申请管理员权限,由超级管理员在后台审核后获得。

图 16-18　预约会议室

图 16-19　个人中心

其余页面较为简单，请分别参见图 16-20～图 16-25。

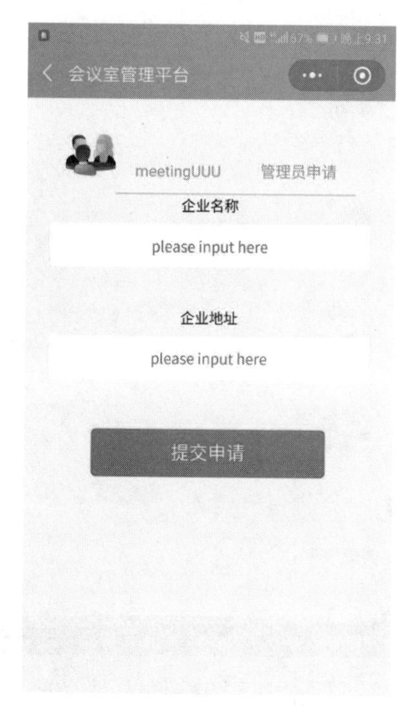


图 16-20　普通用户申请管理员权限

图 16-21　添加会议室

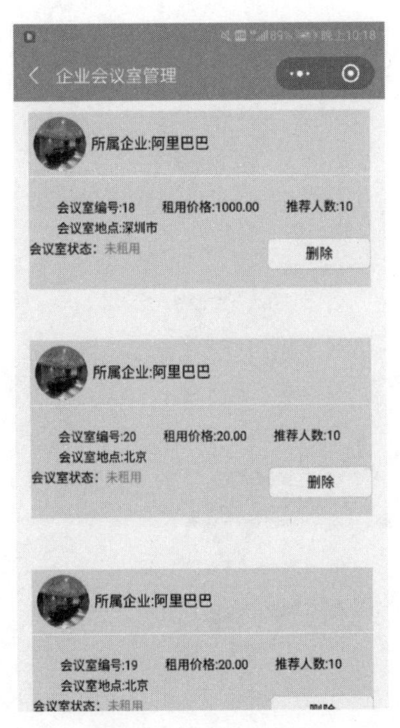


图 16-22 管理会议室

图 16-23 管理员审核预约申请

图 16-24 支付费用后生成二维码

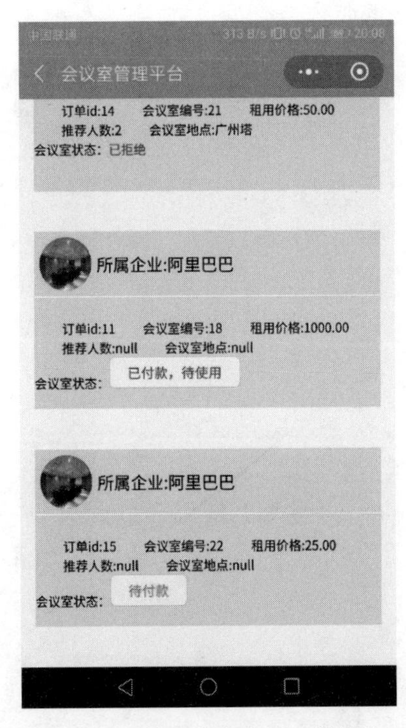


图 16-25 可以租借订单中使用已付款的二维码

## 16.2.2 后端服务器架构

后端服务器依然使用腾讯云的小程序解决方案。使用 PHP 进行数据库的访问，将相关功能封装成 API 供小程序端进行调用。数据库表关系如图 16-26 所示。

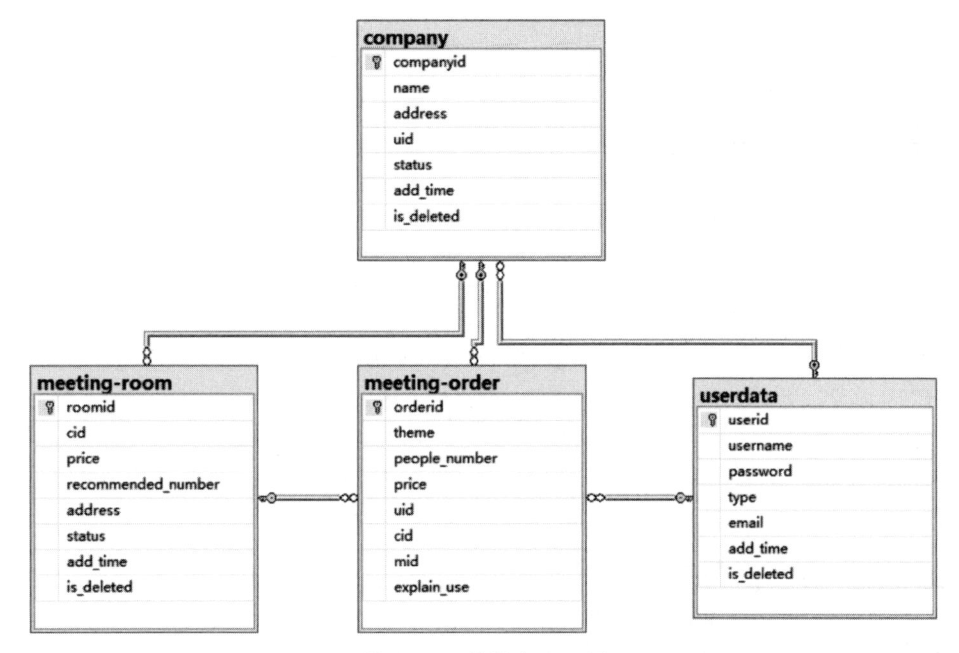


图 16-26 数据库 E-R 图

以上 E-R 图仅供参考表与表之间的关系，具体的字段请以下方各表说明为准。

userdata 表字段说明见表 16-1。

**表 16-1 userdata 表字段**

| 序　　号 | 英文字段名 | 中文字段名 | 数 据 类 型 | 是否允许为空 |
|---|---|---|---|---|
| 1 | userid | 用户编号 | int(11) | 否 |
| 2 | username | 用户名 | varchar(255) | 否 |
| 3 | password | 密码 | varchar(250) | 否 |
| 4 | type | 账号类型 | int(11) | 否 |
| 5 | cid | 团队编号 | int(11) | 是 |
| 6 | email | 电子邮箱 | varchar(255) | 否 |
| 7 | add_time | 创建时间 | int(10) | 否 |
| 8 | is_deleted | 是否删除 | tinyint(1) | 否 |

meeting-room 表字段见表 16-2。

**表 16-2 meeting-room 表字段**

| 序　　号 | 英文字段名 | 中文字段名 | 数 据 类 型 | 是否允许为空 |
|---|---|---|---|---|
| 1 | roomid | 会议室编号 | int(11) | 否 |
| 2 | cid | 企业编号 | int(10) | 否 |

续表

| 序　　号 | 英文字段名 | 中文字段名 | 数 据 类 型 | 是否允许为空 |
|---|---|---|---|---|
| 3 | price | 租金 | float(8，2) | 是 |
| 4 | recommended_number | 推荐人数 | int(11) | 否 |
| 5 | address | 企业地址 | varchar(250) | 否 |
| 6 | status | 当前状态 | tinyint(3) | 是 |
| 7 | add_time | 添加时间 | int(10) | 否 |
| 8 | is_deleted | 是否删除 | tinyint(1) | 否 |

company 表字段说明见表 16-3。

**表 16-3　company 表字段**

| 序　　号 | 英文字段名 | 中文字段名 | 数 据 类 型 | 是否允许为空 |
|---|---|---|---|---|
| 1 | companyid | 企业编号 | int(10) | 否 |
| 2 | name | 企业名称 | varchar(255) | 否 |
| 3 | address | 企业地址 | varchar(250) | 否 |
| 4 | uid | 用户 ID | int(11) | 否 |
| 5 | status | 审核状态 | tinyint(3) | 否 |
| 6 | add_time | 添加时间 | int(10) | 否 |
| 7 | is_deleted | 是否删除 | tinyint(1) | 否 |

meeting-order 表字段说明见表 16-4。

**表 16-4　meeting-order 表字段**

| 序　　号 | 英文字段名 | 中文字段名 | 数 据 类 型 | 是否允许为空 |
|---|---|---|---|---|
| 1 | orderid | 订单编号 | int(11) | 否 |
| 2 | theme | 主题 | varchar(255) | 否 |
| 3 | people_number | 与会人数 | int(11) | 否 |
| 4 | price | 租金 | float(8，2) | 否 |
| 5 | uid | 用户编号 | int(11) | 否 |
| 6 | cid | 公司编号 | int(10) | 否 |
| 7 | mid | 会议室编号 | int(11) | 否 |
| 8 | explain_use | 用途说明 | varchar(50) | 否 |
| 9 | status | 审核状态 | tinyint(3) | 否 |
| 10 | add_time | 添加时间 | int(10) | 否 |
| 11 | is_deleted | 是否删除 | tinyint(1) | 否 |

在小程序中，将使用到的后端服务器的接口统一配置在了 webconfig. js 文件里。所使用到的接口列表见图 16-27。

### 16.2.3　添加会议室

添加会议室功能的页面主要包含一个表单，通过绑定表单的提交事件，将数据发送到后端服务器，由后端服务器接收数据并进行处理和存储。该页面的前端页面设计如下。

```
1   var domain = 'https://firstlxy.cn/';
2
3   var wx_register = domain+"index.php?s=/Api/User/wx_register";
4   var wx_login = domain+"index.php?s=/Api/User/wx_login";
5   var wx_apply_complay = domain+'index.php?s=/Api/User/wx_apply_company';
6   var getUserStatus = domain + 'index.php?s=/Api/User/getUserStatus';
7   var managerMeetingRoom = domain + 'index.php?s=/Api/Meeting/managerMeetingRoom';
8   var delMeetingRoom = domain + 'index.php?s=/Api/Meeting/delMeetingRoom';
9   var getMeetingRoom = domain + 'index.php?s=/Api/Meeting/getMeetingRoom';
10  var addMeetingRoom = domain + 'index.php?s=/Api/Meeting/addMeetingRoom';
11  var postOrderMeeting = domain + 'index.php?s=/Api/Order/postOrder';
12  var getCompanyOrderList = domain + 'index.php?s=/Api/Order/getCompanyOrderList';
13  var getOrderDetail = domain + 'index.php?s=/Api/Order/getOrderDetail';
14  var checkOrderStatus = domain + 'index.php?s=/Api/Order/checkOrderStatus';
15  var getUserOrderList = domain + 'index.php?s=/Api/Order/getUserOrderList'
16  var joinTeam = domain + 'index.php?s=/Api/User/joinTeam';
17  var isInCompany = domain + 'index.php?s=/Api/User/isInCompany';
```

图 16-27　小程序 webconfig.js 文件中配置的使用到的后端服务器的接口列表

```
<view class="page">
  <view class="page__hd">
    <image class="login-logo" src="../../image/logo/logo.png"></image>
    <text class="page__title">meetingUUU</text>
    <text class="page__title">会议室添加</text>
    <text class="page__desc">表单</text>
    <form bindsubmit="formSubmit">
      <view class="section">
        <view class="section__title">租金</view>
        <input name="price" placeholder="please input here" />
      </view>
      <view class="section">
        <view class="section__title">推荐人数(人)</view>
        <input name="recommended_number" placeholder="please input here" />
      </view>
      <view class="section">
        <view class="section__title">会议室地址</view>
        <input name="address" placeholder="please input here" />
      </view>
      <view class="btn-area">
        <button class="page-body-button" type="primary" bindtap="login" formType=
"submit">
          提交申请
        </button>
      </view>
    </form>
  </view>
</view>
```

在小程序端的逻辑层 js 文件中调用已经写好的接口，实现页面逻辑。webconfig.js 是一个专门用来存储那些代表后台接口 URL 的变量的文件，这样比较方便用户调用这些接口。

```
var app = getApp();
var webconfig = require("../../webconfig.js");
```

```
Page({
  data: {
    login_user_id: 0
  },
  onLoad: function (options) {
    this.setData({
      login_user_id: options.login_user_id
    });
  },
  formSubmit: function (e) {
    if (! e.detail.value.price || ! e.detail.value.recommended_number || ! e.detail.value.
address) {
      wx.showModal({
        title: '错误',
        content: '请填写正确参数,再进行提交',
        success: function (res) {
          if (res.confirm) {
            console.log('用户单击确定')
          } else if (res.cancel) {
            console.log('用户单击取消')
          }
        }
      })
    } else {
      wx.request({
        url: webconfig.addMeetingRoom,
        method: "POST",
        data: {
          price: e.detail.value.price,
          recommended_number: e.detail.value.recommended_number,
          address: e.detail.value.address,
          uid: this.data.login_user_id
        },
        header: { 'content-type': 'application/x-www-form-urlencoded' },
        success: function (res) {
          if (res.data.status == 1) {
            wx.showModal({
              title: '成功',
              content: res.data.msg,
              success: function (res) {
                if (res.confirm) {
                  wx.switchTab({
                    url: "../index/index",
                    //接口调用成功的回调方法

                  })
                } else if (res.cancel) {
                  console.log('用户单击取消')
                }
              }
            })
```

```
          } else {
            wx.showModal({
              title: '错误',
              content: res.data.msg,
              success: function (res) {
                if (res.confirm) {
                  console.log('用户单击确定')
                } else if (res.cancel) {
                  console.log('用户单击取消')
                }
              }
            })
          }
        }
      });
    }
  }
})
```

### 16.2.4 管理会议室

管理会议室功能在本小程序中主要是一个删除会议室功能，管理员添加了属于自己管理的会议室之后可能又想要删除掉，这个时候就在管理会议室功能中实现。前端页面是比较简单的，使用了简单的循环渲染获取到的会议室列表。后端相应的逻辑层处理代码如下。

```
var app;
var webconfig = require("../../webconfig.js");
Page({
  data: {
    login_user_id: 0,
    meetingList: {},
    listLength: 0
  },
  onShow: function () {

  },
  onLoad: function (option) {
    var that = this;
    console.log(option.login_user_id);
    that.setData({
      login_user_id: option.login_user_id
    })
    console.log(this.data.login_user_id);
    wx.request({
      url: webconfig.managerMeetingRoom,
      method: "POST",
      data: {
        uid: this.data.login_user_id

      },
```

```
      header: { 'content - type': 'application/x - www - form - urlencoded' },
      success: function (res) {
        if (res.data.status == 1) {
          that.setData({
            meetingList: res.data.msg,
            listLength: res.data.length
          });

        } else {
          wx.showModal({
            title: '错误',
            content: res.data.msg,
            success: function (res) {
              if (res.confirm) {
                wx.switchTab({
                  url: '../myself/index',
                })
              } else if (res.cancel) {
                console.log('用户单击取消')
              }
            }
          })
        }
      }
    });

  },
  delMeeting: function (e) {
    var that = this;
    wx.request({
      url: webconfig.delMeetingRoom,
      method: "POST",
      data: {
        mid: e.currentTarget.dataset.id

      },
      header: { 'content - type': 'application/x - www - form - urlencoded' },
      success: function (res) {
        if (res.data.status == 1) {
          wx.showModal({
            title: '成功',
            content: res.data.msg,
            success: function (res) {
              if (res.confirm) {
                wx.navigateTo({
                  url: '../manager - meeting - room/manager - meeting - room?login_user_id = '
+ that.data.login_user_id
                })
              } else if (res.cancel) {
                console.log('用户单击取消')
              }
```

```
            }
          })

        } else {
          wx.showModal({
            title: '错误',
            content: '请稍候...',
            success: function (res) {
              if (res.confirm) {
                wx.switchTab({
                  url: '../myself/index',
                })
              } else if (res.cancel) {
                console.log('用户单击取消')
              }
            }
          })
        }
      }
    });
  }
})
```

### 16.2.5 注册页面

注册时首先要检查用户输入的信息,在填写无误的情况下,就利用接口在数据库中查询判断是否已经存在重名用户,不存在的话则执行插入操作,即为注册成功。该部分的逻辑层实现如下。

```
var app = getApp();
var webconfig = require("../../webconfig.js");
Page({
  data: {},
  onLoad: function () {},
  formSubmit: function (e) {
    //判断是否为空
    if (e.detail.value.password != e.detail.value.repassword) {
      wx.showModal({
        title: '错误',
        content: '请保证两次输入的密码一致',
        success: function (res) {
          if (res.confirm) {
            console.log('用户单击确定')
          } else if (res.cancel) {
            console.log('用户单击取消')
          }
        }
      })
    }
    if (!e.detail.value.input || !e.detail.value.password || !e.detail.value.email)
```

```
{
  wx.showModal({
    title: '错误',
    content: '请填写正确参数,再进行提交',
    success: function (res) {
      if (res.confirm) {
        console.log('用户单击确定')
      } else if (res.cancel) {
        console.log('用户单击取消')
      }
    }
  })
} else {
  //提交用户信息到服务端
  wx.request({
    url: webconfig.wx_register,
    method: "POST",
    data: {
      username: e.detail.value.input,
      password: e.detail.value.password,
      email: e.detail.value.email
    },
    header: { 'content - type': 'application/x - www - form - urlencoded' },
    success: function (res) {
      if (res.data.status == 1) {
        wx.showModal({
          title: '成功',
          content: '恭喜您注册成功',
          success: function (res) {
            if (res.confirm) {
              wx.navigateTo({
                url: "../login/login",
                success: function () { },
              })
            } else if (res.cancel) {
              console.log('用户单击取消')
            }
          }
        })
      } else if (res.data.status == 2) {
        wx.showModal({
          title: '错误',
          content: res.data.msg,
          success: function (res) {
            if (res.confirm) {
              console.log('用户单击确定')
            } else if (res.cancel) {
              console.log('用户单击取消')
            }
          }
        })
```

```
          }
        }
      })
    }
  }
})
```

### 16.2.6 登录页面

登录页面比较简单，只是简单地通过调用接口判断一下输入是否为空，不为空的话，就调用接口在数据库中执行查询操作。

```
var app = getApp();
var webconfig = require("../../webconfig.js");
Page({
  data: {},
  onLoad: function () {},
  formSubmit: function (e) {
    if (!e.detail.value.username || !e.detail.value.password) {
      wx.showModal({
        title: '警告',
        content: '请正确填写参数',
        success: function (res) {
          if (res.confirm) {
            console.log('用户单击确定')
          } else if (res.cancel) {
            console.log('用户单击取消')
          }
        }
      })
    } else {
      wx.request({
        url: webconfig.wx_login,
        method: "POST",
        data: {
          username: e.detail.value.username,
          password: e.detail.value.password
        },
        header: { 'content-type': 'application/x-www-form-urlencoded' },
        success: function (res) {
          var uid = res.data.uid;
          if (res.data.status == 1) {
            wx.showModal({
              title: '成功',
              content: '恭喜您登录成功',
              success: function (res) {
                if (res.confirm) {
                  wx.setStorage({
                    key: 'login_user_id',
                    data: uid,
```

```
                    success: function (res) {
                      wx.switchTab({
                        url: '../index/index?login_user_id = ' + uid,
                      })
                    }
                  })
                } else if (res.cancel) {
                  console.log('用户单击取消')
                }
              }
            })
          } else {
            wx.showModal({
              title: '错误',
              content: res.data.msg,
              success: function (res) {
                if (res.confirm) {
                  console.log('用户单击确定')
                } else if (res.cancel) {
                  console.log('用户单击取消')
                }
              }
            })
          }
        }
      })
    }
    var formData = e.detail.value;
  }
})
```

### 16.2.7 显示会议室预约订单

一个单位的管理员可以在审核会议室订单的页面查看用户预约会议室生成的订单。下述代码展示了如何实现这一功能,在页面载入时,会向服务器申请数据,申请成功后,将数据展示到页面中,并显示正确的审核信息。

数据库的订单表里有一个状态字段,表明当前订单是待付款、已拒绝还是待审核等,用户根据这个数据来对订单具体信息进行渲染。

```
var webconfig = require("../../webconfig.js");
Page({
  data: {
    login_user_id: 0,
    dataList: {},
    isList: false
  },
  onLoad: function (option) {
    var that = this;
    that.setData({
```

```
        login_user_id: option.login_user_id
      })
      wx.request({
        url: webconfig.getUserOrderList,
        method: "POST",
        data: {
          uid: that.data.login_user_id
        },
        header: { 'content-type': 'application/x-www-form-urlencoded' },
        success: function (res) {
          if (res.data.status == 1) {
            that.setData({
              dataList: res.data.dataList,
              isList: true
            })
          } else {
            that.setData({
              isList: false
            })
          }
        }
      })
    },
    toCheckDetail: function (e) {
      var that = this;
      //判断是否是该企业用户
      wx.request({
        url: webconfig.isInCompany,
        method: "POST",
        data: {
          uid: that.data.login_user_id,
          oid: e.currentTarget.id
        },
        header: { 'content-type': 'application/x-www-form-urlencoded' },
        success: function (res) {
          if (res.data.status == 1) {
            wx.navigateTo({
              url: '../use-page/use-page?uid=' + that.data.login_user_id + '&oid=' + e.
currentTarget.id
            })
          } else {
            wx.navigateTo({
              url: '../pay-page/pay-page?uid=' + that.data.login_user_id + '&oid=' + e.
currentTarget.id
            })
          }
        }
      })
    },
    payfun: function (e) { }
})
```

在 WXML 文件里,可以通过如下代码将 js 中的逻辑展示出来。

```
<block wx:if = "{{isList == true}}">
  <view class = "section section_gap" wx:for = "{{dataList}}" wx:for - item = "item">
    <! -- 第一部分 -->
    <view class = "section __ ctn">
      <! -- 商品图片 -->
      <image src = "{{item.img_meeting}}" class = "section_img"></image>
      <! -- 商品名称 -->
      <view class = "section_title">
        <text space = "ensp" style = 'width:100 % '>所属企业:{{item.company}}</text>
      </view>
      <view class = "section_note"></view>
    </view>
    <view class = "section_empty"></view>
    <! -- 第二部分 -->
    <view class = "section_ctn_check">
      <view style = 'width:100 % '>
        <view class = "section_note">订单 id:{{item.id}}</view>
        <view class = "section_note">会议室编号:{{item.mid}}</view>
        <view class = "section_note">租用价格:{{item.price}}</view>
        <view class = "section_note">推荐人数:{{item.recommended_number}}</view>
        <view class = "section_note">会议室地点:{{item.address}}</view>
      </view>
      <view style = 'width:100 % ;float:left'>
        <! -- <button type = "default" size = "mini" style = "width:30 % ;float:left"> 查询用
户 </button> -->
        <text>会议室状态: </text>
        <text style = "color: # 66CD00" wx:if = "{{item.status == 0}}">待审核</text>
        <text wx:elif = "{{item.status == 1}}" style = "color: # 66CD00" bindtap = 'payfun'
data - id = "{{item.mid}}">
          待付款
        </text>
        <text wx:elif = "{{item.status == 2}}" style = "color: # EE4000">已拒绝</text>
        <text bindtap = "toCheckDetail" data - id = "{{item.id}}" id = "{{item.id}}" wx:elif
= "{{item.status == 4}}" style = "color: # EE4000">
          使用中
        </text>
        <text wx:elif = "{{item.status == 5}}" style = "color: # EE4000">订单完成</text>
      </view>
    </view>
  </view>
</block>
<block wx:elif = "{{isList == false}}">暂时没有订单列表...</block>
```

### 16.2.8 审核会议室预约订单

该功能是管理员的三个主要功能之一。管理员在显示出来的会议室预约订单中选择一个订单,可以看到订单的 id、会议室编号以及当前会议室的状态,即是否审核通过,单击订单可以查看具体情况。对于已通过的会议室可以看到本次会议的主题、人数、用途以及申请人账号等信息；对于待审核的订单可以选择同意还是拒绝。该部分功能的逻辑层实现代码如下。

```
var app = getApp();
var webconfig = require("../../webconfig.js");
Page({
  data: {
    oid: 0,
    dataInfo: {},
    agreeStatus: 1,
    refuseStatus: 2,
    login_user_id: 0
  },
  onLoad: function (option) {
    var that = this;
    wx.getStorage({
      key: 'login_user_id',
      success: function (res) {
        that.setData({
          login_user_id: res.data
        })
      }
    });
    that.setData({
      oid: option.oid
    })
    //判断用户类型
    wx.request({
      url: webconfig.getOrderDetail,
      method: "POST",
      data: {
        oid: that.data.oid
      },
      header: { 'content-type': 'application/x-www-form-urlencoded' },
      success: function (res) {
        if (res.data.status == 1) {
          that.setData({
            dataInfo: res.data.dataInfo
          })
        } else {
          wx.showModal({
            title: '错误',
            content: res.data.msg,
            success: function (res) {
              if (res.confirm) {
                console.log('用户单击确定')
              } else if (res.cancel) {
                console.log('用户单击取消')
              }
            }
```

```
          })
        }
      }
    })
  },
  checkStatus: function (e) {
    var that = this;
    //判断用户类型
    wx.request({
      url: webconfig.checkOrderStatus,
      method: "POST",
      data: {
        oid: that.data.oid,
        checkResult: e.target.dataset.id
      },
      header: { 'content-type': 'application/x-www-form-urlencoded' },
      success: function (res) {
        if (res.data.status == 1) {
          wx.showModal({
            title: '消息',
            content: res.data.msg,
            success: function (res) {
              if (res.confirm) {
                wx.navigateTo({
                  url: '../check-order-list/check-order-list?login_user_id=' + that.
data.login_user_id
                })
              } else if (res.cancel) {
                console.log('用户单击取消')
              }
            }
          })
        } else {
          wx.showModal({
            title: '错误',
            content: res.data.msg,
            success: function (res) {
              if (res.confirm) {
                console.log('用户单击确定')
              } else if (res.cancel) {
                console.log('用户单击取消')
              }
            }
          })
        }
      }
    })
  },
})
```

在 WXML 文件中,可以通过如下代码将 js 中的逻辑展示出来。

```
<view class = "page">
  <view class = "page__hd">
    <image class = "login-logo" src = "../../image/logo/logo.png"></image>
    <text class = "page__title"> meetingUUU </text>
    <text class = "page__title">审核租用申请</text>
    <text class = "page__desc">表单</text>
    <form bindsubmit = "formSubmit">
      <view class = "section">
        <view class = "section__title">主题: {{dataInfo.theme}}</view>
      </view>
      <view class = "section">
        <view class = "section__title">参与人数:{{dataInfo.people_number}}</view>
      </view>
      <view class = "section">
        <view class = "section__title">用途:{{dataInfo.explain_use}}</view>
      </view>
      <view class = "section">
        <view class = "section__title">用户账号:{{dataInfo.username}}</view>
      </view>
      <view class = "btn-area">
        <block wx:if = "{{dataInfo.status == 3}}">该订单已完成</block>
        <block wx:if = "{{dataInfo.status == 2}}">该订单已拒绝</block>
        <block wx:elif = "{{dataInfo.status == 1}}">待付款</block>
        <block wx:elif = "{{dataInfo.status == 4}}">使用中</block>
        <block wx:elif = "{{dataInfo.status == 0}}">
          <button class = "page-body-button" type = "primary" bindtap = "checkStatus" data
-id = "1" formType = "submit">
            同意
          </button>
           <button class = "page-body-button" type = "primary" bindtap = "checkStatus"
formType = "submit" data-id = "2" style = "background-color:red">
            拒绝
          </button>
        </block>
      </view>
    </form>
  </view>
</view>
```

## 16.3 “有书共读”图书漂流小程序

该实例可通过扫描下方二维码下载学习。

“有书共读”图书漂流小程序

## 16.4 “音乐随想”简易小程序音乐播放器

该实例可通过扫描下方二维码,下载学习。

“音乐随想”简易小程序音乐播放器

# 参 考 文 献

[1] 熊普江,谢宇华. 小程序,巧应用:微信小程序开发实战[M].2版. 北京:机械工业出版社,2017.
[2] 吴胜. 微信小程序开发基础[M]. 北京:清华大学出版社,2018.
[3] 吕云翔,田旺,朱子彧,等. 小程序 大未来 微信小程序开发[M]. 北京:电子工业出版社,2018.
[4] 周文洁. 微信小程序开发零基础入门[M]. 北京:清华大学出版社,2019.

# 图书资源支持

感谢您一直以来对清华版图书的支持和爱护。为了配合本书的使用，本书提供配套的资源，有需求的读者请扫描下方的“书圈”微信公众号二维码，在图书专区下载，也可以拨打电话或发送电子邮件咨询。

如果您在使用本书的过程中遇到了什么问题，或者有相关图书出版计划，也请您发邮件告诉我们，以便我们更好地为您服务。

资源下载、样书申请

书圈

**我们的联系方式：**


地　　址：北京市海淀区双清路学研大厦 A 座 701

邮　　编：100084

电　　话：010-83470236　010-83470237

资源下载：http://www.tup.com.cn

客服邮箱：2301891038@qq.com

QQ：2301891038（请写明您的单位和姓名）

扫一扫，获取最新目录

课　程　直　播

**用微信扫一扫右边的二维码，即可关注清华大学出版社公众号“书圈”。**